U0323185

普通高等教育“十一五”国家级规划教材

轧钢机械设计

（第2版）
（上册）

主　编　马立峰
副主编　赵春江　杨　霞

北　京
冶金工业出版社
2024

内 容 提 要

本书以轧钢机械为主线，较全面地介绍了轧钢机械设备的工作原理、设备选型、设备力能参数计算、主要零部件的强度、刚度计算等内容。本书分上、下册，上册内容包括轧辊与轧辊轴承，轧辊调整、平衡及换辊装置，轧钢机机架，工作机座刚度及板厚、板形控制，轧钢机主传动装置，热轧无缝钢管轧机，冷拔、冷轧钢管和焊管生产。

本书为高等工科院校冶金机械类专业教材，也可供工厂、院所从事冶金机械设计和制造工作的工程技术人员学习参考。

图书在版编目(CIP)数据

轧钢机械设计．上册/马立峰主编．—2 版．—北京：冶金工业出版社，2021.4（2024.6 重印）

普通高等教育“十一五”国家级规划教材

ISBN 978-7-5024-8339-5

Ⅰ.①轧…　Ⅱ.①马…　Ⅲ.①轧机—机械设计—高等学校—教材　Ⅳ.①TG333

中国版本图书馆 CIP 数据核字（2020）第 181182 号

轧钢机械设计（第 2 版）（上册）

出版发行　冶金工业出版社　　电　话　(010)64027926

地　址　北京市东城区嵩祝院北巷 39 号　　邮　编　100009

网　址　www.mip1953.com　　电子信箱　service@mip1953.com

责任编辑　戈　兰　美术编辑　彭子赫　版式设计　孙跃红

责任校对　石　静　责任印制　窦　唯

北京建宏印刷有限公司印刷

2007 年 6 月第 1 版，2021 年 4 月第 2 版，2024 年 6 月第 3 次印刷

787mm×1092mm　1/16；16.75 印张；397 千字；249 页

定价 46.00 元

投稿电话　(010)64027932　投稿信箱　tougao@cnmip.com.cn

营销中心电话　(010)64044283

冶金工业出版社天猫旗舰店　yjgycbs.tmall.com

（本书如有印装质量问题，本社营销中心负责退换）

第 2 版前言

本书 2007 年出版，经过多年的教学使用，深受学生和广大读者的欢迎。随着轧钢机械的新设备、新技术的飞速发展，加之高等教育改革的深入，本次对该书内容进行了重新编写。增加了近年出现的主要新技术、新设备；增加了型钢轧机、线材轧机等方面的内容。

本书由太原科技大学的马立峰教授任主编，赵春江教授和杨霞副教授任副主编。太原理工大学黄庆学教授编写第 1 章，李玉贵教授编写第 2 章，杜晓钟教授编写第 3 章，杨霞副教授编写第 4 章，东北大学胡贤磊教授和太原科技大学刘光明教授、姬亚锋副教授编写第 5 章，赵春江教授、江连运副教授编写第 6 章，周研博士编写第 7 章，马立东教授编写第 8 章，王荣军副教授编写第 9 章，楚志兵教授编写第 10 章，黄志权副教授编写第 11 章，马立峰教授编写第 12 章，胡鹰副教授编写第 13 章，周存龙教授编写第 14 章，太原理工大学王涛副教授编写第 15 章。全书由秦建平教授进行审查和修改。

本书在编写过程中引用了参考文献中各作者的研究成果，在此对他们表示衷心的感谢。

由于作者水平有限，加之时间仓促，书中不足之处，恳请读者批评指正。

马立峰

2020 年 9 月

第1版前言

本书是在原太原重型机械学院王海文教授主编的《轧钢机械设计》的基础上重新编写的。原书已出版20多年，经过多年的教学使用，深受学生和社会上读者的欢迎。但是，随着轧钢机械的新设备、新技术飞速发展，加之高等教育改革的逐渐深入，原书已不适应当前的时代发展，因此我们在原书的基础上进行了重新编写。

本次编写在保持原有主要内容基础上，增加了近年出现的主要新技术、新设备；增加了无缝钢管和焊管等方面的内容。

本书由太原科技大学的博士生导师黄庆学教授任主编，燕山大学的博士生导师肖宏教授、太原科技大学的孙斌煜教授任副主编。黄庆学教授编写第1章、第9章，李玉贵副教授编写第2章，孙斌煜教授编写第3章，杨晓明教授编写第4章，秦建平教授编写第6章，博士生导师双远华教授和副教授周存龙博士编写第7章，梁爱生教授编写第10章，周存龙副教授编写第12章，孟进礼高级工程师编写第13章，东北大学轧制技术与连轧自动化国家重点实验室副教授胡贤磊博士编写第5章，燕山大学肖宏教授编写第11章，谢红飙副教授编写第8章。全书由梁爱生教授进行了审查和修改。

本书在编写过程中引用了参考文献中各作者的研究成果，在此对他们表示衷心的感谢。

由于我们水平有限，加之时间仓促，书中不足之处，恳请读者批判指正。

黄庆学

2006年12月

总 目 录

上 册

第 1 章 绪言

1.1 轧钢机械及其分类
1.2 轧钢机械发展概况

第 2 章 轧辊与轧辊轴承

2.1 轧辊
2.2 轧辊轴承

第 3 章 轧辊调整、平衡及换辊装置

3.1 轧辊调整装置的用途及分类
3.2 轧辊手动调整装置
3.3 轧辊辊缝的对称调整装置
3.4 电动压下装置
3.5 双压下装置
3.6 全液压压下装置
3.7 轧机的压下螺丝与螺母
3.8 轧辊平衡装置
3.9 换辊装置
3.10 轧辊轴向调整及固定

第 4 章 轧钢机机架

4.1 机架的类型及其主要结构参数
4.2 机架的结构特点
4.3 工作机座的倾翻力矩及机座支反力计算
4.4 机架强度计算

第 5 章 工作机座刚度及板厚板形控制

5.1 工作机座刚度及测定方法
5.2 四辊轧机工作机座的刚度计算
5.3 提高轧机刚度的措施

5.4 厚度控制的基本原理
5.5 板形控制的基本原理

第6章 轧钢机主传动装置

6.1 轧钢机主传动装置的功用与组成
6.2 连接轴
6.3 联轴器
6.4 齿轮机座和主减速器
6.5 轧机主传动系统的扭矩振动

第7章 热轧无缝钢管轧机

7.1 无缝钢管生产方法
7.2 无缝钢管穿孔机
7.3 无缝钢管纵轧机
7.4 无缝钢管斜轧机
7.5 其他类型的轧管机
7.6 钢管定减径机

第8章 冷拔、冷轧钢管和连续焊管设备

8.1 冷拔钢管生产
8.2 冷轧钢管生产
8.3 焊管生产

下 册

第9章 型钢轧机

9.1 型钢种类
9.2 型钢生产方法及特点
9.3 型钢轧机类型及结构
9.4 轨梁轧机
9.5 万能轧机

第10章 线材轧制设备

10.1 概述
10.2 线材轧机分类
10.3 短应力线轧机
10.4 高速线材精轧机组
10.5 活套装置
10.6 吐丝机

10.7 线材减径定径轧机组
10.8 短流程、低产能难变形金属线材连轧机组

第11章 剪切机

11.1 剪切机的用途及分类
11.2 剪切机结构参数的选择
11.3 剪切机力能参数计算
11.4 例题
11.5 剪切机结构

第12章 飞剪机

12.1 概述
12.2 飞剪定尺长度调整
12.3 飞剪的设计计算
12.4 飞剪的结构
12.5 飞剪的控制

第13章 矫直机

13.1 矫直机的用途及分类
13.2 矫直理论
13.3 辊式矫直机力能参数计算
13.4 辊式矫直机的基本参数
13.5 矫直机结构
13.6 矫直工艺模型及控制系统

第14章 卷取机与开卷机

14.1 热带卷取机
14.2 冷带卷取机
14.3 热卷箱
14.4 冷带开卷机

第15章 辊道与冷床

15.1 辊道的基本类型与结构
15.2 辊道设计计算
15.3 冷床

上册目录

第1章 绪言 …… 1

1.1 轧钢机械及其分类 …… 1

1.1.1 轧钢机械 …… 1

1.1.2 轧钢机的分类 …… 1

1.1.3 轧钢辅助设备的分类 …… 10

1.2 轧钢机械发展概况 …… 11

1.2.1 带钢热连轧机成套设备的技术发展特点 …… 11

1.2.2 宽厚板轧制技术的发展特点 …… 11

1.2.3 冷连轧成套设备的技术发展特点 …… 12

1.2.4 中小型型钢连轧机的装备技术 …… 12

1.2.5 高速线材轧机的技术发展特点 …… 13

1.2.6 钢管轧机的发展概况 …… 13

思考题 …… 14

第2章 轧辊与轧辊轴承 …… 15

2.1 轧辊 …… 15

2.1.1 轧辊的基本类型 …… 15

2.1.2 轧辊的结构 …… 15

2.1.3 轧辊尺寸参数的确定 …… 16

2.1.4 轧辊材质的选择 …… 18

2.1.5 轧辊的强度计算 …… 20

2.1.6 轧辊的变形计算 …… 25

2.1.7 轧辊辊身结构 …… 27

2.1.8 轧辊失效方式 …… 29

2.2 轧辊轴承 …… 29

2.2.1 轧辊轴承的类型及工作特点 …… 29

2.2.2 滚动轴承 …… 29

2.2.3 轧辊滚动轴承的密封 …… 31

2.2.4 滚动轴承的寿命计算 …… 32

2.2.5 液体摩擦轴承 …… 33

思考题 …… 37

第3章 轧辊调整、平衡及换辊装置 …… 38

3.1 轧辊调整装置的用途及分类 …… 38

3.2　轧辊手动调整装置 …… 38
3.2.1　上辊手动调整装置 …… 38
3.2.2　下辊手动调整装置 …… 38
3.2.3　中辊手动调整装置 …… 39
3.3　轧辊辊缝的对称调整装置 …… 39
3.4　电动压下装置 …… 39
3.4.1　快速电动压下装置 …… 40
3.4.2　压下螺丝的回松装置 …… 41
3.4.3　慢速电动压下装置 …… 43
3.5　双压下装置 …… 46
3.5.1　电动双压下装置 …… 46
3.5.2　电-液双压下装置 …… 46
3.5.3　快速响应电-液压下装置 …… 47
3.5.4　立辊轧机电-液侧压装置 …… 48
3.6　全液压压下装置 …… 48
3.6.1　液压压下装置的特点 …… 48
3.6.2　液压压下控制系统的基本工作原理 …… 49
3.6.3　压下液压缸在轧机上的配置 …… 50
3.7　轧机的压下螺丝与螺母 …… 53
3.7.1　压下螺丝的设计计算 …… 53
3.7.2　压下螺母的结构尺寸设计 …… 54
3.7.3　转动压下螺丝的功率计算 …… 56
3.8　轧辊平衡装置 …… 59
3.8.1　轧辊平衡的目的 …… 59
3.8.2　平衡装置类型 …… 59
3.8.3　平衡力的选择与计算 …… 64
3.9　换辊装置 …… 65
3.9.1　一般换辊装置 …… 66
3.9.2　快速换辊装置 …… 69
3.9.3　立辊轧机换辊装置 …… 77
3.10　轧辊轴向调整及固定 …… 79
3.10.1　轧辊轴向调整的作用及其结构 …… 79
3.10.2　轧辊的轴向固定 …… 80
思考题 …… 81

第4章　轧钢机机架 …… 83

4.1　机架的类型及其主要结构参数 …… 83
4.1.1　机架类型 …… 83
4.1.2　机架的主要结构参数 …… 85

4.2　机架的结构特点 …… 86
4.2.1　闭式机架 …… 86
4.2.2　开式机架 …… 87
4.2.3　组合式机架 …… 88
4.2.4　轨座的结构 …… 89
4.3　工作机座的倾翻力矩及机座支反力计算 …… 90
4.3.1　工作机座倾翻力矩的计算 …… 90
4.3.2　轨座支反力及地脚螺栓的强度计算 …… 93
4.4　机架强度计算 …… 95
4.4.1　开式机架的强度计算 …… 95
4.4.2　闭式机架的强度计算 …… 98
4.4.3　形状复杂的闭式机架强度计算 …… 108
4.4.4　机架结构强度的有限元分析 …… 110
4.4.5　机架材料和许用应力 …… 113
思考题 …… 113

第5章　工作机座刚度及板厚板形控制 …… 114

5.1　工作机座刚度及测定方法 …… 114
5.1.1　工作机座的刚度 …… 114
5.1.2　轧机刚度的测定 …… 116
5.1.3　不同因素对轧机刚度的影响 …… 117
5.2　四辊轧机工作机座的刚度计算 …… 118
5.2.1　轧辊系统的弹性变形 …… 119
5.2.2　轧辊轴承的弹性变形 …… 123
5.2.3　轴承座的弹性变形 …… 123
5.2.4　压下螺丝和压下螺母的弹性变形 …… 124
5.2.5　机架的弹性变形 …… 125
5.3　提高轧机刚度的措施 …… 127
5.3.1　确定各受力零件的尺寸 …… 127
5.3.2　应力回线较短的轧机结构 …… 128
5.3.3　预应力轧机 …… 128
5.4　厚度控制的基本原理 …… 130
5.4.1　轧件厚度波动的原因 …… 130
5.4.2　轧制过程中厚度变化的基本规律 …… 130
5.4.3　板厚控制的基本原理 …… 133
5.4.4　液压压下轧机的当量刚度 …… 134
5.4.5　自动厚度控制的基本类型 …… 136
5.5　板形控制的基本原理 …… 137
5.5.1　板形的基本概念及其表示方法 …… 137

5.5.2 板形控制方法 …… 141
思考题 …… 151
第6章 轧钢机主传动装置 …… 153
6.1 轧钢机主传动装置的功用与组成 …… 153
6.2 连接轴 …… 154
6.2.1 连接轴的类型和用途 …… 154
6.2.2 滑块式万向接轴 …… 154
6.2.3 十字轴式万向接轴 …… 161
6.2.4 弧形齿接轴 …… 167
6.2.5 梅花接轴 …… 170
6.2.6 接轴的平衡 …… 171
6.3 联轴器 …… 174
6.3.1 齿轮联轴器 …… 174
6.3.2 棒销联轴器 …… 176
6.4 齿轮机座和主减速器 …… 177
6.4.1 齿轮机座 …… 177
6.4.2 主减速器 …… 178
6.5 轧机主传动系统的扭矩振动 …… 180
6.5.1 扭振系统简图 …… 181
6.5.2 扭振系统的固有频率和扭矩放大系数 …… 183
思考题 …… 184
第7章 热轧无缝钢管轧机 …… 185
7.1 无缝钢管生产方法 …… 185
7.1.1 热轧无缝钢管主要变形工序 …… 185
7.1.2 热轧无缝钢管生产工艺流程 …… 185
7.2 无缝钢管穿孔机 …… 186
7.2.1 二辊式穿孔机 …… 186
7.2.2 立式大导盘穿孔机 …… 187
7.2.3 锥形辊穿孔机 …… 188
7.2.4 三辊式穿孔机 …… 189
7.3 无缝钢管纵轧机 …… 190
7.3.1 自动轧管机 …… 190
7.3.2 连轧管机 …… 193
7.4 无缝钢管斜轧机 …… 198
7.4.1 ACCU-ROLL 轧管机组 …… 198
7.4.2 三辊式轧管机 …… 199
7.5 其他类型的轧管机 …… 201

7.5.1 周期式轧管机的工作原理 …… 201
7.5.2 顶管机组及 CPE 工艺 …… 202
7.5.3 三辊联合穿轧机 …… 205
7.5.4 三辊斜连轧机 …… 207
7.6 钢管定减径机 …… 209
7.6.1 概述 …… 209
7.6.2 主机座 …… 210
7.6.3 联合减速机 …… 210
7.6.4 轧辊机架 …… 211
7.6.5 换辊装置 …… 211
思考题 …… 214

第8章　冷拔、冷轧钢管和连续焊管设备 …… 215

8.1 冷拔钢管生产 …… 215
8.1.1 冷拔钢管生产方法 …… 215
8.1.2 冷拔拔制力的计算 …… 216
8.1.3 拔管设备 …… 219
8.2 冷轧钢管生产 …… 221
8.2.1 周期式冷轧管机的工作原理 …… 222
8.2.2 二辊周期式冷轧管机的结构 …… 224
8.3 焊管生产 …… 232
8.3.1 焊管生产方法 …… 232
8.3.2 ERW 焊管成形设备 …… 233
8.3.3 直缝双面埋弧焊管 …… 241
8.3.4 螺旋焊管机组 …… 244
思考题 …… 248

参考文献 …… 249

第1章 绪 言

1.1 轧钢机械及其分类

1.1.1 轧钢机械

轧钢机械或轧钢设备主要指完成由坯料到成品整个轧钢生产工艺过程中使用的机械设备，一般包括轧钢机及一系列辅助设备组成的若干个机组。通常把使轧件产生塑性变形的机器称为轧钢机主机列，也称轧钢车间主要设备。主机列类型和特征标志着整个轧钢车间的类型及特点。除轧钢机以外的各种设备，统称轧钢车间辅助设备。辅助设备数量大、种类多。随着车间机械化程度的提高，辅助设备的重量所占的比例越来越大。如 1700mm 热轧带钢厂，设备总重量为 51000t，其中辅助设备的重量在 40000t 以上。

轧钢机的标称的许多习惯称谓，一般与轧辊或轧件尺寸有关。

钢坯轧机和型钢轧机的主要性能参数是轧辊的名义直径，因为轧辊名义直径的大小与其能够轧制的最大断面尺寸有关，因此，钢坯及型钢轧机是以轧辊名义直径标称的，或用人字齿轮节圆直径标称。当轧钢车间中装有数列或数架轧机时，则以最后一架精轧机轧辊的名义直径作为轧钢机的标称。

钢板轧机的主要性能参数是轧辊辊身长度，因为轧辊辊身长度与其能够轧制的钢板最大宽度有关，因此，钢板轧机是以轧辊辊身长度标称的。

钢管轧机则是直接以其能够轧制的钢管最大外径来标称的。

应当指出，性能参数相同的轧钢机，采用不同布置形式时，轧钢产品、产量和轧制工艺就不同。因此，上述轧钢机的标称方法还不能全面反映各种轧钢设备的技术特征，还应考虑轧钢机的布置形式。例如，250mm 半连续式线材轧机，其中 250mm 是指机组最后一架精轧机轧辊名义直径为 250mm，而半连续式是指轧钢机的布置形式。

1.1.2 轧钢机的分类

1.1.2.1 轧钢机按用途分类

轧钢机按用途分类及主要技术特性见表 1-1。

1.1.2.2 轧钢机按轧辊在工作机座中的布置形式分类

（1）具有水平轧辊的轧机。具有水平轧辊的轧机见表 1-2。

表1-1 轧钢机按用途分类及主要技术特性

轧机类型		轧辊尺寸/mm 直径	轧辊尺寸/mm 辊身长度	最大轧制速度 /m·s^{-1}	用途
开坯机	初轧机 板坯初轧机	750~1500 1100~1370	约3500 约2800	3~7 2~6	用1~45t钢锭轧制120mm×120mm~450mm×450mm的方坯及(75~300)mm×(700~2050)mm的板坯
开坯机	方坯初轧机 方坯板坯联合初轧机				将钢锭轧制成大方坯或板坯
开坯机	钢坯轧机	450~750	800~2200	1.5~5.5	将大钢坯轧成55mm×55mm~150mm×150mm的方坯
型钢轧机	轨梁轧机	750~900	1200~2300	5~7	生产38~75kg/m的重轨以及高达240~600mm甚至更大的其他重型断面钢梁
型钢轧机	大型轧机	500~750	800~1900	2.5~7	生产80~150mm的方钢和圆钢，高120~300mm的工字钢和槽钢、18~24kg/m的钢轨等
型钢轧机	中型轧机	350~500	600~1200	2.5~15	生产40~80mm的方钢和圆钢、高达120mm的工字钢和槽钢、50mm×50mm~100mm×100mm的角钢、11kg/m的钢轨等
型钢轧机	小型轧机	250~350	500~800	4.5~20	生产8~40mm的方钢和圆钢，20mm×20mm~50mm×50mm的角钢等
型钢轧机	线材轧机	250~300	500~800	10~102	生产ϕ5~9mm的线材
热轧板带轧机	厚板轧机		2000~5600	2~4	生产(4~50)mm×(500~5300)mm的厚钢板，最大厚度可达300~400mm
热轧板带轧机	宽带钢轧机		700~2500	8~30	生产(1.2~16)mm×(600~2300)mm的带钢
热轧板带轧机	叠轧薄板轧机		700~1200	1~2	生产(0.3~4)mm×(600~1000)mm的薄钢板
冷轧板带轧机	单张生产的钢板冷轧机		700~2800	0.3~0.5	
冷轧板带轧机	成卷生产宽带钢冷轧机		700~2500	6~40	生产(1.0~5)mm×(600~2300)mm的带钢及钢板
冷轧板带轧机	成卷生产窄带钢冷轧机		150~700	2~10	生产(0.02~4)mm×(20~600)mm的带钢
冷轧板带轧机	箔带轧机		200~700		生产0.0015~0.012mm的箔带
热轧无缝钢管轧机	400自动轧管机	690~1100	1550	3.6~5.3	生产ϕ27~400mm的无缝钢管，扩孔后钢管最大直径达ϕ650mm或更大
热轧无缝钢管轧机	140自动轧管机	650~750	1680	2.8~5.2	生产ϕ40~70mm的无缝钢管
热轧无缝钢管轧机	168连续轧管机	520~620	300	5	生产ϕ65~80mm的无缝钢管
冷轧钢管轧机					主要轧制ϕ5~500mm的薄壁管，个别情况下也轧制ϕ400~500mm的大直径钢管

续表 1-1

轧机类型		轧辊尺寸/mm		最大轧制速度 /m·s^{-1}	用途
		直径	辊身长度		
特殊用途轧机	车轮轧机				轧制铁路用车轮
	圆环-轮箍轧机				轧制轴承环及车轮轮箍
	钢球轧机				轧制各种用途的钢球
	周期断面轧机				轧制变断面轧件
	齿轮轧机				滚压齿轮
	丝杠轧机				滚压丝杠

表 1-2 轧辊水平布置的轧钢机

轧辊布置形式	机座名称	用途
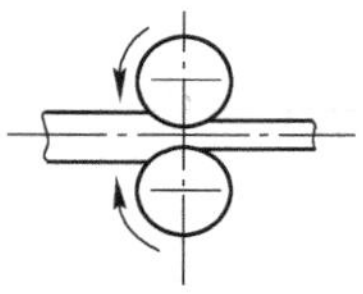	二辊轧机	可逆式轧机，轧制大断面方坯、板坯、轨梁异形坯和厚板；薄板轧机；冷轧钢板及带钢轧机；高生产率生产钢坯和线材的连续式轧机以及布棋式、越野式型钢轧机； 钢坯轧机、钢板轧机、型钢轧机、棒线材轧机
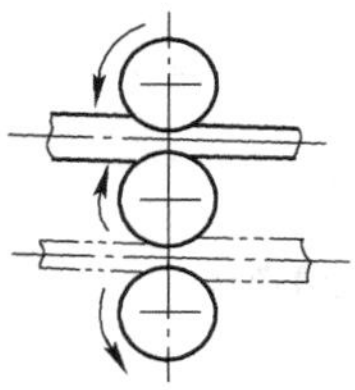	三辊轧机	轧制钢梁、钢轨、钢坯、方坯等大断面钢材及生产率不高的型钢； 横列式型钢轧机和棒线材轧机
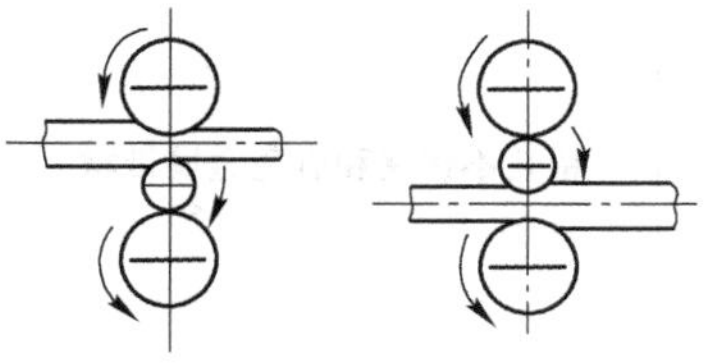	具有小直径浮动中辊的三辊轧机（劳特轧机）	轧制中厚板，有时也轧薄板
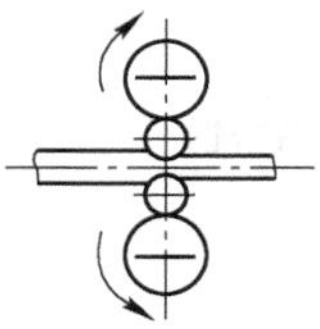	四辊轧机	冷轧及热轧板、带材

续表 1-2

轧辊布置形式	机座名称	用 途
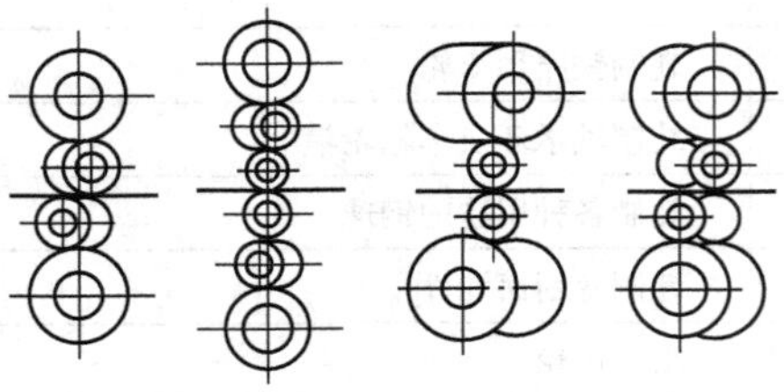	PC 轧机	冷轧及热轧带材
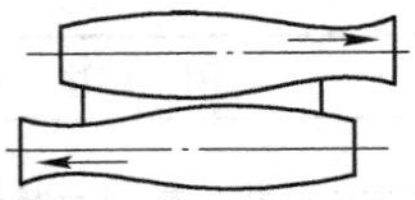	CVC 凸度连续可变轧机	热轧及冷轧带钢
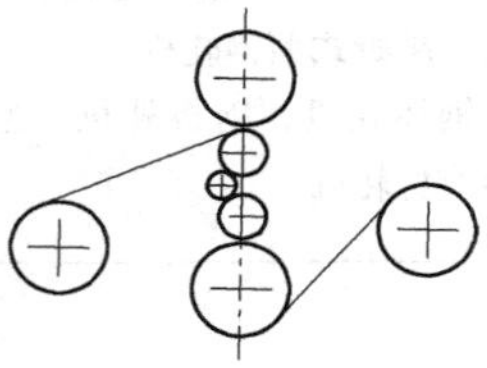	具有小弯曲辊的四辊轧机（偏五辊轧机），也叫 C-B-S 轧机（即接触，弯曲-拉直轧制）	冷轧难变形的合金带钢
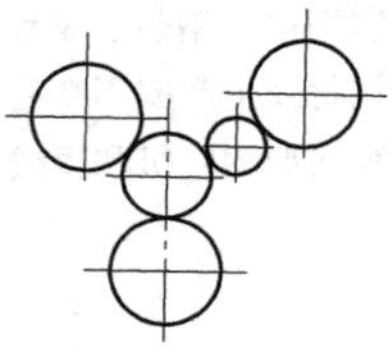	S 轧机	冷轧薄带材
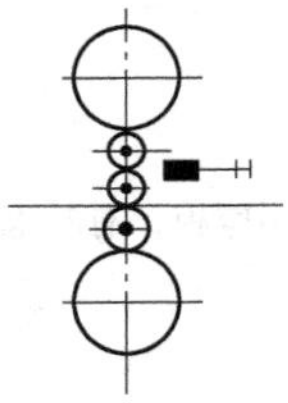	五辊轧机（泰勒轧机）	精轧不锈钢和有色金属带材
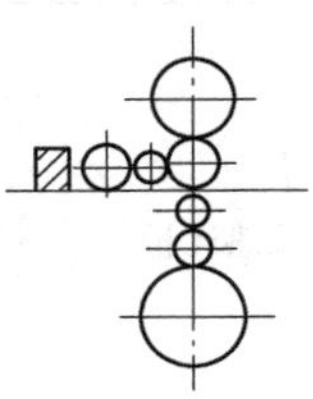	FPC 平直度易控轧机	冷轧薄带钢

续表 1-2

轧辊布置形式	机座名称	用　　途
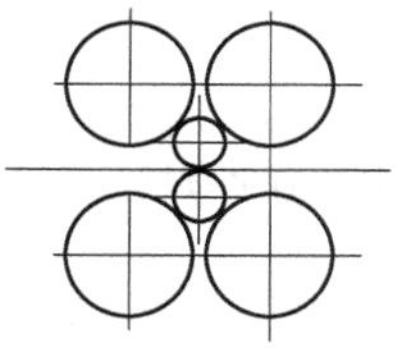	六辊轧机	热轧及冷轧板带材
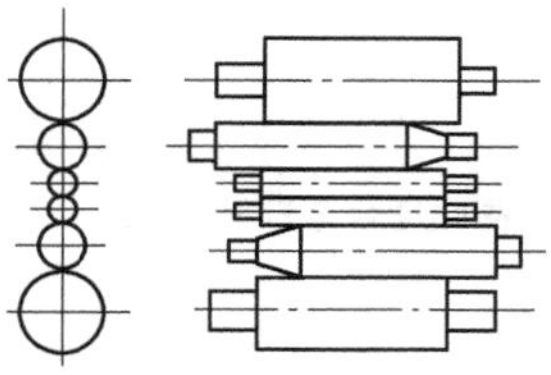	HC 轧机	冷轧碳素钢及合金钢带材
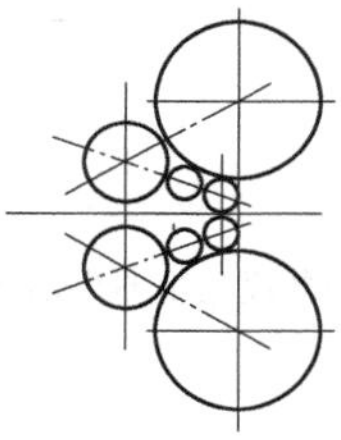	偏八辊轧机 （MKW 轧机）	冷轧板带材
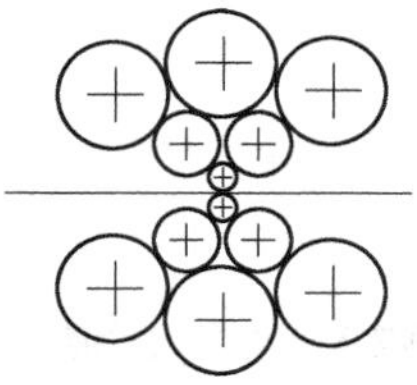	十二辊轧机	冷轧板带材
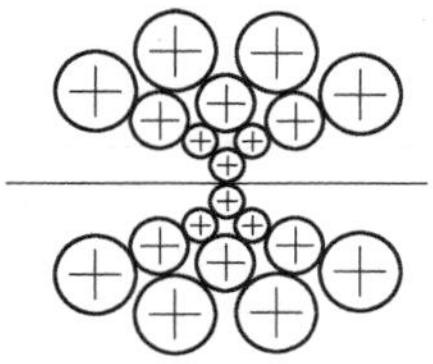	二十辊轧机	冷轧板带材
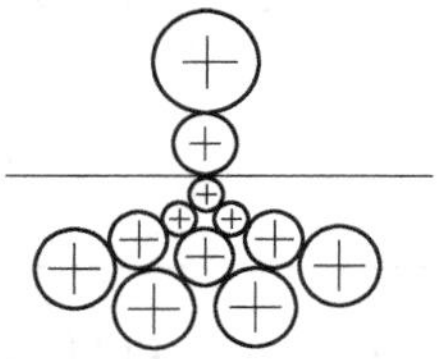	复合式十二辊轧机	冷轧板带材

续表 1-2

轧辊布置形式	机座名称	用 途
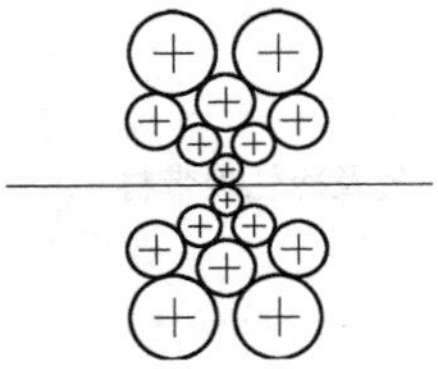	Dual Z（大型轧机） （1-2-1-4 型）	高强度合金带材
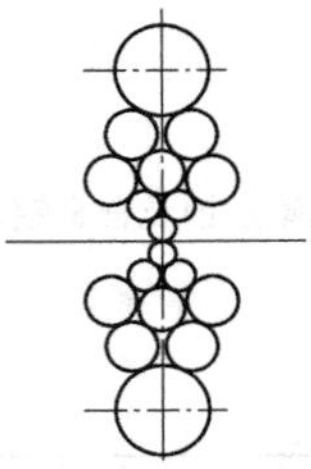	十八辊 Z 形轧机 （1-2-1-4-1 型）	高强度合金带材
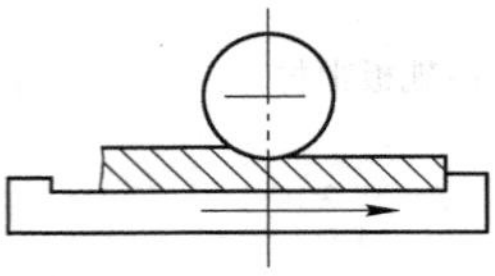	在平板上轧制的轧机	轧制各段长度不大的变断面轧件
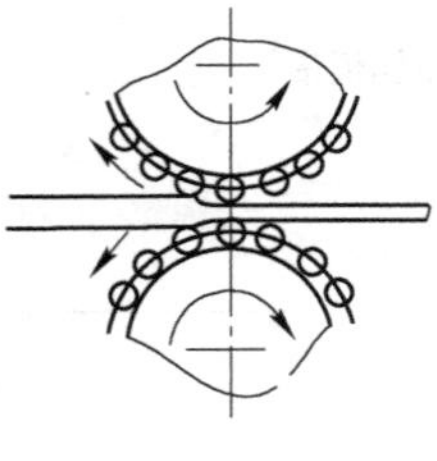	行星轧机	热轧及冷轧带钢与薄板坯
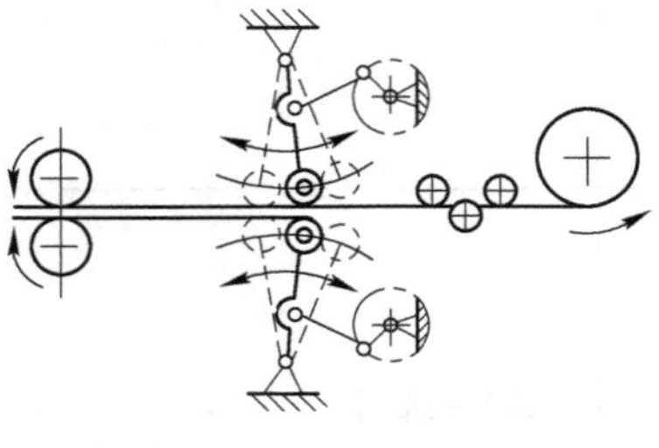	摆式轧机	冷轧带钢及钛、铜、黄铜等有色带材，尤其适于冷轧难变形材料

（2）具有垂直轧辊的轧机和万能轧机。具有垂直轧辊的轧机和万能轧机见表 1-3。

表 1-3　具有垂直轧辊的轧机和万能轧机

轧辊布置形式	机座名称	用　途
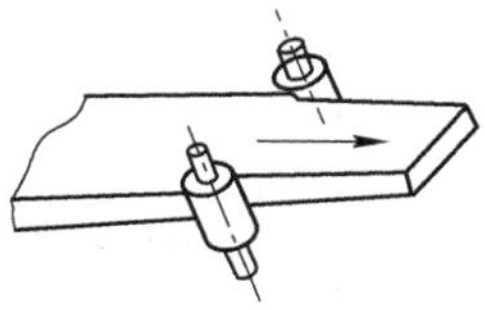	立辊轧机	轧制金属侧边
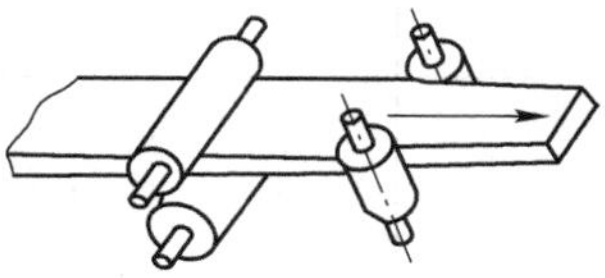	二辊万能轧机（有一对立轧辊）	轧制宽带钢
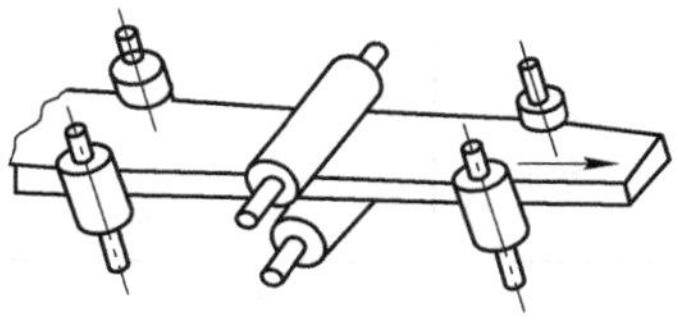	二辊万能轧机（有两对立轧辊）	轧制宽带钢
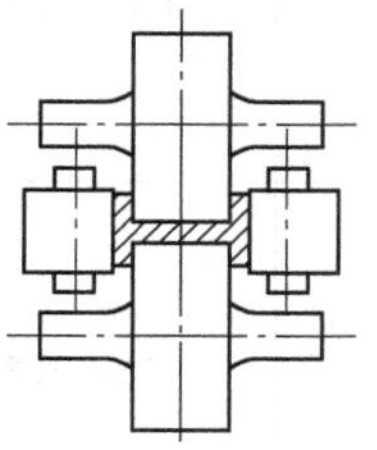	万能钢梁轧机	轧制高度为 300～1200mm 的宽边钢梁 H 型钢

（3）轧辊倾斜布置的轧机。轧辊倾斜布置的轧机见表 1-4。

表 1-4　轧辊倾斜布置的轧机

轧辊布置形式	机座名称	用　途
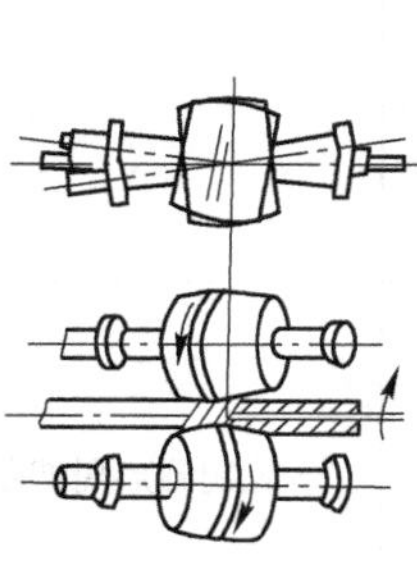	斜辊穿孔机	穿孔直径为 60～650mm 的钢管

续表 1-4

轧辊布置形式	机座名称	用 途
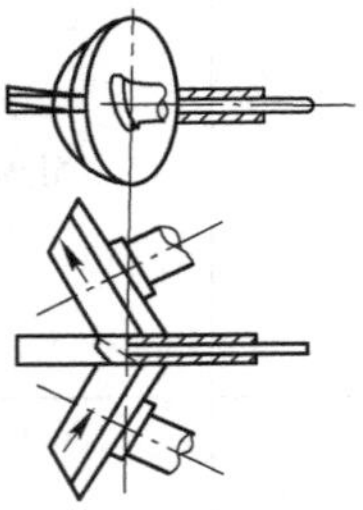	菌式穿孔机	穿孔直径为 60~200mm 的钢管
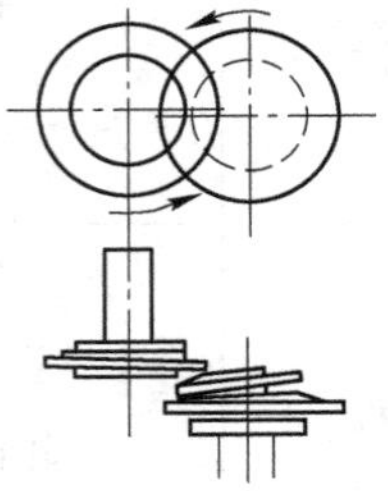	盘式穿孔机	穿孔直径为 60~150mm 的钢管
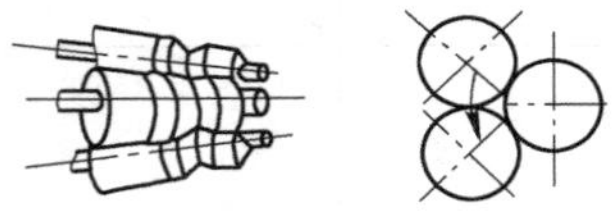	三辊穿孔机	难变形金属无缝管材的穿孔
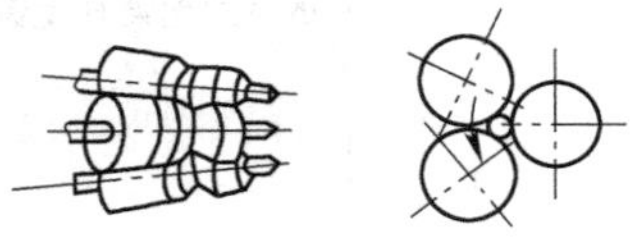	三辊延伸轧机	减小管壁厚度延伸钢管
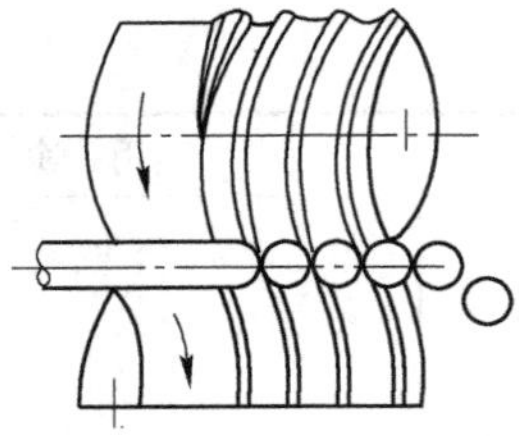	钢球轧机	轧制 18~60mm 以上的钢球
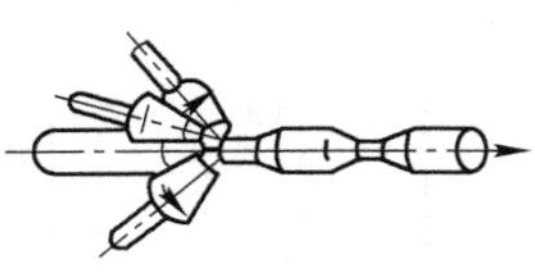	三辊周期断面轧机	轧制圆形周期断面的轧件

（4）轧辊具有其他不同布置形式的轧机。轧辊具有其他不同布置形式的轧机见图 1-1 和图 1-2。

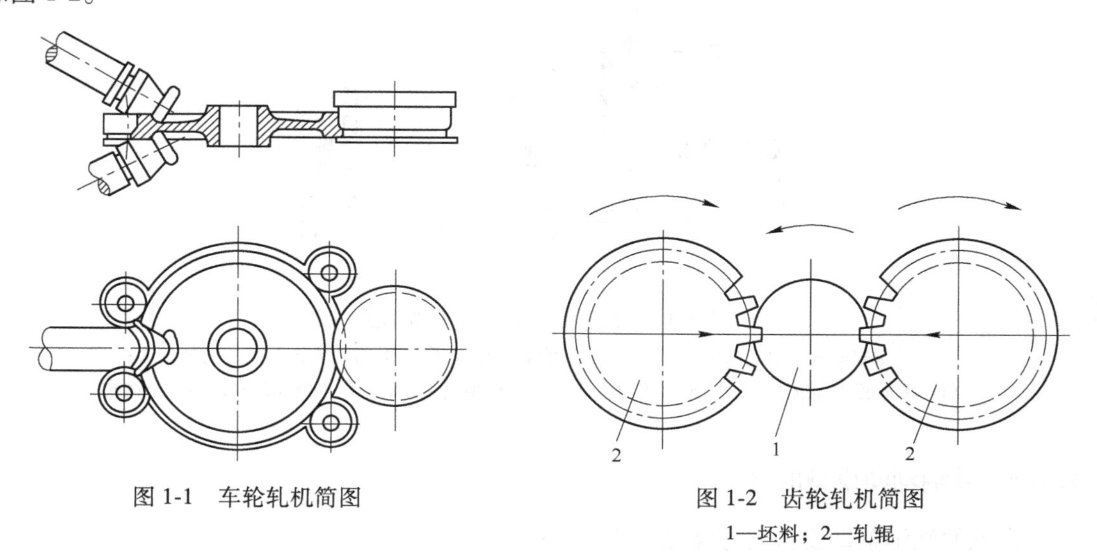

图 1-1　车轮轧机简图

图 1-2　齿轮轧机简图
1—坯料；2—轧辊

1.1.2.3　按轧钢机的布置形式分类

按轧钢机的布置形式分类见图 1-3。

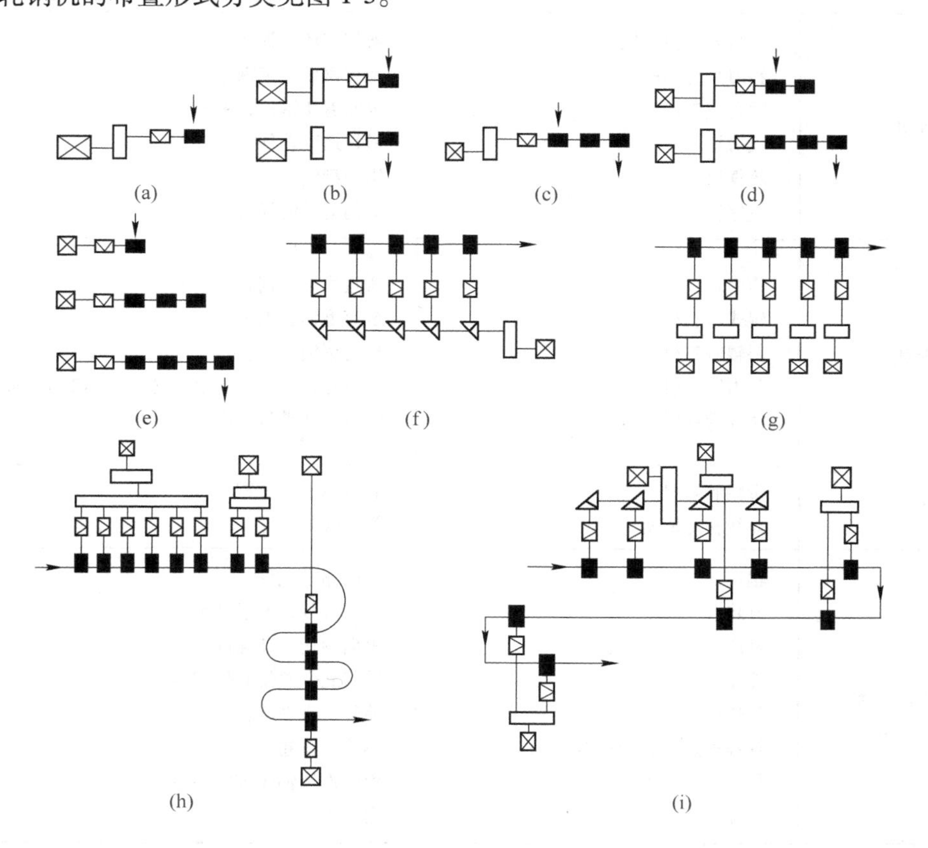

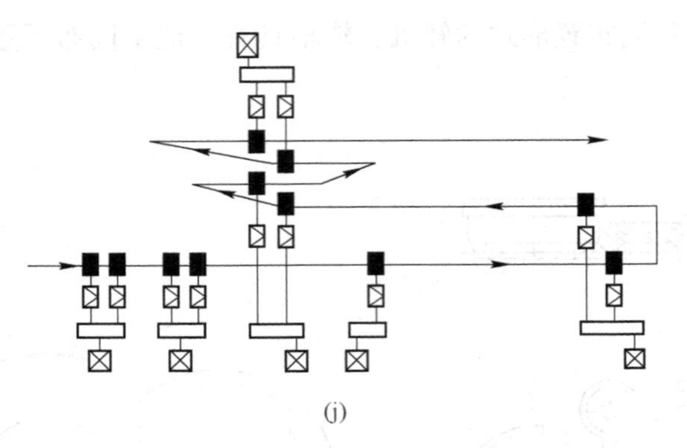

(j)

图 1-3 轧钢机工作机座布置形式

(a) 单机架式；(b) 双机架式；(c) 单列横列式；(d) 二列横列式；(e) 三列横列式；(f) 集体驱动连续式；(g) 单独驱动连续式；(h) 半连续式；(i) 串列往复式；(j) 布棋式

1.1.3 轧钢辅助设备的分类

常见的轧钢辅助设备的分类见表 1-5。

表 1-5 轧钢辅助设备的分类

类 别	设备名称	用 途
剪切类	平行刀片剪切机	剪切钢坯、管坯
	斜刀片剪切机	剪切钢板、带钢
	圆盘式剪切机	纵向剪切钢板、带钢
	飞剪机	横切运动轧件
	热锯机	锯切型钢
	飞锯机	剪切运动的焊管
矫直类	压力矫直机	矫直型钢、钢管、钢板
	辊式矫直机	矫直型钢、钢板
	斜辊矫直机	矫直圆钢、钢管
	张力矫直机	矫直有色板材、薄钢板（厚度小于 0.6mm）
	拉伸弯曲矫直机	矫直极薄带材、高强度带材
卷取类	带钢卷取机	卷取钢板、带钢
	棒线材卷取机	卷取线材
运输翻转类	辊道	轴向输送轧件
	升降台	垂直（摆动）输送轧件
	推床	横向输送移动轧件
	冷床	冷却轧件并使轧件横移
	回转台	使轧件水平旋转
	悬挂输送机、输送链	钢管、盘卷
	翻钢机	使轧件按轴线方向旋转
	钢锭车	运送钢锭

续表 1-5

类　别	设备名称	用　途
打捆包装类	打捆机 包装机	将线材、带卷打捆 将板材、钢材包装
表面清理加工类	修磨机 火焰清理机 酸洗机组镀锌（锡）机组 清洗机组	修磨坯料表面缺陷 清理坯料表面缺陷 酸洗轧件表面镀锌（锡） 对轧件表面进行清理、洗净、去油

1.2 轧钢机械发展概况

1.2.1 带钢热连轧机成套设备的技术发展特点

（1）不断改善产品质量。具体技术主要有：

1）精轧机组采用液压 AGC 技术，使带钢厚度公差提高到±30μm。

2）精轧机组采用板形控制技术，使带钢横截面凸度、平坦度和边部减薄量精度指标不断提高。

3）精轧机组采用液压 AWC 技术，使带钢的宽度精度不断提高。

4）采用新的除鳞技术、层流冷却技术、全液压卷取机等新技术，不断提高带钢表面质量和力学性能。

（2）发展连铸热轧连续化生产。通过采用较厚中间坯、保温罩、热卷箱、局部加热等新技术，有效实现节能降耗和节省投资，优化加热和废气利用，进一步发展节能技术。

（3）发展无头轧制技术。带钢热连轧采用无头轧制技术是 20 世纪 90 年代发展起来的全新技术，也是当代最先进的热轧带钢生产技术。

（4）采用多级计算机控制，大力提高全线自动化水平。

1.2.2 宽厚板轧制技术的发展特点

（1）高尺寸精度轧制技术。近年来用户对钢板尺寸精度、板形、表面质量、材质性能提出了更高的要求，如板厚公差为±(0.2～0.4)mm，板宽公差为 4～6mm，钢板的旁弯要求全长小于 5mm，从而推动了以厚度、宽度、板形控制为主的高精度轧制技术的进一步发展。

1）厚度控制：在靠近轧机处设置 γ 射线测厚仪，使监控及反馈控制能快速应答，从而提高钢板全长的厚度精度。

2）宽度控制：设置了液压 AWC 系统，宽度控制精度已达 5.7mm。

3）板形控制：以往厚板轧制以辊形和弯辊装置作为凸度和平坦度的基本控制方法，现在的厚板轧机采用工作辊移动+强力弯辊、成对交叉辊轧机和连续可变凸度轧机的方法，其全宽度的凸度控制值已达 40μm 水平。

（2）平面板形控制技术。厚钢板在成形轧制和展宽轧制阶段的不均匀变形，使轧制后的钢板增加了切头、切尾和切边的损失，此项金属损失在以往的常规轧制方法中占 5%以上。为此，先后开发出 MAS 平面形状控制法、狗骨轧制法、TFP 技术及轧制“免切边钢板”。

(3) 控制轧制和控制冷却技术。将钢板的控制轧制和随后的加速冷却工艺过程统称为 TMCP 工艺。采用控轧控冷技术，可以生产综合力学性能和焊接性能均优良的高强度结构钢板。

1.2.3 冷连轧成套设备的技术发展特点

(1) 扩大产品品种规格。由于市场对冷轧带钢品种规格的需求不断扩大，特别是 IF 钢的应用增加，冷连轧的产品规格也在不断增加。产品品种的不断扩大，涂镀层深加工产品产量迅速增加。

(2) 改善产品质量，提高带钢尺寸精度和力学性能。为此，从冶炼到热轧、冷轧，采用了一系列技术措施，发展了许多新工艺和新设备。对于冷轧带钢来说，表面质量是一个极其重要的参数，为了对缺陷进行自动检测，分类评价，研究了多种表面检测系统。

(3) 提高生产能力。生产能力取决于轧制速度、轧制的装备水平、操作水平等诸多因素，且与机架数量、轧机规格、轧制品种、冷却润滑条件、轧辊轴承性能、弧形齿接轴的应用有关。

(4) 增加卷重。增加卷重可以提高轧速，增加产量，提高成品率和操作效率。但是鉴于大卷重和大卷径要增加设备的承载能力和操作困难，目前卷重一般采用 25~40t。

(5) 合理分配压下率。冷连轧机压下率的分配，前面机架较大而后面机架较小，以控制板带平直度。五机架连轧机的总压下率为 80%~90%，六机架为 90%~94%。

(6) 增大主传动电机功率。轧制速度和产量的提高，使轧机的电动机功率呈上升趋势。按单位带宽的装机容量表示，目前单位装机容量普遍提高。

(7) 大力提高全线电气控制和自动化水平。高压供配电系统采用集中监视技术，传动采用同步机交-交变频和 PWM 交流变频调速技术，采用了新型开放性 PCS 系统，系统的能力和可靠性大大提高。仪表控制系统全部采用 PLC、DCS 系统，各种控制仪表大多数采用带微机的“智能”仪表，并应用了宽范围温度和压力补偿、在线自诊断、双向通信、远方检查和调整等技术，极大地提高了测量控制精度和可靠性，大幅度降低了设备故障维护工作量。增强了产品质量的在线检测，如针孔仪、激光表面缺陷检测仪和电磁感应带钢内部缺陷检查仪等在线检测仪表，使保证产品质量的手段提到了更高的层次。

1.2.4 中小型型钢连轧机的装备技术

(1) 高刚度、高精度精轧机。有二辊预应力轧机、四立柱短应力线轧机、红圈轧机、悬臂式辊轧机、组合轧机、大丫形轧机等。

(2) 大压下量轧机，如三辊行星轧机、三辊可逆式轧机、4~5 单元紧凑式轧机、高刚度闭口式轧机、摆锻轧机等。

(3) 新型特殊轧机，如万能 H 型钢轧机、万能 H 型钢轧边机、立平交替布置组合轧机、平立可转换轧机，变截面轧机、轴轧机、零件轧机等。

(4) 轧机滚动轴承化。

(5) 快速换辊技术，采用成对快速换辊、整体快速换辊等。

(6) 导卫滚动化，采用油气喷雾润滑的滚动导卫，用光学对中仪调整，确保轧件质量，减少轧废。

(7) 轧辊高强耐磨复合化。精轧机用碳化钨轧辊、合金钢轧辊、组合轧辊等，以提高产品质量和轧辊寿命。

(8) 钢坯检查修磨线。

(9) 穿水冷却装置。

(10) 高精度定径机，有 VH 组合式、多辊式，具有刚度高、结构紧凑、占地小等优点。

(11) 在线激光测量装置。测量精度达±0.04mm，并进行大屏幕显示和统计分析。

(12) 在线钢材缺陷检测装置。

(13) 在线红外线轧件温度测量装置。

(14) 钢材制动夹尾装置，增速与制动装置。

(15) 长尺齿形步进式冷床，具有分钢、矫直、齐头、均匀冷却、钢材编组等功能。

(16) 强力卷取机，卷取大断面棒材。

(17) 强力冷剪切机和强力冷锯机。

(18) 变辊距矫直机。

(19) 矫直、飞剪联合机组。

(20) 码垛机。

(21) 自动打捆机。

(22) 在线自动计量磅秤、数据自动显示记录。

1.2.5 高速线材轧机的技术发展特点

一般将轧制速度大于 40m/s 的线材轧机称为高速线材轧机。高线轧机的技术进步体现在普遍采用全连续高速无扭线材精轧机组和控制冷却技术作为线材生产的主要工艺装备手段，其特点是：高速、单线、无扭、微张力、控制冷却、组合结构、碳化钨辊环和自动化，采用快速换辊和导卫装置。其产品特点是盘重大、精度高、质量好。

目前高线轧机的轧制速度一般在 80~140m/s，盘重达 2~3t，单线年生产能力已达 40 万~45 万吨，轧机的机架数已增加到 28 架，实现了单线布置，粗、中、精轧全线无扭悬轧机制，生产的材质更高。轧制工序中质量的改善主要表现在：

(1) 采用 AGC 技术生产精密线材，产品尺寸公差为±(0.2~0.3)mm，高级别可达±0.1mm。

(2) 采用控轧控冷技术提高产品冶金性能，同一盘线材的强度和金相组织比较均匀，强度相差±3%以下，线材在深加工时的一次减面率可达 85%，二次氧化铁皮仅为 0.2%~0.8%。

(3) 采用倾斜轧制技术轧制难加工钢材。

(4) 采用在线热处理技术，以满足用户简化工序的要求。

1.2.6 钢管轧机的发展概况

近年来，连铸钢管坯逐步取代了轧制管坯，使金属收得率提高 10%~15%，能源费用节省40%以上，成本大大降低。20世纪80年代以来，普遍采用了锥形辊穿孔机、限动（半限动）芯棒连轧管机组等高效先进的轧管设备。限动（半限动）芯棒连轧管机可生产直径达426mm、长度达50m的钢管，生产效率高，单机最大年产量可达80万~100万吨；产品质量好，外径公差可达±(0.2%~0.4%)，壁厚偏差在±(3%~6.5%)范围内。在二辊式限动芯棒连轧管机的基础上，又研制出三辊可调的限动芯棒连轧管机。

目前各主要产钢国的焊管产量都超过了无缝管产量，随着长距离工业输送线路的开发，大直径焊管比全重不断增加。U-O成形焊管最大外径增至1626mm，最大壁厚增加至40mm，年生产能力为110万吨。螺旋焊管采用一台成形机使带钢成形后马上进行双面焊，切定尺后再送往数台焊接机上进行双面焊，大大提高了生产率。

对精密、薄壁、高强度特殊钢管的需求量不断增长，促使冷轧冷拔管生产迅速发展。

冷轧管机有周期式、多辊式、立式、行星式和连续式等多种，其中以周期式冷轧管机应用最普遍。冷拔是生产精密钢管的主要方式，有摆式、转盘式和卷筒式三种冷拔管机。卷筒式拔管机占地面积小，拔制速度高，正在推广应用。

思考题

1-1 简述各类轧钢机械的发展概况。

第 2 章 轧辊与轧辊轴承

2.1 轧 辊

2.1.1 轧辊的基本类型

按照轧机类型轧辊可分为板带轧机轧辊和型钢轧机轧辊两大类。板带轧机轧辊的轴向呈圆柱形。有时，热轧板轧辊辊身微凹，冷轧板轧辊辊身微凸，其目的是改善板形。型钢轧机轧辊的辊身要有轧槽。

按照轧辊的轴头形式轧辊分为梅花轴头轧辊（图 2-1（a））、万向轴头轧辊（图 2-1（b））、带键槽轴头轧辊（图 2-1（c））、圆柱形轴头轧辊（图 2-1（d））和带平台轴头轧辊（图 2-1（e））。实践表明，带双键槽的轴头在使用过程中键槽容易崩裂。目前常用易加工的带平台的轴头代替双键槽轴头。按照轧辊的功用轧辊分为工作辊和支承辊两种。

按照轧辊结构轧辊有实心辊、空心辊、组合辊和组合预应力辊。

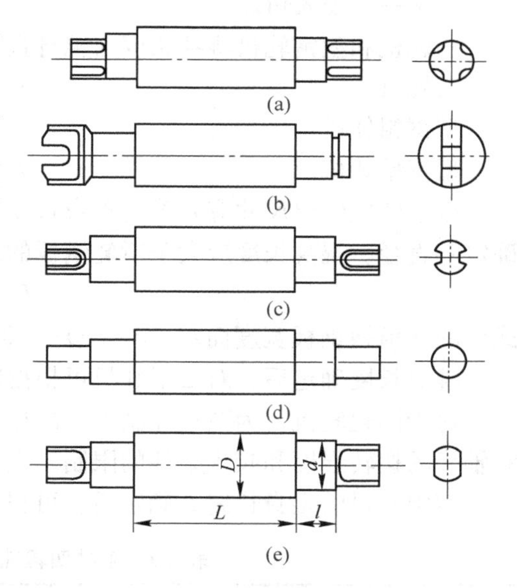

图 2-1 轧辊的基本类型

2.1.2 轧辊的结构

轧辊由辊身、辊颈和轴头三部分组成。辊颈安装在轴承中，并通过轴承座和压下装置把轧制力传给机架。轴头和连接轴相连，传送轧制扭矩。此外，还有制造、安装所需的辅助表面，如中心孔，紧固、吊装用的沟槽、螺孔，以及带动轧辊转动的带槽轴头等。

空心辊的内孔有平滑内孔、阶梯内孔和带腹孔的内孔。组合辊和组合预应力辊的目的是为了提高使用寿命和降低辊耗成本。

在轧制过程中，支承辊承受着全部轧制力的作用，辊身与辊颈的过渡段是受力的危险截面。由于受轴承尺寸的限制，辊颈不能做得太大，因而在过渡区段产生很大的应力集中，需要合理地选定过渡区段的结构。工作辊辊颈除承受平衡力外，在现代四辊轧机上，还要承受调节辊型用的较大的弯辊力，因此，工作辊过渡区段的应力集中问题也应加以考虑。实践证明，轧辊辊身边缘的尖角处也有应力集中，因而尖角处必须倒钝。

2.1.3　轧辊尺寸参数的确定

轧辊的基本尺寸参数有：辊身直径 D、辊身长度 L、辊颈直径 d 和辊颈长度 l 等。

2.1.3.1　辊身直径 D 和辊身长度 L

带孔型轧辊的辊身直径有公称直径和工作直径之分。公称直径通常指轧制时的轧辊中心距，或指轧钢机人字齿轮的节圆直径，对初轧机一般按末道的轧辊中心距确定。为了避免轧槽切入过深，辊身公称直径与工作直径之比一般不大于 1.4。辊身直径主要是根据轧辊强度及允许咬入角 α 来确定的，即在保证轧辊强度的前提下，同时满足下列咬入条件：

$$D_g \geqslant \frac{\Delta h}{1 - \cos\alpha} \tag{2-1}$$

式中　D_g——轧辊的工作直径；

Δh——压下量；

α——咬入角。

初轧机和型钢轧机辊身长度与辊身直径的关系如下：

初轧机　　$L = (2.2 \sim 2.7)D$

型钢粗轧机　　$L = (2.2 \sim 3.0)D$

型钢精轧机　　$L = (1.5 \sim 2.0)D$

板带轧机轧辊尺寸应先确定辊身长度，然后再根据轧辊的强度、刚度和有关工艺条件确定其直径。辊身长度应大于所轧钢板的最大宽度 b_{max}，即：

$$L = b_{max} + a$$

式中的 a 值视钢板宽度而定，$a = 100 \sim 400$mm。

辊身长度确定后，对二辊轧机可根据咬入条件及轧辊强度确定其工作辊直径。

对于四辊轧机，为减小轧制力，需尽量使工作辊直径小些，但工作辊最小直径受辊颈和轴头的扭转强度和咬入条件的限制。支承辊直径主要决定于刚度和强度的要求。

四辊轧机的辊身长度 L 确定后，可根据表 2-1 确定工作辊直径 D_g 和支承辊直径 D_z。

表 2-1　各种四辊轧机的 L/D_g、L/D_z 及 D_z/D_g

轧机名称		L/D_g		L/D_z		D_z/D_g	
		比　值	常用比值	比　值	常用比值	比　值	常用比值
厚板轧机		3.0~5.2	3.2~4.5	1.9~2.7	2.0~2.5	1.5~2.2	1.6~2.0
宽带钢轧机	粗轧机座	1.5~3.5	1.7~2.8	1.0~1.8	1.3~1.5	1.2~2.0	1.3~1.5
	精轧机座	2.1~4.0	2.4~2.8	1.0~1.8	1.3~1.5	1.8~2.2	1.9~2.1
冷轧板带轧机		2.3~3.0	2.5~2.9	0.8~1.8	0.9~1.4	2.3~3.5	2.5~2.9

注：此表是根据辊身长度在 1120~5590mm 范围内的 165 台四辊轧机统计而得。

2.1.3.2　辊颈直径 d 和辊颈长度 l

辊颈尺寸与所用的轴承形式有关。选取滚动轴承，由于其外围尺寸较大，辊颈直径就无法取得很大，一般按下式选取：

$$d = (0.5 \sim 0.55)D$$

式中 d——辊颈直径；

D——辊身直径。

如果选取滑动轴承，则允许辊颈直径大一些。表 2-2 列出了各种轧机使用滑动轴承时的辊颈尺寸。

表 2-2 各种轧机使用滑动轴承时的辊颈尺寸

轧机类别	d/D	l/d
三辊型钢轧机	0.55~0.63	0.92~1.2
二辊型钢轧机	0.6~0.7	1.2
小型及线材轧机	0.53~0.55	
初轧机	0.55~0.6	1.0
中厚板轧机	0.67~0.75	0.83~1
二辊薄板轧机	0.75~0.8	0.8~1

2.1.3.3 辊头尺寸

辊头尺寸指的是轧辊传动端的尺寸。采用万向接轴传动的辊头如图 2-2 所示，其尺寸按下列关系确定：

$$D_1 = D_{min} - (5 \sim 15)\text{mm}$$

式中 D_{min}——轧辊经多次重车后的最小辊身直径。

$$S = (0.25 \sim 0.28)D_1$$

$$a = (0.50 \sim 0.60)D_1$$

$$b = (0.15 \sim 0.20)D_1$$

$$c = (0.50 \sim 1.00)b$$

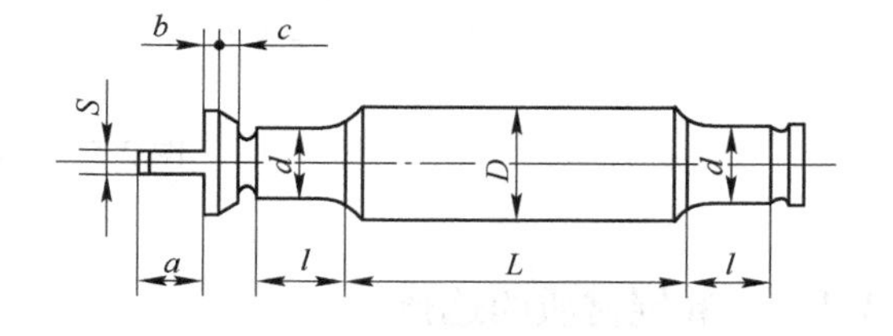

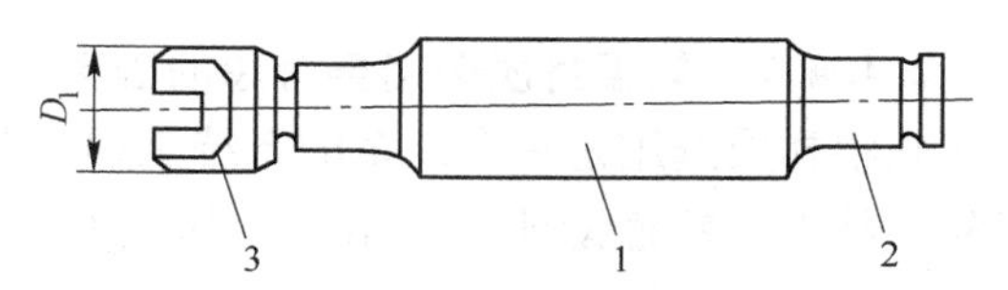

图 2-2 1150mm 初轧机轧辊

1—辊身；2—辊颈；3—辊头

如果轧辊使用的是滚动轴承或液体摩擦轴承，为了装卸轴承方便，辊头用可装卸的动配合扁头。这时辊头可以做成带双键槽的结构（图 2-3）或带扁头的结构（图 2-4）。

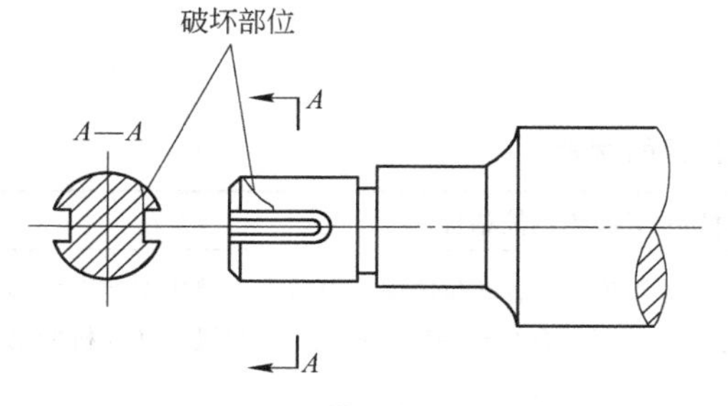

图 2-3 带双键槽辊头

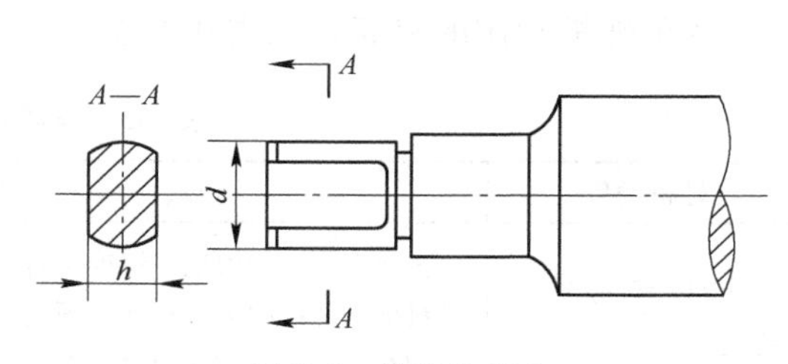

图 2-4 带扁头辊头

辊头扁头厚度为：

$$h = \frac{3}{4}d$$

这两种辊头结构，以带扁头的为好，带双键槽的辊头，在键槽端部极易崩碎。梅花头的结构如图 2-5 所示。梅花的外径 d_1 在各种轧机上有不同的选择方式。它与辊颈直径 d 的关系大致如下：

三辊型钢与线材轧机：　　$d_1 = d - (10 \sim 15)\text{mm}$

二辊型钢（连续式）轧机：　　$d_1 = d - 10\text{mm}$

中板轧机：　　$d_1 = (0.9 \sim 0.94)d$

二辊薄板轧机：　　$d_1 = 0.85d$

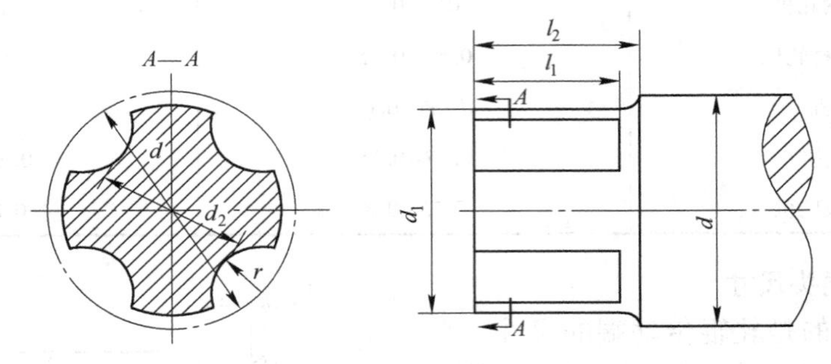

图 2-5　梅花头的结构

2.1.4　轧辊材质的选择

2.1.4.1　轧辊材质选用要考虑的因素

轧辊材质选用是一个复杂的系统工程，要综合考虑轧机特点、轧辊工作条件、各类轧辊材质特性、轧辊设计、原用轧辊的主要失效形式等诸多因素。一般要首先了解轧机类型，用于什么机架，轧制坯料及产品的种类规格，轧制节奏和生产量，本机架轧制温度、速度、轧制力、变形差、换辊周期、修磨制度等轧机及轧辊工作条件的基本情况，得出本机架对轧辊的性能要求，根据各类轧辊所具有的性能特点，考虑本机架轧辊设计要求或现使用轧辊主要失效形式以及用户急需解决的问题等因素，最终确定适合本机架的轧辊材质、技术性能指标等。

2.1.4.2　各种轧辊常用的材质

各种轧辊常用的材质请参考表 2-3。

表 2-3　各种轧辊常用的材质

轧机类型	选用材质及其技术性能指标
方/板坯初轧机轧辊	主要有铬锰钼锻钢、铬镍钼铸钢与合金球墨铸铁。锻钢和铸钢轧辊适合于单机架初轧机和双机架初轧机的第一机架，硬度一般为 HS35～45；合金球墨铸铁轧辊用于双机架初轧机的第二架初轧机，硬度为 HS42～50
钢坯连轧机轧辊	钢坯连轧机前机架轧辊一般选用锻造半钢、铸造半钢或锻造白钢材质，第一机架的轧辊也可选用铬钼合金铸钢，后机架轧辊可选用锻造半钢、锻造白口铁或珠光体球墨铸铁材质

续表 2-3

轧机类型	选用材质及其技术性能指标
带钢热轧机轧辊	（1）大立辊：若大立辊仅用于除鳞，则选用锻钢、合金铸钢、石墨钢、合金球铁等；若大立辊还用于控制板宽，辊身有较深的孔型，则宜选用强韧性良好的合金铸钢或锻钢； （2）小立辊：一般选用整体铸造的铸钢，可节约更换立辊时间，若立辊采用心部为球墨铸铁、辊面为高铬铸铁的离心浇铸复合轧辊，使用寿命比铸造半钢提高1倍左右； （3）热连轧二辊粗轧机轧辊：传统采用1%～3%铬的铸钢（含石墨钢）或锻钢材质轧辊，一般不选用心部为球墨铸铁的离心复合铸造轧辊，以承受较大的弯曲应力。但铸钢或轧辊的耐磨性稍显不足。目前使用业绩最好的是含5%铬的热工具钢复合铸造工作辊，其耐磨性和抗裂性兼优，使用寿命是前面使用材质的1～3倍； （4）四辊粗轧机工作辊：对半连轧机而言，普遍采用的轧辊材质为高铬铸钢，比较先进的材质为半高速钢；对3/4连轧机而言：R_2 可逆四辊粗轧机工作辊可选用合金半钢、高铬钢、半高速钢；R_3R_4 粗轧机工作辊过去多使用半钢轧辊，目前，使用较多的是高铬铸铁和高铬铸钢轧辊； （5）精轧机前段工作辊：使用较成熟的是采用离心复合方法生产的高铬铸铁轧辊，目前已有采用复合铸造高速钢轧辊； （6）精轧机后段工作辊：传统材质为离心浇铸高镍铬无限冷硬复合轧辊，心部为球墨铸铁或灰铁，20世纪90年代开始使用高速钢工作辊，其使用寿命比高镍铬无限冷硬铸铁轧辊提高6倍，并对改善热轧板卷表面质量起到良好作用； （7）支承辊：普遍使用复合铸钢支承辊，属于镍铬系列，有初期的 Cr_2 型和近几年开发的 Cr_3、Cr_4 和 Cr_5 型
薄板坯连铸连轧生产线使用的轧辊	（1）二辊粗轧机轧辊可选用锻钢、合金铸钢、复合石墨钢； （2）四辊粗轧机工作辊主要选离心复合高铬钢，也可选用离心半高速钢复合轧辊； （3）精轧前段工作辊目前采用较多的材质为高铬铸铁，有的开始使用离心高速钢。精轧后段目前仍主要选用离心高镍铬无限冷硬铸铁轧辊或改进型ICDP轧辊； （4）支承辊材质同热连轧机支承辊，一般选用 Cr_2、Cr_3、Cr_4、Cr_5
热轧窄带钢轧机轧辊	（1）立辊可选用冷硬球墨铸铁、半钢等材质； （2）精轧机轧辊：材质可选用整体或离心铸造的中合金无限冷硬铸铁和离心复合高镍铬无限冷硬铸铁
中厚板轧机轧辊	（1）二辊粗轧机工作辊材质一般选用合金铸钢或锻钢； （2）四辊粗轧机工作辊材质传统上采用高镍铬无限冷硬铸铁； （3）精轧机工作辊材质目前大部分仍为高镍铬无限冷硬铸铁； （4）支承辊材质主要选锻钢、复合铸钢及镶套组合，其中前两种使用较多。也可选用 Cr_2～Cr_4 系列复合铸钢
炉卷轧机轧辊	（1）单机架工作辊选用高镍铬无限冷硬铸铁或改进型ICDP轧辊； （2）双机架工作辊一般选用高镍铬无限冷硬铸铁轧辊； （3）1+1炉卷轧机粗轧机架工作辊可选用高镍铬无限冷硬复合铸铁轧辊，也可用高铬铸铁轧辊； （4）1+1炉卷轧机精轧机架工作辊可选用高镍铬无限冷硬复合铸铁轧辊或改进型无限冷硬铸轧辊； （5）支承辊可选用合金锻钢和合金铸钢复合辊，但应选择低碳高合金系列

续表 2-3

轧机类型	选用材质及其技术性能指标
平整机轧辊	（1）工作辊较多采用高铬复合铸铁轧辊； （2）支承辊一般选用高镍铬无限冷硬轧辊
冷轧机轧辊	（1）工作辊的技术要求： 1）辊身硬度为 HS85~100； 2）辊身硬度不均匀性为 HS2~3； 3）半径方向淬硬深度不小于 15mm； 4）辊身金相组织：马氏体残余奥氏体+细小分散碳化物+残余奥氏体； 5）辊身碳化物分布均匀，网状小于 2.5 级； 6）淬硬层中的残余奥氏体含量不大于 15%； 7）软带宽度不大于 60mm。 （2）工作辊材质： 1）根据轧辊使用层厚度配辊。使用层厚度小于 5mm，可选用 Cr_2 系列材质；大于 30mm，宜选用 Cr_5 型系列以及合金含量更高的 Cr_8 型半高速钢材质； 2）根据轧机投产时间特点配辊。投产之初宜选合金含量较低、淬硬层相对较浅的轧辊；轧机生产正常后，再选高材质轧辊； 3）根据轧机类型和轧辊所在机架位置特点配辊。连轧机成品或成品前机架工作辊宜选用高材质、高硬磨性轧辊，单机架可逆和连轧前机架，选用合金含量较低材质； （3）中间辊材质：Cr_5 型锻钢、半高速钢； （4）森吉米尔二十辊轧机轧辊：材质用半高速钢、高速钢、碳化钨硬质合金。工作辊硬度为 HRC62~67（碳化钨硬质合金 HRC≥70），中间辊硬度为 HRC58~62

2.1.5　轧辊的强度计算

轧辊是轧机的加工工具，直接承受轧制压力。一般来说，轧辊是消耗性的零件，就轧机整体而言，轧辊的安全系数最小，因此轧辊强度计算的内容和方法与它的用途、形状和工作条件等因素有关。

2.1.5.1　有槽轧辊的强度计算

初轧、型钢、线材轧机的轧辊都带有轧槽，这种轧辊的共同特点是轧制条形轧件，而且在大多数情况下，辊身长度上都布置有许多轧槽。因此，轧辊的外力（轧制压力）可以近似地看成集中力（图 2-6），在不同的轧槽中轧制时，外力的作用点是变动的，所以要分别判断不同轧槽过钢时各断面的应力，经过比较，找出危险断面。

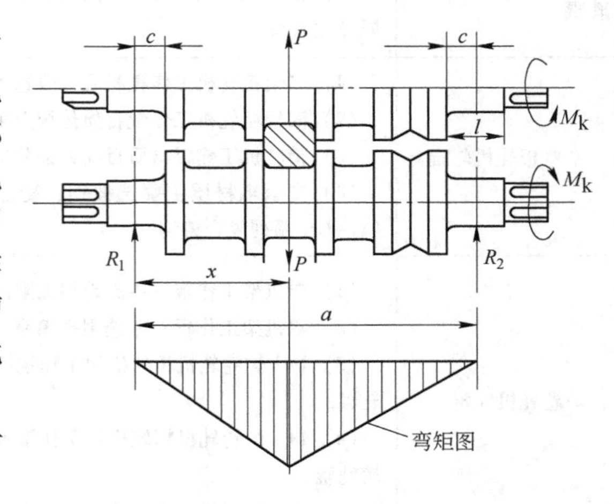

图 2-6　有槽轧辊受力简图

通常对辊身只计算弯曲，对辊颈则计算弯曲和扭转。对传动端只计算扭转。

轧制力 P 所在断面的弯矩为：

$$M_b = R_1 x = x\left(1 - \frac{x}{a}\right) P \tag{2-2}$$

弯曲应力为：

$$\sigma_b = \frac{M_b}{0.1D^3} \tag{2-3}$$

式中 D——计算断面处的轧辊直径；

a——压下螺丝间的中心矩。

辊颈上的弯矩由最大支反力决定，即：

$$M_n = Rc$$

式中 R——最大支反力；

c——压下螺丝中心线至辊身边缘的距离，可近似取为辊颈长度之半，即 $c = l/2$。

辊颈危险断面的弯曲应力 σ 和扭转应力 τ 分别为：

$$\left.\begin{aligned} \sigma &= \frac{M_n}{0.1d^3} \\ \tau &= \frac{M_k}{0.2d^3} \end{aligned}\right\} \tag{2-4}$$

式中 M_n——辊颈危险断面处的弯矩；

M_k——作用在轧辊上的扭转力矩；

d——辊颈直径。

辊颈强度要按弯扭合成应力计算。采用钢轧辊时，合成应力按第四强度理论计算，即

$$\sigma_p = \sqrt{\sigma^2 + 3\tau^2} \tag{2-5}$$

对铸铁轧辊，则按莫尔理论计算

$$\sigma_b = 0.375\sigma + 0.625\sqrt{\sigma^2 + 4\tau^2} \tag{2-6}$$

梅花轴头的最大扭转应力在它的槽底部位，即距中心最近的 A 点（图 2-7），对于一般形状的梅花轴头，当 $d_2 = 0.66d_1$ 时，其最大扭转应力为：

$$\tau = \frac{M_k}{0.07d_1^3} \tag{2-7}$$

式中 d_1——梅花轴头外径；

d_2——梅花轴头槽底内接圆直径。

当辊头上开有键槽时，其最大扭转应力为：

$$\tau_{max} = \alpha_\tau \tau$$

$$\tau = \frac{M_n}{0.2d^3}$$

式中 d——辊头直径；

α_τ——扭转应力集中系数可由图 2-8 查得。

2.1.5.2 钢板轧机轧辊的强度计算

一般二辊式钢板轧机轧辊的强度计算方法和有槽轧辊一样，只是轧制力不能再看成是集中力，可近似地看成是沿轧件宽度均布的载荷，并且左右对称，如图 2-9 所示。

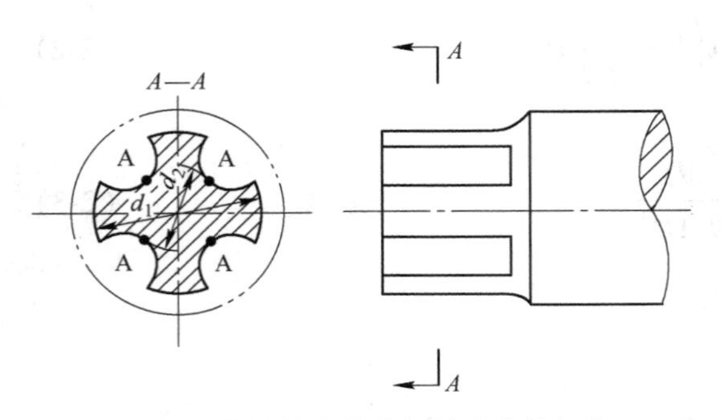

图 2-7　梅花轴头最大扭转应力的部分

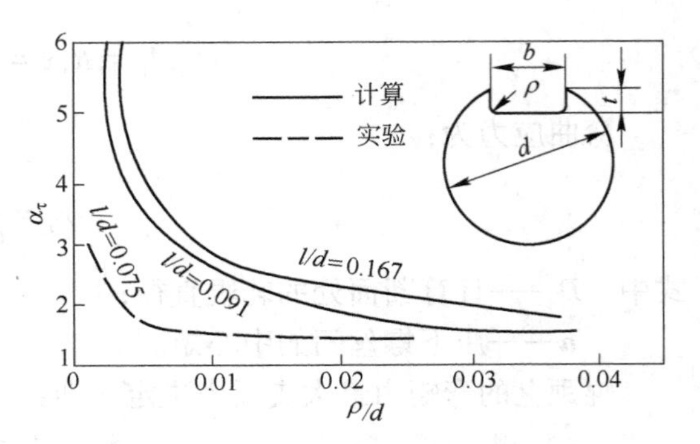

图 2-8　带键轴扭转时的应力集中系数

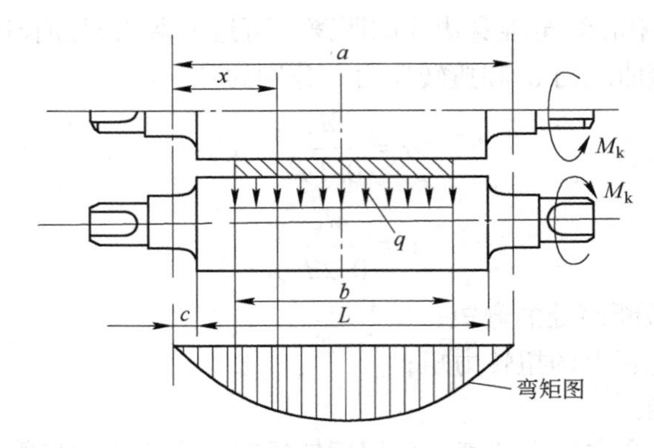

图 2-9　钢板轧机轧辊受力简图

辊身中央断面的弯曲力矩为：

$$M_b = P\left(\frac{a}{4} - \frac{b}{8}\right) \tag{2-8}$$

弯曲应力为：

$$\sigma = \frac{P}{0.1D^3}\left(\frac{a}{4} - \frac{b}{8}\right) \tag{2-9}$$

辊颈危险断面上的弯矩为：

$$M_n = \frac{P}{2}c \tag{2-10}$$

上述各式中 b 为轧件宽度，其他符号同前。

辊颈上的弯曲应力和扭转应力分别为：

$$\sigma = \frac{M_w}{W_w} = \frac{Pc}{0.2d^3} \tag{2-11}$$

$$\tau = \frac{M_n}{W_n} = \frac{M_n}{0.2d^3} \tag{2-12}$$

式中　M_w——抗弯力矩；

M_n——扭转力矩；

W_w——抗弯截面系数；

W_n——抗扭截面系数；

d——辊颈直径；

轧辊从辊颈到辊身截面改变处的应力分布有如图 2-10 所示的应力集中现象。由式（2-11）和式（2-12）计算出的应力仅是名义应力。真正的应力应分别乘以与轧辊辊身直径 D、辊颈直径 d 以及过渡圆角半径 r 有关的（理论）应力集中系数 α_σ 和 α_τ ，即：

$$\sigma_{max} = \alpha_\sigma \sigma = \alpha_\sigma \frac{M_w}{0.1d^3} \tag{2-13}$$

$$\tau_{max} = \alpha_\tau \tau = \alpha_\tau \frac{M_n}{0.2d^3} \tag{2-14}$$

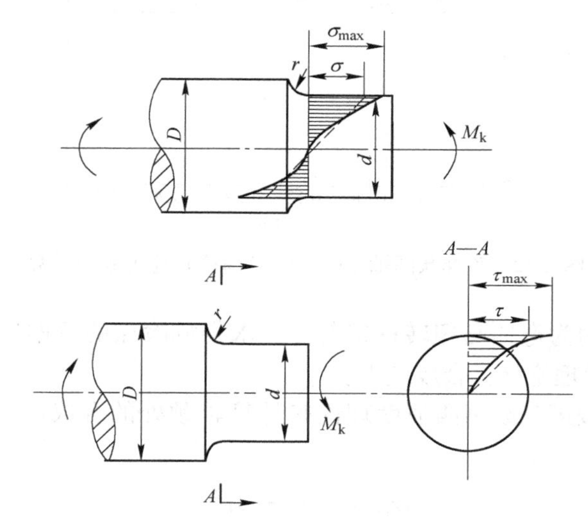

图 2-10 辊颈处的应力集中现象

阶梯状圆轴弯曲和扭转时的理论应力集中系数如图 2-11 和图 2-12 所示。

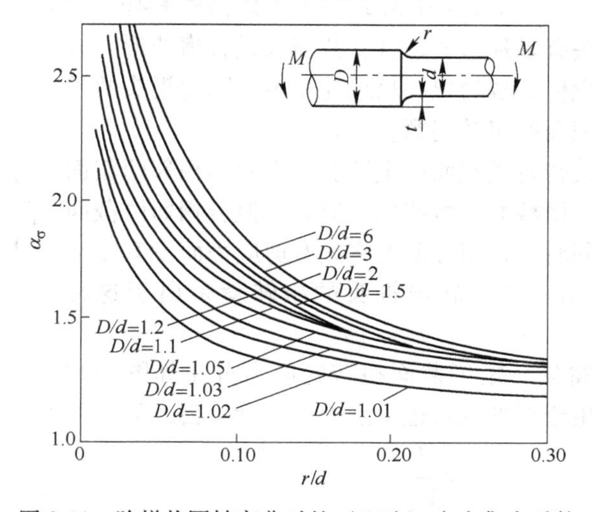

图 2-11 阶梯状圆轴弯曲时的（理论）应力集中系数

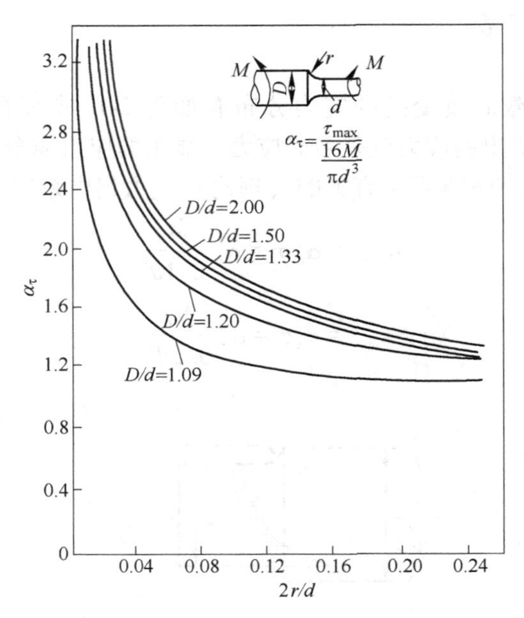

图 2-12 阶梯状圆轴扭转时的（理论）应力集中系数

轧辊辊颈处的受力为弯曲与扭转的组合。在求得危险点的弯曲应力 σ_{max} 和扭转应力 τ_{max} 之后，即可按强度理论计算合成应力。

对于钢轧辊，则按第三或第四强度理论来计算辊颈处的合成应力。根据第四强度理论有：

$$\sigma_{d4} = \sqrt{\sigma^2 + 3\tau^2} \tag{2-15}$$

对于铸铁轧辊，可用第一或第二强度理论来计算辊颈处的合成应力。根据第二强度理论有：

$$\sigma_{d2} = 0.375\sigma + 0.625\sqrt{\sigma^2 + 4\tau^2} \tag{2-16}$$

轧辊传动端的辊头有多种形式，就其截面来说有梅花形、方形及矩形等几种。轧辊传动端的辊头只承受扭矩，因此辊头的受力情况是属于非圆形截面的扭转问题。

由于非圆截面在扭转时横截面产生翘曲，因此当相邻两截面翘曲程度完全相同时，横截面上将产生正应力。但若相邻两截面的翘曲程度不完全相同时，则横截面上将只有剪应力而没有正应力。这种扭转称为自由扭曲。轧辊辊头的扭转就是属于这种情况。

从理论分析结果得知，矩形截面扭转的应力分布如图 2-13 所示。最大剪应力发生于矩形的长边中点处。其计算公式为：

$$\tau_{max} = \frac{M_n}{W_n}$$

式中 W_n——横截面的抗扭截面系数。

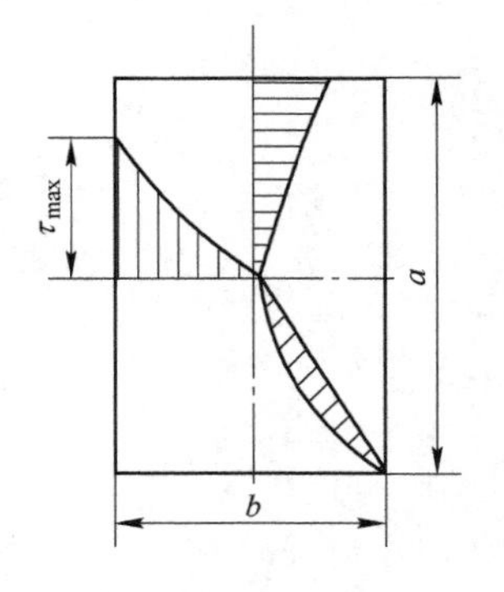

图 2-13 矩形截面扭转时横截面上的应力分布

$$W_n = \eta b^3$$

矩形截面的长边长度为 a，短边长度为 b，式中系数 η 随长边与短边长度之比（a/b）的大小而变，其数值可查表 2-4。

表 2-4 η 值

a/b	1.0	1.5	2.0	2.5	3.0	4.0	6.0
η	0.208	0.346	0.493	0.645	0.801	1.150	1.789

例如对于边长为 a 的方头，$\eta = 0.208$，于是位于边长中点处的最大剪切力为：

$$\tau_{max} = \frac{M_n}{0.208a^3} \tag{2-17}$$

为了充分利用轧机能力，轧辊的许用应力 R_b 取得比较高，按照一般的公式（即不考虑疲劳现象）近似计算轧辊时，许用应力通常取破坏应力的 $\frac{1}{5}$，即安全系数为 5，即：

$$R_b = \frac{\sigma_b}{5}$$

式中 σ_b——轧辊材料的强度极限，MPa。

轧辊的许多应力可参考以下数据：

对于碳素铸钢轧辊，当 $\sigma_b = 600 \sim 650$MPa 时，$R_b = 120 \sim 130$MPa；

对于铸钢轧辊，当 $\sigma_b = 500 \sim 600$MPa 时，$R_b = 100 \sim 120$MPa；

对于铸铁轧辊，当 $\sigma_b = 350 \sim 400$MPa 时，$R_b = 70 \sim 80$MPa；

对于冷轧轧机用的合金钢锻造轧辊，$\sigma_b = 700 \sim 750$MPa，$R_b = 140 \sim 150$MPa。

2.1.6 轧辊的变形计算

确定轧辊变形主要对钢板轧辊有意义。在生产当中必须知道在辊身或轧辊中间位置至其边缘（或钢板边缘）间的挠度值，以便在此基础上在磨床上磨制辊形时使其获得所需的凸度，从而保证钢板在宽度上厚度均匀。

由于轧辊直径与其长度相比不是很小，此挠度的数值应考虑切应力来计算，即

$$f = f_1 + f_2 \tag{2-18}$$

式中 f_1，f_2——分别为弯矩和剪力所引起的弯曲量。

按卡斯奇里扬诺定理可知：

$$f_1 = \int \frac{M}{EI}\frac{\partial M}{\partial R}dx \tag{2-19}$$

$$f_2 = \int \frac{Q}{GF}\frac{\partial Q}{\partial R}dx \tag{2-20}$$

式中 M，Q——分别为任意断面的弯矩和切力；

E，G——分别为抗张弹性模量和抗剪切变模量；

I，F——分别为惯性矩和断面面积；

R——在计算轧辊挠度的地方所作用的外力。

由于轧辊负荷的对称性，为了求弯曲挠度，可以只研究半个轧辊（图 2-14）。作用力 R

可理解为虚力，此力位于钢板边缘，作用在轧辊上。在力 $\frac{P}{2}$ 与 R 之间（x 在作用力 $\frac{P}{2}$ 处截取）的弯矩及其导数为：

$$M = \frac{P}{2}x \tag{2-21}$$

$$\frac{\partial M}{\partial R} = 0 \tag{2-22}$$

在轧辊中间位置与力 R 之间（x 在作用力 R 处截取）的弯矩及其导数为：

$$M = \frac{P}{2}\left(x + \frac{a-b}{2}\right) + Rx - \frac{P}{b}\frac{x^2}{2} \tag{2-23}$$

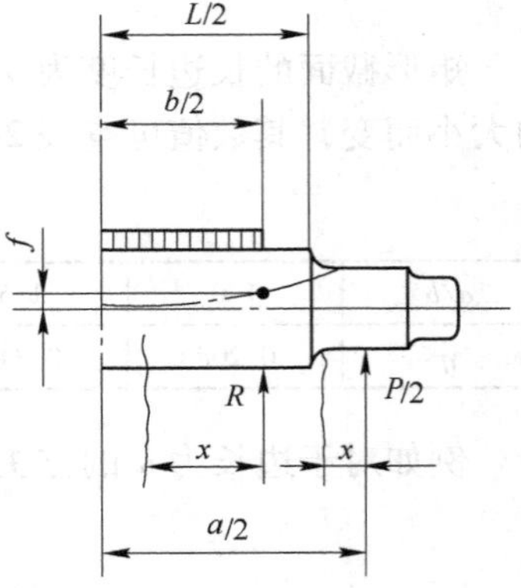

图 2-14 轧辊弯曲挠度计算简图

$$\frac{\partial M}{\partial R} = x \tag{2-24}$$

将这些导数和弯矩数值代入式（2-19），并设作用力 R 等于零，则得：

$$f_1 = \frac{1}{EI}\int_0^{0.5b}\left[\frac{P}{2}\left(\frac{a-b}{2} + x\right) - \frac{P}{2b}x^2\right]x\mathrm{d}x$$

式中 I——轧辊断面的惯性矩。

积分并以直径表示惯性矩，则得：

$$f_1 = \frac{P}{18.8ED^4}(12ab^2 - 7b^3) \tag{2-25}$$

再求由切力引起的在辊身中间位置和钢板边上的挠度差值。

将式（2-23）微分得出：

$$Q = \frac{\mathrm{d}M}{\mathrm{d}x} = \frac{P}{2} + R - \frac{Px}{b}$$

由此得：

$$\frac{\partial Q}{\partial R} = 1$$

将这一切力和导数的数值代入式（2-20），并假设作用力 R 等于零，则得：

$$f_2 = \frac{1}{GF}\int_0^{0.5b}\left(\frac{P}{2} - \frac{Px}{b}\right)\mathrm{d}x$$

式中 F——辊身断面面积。

积分并以直径表示轧辊断面面积，则得：

$$f_2 = \frac{Pb}{2\pi GD^2} \tag{2-26}$$

从式（2-25）和式（2-26）中计算出来的 f_1 与 f_2 之和表现为在轧辊中间位置和被轧钢板边缘处的轧辊挠度差值。

同样，按照式（2-19）和式（2-20）亦可求得轧辊中间位置和辊身边缘的轧辊挠度差值，这时虚力 R 应作用在辊身的边缘上。

这一弯曲挠度差值由：

（1）弯矩引起，则有：

$$f_1' = \frac{P}{18.8ED^4}(12aL^2 - 4L^3 + 4b^2L + b^3) \tag{2-27}$$

（2）切应力引起，则有：

$$f_2' = \frac{P}{\pi GD^2}\left(L - \frac{b}{2}\right) \tag{2-28}$$

不难看出，当 $L=b$ 时，这些方程将和式（2-25）及式（2-26）相同。

在轧机工作时，在轧辊长度上以一定的温度分布修正按上述计算所制成的轧辊辊形，其方法是：在热轧机上用水浇；在冷轧机上用乳化液浇；在干燥轧辊上轧制时用烧嘴来加热。为此目的，沿辊身长度装有几个喷水（乳化液）嘴或烧嘴。如果要增大辊身的凸度，则相应地调整这些喷嘴，使辊身中部达到较高的温度。相反，如果要求减小辊身的凸度，则使其温度低些。

2.1.7　轧辊辊身结构

目前，利用轧制手段对特殊材料的加工是轧制技术发展的重要领域，因此这种特殊用途的轧辊就被赋予了新的功能。例如液态金属的铸轧辊需要有良好的导热性和耐液体金属的冲刷性，以保证铸轧过程的稳定、持续；多层金属材料复合轧制使用的轧辊应具有对轧件施加复杂变形的功能，以提高复合强度；极限尺寸材料轧制成形使用的轧辊应具备施加微小变形、瞬时变形的功能以满足小微尺寸材料的变形要求等等。

轧辊可以是单金属制造的平辊，也可以采用多种金属材料制造复合轧辊或组合轧辊。复合轧辊是通过浇铸、堆焊、激光处理等方式在轧辊体表面构成一定厚度的耐磨层，从而使轧辊的抗冲击、抗剪切和抗磨性能比较好，如图 2-15 所示。

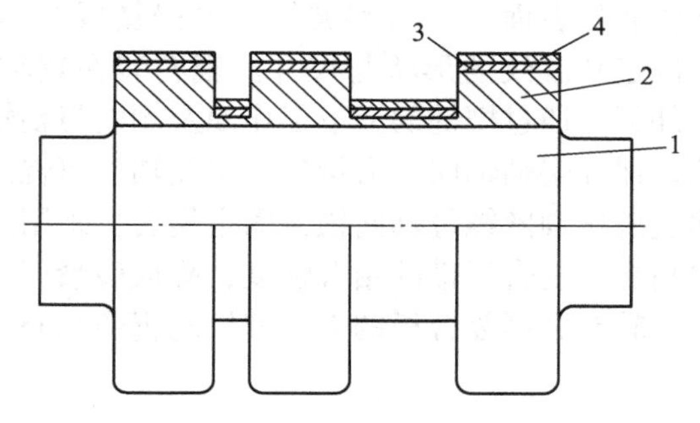

图 2-15　表面堆焊高硬度合金的型钢轧辊
1—轧辊基体；2—过渡层；3—耐磨层；4—加硬层

组合轧辊是采用耐磨材料制作的合金辊环（套），将其与轧辊基体通过一定的方式联接，形成组合式轧辊，如图 2-16 所示。

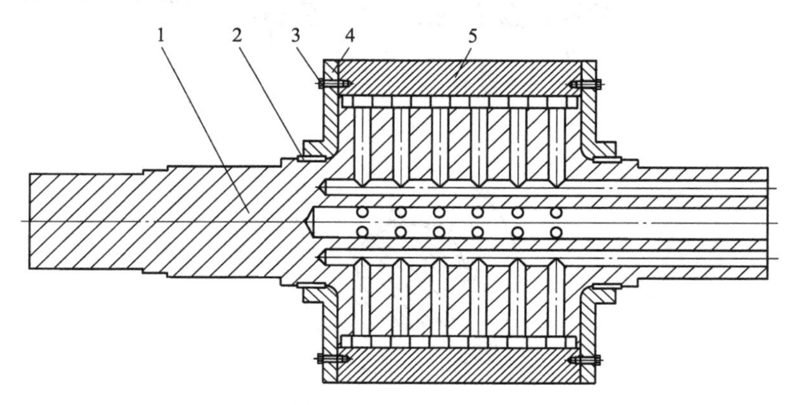

图 2-16　凸度可调轧辊
1—芯辊；2—键；3—螺栓；4—端套；5—辊套

现有轧制金属复合板坯的轧制设备，多采用的是平辊轧制复合板坯，对于双金属复合板的轧制生产，采用平轧辊轧制不能使轧件产生复杂变形，轧制复合双金属板时复合质量较差，复层容易开裂，且生产效率低、轧辊制造周期长。

为此，设计开发了新型的轧制复合双金属板带坯料的组合轧辊装置，能够使轧件产生复杂塑性变形，有效地提高金属复合板的结合强度，增加金属间的结合力，同时该类型轧辊具有安装方便，轧辊的加工与装配周期短的优点，很大程度上提高了生产效率。采用专门设计制造的轧辊用于多层金属材料的轧制复合已经取得重要成果，形成了较为完整的轧辊设计理论和制造方法。

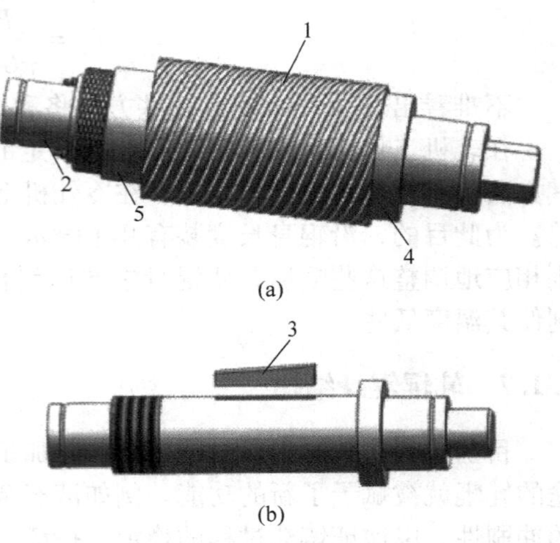

图 2-17　斜波纹轧辊图
1—辊套；2—辊轴；3—楔键；4—轴肩；5—液压锁紧螺母

近年来轧制金属复合板的斜波纹组合式轧辊如图 2-17 所示，其中图 2-17（a）为斜波纹辊套、辊轴、楔键、液用锁紧螺母的三维装配体示意图，图 2-17（b）为斜波纹组合式轧辊三维装配体楔键示意图。其特征在于辊套外表面加工有斜波纹，根据复板的厚度确定斜波纹的形状与尺寸。辊套装在辊轴的外部，通过楔键的上下工作面及侧面与辊轴键槽相配合，实现辊套的周向和单向轴向定位，保证辊轴轴向受力均匀，避免轴向窜辊。辊轴的一端通过轴肩轴向固定辊套，另一端通过液压锁紧螺母轴向锁紧固定辊套。采用这种组合式轧辊轧制斜波纹金属复合板带，可提高金属复合板带的结合强度，降低残余应力和翘曲度。

轧制金属复合板的人字波纹轧辊图 2-18 所示，由辊轴、辊套、花键、锁圈和液压锁

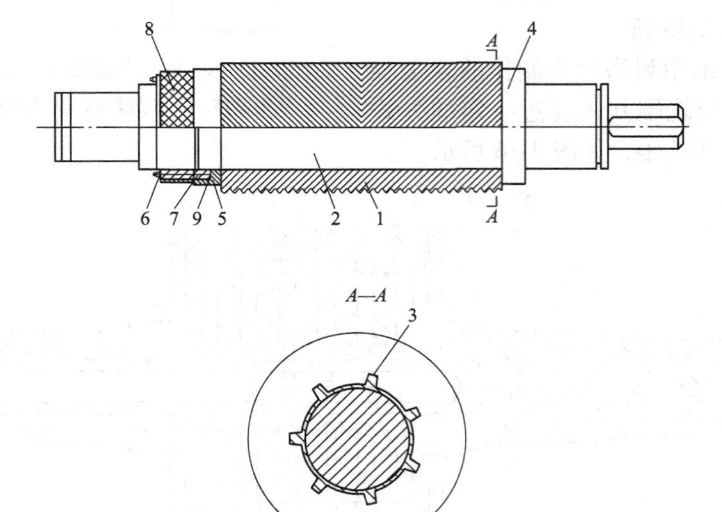

图 2-18　波纹辊装配图
1—辊套；2—辊轴；3—花键；4—轴肩；5—液压锁紧螺母；6—螺母；7—活塞；8—锁圈；9—密封胶圈

紧螺母组成，辊套外表面加工有人字形波纹，根据复板的厚度确定斜波纹的形状与尺寸。辊套装配在辊轴的外部，由花键定位，辊轴的一端有通过轴肩轴向固定辊套，辊轴的另一端有液压锁紧螺母轴向锁紧固定，辊套受力时，轧辊径向力可自动定心，利于均匀受载，从而延长了轧辊寿命，提高了轴的利用率。辊面的人字波纹可以提高复合板的结合界面强度，可以得到良好的板型。

2.1.8 轧辊失效方式

轧机在轧制生产过程中，轧辊处于复杂的应力状态。热轧机轧辊的工作环境更为恶劣：轧辊与轧件接触加热、轧辊水冷引起的周期性热应力，轧制负荷引起的接触应力、剪切应力以及残余应力等。如轧辊的选材、设计、制作工艺等不合理，或轧制时卡钢等造成局部发热引起热冲击等，都易使轧辊失效。轧辊的失效形式为：轧辊表面剥落、轧辊断裂、轧辊裂纹、缠辊、粘辊等。

2.2 轧辊轴承

2.2.1 轧辊轴承的类型及工作特点

轧辊轴承分滚动轴承和滑动轴承两大类。滚动轴承包括双列球面滚子轴承、四列圆锥滚子轴承和多列圆柱滚子轴承。滑动轴承包括液体摩擦轴承和开式滑动轴承。其中液体摩擦轴承又分为动压轴承、静压轴承和静动压轴承。开式滑动轴承又分为开式金属瓦轴承和开式非金属瓦轴承。鉴于开式滑动轴承目前使用不多，这里仅对滚动轴承和液体摩擦轴承加以简单介绍。

轧辊轴承是轧机的主要部件之一，和一般用途轴承相比，轧辊轴承有以下一些工作特点：

（1）工作负荷大。通常轧辊轴承的单位压力比一般用途的轴承高 2~5 倍，甚至更高。而 PU 值是普通轴承的 3~20 倍。

（2）运转速度差别大。高速线材轧机的速度可达 140m/s 以上，而有的轧制速度仅有 0.2m/s。

（3）工作环境恶劣。热轧时有冷却水和氧化铁皮飞溅，而且温度高；冷轧时的工艺润滑剂与轴承润滑剂容易相混。因此，对轴承的密封损失有较高的要求。

2.2.2 滚动轴承

由于轧辊轴承要在径向尺寸受到限制的条件下承受很大的轧制力，所以在轧机上使用的滚动轴承多采用多列滚子轴承。这种轴承有较小的径向尺寸和良好的抗冲击性能，主要有双列球面滚子轴承、四列圆锥滚子轴承和多列圆柱滚子轴承。

图 2-19 为 2840mm 轧机支承辊的双列球面滚子轴承示意图。当支承辊采用球面滚子轴承时，由于这种轴承只单个使用时本身才有自位性，而一般轧辊都用多列，这时轴承本身

已无自位性。此外，当两个球面轴承径向间隙不等时，它就不像圆柱轴承那样靠选择间隙环宽度达到间隙相等。为了改善上述情况，要求轴承座应有自位性。

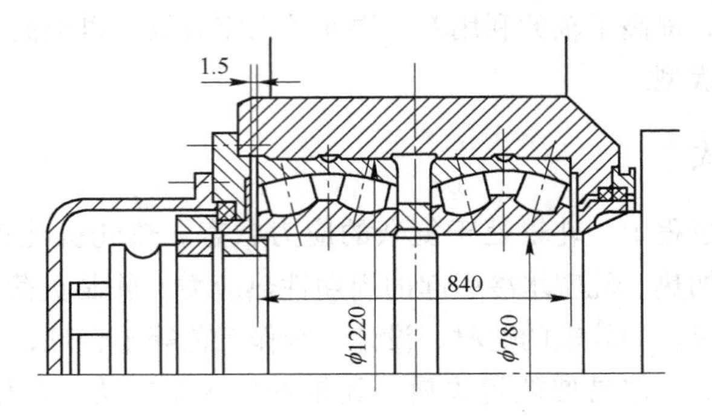

图 2-19　2840mm 轧机支承辊的双列球面轴承示意图

图 2-20 所示为四辊冷轧机支承辊的四列圆柱滚子轴承结构图。由于这类轧机轧制力大，轴向力较小，故都采用四列圆柱滚子轴承承受轧制力，采用深槽单列向心球轴承承受轴向力。由于四列圆柱滚子轴承没有调心作用，所以均需要在轴承座上安装自位块，以减小轴承的边缘负荷。

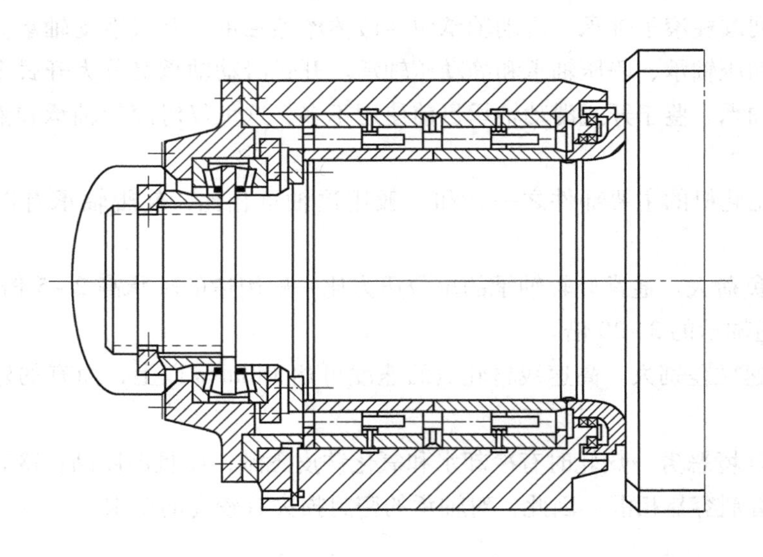

图 2-20　四辊冷轧机支承辊轴承结构

四辊轧机的工作辊，尤其是连轧机的工作辊，广泛采用四列圆锥滚子轴承，如图 2-21 所示。因为这种轴承既可承受径向力，又可承受轴向力，所以不需要采用推力轴承。为了便于换辊，轴承在轴颈上和轴承座内均采用动配合。由于配合松动，为防止对辊颈的磨损，要求辊颈硬度为 HRC32~36。同时应保证配合表面经常有润滑油，为此，在轴承上有一螺旋槽，内圈端面还有径向沟槽。

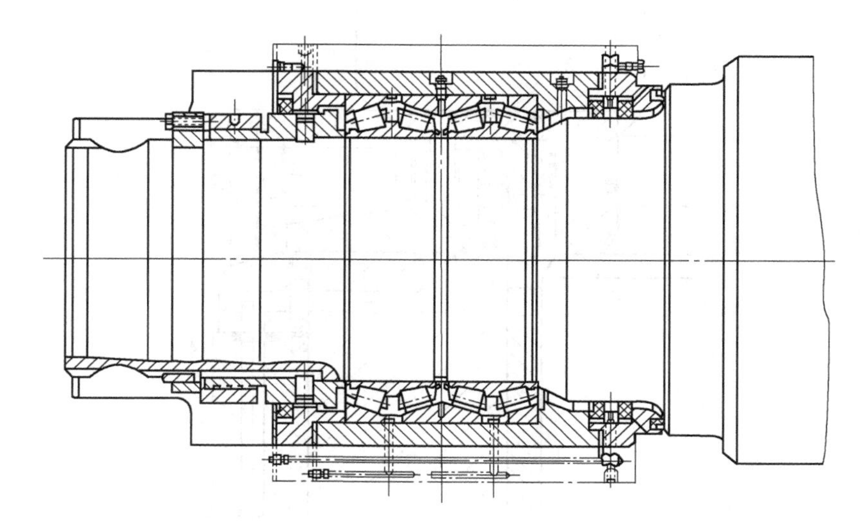

图 2-21 用于四辊冷轧机的圆锥滚子轴承装置

2.2.3 轧辊滚动轴承的密封

图 2-22 为小型材精轧机轧辊轴承密封形式示意图。图 2-23 为达涅利公司的轧辊轴承密封结构示意图。

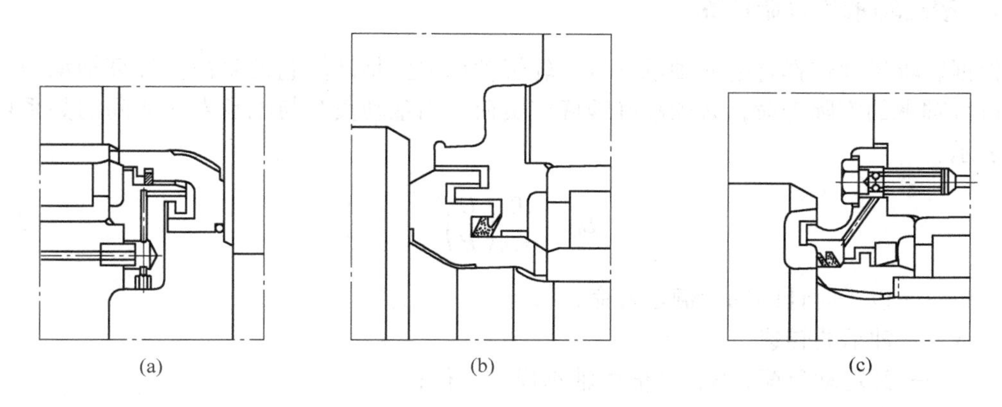

图 2-22 精轧机轧辊轴承密封形式

（a）活塞环及迷宫密封；（b）端面密封形式；（c）迷宫密封环与辊颈间隙的端面密封

轴承的密封是指在线轴承的防漏、防水、防尘及防变质。一般轧辊轴承的密封为非接触式迷宫密封，径向轴承端为动迷宫和静迷宫，推力轴承端为外挡圈和锁紧螺母。迷宫式密封是利用动静配合体的凹凸配合产生曲折通道使流体产生涡流而难于渗漏。在轧制过程中，由于轧辊弹跳量和冲击载荷大，轧辊温度高，轧件温度变化大，且受轴承座径向和轴向尺寸的限制，迷宫数量少，加工精度低，密封效果不好。润滑脂受热受压极易从轴承腔内溢出，并有水和氧化铁皮侵入，油膜不能很好地保持，轴承因缺油、油脂水溶及侵入杂质而使保持架断裂、滚珠脱落直至烧损。这就需要优化轧辊辊系，在动静迷宫间和挡圈锁

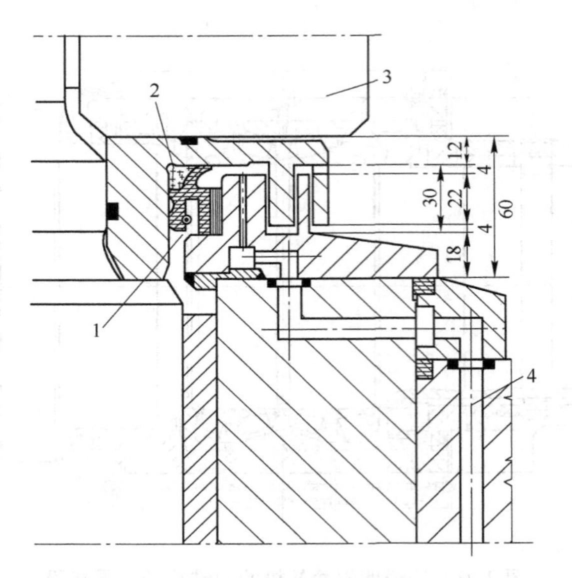

图 2-23 达涅利公司的轧辊轴承密封结构图

1—油封；2—油脂；3—辊环；4—空气进口

紧螺母间加J型（或U型）油封。J型（U型）油封属于接触式皮碗密封，适用于旋转运动。它是利用皮碗唇口与轴接触，遮断泄漏间隙，达到密封目的。

2.2.4 滚动轴承的寿命计算

根据轧辊尺寸选择合适的轴承型号，轧辊轴承主要是计算它的寿命。计算轴承的寿命要求符合轴承的实际寿命，必须准确地确定负荷。当量动负荷与轴承寿命之间的关系可用下式表示：

$$L_h = \frac{10^6}{60n}\left(\frac{C}{P}\right)^{\varepsilon} \tag{2-29}$$

式中 L_h——以小时计的轴承额定寿命，h；

n——轴承的转速，r/min；

C——额定动负荷，N，其值由轴承样本查得；

P——当量动负荷，N；

ε——寿命指数，对于球轴承 $\varepsilon=3$，对于滚子轴承 $\varepsilon=\frac{10}{3}$。

当量动负荷可由下式求得：

$$P = (XF_r + YF_a)f_F f_T \tag{2-30}$$

式中 X——径向系数，根据 F_a/F_r 的比值，由轴承样本查得；

Y——轴向系数，由轴承样本查得；

f_T——温度系数，轧辊轴承一般只能在100℃以下工作，所以 $f_T=1$，需要轴承在高温下工作时，应向轴承厂提出要求，对高温轴承其温度系数可查轴承样本；

f_F——负荷系数，由于工作中的振动、冲动和轴承负荷不均等许多因素的影响，轴承实际负荷要比计算负荷大，根据工作情况以负荷系数 f_F 表示，板材轧机的 f_F 值推荐如下：热轧机 $f_F=1.5\sim1.8$，冷轧机 $f_F=1.2\sim1.5$；

F_r——轴承径向负荷，N；

F_a——轴承轴向负荷，N，对不同的轧机其关系如下：

一般带材轧机： $F_a=0.02F_r$ (2-31)

低精度中、小型板带轧机： $F_a=0.1F_r$ (2-32)

板带轧机： $F_a=(0.02\sim0.1)F_r$ (2-33)

对称断面型钢轧机： $F_a=0.1F_r$ (2-34)

不对称断面型钢轧机： $F_a=(0.2\sim0.25)F_r$ (2-35)

当计算多圆柱轴承和滚针轴承时，取轴向负荷等于零，其轴向负荷由专门的止推轴承承受。当量动负荷的计算式为：

$$P=f_F F_r \tag{2-36}$$

当计算与多列圆柱轴承、滚针轴承、动压轴承配套使用的止推轴承时，取径向负荷等于零，当量动负荷按下式计算：

$$P=f_F F_a \tag{2-37}$$

2.2.5 液体摩擦轴承

液体摩擦轴承又称油膜轴承。油膜轴承按其油膜形成条件可分为动压油膜轴承（简称为动压轴承）、静压油膜轴承（简称为静压轴承）和静动压油膜轴承（简称为静动压轴承）。

2.2.5.1 动压油膜轴承

动压油膜轴承的油膜形成分为三个阶段。当轴开始转动时，轴颈与轴承直接接触，相应的摩擦属于干摩擦，轴在摩擦力的作用下偏移（图 2-24(a)、(b)）。当轴的转速增大时，吸入轴颈轴承间的油量也增加，具有一定黏度的油被轴颈带入油楔，油膜的压力逐渐形成。转动中，动压力与轴承径向载荷相平衡（图 2-24(c)），轴颈的中心向下向左偏移并达到一个稳定的位置，这时轴承和轴之间建立了一层很薄的楔形油膜。当轴的转速继续增大时，轴颈中心向轴承的中心移动。理论上，当轴转速达到无穷大时，轴颈中心与轴承中心重合（图 2-24(d)）。动压轴承的油膜是在带锥形内孔的轴套与轴承衬套工作面之间形成的（图 2-25(e)）。

动压轴承油膜的形成与轴套表面的线速度、油的黏度、径向载荷等外界条件有密切关系，这可用雷诺方程表示，即

$$\frac{dp}{dx}=60\eta u\frac{h-h_{min}}{h^3} \tag{2-38}$$

式中 p——轴承摩擦区间各点的油压，MPa；

x——沿轴承圆周方向的坐标，m；

η——油的动力黏度，Pa·s；

u——轴套表面的线速度，m/s；

h——摩擦区中各点的油膜厚度，m；

h_{min}——摩擦区中最小的油膜厚度，m。

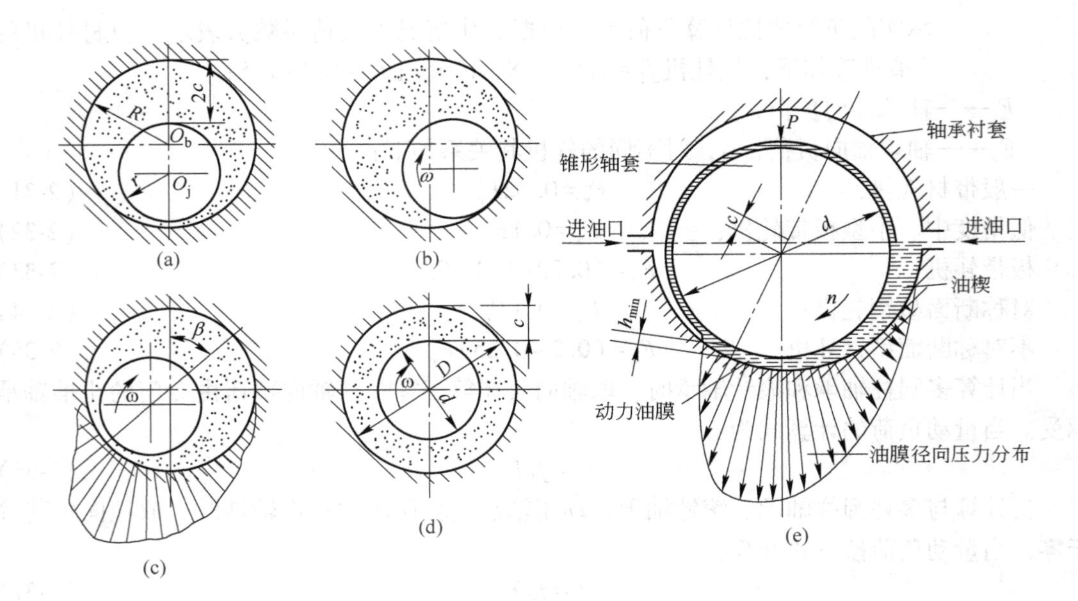

图 2-24　动压轴承原理图

由上式看出，动压轴承保持液体摩擦的条件是：

（1）$h-h_{min}\neq$ 常数，即轴套与轴承衬套各点的间隙必须是楔形间隙，以便润滑油进入楔缝。

（2）轴套应有足够的旋转速度，线速度越高，轴承的承载能力越大。

（3）要连续供给足够的、黏度适当的纯净润滑油，油的黏度越高，轴承的承载能力越大。

（4）轴承应有良好的密封性。

（5）轴承外套表面和轴衬内表面加工精度要高，表面粗糙度要低，以保证表面不平度不超过油膜厚度，其尺寸精度为 1 级，表面粗糙度为 0.25～1μm，微观不平度不大于 0.5～1μm。

与普通滑动轴承和滚动轴承比较，动压轴承有以下特点：

（1）摩擦系数小，在稳态工作时摩擦系数为 0.001～0.005。

（2）承载能力高，对冲击载荷敏感性小。

（3）适合在高速下工作。

（4）使用寿命长，在正常使用条件下，其寿命可达 10～20 年。

（5）体积小，结构紧凑。

2.2.5.2　静压油膜轴承

动压轴承的液体摩擦条件只在轧辊具有一定转速情况下才能形成，因此，当轧辊经常启动、制动和反转时，就不易保持液体摩擦状态。而且，动压轴承在启动之前不允许承受很大的载荷，这就使动压轴承的使用受到限制。一般它只在转速变化不大的不可逆轧机上才具有良好的效果。冷轧薄带钢时轧辊有很大的预压靠，造成有载启动，使动压轴承寿命大为缩短，甚至造成事故。另外，动压轴承的油膜厚度随轧制速度改变而变化，影响轧制精度，故在冷轧机上应用静压油膜轴承的日益增多。

静压轴承的高压油膜是靠一个专门的液压系统供给的高压油产生的，即靠油的静压使轴颈悬浮在轴中。因此，这种高压油膜的形成与轴颈的运动状态无关，无论是启动、制动、反转、甚至静止状态，都能保持液体摩擦状态，这是静压轴承区别于动压轴承的主要特点。

静压轴承有较高的承载能力，寿命比动压轴承更长，应用范围广，可设计成直径为几十至几千毫米以上的静压轴承，能满足任何载荷条件和速度条件的要求，而且轴承刚度高，轴承材料可降低要求，只要比辊颈材料软就行了。

我国某厂在600mm四辊冷轧机的支承辊上使用了静压轴承并取得了良好效果，其原理如图2-25所示。轴承衬套内表面的圆周上布置着四个油腔1、2、3和4，受载方向1为主油腔，对面的小油腔3为副油腔，左右还有两个面积相等测油腔2和4。用油泵将压力油经两个滑阀A和B送入油腔。油腔1和3中的压力由滑阀A控制，油腔2和4的压力由滑阀B控制，滑阀与阀体周围的间隙起节流作用。当轧辊未受径向载荷时，从各油腔进入轴承的压力油使辊颈浮在中央，即辊颈周围的径向间隙均等，各油腔的液力阻力和节油阻力相等，两滑阀在两端弹簧作用下都处中间位置，即滑阀两边的节流长度相等。而当轧辊承受径向载荷 W 时，辊颈即沿受力方向发生位移，其中心偏离轴承中心的距离为 e，使承载油腔1处的间隙减小，油腔压力 p_1 升高，而对面油腔3处的间隙大，油腔压力 p_3 降低，因此，上下油腔之间形成的压力差为 $\Delta p = p_1 - p_3$。此时滑阀A左端油腔作用于油滑阀的压力将大于右端弹簧的压力，这就迫使滑阀向右移动一个距离 x，于是右边的节流长度则减小到 $l_c - x$，其节流阻力减少。因此，流入油腔1的油量增加，流入油腔3的油量减小，结果使压力差进一步加大，直到与外载平衡，从而使辊颈中心的位置偏移有所减小，达到一个新的平衡位置。如果轴承和滑阀的有关参数选择得当，完全有可能使辊颈恢复到受载荷前的位置，即轴承具有很大的刚度，直到无穷。这一极其可贵的特点是采用反馈滑阀节流器的结果。反馈滑阀是依靠载荷方向两油腔压力变化来驱动的，通过调节节流阻力，形成与外载平衡的压力差，因此，受载后的辊颈可以稳定地保持很小的位移，这一特性对提高轧制精度十分有利。

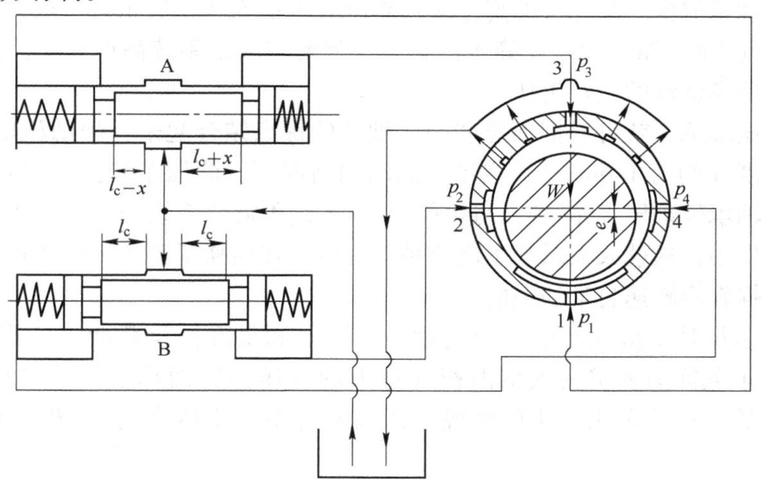

图2-25　600mm冷轧机支承辊用的静压轴承原理图

600mm 冷轧机支承辊静压轴承的结构如图 2-26 所示。在支承受径向载荷的衬套内表面上，沿轴向布置着双列油腔，衬套外侧装有一个固定块和两个止推块，专门承受轴向载荷，衬套和止推块由螺母轴向固定，为了使轴承能自动调位，下支承辊轴承座下部设有弧面自位垫板，上支承辊轴承座与压下螺丝之间装有球面垫。

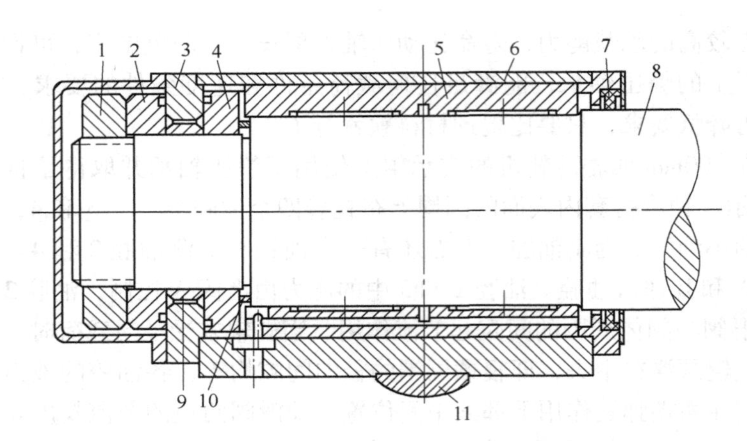

图 2-26　600mm 冷轧机支承辊用的静压轴承结构图
1—螺母；2，4—止推块；3—固定块；5—衬套；6—轴承座；7—密封圈；
8—轧辊；9—调整垫；10—补偿垫；11—自位垫板

轴承的承载能力可按下式计算：

$$W = p_1 S_1 - p_3 S_3$$

式中　S_1，S_3——分别为油腔 1 和油腔 3 沿载荷 W 方向的投影面积。

为了保证轴承有较大的承载能力，同时又能在无载荷时不使辊颈与衬套接触，S_1 与 S_3 应有适当比例。

2.2.5.3　静动压油膜轴承

静压轴承虽然克服了动压轴承的某些缺点，但它本身也存在着新的问题。主要是重载轧钢机的静压轴承需要一套连续的高压或超高压液压系统（一般压力要求大于 40MPa，有的短期压力达到 140MPa）来建立静压油膜。这就要求液压系统高度可靠。液压系统的任何故障都可能破坏轴承的正常工作。

采用静动压轴承，就可以把动压和静压轴承的优点结合起来。静动压轴承的特点是：仅在低于极限度（约为 1.6m/s）、启动、制动的情况下，静压系统投入工作；而在高速、稳定运转时，轴承呈动压工作状态。这样，高压系统不需要连续地满负荷工作，而只是在很短时间内起作用，这就大大减轻了高压系统的负担并提高了轴承工作的可靠性。动压和静压制度是根据轧辊转速自动切换的。

静动压轴承设计中应注意的一个问题是：既要满足静压承载能力所需的油腔尺寸，又要保证动压承载能力要求的支承面积（过大的静压油腔面积会影响动压承载能力）。为解决这一矛盾，往往采用较小的油腔，因而不得不采用压力高达 70～140MPa 的静压系统。

思考题

2-1 轧辊和轧辊轴承的基本类型是什么?

2-2 轧辊材质选用要考虑哪些因素，为什么热连轧机精轧机组前段和后段工作辊的材质有所不同?

2-3 综述如何提高轧辊和轴承的使用寿命。

2-4 若要轧制（2~12)mm ×（600~1500)mm 的热轧带钢，设计精轧机座末机座的工作辊和支承辊，并画出其零件图，选出所使用的轴承型号。

第 3 章　轧辊调整、平衡及换辊装置

在这一章里重点介绍轧辊调整装置，它分为轧辊径向调整和轴向调整两部分。此外还介绍轧辊平衡装置及换辊装置，它们的结构形式和先进程度直接影响到轧机使用的方便性、产品精度和生产效率。

3.1　轧辊调整装置的用途及分类

轧辊调整装置的用途有：

（1）调整辊缝，以保证轧件按给定的压下量轧出所要求的断面尺寸及产品精度。

（2）调整轧制线标高，在生产线上，调整轧辊与辊道水平面间的相对高度位置，在轧机上，调整各机座间轧辊的相对高度位置，以保证轧制线高度一致。

（3）调整孔型，在型钢和线材轧机上，调整轧辊轴向位置，以保证轧辊对准孔型。

（4）调整辊形，在板带轧机上调整轧辊的轴向位置或径向位置，目的是改变辊形来控制板形。

根据各类轧机的工艺要求，轧辊调整装置可分为上辊调整装置、下辊调整装置、中辊调整装置、立辊调整装置和特殊轧机调整装置。按照调整方式，轧辊调整可分为手动、电动和液压三种调整方式。

3.2　轧辊手动调整装置

3.2.1　上辊手动调整装置

常见的手动压下装置有以下两种：斜楔调整方式（图 3-1(a)）和蜗轮蜗杆传动压下螺丝调整方式（图 3-1(b)）。

3.2.2　下辊手动调整装置

下辊调整装置用于调整辊缝时，与上辊调整装置的工作原理相同，常见的结构形式有压上螺旋式和斜楔式。

在初轧机、板坯轧机和板带铸轧机上，当轧辊重车后，需重新对中轧制线。下辊位置的调节主要靠改变轴承座下垫片的厚度来实现。在现代化的带钢连轧机组中，为换辊后迅速准确调整轧制线，采用液压马达驱动的纵楔式下辊调整机构，如图 3-2 所示。

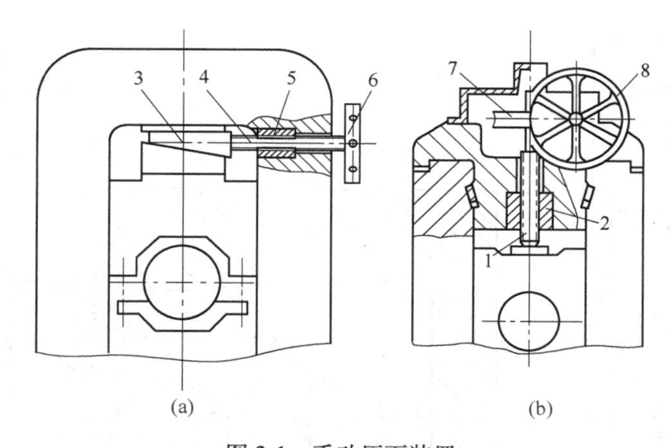

图 3-1 手动压下装置

1—压下螺丝；2—压下螺母；3—斜楔；4—丝杠；5—螺母；6—调整盘；7—蜗轮；8—手轮

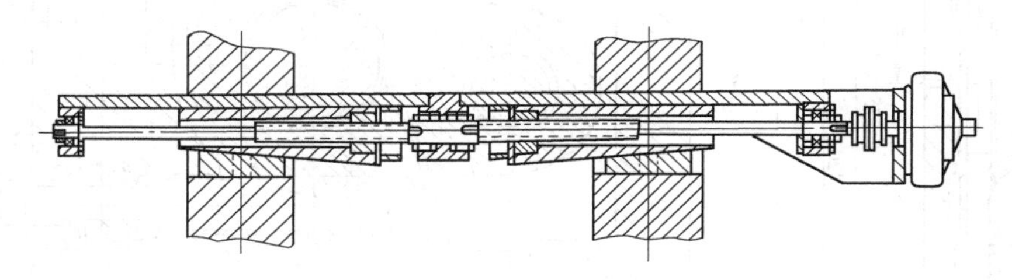

图 3-2 纵楔式下辊调整装置

3.2.3 中辊手动调整装置

三辊型钢轧机的中辊是固定的。中辊调整装置只是依据轴瓦的磨损程度调整轴承的上瓦座，保证辊颈与轴瓦之间的合理间隙。由于其调整量很小，故常用斜楔机构。

3.3 轧辊辊缝的对称调整装置

轧辊辊缝对称调整是指轧制线固定下来，上、下工作辊中心线同时分开或同时靠近。图 3-3 为德国德马克公司高速线材轧机精轧机组的斜楔式摇臂调整机构示意图。

3.4 电动压下装置

电动压下装置是轧机调整机构中最常见的一种压下装置，按轧辊调整距离、速度及精度不同，又可将电动压下装置分为快速和慢速两种压下装置。在可逆式板带轧机的压下装置中，有的还安装有压下螺丝回松机构，以处理卡钢事故。

电动压下装置的结构形式与压下速度有密切关系。同时，压下速度是电动压下装置的基本参数。各类轧机的压下速度参见表 3-1。

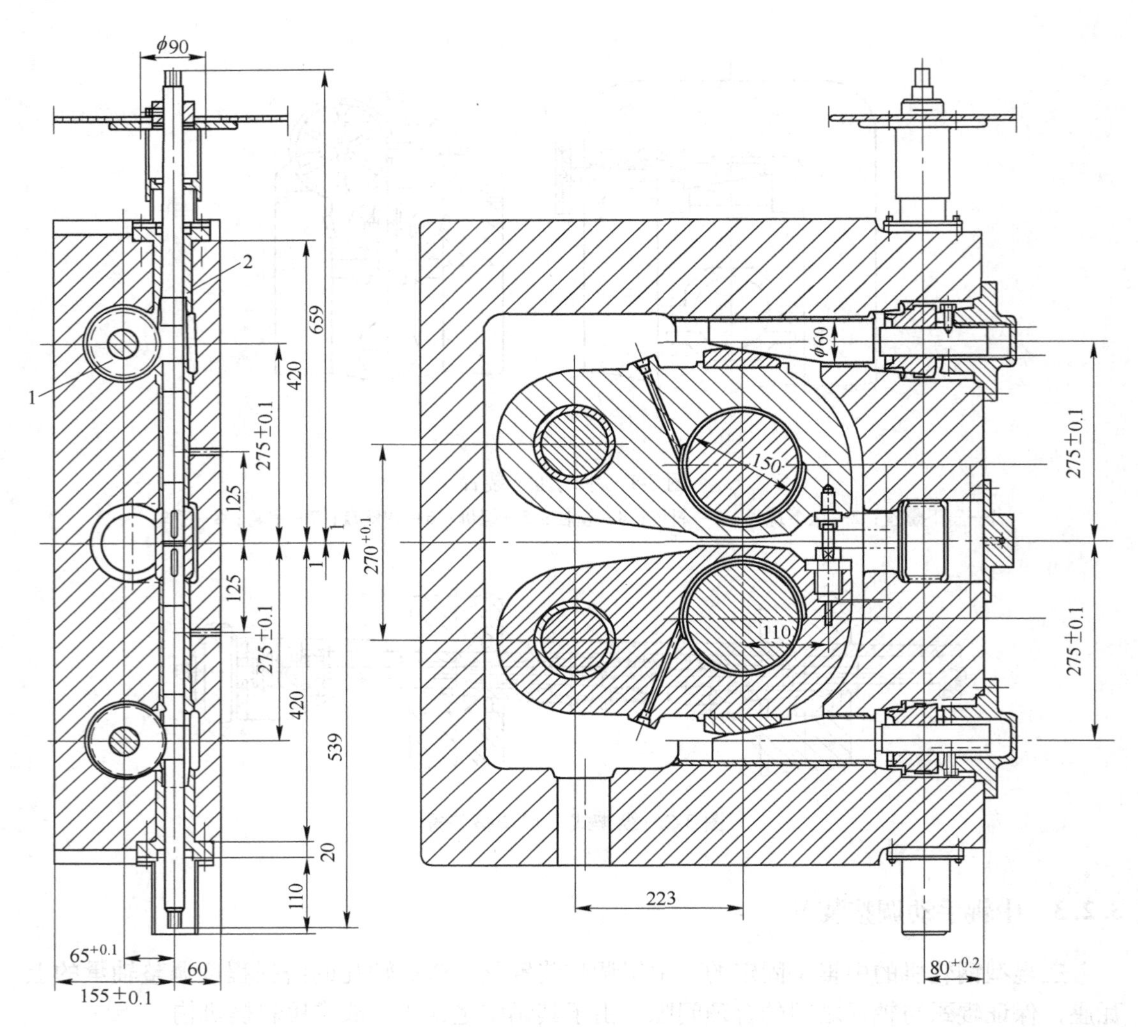

图 3-3　德马克斜楔式摇臂调整机构

1—螺旋齿轮；2—螺杆

表 3-1　各类轧机的压下速度

轧机类型	压下速度/mm · s^{-1}	轧机类型	压下速度/mm · s^{-1}
大型初轧机	80~250	热带钢可逆式粗轧机	15~50
大型扁坯初轧机	50~120	四辊粗轧机	1.08~2.16
中型（800~900mm）初轧机	40~80	热连轧精轧机	0.47~1.33
700~800mm 三辊开坯机	30~60	冷轧带钢轧机	0.05~0.1
中厚板轧机	5~25	多辊冷轧带钢轧机	0.005~0.01

3.4.1　快速电动压下装置

习惯上把不“带钢”压下的压下装置称为快速压下装置，其压下速度大于 1mm/s，这种压下装置多用在可逆式热轧机上。可逆式热轧机的工艺特点是：工作要求上轧辊快速、大行程、频繁的调整；轧辊调整时不“带钢”压下。为此，对压下装置的要求是：采用小惯量的传动系统，以便频繁而快速启动和制动；有较高的传动效率和工作可靠性；必须有压下螺丝回松装置。

图 3-4 是 1700mm 热连轧机 2 号四辊可逆式粗轧机的压下装置传动示意图。

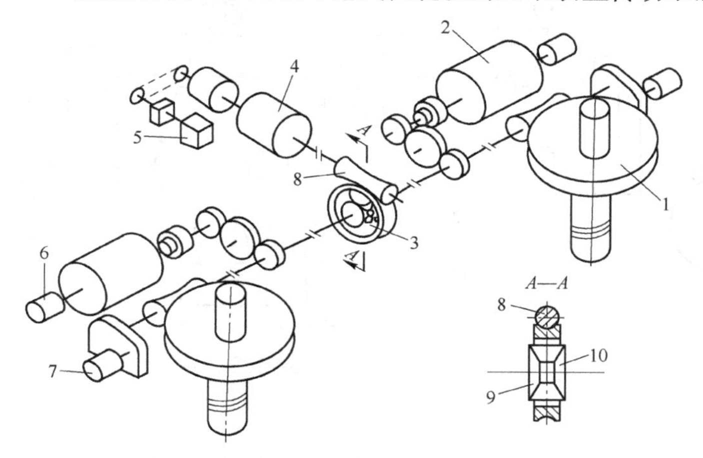

图 3-4 1700mm 热连轧机 2 号四辊可逆式粗轧机压下装置传动示意图

1—压下螺轮副；2—压下电动机；3—差动机构；4—差动机构电动机；5—极限开关；6—测速发电机；7—自整角机；8—差动机构蜗杆；9—左太阳轮；10—右太阳轮

该压下装置的布局是圆柱齿轮-蜗轮副联合传动方式。受机构尺寸的限制，主传动中速比 $i=1$ 的圆柱齿轮箱增加了一个中间惰轮。压下机构的球面蜗轮副采用 5 线蜗杆，$i=9.8$。两个压下螺丝分别由两台功率为 150/300kW、转速为 480/960r/min 的直流电机驱动，压下速度为 20~40mm/s。

压下装置中用一个差动机构代替常用的电磁联轴节，以保证压下螺丝的同步运转或单独调整。差动机构蜗轮副的速比 $i=50$，由一台直流电机（22kW，$n=650$r/min）驱动。在正常情况下，两个压下螺丝需要同步运转，差动机构的电动机不动，差动轮系起联轴节作用。当一侧压下螺丝需要单独调整时，可将另一侧电动机制动，开动差动机构电动机对一侧压下螺丝进行单独调整。采用差动机构可以克服电磁联轴节在大负荷时容易打滑的缺点，更主要的是可以用它处理压下螺丝的阻塞事故。这些优点补偿了其设备较复杂、造价较高的缺点。

图 3-5 是宝钢 1300mm 初轧机压下装置示意图。压下驱动电机 1 通过圆柱齿轮减速箱 2、蜗轮蜗杆副（17、18）驱动对应的压下螺丝，完成压下动作。

液压离合器 9 的开合使左右压下螺丝实现单独或同步压下。低速传动链的作用是降低传动系统转动惯量，防止压下螺丝的阻塞事故。

3.4.2 压下螺丝的回松装置

由于初轧机、板坯轧机和厚板轧机的电动压下装置压下行程大、速度快、动作频繁，而且是不带钢压下，所以常常由于操作失误、压下量过大等原因产生卡钢、“坐辊”或压下螺丝超限提升而发生压下螺丝无法退回的事故。为处理堵塞事故，这类轧机都专门设置了压下螺丝回松装置。

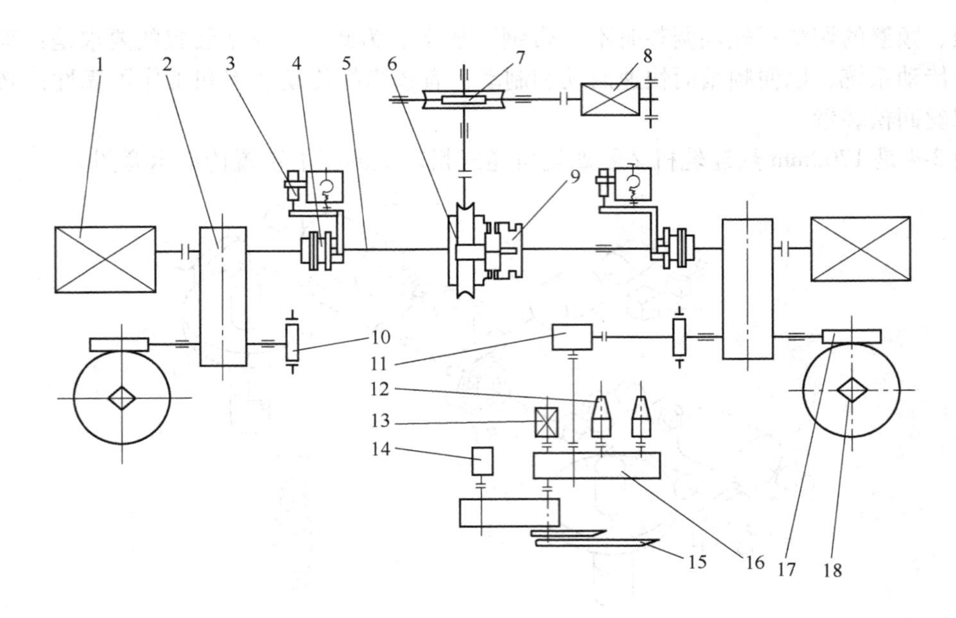

图 3-5　1300mm 初轧机压下装置示意图

1—压下电机；2—圆柱齿轮减速箱；3—油压缸；4—离合接手；5—传动轴；6，7—蜗轮副；8—低速传动用电机；9—液压离合器；10—空气制动器；11，16—减速箱；12—自整角机；13—复位电动机；14—极限开关；15—指针；17—蜗杆；18—压下螺丝蜗轮

图 3-6 是 4200mm 厚板轧机的压下螺丝回松装置示意图。该装置装在压下螺丝上部，

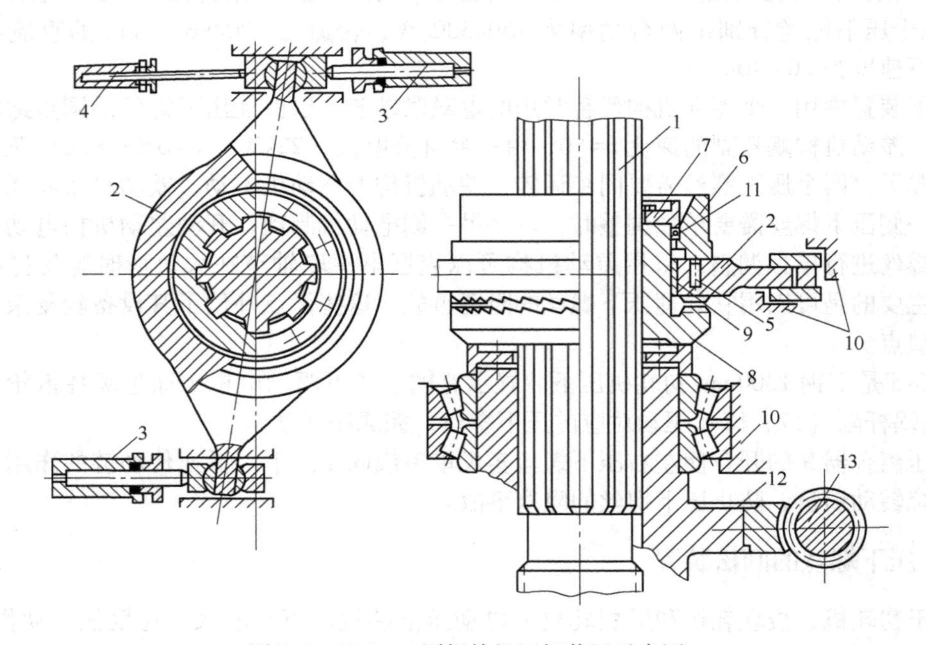

图 3-6　4200mm 厚板轧机回松装置示意图

1—压下螺丝；2—双臂托盘（上半离合器）；3—工作缸；4—回程缸；5—升降缸；6—托盘；7—压盖；8—花键套（下半离合器）；9—铜套；10—机架；11—ϕ25mm 钢球；12—蜗轮；13—蜗杆

便于维护。当发生堵塞事故时，装在双臂托盘2上的两个液压缸升起，通过托盘6和压盖7将下半离合器8提升并与上半离合器2结合。两个工作缸3推动上半离合器2的双臂回转从而强迫压下螺丝旋转。液压回程缸4可使工作缸柱塞返程。如此往复几次，即可将阻塞的螺丝松开。这一回松装置工作时，巨大的阻塞力矩只由工作缸和离合器承担，并不通过压下装置的传动零件。这就使压下装置的传动零件可以按小得多的空载压下力矩设计，使其结构更紧凑。

图3-4所示的压下装置是采用差动机构进行回松。图3-6所示的回松装置是采用低速传动链进行回松。还有一种简单的回松方式，在蜗杆轴上有一带花键的伸出轴，发生阻塞事故后，在伸出轴上套上大轮盘，用吊车带动轮盘转动，使压下螺丝回松。在一些没有专门回松装置的初轧机上，有时也采用吊车盘动电动机联轴器的方式回松压下螺丝。这两种方式虽然比较简单，但费时、费力，影响生产。

综上所述，在设计这类轧机时，考虑发生阻塞事故时的回松措施是十分必要的。回松力可按每个压下螺丝上最大轧制力的1.6~2.0倍考虑。

3.4.3 慢速电动压下装置

3.4.3.1 慢速电动压下装置的特点

慢速电动压下装置主要用于板带轧机上，故也称之为板带轧机电动压下装置。板带轧机的轧件既薄又宽又长，且轧制速度快，轧件精度要求高，这些工艺特征使它的压下装置有以下特点：

（1）轧辊调整量小。上辊最大调整量也只有200~300mm。在轧制过程中，带钢压下最大10~25mm，最小只有几个毫米，甚至更小。

（2）调整精度高，调整精度都应在带钢厚度公差范围之内。

（3）经常处于“频繁的带钢压下”的工作状态。

（4）压下装置必须动作快，灵敏度高，这是板带轧机压下装置最主要的技术特性。这就要求压下装置有很小的惯性，以便使整个压下系统有很大的加速度。

（5）轧机轧辊的平行度的调整要求很严，这就要求压下装置除应保持两个压下螺丝严格同步运行外，还应便于每个螺丝单独调整。

如今，由于带材轧制速度的提高，带材的尺寸精度要求越来越高，对板带轧机压下装置的工艺要求更趋严格。在热连轧机组的后几机架，电动压下装置由于惯性大，已很难满足快速、高精度调整辊缝的要求，因而开始采用电动压下和液压压下相结合的压下方式。在现代的冷连轧机组中，已全部采用液压压下装置。

3.4.3.2 慢速电动压下装置的主要结构形式

由于慢速电动压下的传动速比高达1500~2000，同时又要求频繁的带钢压下，因此，这种压下装置设计比较复杂，常用的慢速电动压下机构有以下三种形式。

第一种是由电动机通过两级蜗杆传动的减速器来带动压下螺丝的压下装置，如图3-7所示。它是由两台电动机传动的，两台电动机1之间是用电磁离合器3连接在一起的。当打开离合器3之后可以进行压下螺丝的单独调整，以保证上轧辊调整水平。

这种压下装置的特点是：传速比大，结构紧凑，但传动效率低，造价高（需消耗较多的有色金属），因此，适用于结构受到限制的板带轧机上。可是随着大型球面蜗杆设计及制造工艺技术的不断的发展与完善，这种普通的蜗轮蜗杆机构已逐步被球面蜗轮蜗杆机构所代替。这样一来不但传动效率大大提高，而且传动平稳，寿命长，承载能力高。

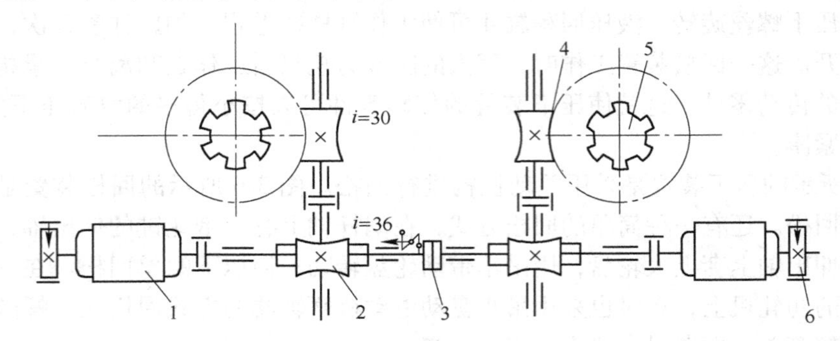

图3-7 两级蜗杆传动的电动压下机构简图

1—电动机；2，4—蜗轮、蜗杆；3—电磁离合器；5—压下螺丝；6—制动器

第二种是用圆柱齿轮与蜗轮蜗杆联合减速的压下传动装置，如图3-8所示。它也是由双电动机1带动的，圆柱齿轮可用两级也有用一级的。在两个电动机之间用电磁离合器2连接，其目的是用来单独调节其中一个压下螺丝。为了使传动装置的结构紧凑，可将圆柱齿轮与蜗轮蜗杆机构均放在同一个箱体内。这种装置的特点是：由于采用了圆柱齿轮，因此传动效率提高了，成本下降了，所以这种装置在生产中较前一方案应用更为广泛，通常多用在热轧板带轧机上。

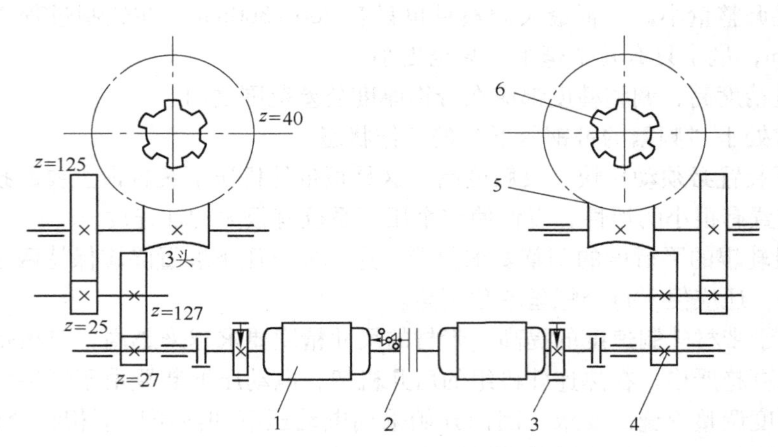

图3-8 圆柱齿轮与蜗轮蜗杆联合传动的电动压下机构简图

1—电动机；2—电磁离合器；3—制动器；4—圆柱齿轮部分；
5—蜗轮蜗杆；6—压下螺丝

图3-9所示是我国自行设计制造的一套ϕ750mm/ϕ1400mm×2800mm热轧铝合金板四辊轧机压下机构的传动系统简图，它就是采用了上述慢速电动压下机构的第二种传动方案。

在这种传动系统中，为了防止卡钢现象的发生，在该装置中设有回松机构。压下螺丝是由两型号为ZZ52-82型的交流电动机1带动，减速机为一级圆柱齿轮4和一对球面蜗杆

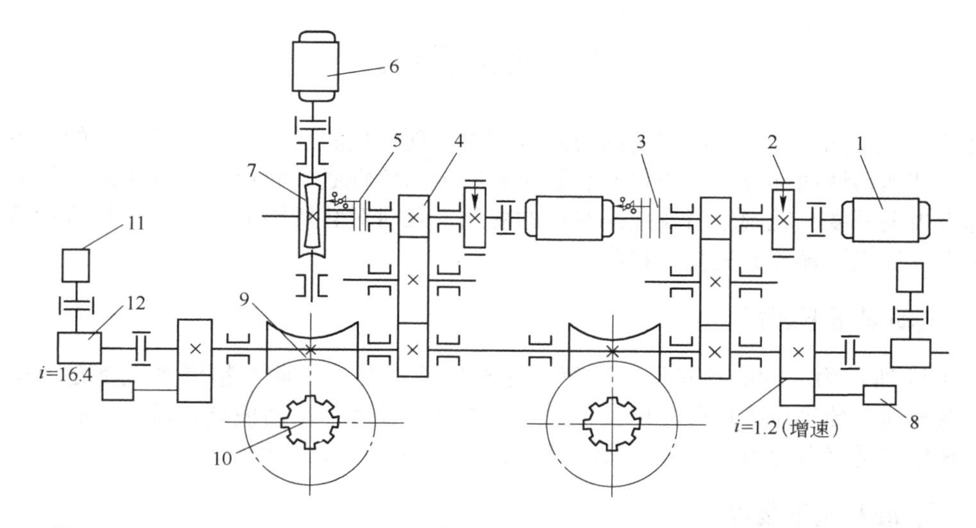

图 3-9 ϕ750mm/ϕ1400mm×2800mm 热轧铝合金板四辊轧机压下机构的传动系统简图
1—交流电动机；2—制动器；3—电磁离合器；4——级圆柱齿轮；5—离合器；
6—交流回松电动机；7—回松球面蜗轮蜗杆机构；8—自整角机；9—球面蜗杆机构；
10—压下螺丝；11—行程控制器；12—行程开关的减速器

机构 9 组成，总速比为 $i=54$。在电机轴上装有制动器 2 和承载能力为 3000N · m 的电磁离合器 3，前者是用来保证准确调节压下的，而后者是用来实现压下螺丝的单独调整的。回松机构是由 JZ52-8 型的交流回松电动机 6 通过速比为 $i=50$ 的回松球面蜗轮蜗杆机构 7 和离合器 5 来实现的。为了工人操作安全、准确起见，该系统中还装有 KA4658-5 型的行程控制器 11 和 EA501A 型的自整角机 8。前者起安全作用，而后者是为了将轧辊开口度大小显示在操纵台的数字显示器上，以便工人准确操作。因此，在现代化的轧机上均采用这一装置。而机械指针盘仅用于一些压下精度要求不高的初轧机与开坯机上。

第三种是行星齿轮传动的电动压下机构（图 3-10），它是由立式电机通过三级行星齿轮传动压下螺丝，电机轴与压下螺丝同轴配置，行星架与行星轴连接在一起，第一级和第二级行星轮及行星架支撑在外面齿圈的架体上，外面齿圈的架体和第三级行星轮及行星架支撑在压下螺丝上，整个传动装置和立式电机与压下螺丝一起上下移动。

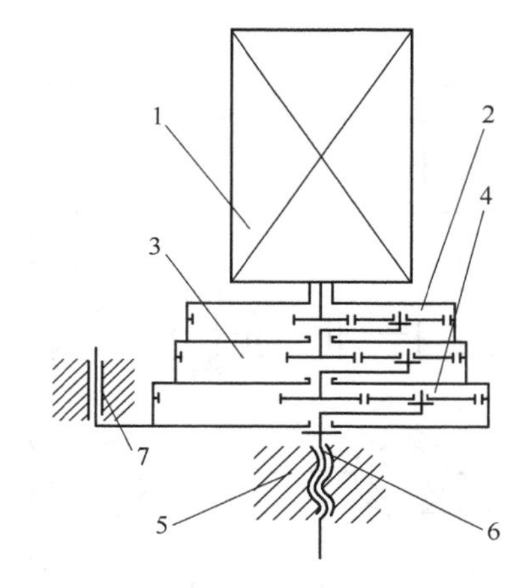

图 3-10 行星齿轮传动的电动压下机构
1—立式电动机；2，3，4——、二、三级行星减速机构；5—压下螺母；6—压下螺丝；
7—上下移动导向装置

这种传动方式效率高，可消除压下螺丝花键中的滑动摩擦损失。由于太阳轮始终与三个行星齿轮啮合，在齿面单位压力一定的条件下，同上述普通电动压下机构相比，该装置结构紧凑，转动惯量小，加速时间短，压下调整灵敏，适合用于精轧机组。

3.5　双压下装置

为了将板厚偏差控制在所规定的公差范围内，现代化的板、带材成品轧机的压下装置分成了粗调和精调两部分。其中粗调装置用来给定初始辊缝，而精调装置用来在轧制过程中，随着板坯厚度、轧制压力及成品厚度的变化，及时对轧机辊缝相应地进行微量调整校正，从而保证板厚偏差有更高的精度。

3.5.1　电动双压下装置

图 3-11 所示为一种电动双压下装置。这种压下装置中粗调与精调系统都是由电动机通过机械减速来传动压下螺丝，因此传动系统惯性力较大，从而使调整辊缝的校正讯号传递滞后现象严重（长达 0.5~1s），无法满足高精度板厚公差的要求。

3.5.2　电-液双压下装置

图 3-12 所示的为第一种电-液双压下装置。它的粗调为一般的电动压下机构，通过电

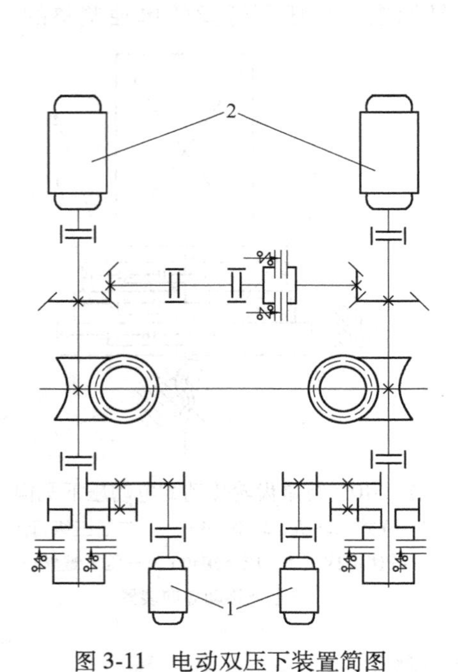

图 3-11　电动双压下装置简图

1—精调电动机，$N=294.2$kW，$n=840$r/min，调节速度 $v=76.2$mm/min；
2—粗调电动机，$N=161.81$kW，$n=970$r/min，调节速度 $v=170.18$mm/min

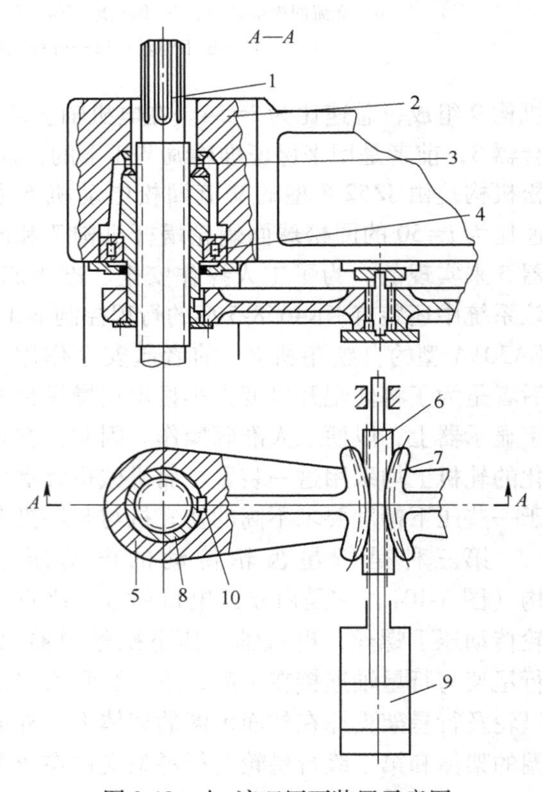

图 3-12　电-液双压下装置示意图

1—压下螺丝；2—机架；3—止推轴承；4—径向滚子轴承；5，7—扇形齿轮；6—齿条；8—压下螺母；9—液压缸；10—键

动压下系统带动压下螺丝，在空载的情况下给定原始辊缝。而精调是通过液压缸 9 推动齿条 6 带动扇形齿轮 5 和 7，使两边的压下螺母 8 转动，但由于压下螺丝 1 在电动压下机构锁紧的条件下不能转动，其结果只能是使压下螺丝上下移动而实现辊缝微调。图中的止推轴承 3 和径向滚子轴承 4 安装在机架 2 的上横梁中，以支撑压下螺母 8 正常转动，两边螺母的螺纹方向相反，而键 10 是用来连接扇形齿轮与压下螺母的。

第二种电-液双压下机构，粗调为电动压下，而精调是用液压缸直接代替了压下螺丝与螺母，通常液压缸放在粗调压下螺丝与上轴承座之间或横梁与下轴承座之间。该装置的特点是，粗调装置的结构简单而紧凑，消除了机械惯性力，从而大大地减轻了调节讯号滞后现象，提高了精调的效率，其调整灵敏度比一般电动压下快 10 倍以上。目前在板带轧机上得到广泛应用。我国宝钢热轧厂的 2050mm 精轧机压下就是采用电动压下 AGC 加短行程液压压下 AGC；1580mm 精轧机压下部分采用垫片加长行程液压压下 AGC。

随着热轧技术迅速发展，带钢厚度公差要求越来越高的情况下，传统热带四辊轧机在电动压下基础上增加液压压下装置，改造成为电-液双压下机构。这样的例子很多，如：德国蒂森（THYSSEN）钢铁公司 2250mm 热连轧精轧机（共 7 架）的压下装置改为电动压下 AGC 加短行程液压压下 AGC；我国梅山热轧板厂 1422mm 精轧机 F_4、F_5 在原有电动压下的基础上新增液压压下（行程 15mm）AGC，板带厚度公差得到明显提高，产品市场竞争力大为增强。

3.5.3 快速响应电-液压下装置

快速响应型电-液压下装置（见图 3-13 和图 3-14）共由 3 部分组成。其一为由传感器、伺服阀一体组装的液压缸构成的阀控油缸式的动力机构；其二为由积分环节组合成的 DDC 控制系统；其三为液压站。如图 3-13 所示，液压缸的压下活塞 6 呈环形，缸体中间的凸起部分中装有位移传感器 4。电液伺服阀 3 通过油管 1 接到油缸的侧壁上。油缸采用滑环式密封 5，代替了以前的 L 形或 V 形填料密封。该装置最高压力可以达到 31.5MPa。

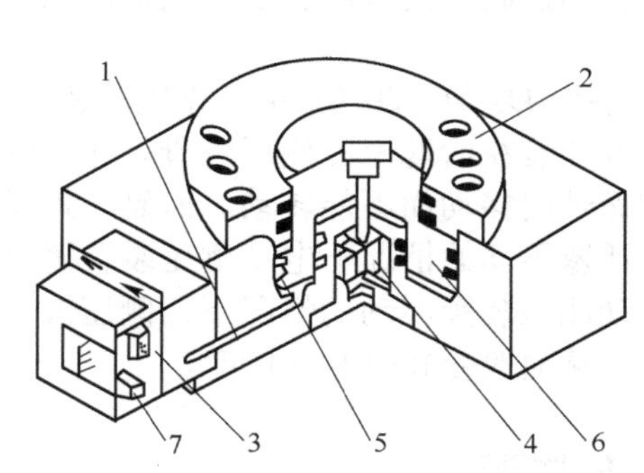

图 3-13 快速压下液压缸结构示意图
1—伺服阀出口油管；2—缸体；3—电液伺服阀；
4—位移传感器；5—滑环式密封；
6—压下活塞；7—终止开关

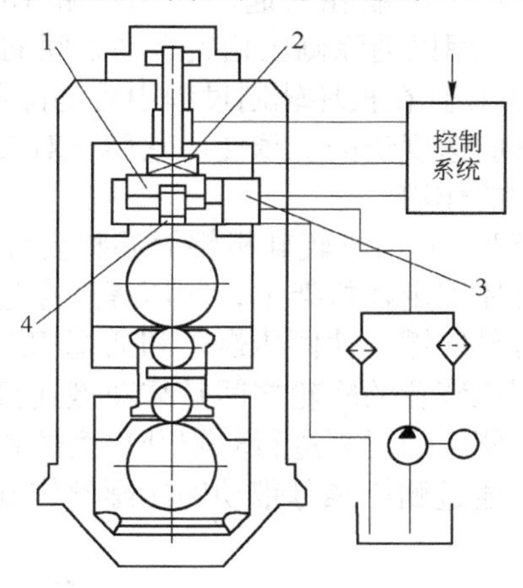

图 3-14 快速压下液压系统构成
1—活塞；2—测压传感器；3—伺服阀；
4—位移传感器

这种结构的油缸具有如下特点：

（1）响应速度快，其原因就在于最大限度地缩短了影响频率特征的伺服阀输出端的配管长度。

（2）由于位移传感器装在液压缸内部，伺服阀又直接连接在油缸的侧壁上，因而大大地减少了占地空间。

（3）由于检测装置安装在油缸的中心部位，用一个检测器就能准确地反映出油缸的压下位置，因而实现了压下装置检测机构的简单化。

（4）使用寿命长，在控制板厚的过程中压下活塞在激振状态下工作，为了防止油液飞溅而采用滑环式密封。这样始终能保证密封件与缸体接触，因而提高了油缸的工作寿命。

（5）检测器采用内装方式，并且是整体的安放与取出，因而便于维护。并且由于采用了环形密封，因而提高了油缸的抗冲击特性。

（6）具有高控制性和易调整性。由于控制装置是利用积分环式的 DDC 方式，所以根据轧制条件来适当改变增益的控制就很容易进行。并且还可以改变控制逻辑，这样调整就很简单。

3.5.4　立辊轧机电-液侧压装置

宝钢热轧厂粗轧区 1580mmE_1立辊轧机辊缝调整装置（参见图 3-38）采用卧式电机 7（AC，37/74kW，575/1150r/min），经过一台速比 $i=1$ 的锥齿轮减速机和两台速比 $i=1/7.67$ 的蜗轮蜗杆减速机驱动侧压螺丝 9。上、下侧压螺丝的机械同步，两侧的辊缝调整装置各装两根侧压螺丝，两边侧压采用电气同步，操作十分方便。

在两侧上部侧压螺丝 9 的尾部装有接近开关，控制侧压螺丝的极限位置。侧压螺丝的精确位置由安装在电机 7 后面的自整角机 8 来控制。

为提高板材宽度精度及板坯收得率，在 E_1立辊轧机两侧的侧压螺丝端部安装 4 个 AWC 缸（ϕ360mm /ϕ280mm×27mm），其工作压力为 25MPa。在每个压下螺丝的端部还装有进行压力测试用的压磁头，在每个 AWC 缸内部装有进行位置检测的位移传感器。缸体固定在托架上，托架在机架上横梁滑架面上滑动，侧压螺丝 9 和 AWC 缸由内部油压作用与轴承座紧密靠在一起。平衡油缸 10 的尺寸为 ϕ125mm/ϕ90mm×1480mm，工作压力为 14MPa，用以消除侧压相关零件之间的间隙。

AWC 缸在板坯轧制过程中可消除板坯头尾的狗骨形，充分发挥了液压伺服系统惯性小而反应速度快的优越性。它用于对带钢进行宽度自动控制，同时还有辅助电动侧压精调开口度的作用。

1580mm E_1立辊轧机辊缝调整装置检修方便，但结构复杂。2050mm E_1立辊轧机 AWC 缸的缸体固定在机架上，侧压螺丝穿过侧压缸的活塞和装在活塞上的侧压螺母。侧压螺母上装有导向键，使侧压螺母和活塞相对于缸体只能做轴向移动而不能转动。而侧压螺丝与电动侧压装置的蜗轮之间是靠花键连接的，因此在活塞不动的情况下电动侧压装置可以通过转动侧压螺丝来进行轧辊开口度的预调；而在电动侧压装置不动的情况下，侧压缸活塞也可以通过侧压螺母带动侧压螺丝作轴向往复移动，从而改变轧辊的开口度。

3.6　全液压压下装置

3.6.1　液压压下装置的特点

随着工业技术的发展，带钢的轧制速度不断提高，产品的尺寸精度日趋严格。特别是采用厚度自动控制（AGC）系统以后，电动压下装置已不能满足工艺要求。目前，新建的冷连轧机组生产线基本上全部采用液压压下装置，热带钢连轧机精轧机组最后一架轧机也往往装有液压压下装置。

所谓全液压压下装置，就是取消了电动压下装置，其辊缝的调整均由带位移传感器的液压缸来完成。与电动压下装置相比，全液压压下装置有以下特点：

（1）快速响应性好，调整精度高。表3-2为液压压下与电动压下动态特性比较。

（2）过载保护简单可靠。

（3）采用液压压下方式可以根据需要改变轧机当量刚度，使轧机实现从“恒辊缝”到“恒压力”轧制，以适应各种轧制及操作情况。

（4）较机械传动效率高。

（5）便于快速换辊，提高轧机作业率。

表3-2 液压压下与电动压下动态特性比较

项　目	速度 $u/\mathrm{mm\cdot s^{-1}}$	加速度 $a/\mathrm{mm\cdot s^{-2}}$	辊缝改变0.1mm的时间/s	频率响应宽度范围/Hz	位置分辨率/mm
电动压下	0.1~0.5	0.5~2	0.5~2	0.5~1.0	0.01
液压压下	2~5	20~120	0.05~0.1	6~20	0.001~0.0025
改善系数	10~20	40~60	10~0	12~20	4~10

3.6.2 液压压下控制系统的基本工作原理

图3-15所示为一种现代化的液压压下控制系统。该系统的工作程序如下：第一步给定原始辊缝。首先由电位器给定原始辊缝信号 S_0，该信号通过位移调节器3和放大器4输入伺服阀5去推动柱塞缸12的柱塞使轧辊压上。同时，位移传感器6将柱塞位移变成电信号反馈给位移调节器3，经与给定信号 S_0 比较，得出偏差信号 ΔS，经放大后再输入伺服阀5，若 $\Delta S=0$，则伺服阀不动，压上柱塞不动，完成了原始辊缝的调整，然后轧制开始。否则一直调整到 $\Delta S=0$。

第二步实现机座的弹跳补偿。在轧制过程当中轧制力 P 发生变化时，通过测压仪8或压力传感器11（由选择开关10选择）测得轧制力 P，并转变成电信号输入到压力比较器13与事先输入的压力信号 P_0（由给定的标准板材厚度 h_0 定）相比较，则得出轧制力的波动量 ΔP 的电信号。然后通过一位移转换元件，将 ΔP 转换为机座的弹跳值（机座弹性变形的波动量）$\Delta P/K$，再由刚度调节系数装置 C_P，将 $\Delta P/K$ 与刚度调节系数 C_P 相乘，即可输出根据规定机座当量刚度应补偿的轧辊辊缝调整量 $C_P\Delta P/K$（恒辊缝轧制时 $C_P=1$，当量刚度系数为无穷大）。辊缝调整量经过位移调节器3及放大器4放大后，输入伺服阀而控制液压缸实现辊缝调整，补偿机座弹跳影响。其调整结果再由传感器6反馈到位移调节器3与原辊缝调节信号 $C_r\Delta P/K$ 比较，当无偏差信号时，则调节完毕，机座弹跳得到完全补偿，控制系统暂时停止工作，等待下一次调整。

当板带材的出口厚度为 h 时，则有：

$$h = S_0 + P_0/K - \Delta S$$

式中　S_0——原始辊缝，mm；

P_0——给定的标准板材厚度 h_0 所对应的轧制力，kN；

K——机座自然刚度系数，kN/mm；

ΔS——机座弹性变形增量，mm。

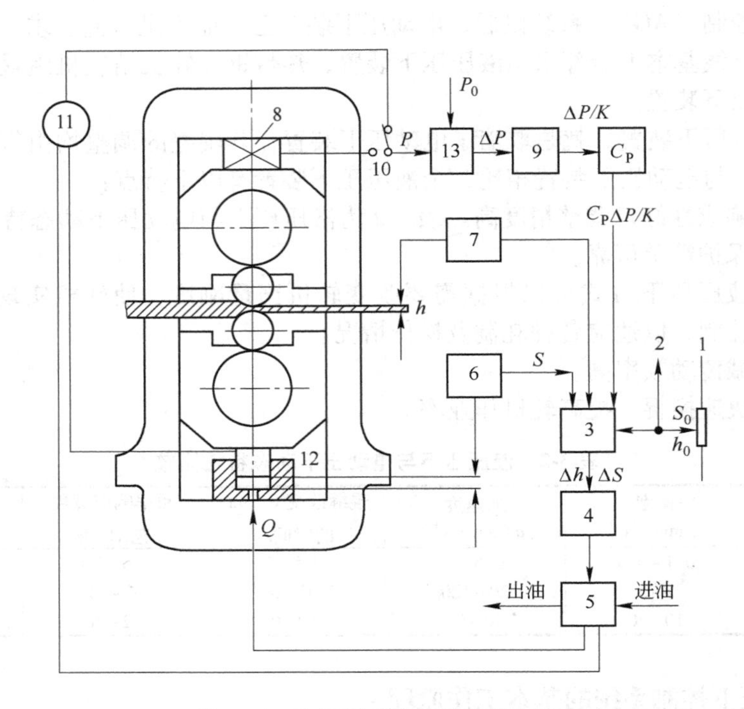

图 3-15 液压压下控制系统示意图

1—电位器；2—传给另一机座的信号；3—位移调节器；4—放大器；5—伺服阀；6—位移传感器；7—测厚仪；8—测压仪；9—力-位移转换元件；10—选择开关；11—压力传感器；12—柱塞缸；13—压力比较器；C_P—刚度调节系数装置

图 3-15 中的信号 2 是输给另一机架调整使用的。测厚仪 7 是用以反馈实现板带的厚度自动控制的。在给定的原始辊缝 S_0不正确或轧辊磨损等情况下，板带材的出口厚度由测厚仪 7 测得并变成电信号输入到位移调节器 3 中与事先给定的标准板厚信号 h_0相比，则输出偏差信号 Δh，经放大器 4 放大，输入伺服阀 5 来控制柱塞的移动，从而使辊缝得到进一步校正。

现代化的液压压下板厚自动控制系统，能够补偿由各种因素所引起的板带材厚度误差，这些因素有：坯料的厚度及力学性能（硬度、化学成分等）的差异、轧辊的磨损及膨胀、轧辊轴承油膜厚度的变化或轴瓦磨损以及支承辊的偏心等。因此，采用变信号输入的板厚自动控制系统的板带轧机，可以得到高质量的板带材，而且生产效率很高。

液压压下系统之所以有上述的各种功能，一在于它有反应灵敏、传递方便的电气检测信号系统，同时它还利用了刚性大、输出功率高的液压系统作为执行机构，而且采用电液伺服阀来作为电-液转换元件，有力地把电、液功能有效地结合在一起，发挥了电-液系统的优越性。

3.6.3 压下液压缸在轧机上的配置

压下液压缸在轧机上的配置方案有压下式和压上式两种形式。

3.6.3.1　压下式液压压下装置

图 3-16 为 1700mm 冷连轧机液压缸在机架内的布置情况。压下液压缸 3 和平衡架 9 由平衡液压缸 1 通过拉杆悬挂在机架顶部。若拔掉销轴 8，则平衡架连同液压缸可随同支承辊一起拉出机架进行检修。压下液压缸与支承辊轴承座间有一垫片组 5，其厚度可按照轧辊的磨损量调整，这样可避免过分增大液压缸的行程。

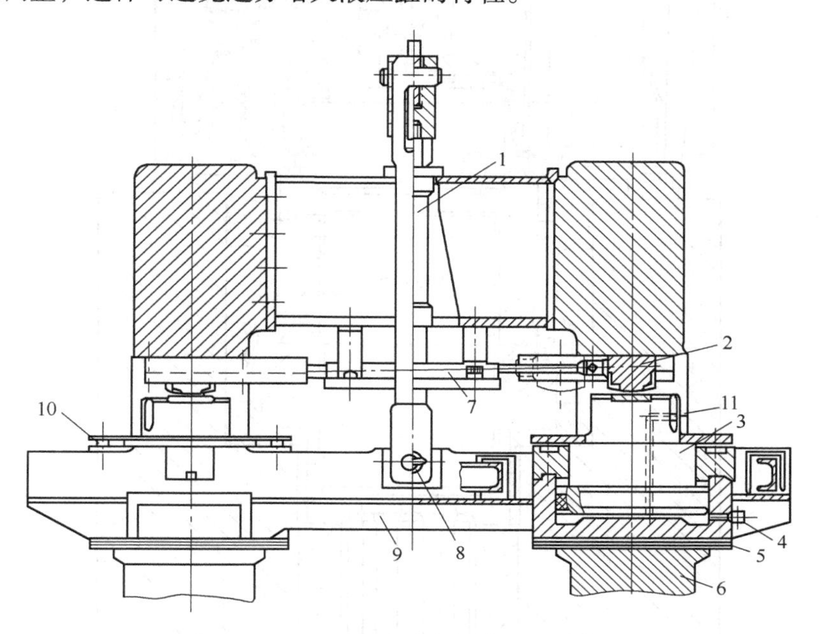

图 3-16　1700mm 冷连轧机液压压下装置

1—平衡液压缸；2—弧形垫块；3—压下液压缸；4—液压压力传感器；5—垫片组；6—上支承辊轴承座；7—快速移动垫块的双向液压缸；8—销轴；9—平衡架；10—位置传感器；11—高压油进油口

在液压缸上部的 T 型槽内，装有弧形垫块 2。利用双向动作的液压缸 7 可将两弧形垫块同时抽出，进行换辊操作。压下液压缸的缸体平放在上支承辊轴承座 6 上（有定位销），液压缸活塞顶住机架窗口下方弧形垫块 2。液压缸的橡胶密封环包有聚四氟乙烯，以减小摩擦阻力。缸体上装有液压压力传感器 4。每个液压缸有两个光栅位置传感器 10，按对角线布置在活塞两侧。轧机的测压仪装在机架下窗口上，在下轴承座与斜楔调整装置之间。

压下液压缸的活塞直径为 965mm，最大行程 10mm，最大作用力为 12.5MN。液压压下系统采用 MOOG73 控制伺服阀，其额定流量 57L/min（压力为 7MPa 时），最大工作压力 21MPa。为防止高压油被铁锈污染，整个液压系统的管道和油箱均由不锈钢制造。液压缸回程油压为 1.5MPa。

3.6.3.2　压上式液压压下装置

图 3-17 是 1700mm 热连轧机精轧机座液压缸的结构示意图。从图上可以看出，为了调整轧制线和尽量减小液压缸的工作行程，特在液压缸下面装有由电机通过两级蜗轮副（图中未示出）及带压上螺母的蜗轮 2 带动压上螺丝 3 的机械压上机构。其直流电动机的功率为 75kW，转速 515r/min，两级蜗轮的速比分别为 $i=4.13$ 和 $i=25$，压上速度 32mm/s。工作行程 121mm，最大行程为 180mm。

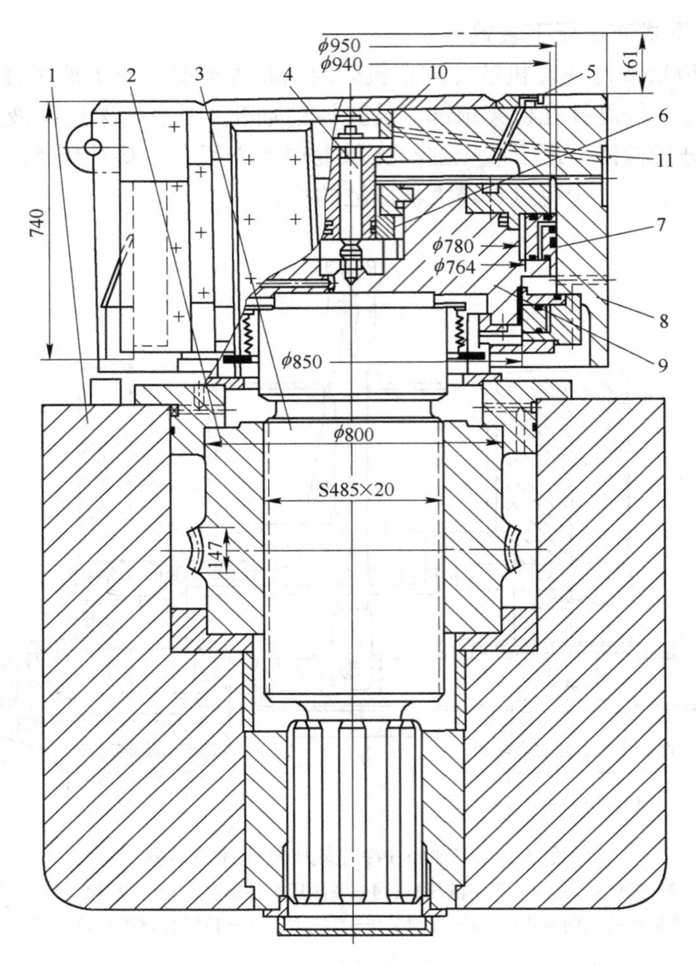

图 3-17　1700mm 热连轧机精轧机座液压缸结构图

1—机架下横梁；2—带压上螺母的蜗轮；3—压上螺丝；4—位移传感器；5—排气阀；6—浮动环；7—活塞浮动环；8—液压缸缸体；9—液压缸柱塞；10—密封圈；11—电线孔

图 3-17 中的活塞浮动环 7 套在柱塞 9 上，防止柱塞在咬钢时在强大的冲击载荷作用下产生径向窜动。因为这种结构的缸体 8 的内径比柱塞 9 的外径大 10mm，而柱塞与套在其上的活塞浮动环圆周又有 8mm 间隙。同时为防止高压油泄漏，活塞浮动环上套有两个径向密封环和 4 个端面密封环，并开有油孔，使密封处得到润滑。位移传感器 4 的结构为差动式，铁心与柱塞固定，而线圈固定在缸体上，量程为 6mm。浮动环 6 是为了防止柱塞径向窜动时影响位移传感器工作。

液压缸总行程为 40mm，工作行程为 5mm（-3～+2），油压为 21MPa，工作推力达 14.7MN，而回程压力为 1.5MPa。测压仪装在压下螺丝与上支承辊轴承座之间。

3.6.3.3　液压压下装置设计中应注意的问题

（1）应减少液压缸中油柱的高度。油柱高度增加不但会减小轧机刚度，而且会降低液压缸的工作频率，影响压下的快速性。

（2）适当提高供油压力可以提高系统的反应速度和控制精度，也可以减小液压缸直径。目前常用的液压系统供油压力为25MPa。

（3）应尽量缩短伺服阀到液压缸间的管路尺寸，可以提高压下系统的响应频率。

（4）应选择摩擦系数小的密封材料，从结构上设法减小活塞与缸体的摩擦阻力。实践证明，摩擦阻力对液压缸的响应频率影响很大。

3.7 轧机的压下螺丝与螺母

3.7.1 压下螺丝的设计计算

3.7.1.1 压下螺丝螺纹外径确定

A 预选螺纹外径 d 及其他参数

从强度观点分析，压下螺丝外径与轧辊的辊颈承载能力都与各自直径的平方成正比关系，而且二者均承受同样大小的轧制力 P_1（对板带轧机，$P_1=P/2$，P 为总轧制力）。因此，经验证明二者存在以下的关系：

$$d=(0.55\sim0.62)d_g \tag{3-1}$$

式中 d——压下螺丝的螺纹外径，mm；

d_g——轧辊辊颈的直径，mm。

d 确定之后可根据自锁条件再确定压下螺丝的螺距 t：

$$t=\tan\alpha\pi d$$

式中 t——螺纹螺距，mm；

α——螺纹升角，(°)。

按自锁条件要求 $\alpha\leqslant2°30'$，则：

$$t\leqslant(0.12\sim0.14)d \tag{3-2}$$

对于板带精轧机座，要求 $\alpha<1°$（从精调出发），则：

$$t\approx0.017d \tag{3-3}$$

当 d 和 t 确定后，可参考有关螺纹标准来确定压下螺丝的有关螺纹长度，并且必须根据压下螺母的高度及轧辊的最大提升量来确定。

B 压下螺丝的强度校核

由螺纹外径 d 确定出其内径 d_1后，便可按照强度条件对压下螺丝强度进行校验，即：

$$\sigma_j=\frac{4P_1}{\pi d_1^2}\times10^{-6}\leqslant[\sigma] \tag{3-4}$$

式中 σ_j——压下螺丝中实际计算应力，MPa；

P_1——压下螺丝所承受的轧制力，N；

d_1——压下螺丝螺纹内径，m；

$[\sigma]$——压下螺丝材料许用应力，MPa；

$$[\sigma]=\frac{\sigma_b}{n}$$

σ_b——压下螺丝材料的强度极限。常用的压下螺丝材料为45号和55号锻钢，在轧制力很大的冷轧薄板轧机上，也可以选用合金钢，如40Cr、40CrMo及

40CrNi 等；

n——压下螺丝的安全系数。通常选用：$n \geq 6$。

同时，由于压下螺丝的长、径之比往往都是小于 5 的，因此不必进行纵向弯曲强度（稳定性）校验。

关于压下螺丝的螺纹形式，一般情况下大都采用单头锯齿形螺纹（见图 3-18（a））。只有在轧制力特别大、压下精度要求又高的冷轧板带轧机上才采用梯形螺纹（见图 3-18（b））。

3.7.1.2　压下螺丝的尾部形状设计

A　压下螺丝的尾部形状选择

通常压下螺丝的尾部形状有两种形式：

（1）带有花键的尾部形状。图 3-19（a）为带有花键形式的压下螺丝的尾部，该种形式常用于上辊调节距离不大的轧机上，如薄的板带及中小型钢和线材轧机上。

（2）镶有青铜滑板的方形尾部形状。图 3-19（b）为一种镶有青铜滑板 1 的方形压下螺丝尾部，它主要用于上轧辊调节距离大的初轧机、板坯轧机及厚板等大型轧机上。

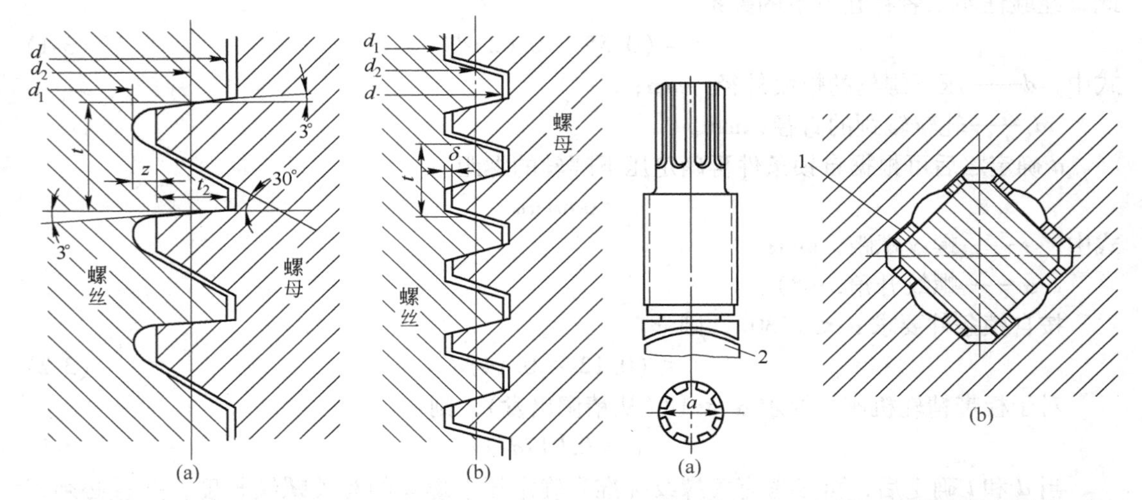

图 3-18　压下螺丝的螺纹形状

（a）锯齿形螺纹；（b）梯形螺纹

图 3-19　压下螺丝尾部与端面形状

（a）花键形状尾部；（b）方形尾部

1—青铜滑板；2—铜垫或滚动止推轴承

B　压下螺丝的端部形状选择

常见的压下螺丝端部形状有两种：一种是凹形球面，如图 3-19（a）所示，因为这样的形状不但自位性好，而且又能防止青铜止推垫块产生拉应力（青铜耐压性能好），因此大大地提高了青铜垫块的使用寿命，减少了有色金属的消耗；第二种是凸形球面，球面铜垫处于拉应力状态，极易碎裂，现都改为凹形球面。

3.7.2　压下螺母的结构尺寸设计

3.7.2.1　压下螺母高度 H 与外径 D 的确定

当压下螺丝的螺纹内径 d_1、螺距 t 及螺纹形状确定以后，压下螺母 d_1、t 和螺纹形状自然也就可以确定了，剩下的问题就是确定压下螺母的高度 H 与外径 D。

A　压下螺母高度 H 的确定

压下螺母的材质通常都是选用青铜，因此这种材料的薄弱环节是挤压强度比较低，因此，压下螺母高度 H 应按螺纹的挤压强度来确定。其挤压强度条件如下（参见图 3-18）：

$$p = \frac{4P_1 \times 10^{-6}}{Z\pi[d^2 - (d_1 - 2\delta)^2]} \leqslant [p] \tag{3-5}$$

式中　p——螺纹受力面上的单位挤压应力，MPa；

P_1——轴颈上（压下螺丝上）的最大压力，N；

Z——压下螺母中的螺纹圈数；

d——压下螺丝的螺纹外径，m；

d_1——压下螺丝的螺纹内径，m；

δ——压下螺母与螺丝的内径之差，m；

$[p]$——压下螺母材料的许用单位压力，MPa。

根据式（3-5）先求出压下螺母的螺纹圈数 Z 后其高度 H 便可由下式求得：

$$H = Zt$$

由生产实践得知，H 也可由经验公式求得。首先确定一个预选的数值，然后再由式（3-5）进行挤压强度校验，最后确定 H 数值。

通常 H 可由下式预选（设 $[p]$ =15~20MPa）：

$$H = (1.2 \sim 2)d \tag{3-6}$$

B　压下螺母外径 D 的确定

从图 3-20（a）可以看出，作用在压下螺丝上的轧制力通过压下螺母与机架上横梁中的螺母孔的接触面传给了机架。因此，压下螺母的外径应按其接触面的挤压强度来确定，即：

$$p = \frac{4P_1 \times 10^{-6}}{\pi(D^2 - D_1^2)} \leqslant [p] \tag{3-7}$$

式中　p——压下螺母接触面上的单位压力，MPa；

P_1——压下螺母上的最大作用力，N；

D——压下螺母外径，m；

D_1——压下螺丝通过的机架上横梁孔的直径，m；

$[p]$——压下螺母材料的许用挤压应力，一般对青铜 $[p]$=60~80MPa。

同样，D 可先由下面的经验公式确定：

$$D = (1.5 \sim 1.8)d \tag{3-8}$$

然后再由式（3-7）进行挤压强度校验。

3.7.2.2　压下螺母的形式及材质的选用

一般压下螺母均承受巨大的轧制力，因此要选用高强度的铸造铝青铜如 ZQAl9-4 或铸造铝黄铜如 ZHAl66-6-3-2 等材料。而压下螺母的形式很多，如图 3-20 所示。其中图 3-20（a）为小型轧机上常用的单级整体式的压下螺母，其压板 1 是用来防止螺母在横梁 2 的孔中转动与下滑，左面的油孔用于干油润滑。为降低成本可采用如图 3-20（b）~（e）所示的镶套形式，其中套的材料应选用高强度铸铁，因为它与铸铜的弹性模数相接近，以保证两者变形均匀一致。所镶的外套有一级和二级之分，如图 3-20（b）、（c）所示。为了改善螺母的散热条件，还可以设计成带冷却水套的结构，如图 3-20（d）、（e）所示的形式。另外为了考虑螺母的拆卸方便，压下螺母与上横梁的孔的配合应选用 f_9。

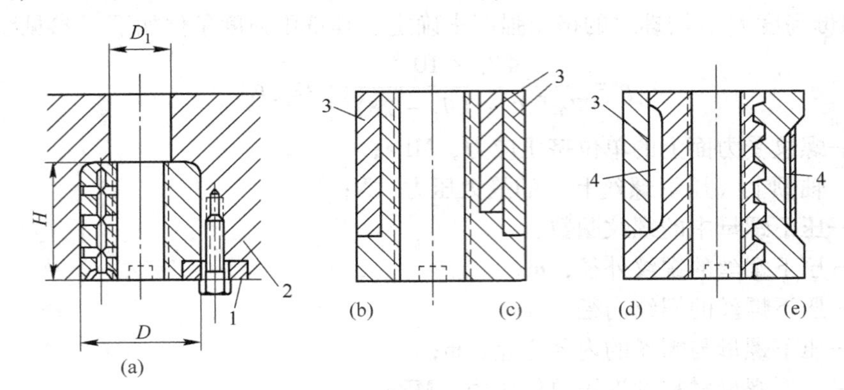

图 3-20　压下螺母的形式

（a）单级螺母；（b）单镶套螺母；（c）双镶套螺母；（d）通冷却水螺母；

（e）在铸铁套上浇铸青铜并通有冷却水的螺母

1—压板；2—横梁；3—套；4—水套

3.7.3　转动压下螺丝的功率计算

为了转动压下螺丝，必须克服压下螺丝与螺母的螺纹间及压下螺丝端部枢轴与垫块间由于在垂直力 P_1 的作用下所产生的转动摩擦静力矩，这样才能使压下螺丝实现转动。而对于高速压下的轧机（如初轧机、板坯轧机、厚板轧机以及双压下机构中的精调机构）还应考虑启动加速度所产生的动力矩，同时还要考虑压下机构中的传动效率，最后将这些力矩换算到转动电动机轴上，则称为压下螺丝的电动机转动力矩。当电动机的转速确定之后，其功率就可以确定了。

3.7.3.1　压下摩擦静力矩的计算

在压下机构稳定运转的情况下，转动压下螺丝只要克服最大摩擦静力矩，压下螺丝便可正常运转。参见图 3-21，压下螺丝转动时的最大静力矩 M_j 为：

$$M_j = M_1 + M_2 \tag{3-9}$$

式中　M_1——压下螺丝的枢轴端部与止推垫块之间的摩擦力矩，N · m；

M_2——压下螺丝与螺母螺纹间的摩擦力矩，N · m。

（1）计算 M_1：

$$M_1 = P_1 \mu_d d_3 / 3 \tag{3-10}$$

式中　P_1——作用在一个压下螺丝上的力（压下螺丝的轴向力），N；

μ_d——止推垫块与枢轴间的摩擦系数；

d_3——压下螺丝端部枢轴间的直径，m。

用新的压下螺丝与止推垫块时，式（3-10）中用 $d_3/3$，而经跑合后可用 $d_3/4$。

（2）计算 M_2：

$$M_2 = P_1 \tan(\rho \pm \alpha) \frac{d_2}{2} \tag{3-11}$$

式中 ρ——压下螺丝与螺母间的摩擦角，(°)；

$$\rho = \arctan\mu_2$$

μ_2——螺纹间摩擦系数，通常取 $\mu_2 = 0.1$，则 $\rho = 5°40'$；

α——压下螺丝与螺母的螺纹升角，(°)；

d_2——压下螺丝与螺母的螺纹中径，m。

对于式（3-11）中的"±"号为压下时取"+"，提升时取"-"。

式（3-10）和式（3-11）相加可得出下式：

$$M_1 + M_2 = P_1\left[\frac{d_3}{3} + \mu_d + \frac{d_2}{2}\tan(\rho \pm \alpha)\right] \tag{3-12}$$

作用在压下螺丝上的最大轴向力 P_1 可按以下几种情况分别进行计算。

（1）空载压下时为：

$$P_1 = (Q - G)/2 \tag{3-13}$$

式中 Q——平衡力，N；

G——被平衡部件的总重量，N。

通常取二者之比为 K，称为过平衡系数，并且有：

$$\frac{Q}{G} = K = 1.2 \sim 1.4$$

所以：$P_1 = (0.1 \sim 0.2)G$

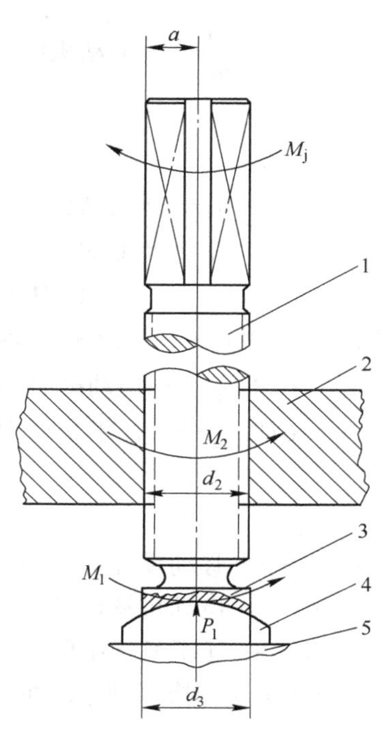

图 3-21 压下螺丝受力平衡图
1—压下螺丝；2—压下螺母；3—压下螺丝枢轴；4—止推垫块；5—上轴承座

（2）带钢压下时为：

$$P_1 = \frac{P}{2} \tag{3-14}$$

式中 P——总轧制力，N。

（3）发生卡钢时一般由经验可取为：

$$P_1 = (0.5 \sim 0.6)P \tag{3-15}$$

最后在考虑传动效率的情况下，将静力矩 M_j 换算到电动机轴上，则电动机轴上的静力矩为：

$$M_j' = \frac{M_1 + M_2}{i\eta} \tag{3-16}$$

式中 i——压下装置传动机构的总传速比；

η——压下装置传动机构的总传动效率。

3.7.3.2 动力矩的计算

动力矩 M_d 表示如下：

$$M_d = \frac{(GD^2)_{zh}}{375}\frac{dn}{dt} \tag{3-17}$$

式中 $(GD^2)_{zh}$——压下机构传动系统中的总的飞轮矩，kN · m²；

$\frac{dn}{dt}$——电动机的角加速度，$1/s^2$，并有：

$$\frac{dn}{dt}=\varepsilon=\frac{2\pi n_e}{60t_q}$$

n_e——电动机额定转速，r/min；

t_q——电动机从静止启动到额定转速时所需要的时间，s。

而
$$(GD^2)_{zh}=(GD^2)_{\mathrm{I}}+(GD^2)_{\mathrm{II}}+(GD^2)_{\mathrm{III}}$$

式中　$(GD^2)_{\mathrm{I}}$——压下螺丝轴上的所有有关转动零件的飞轮矩之和，$kN\cdot m^2$；

$(GD^2)_{\mathrm{II}}$——电动机轴和压下减速机构中传动轴上的转动零件的飞轮矩之和，$kN\cdot m^2$；

$(GD^2)_{\mathrm{III}}$——压下机构中的所有移动零件的飞轮矩之和，$kN\cdot m^2$。

$$(GD^2)_{\mathrm{III}}=365\frac{v^2}{n_e^2}G_g \tag{3-18}$$

式中　v——移动零件的移动速度，m/s；

n_e——电动机额定转速，r/min；

G_g——压下机构中所有移动零件的重力，N。

所有运动件换算到电动机轴上的飞轮力矩为：

$$(GD^2)_{zh}=\frac{(GD^2)_{\mathrm{I}}}{i^2}+\sum\frac{(GD^2)_i}{i_i^2}+365G\frac{v_e}{n_e^2} \tag{3-19}$$

式中　i——压下螺丝到电动机轴上的传速比；

i_i——压下机构中其他各转动轴到电动机轴的各自传速比；

$(GD^2)_i$——压下机构中除压下螺丝轴上的转动零件外各转动零件各自的飞轮矩，$kN\cdot m^2$。

转换到电动机轴上的动力矩可由下式求得：

$$M'_d=\frac{(GD^2)'_{zh}}{375\eta}\frac{dn}{dt} \tag{3-20}$$

同时为了保证电动机不过载而被烧坏，必须使启动电动机力矩 M_q 满足以下关系式：

$$M_q=K\varepsilon M_e\geqslant M'_j+M'_d \tag{3-21}$$

式中　M_e——电动机的额定力矩，$N\cdot m$；

K——电动机的过载系数；

ε——电动机的启动系数。

3.7.3.3　压下电动机转动功率的计算

压下电动机的转动功率按下式计算：

$$N=\frac{M'_j+M'_d}{9550}n_e\leqslant N_e \tag{3-22}$$

式中　N——压下电动机的转动功率，kW；

n_e——压下电动机的额定转速，r/min；

N_e——压下电动机的额定功率，kW。

通常在一些压下速度不高、压下次数不频繁的轧机上（如叠轧薄板轧机等），只要考虑静摩擦力矩就可以了。

3.8 轧辊平衡装置

3.8.1 轧辊平衡的目的

为了消除在轧制咬钢过程中，因工作机座中有关零件间存在间隙所引起的冲击现象，改善咬入条件，同时防止工作辊与支承辊之间产生打滑现象等，几乎在所有的轧机上（二辊叠轧薄板轧机除外）都设有平衡装置。

由于轧机机座中有关相互配合的零件（如压下螺丝与螺母、轴承与辊颈之间）存在着配合间隙，因此在轧钢机空载的情况下，因各零件的自重作用，将会造成压下螺丝与螺母的螺纹间、压下螺丝枢轴与止推垫块间、工作辊与支承辊表面间以及辊颈与轴承间均有一定的间隙。而且这种间隙必然会在轧制过程中产生强烈的冲击现象（轧制速度越高越严重），其结果使轧机相关零件寿命降低，辊缝发生变化，对轧件咬入不利；同时还会造成工作辊与支承辊之间出现打滑现象，从而引起轧件产生波浪以及擦伤轧件表面的现象，使板带材的质量大大下降。另外合理地选择平衡力，还可以消除平衡系统中的滞后现象，以便提高板厚自动控制系统的控制精度。

3.8.2 平衡装置类型

轧机上常用的平衡装置有：弹簧式、重锤式、液压式及弹性胶体 4 种形式。

3.8.2.1 弹簧式平衡装置

这种平衡装置的特点是结构简单、造价低、维修简便，但平衡力是变化的，仅用于上辊调节高度在 50~100mm 的中、小型型钢及线材等轧机上。在安装弹簧时其最小预紧力 P_{ymin} 为：

$$P_{ymin} = G + P_{min} \tag{3-23}$$

式中 G——被平衡零件的重力，N；

P_{ymin}——弹簧的最小过平衡力，N，$P_{min} = (0.2 \sim 0.4)G$。

3.8.2.2 重锤式平衡装置

图 3-22（a）所示为国产 1150mm 初轧机上轧辊重锤式平衡装置，上轴承座 3 通过 4 根支杆和铰链 6 铰接于支梁 7 上，支梁通过拉杆 9 吊在重锤 12 的杠杆 8 的另一端上，整个平衡装置放在工作机座的下面地基上。重锤所产生的平衡力由支杆通过上轴承座的凹槽 A 传于轴承座 3，使上轧辊系得到了平衡，消除了机座中配合零件间的间隙。同时平衡重锤所产生的平衡力 G_b 可以通过调整螺母 10 和螺杆 11 改变 l_b（而 l_a、l_c 不变，G_a 为杠杆 8 的自重）进行调整。

另外在换辊时需要首先解除平衡力，如图 3-22（b）、（c）所示，可用闩板 14 插在机架窗口滑板上的纵向槽中，将平衡支杆 4 锁住来解除平衡力。

重锤式平衡装置的特点：

（1）工作可靠操作简单，调整行程大；

（2）磨损件少，易于维修保养；

（3）机座的地基深，增加了基建投资；

（4）平衡重锤易产生很大的惯性力，造成平衡系统出现冲击现象，影响轧件质量。

根据以上特点，这种平衡装置广泛用于上轧辊调节距离大、调节速度不十分快以及产品质量要求不高的初轧机、板坯轧机及厚板轧机和大型型钢轧机上，它是采用最早，也是应用比较广泛的一种平衡装置。

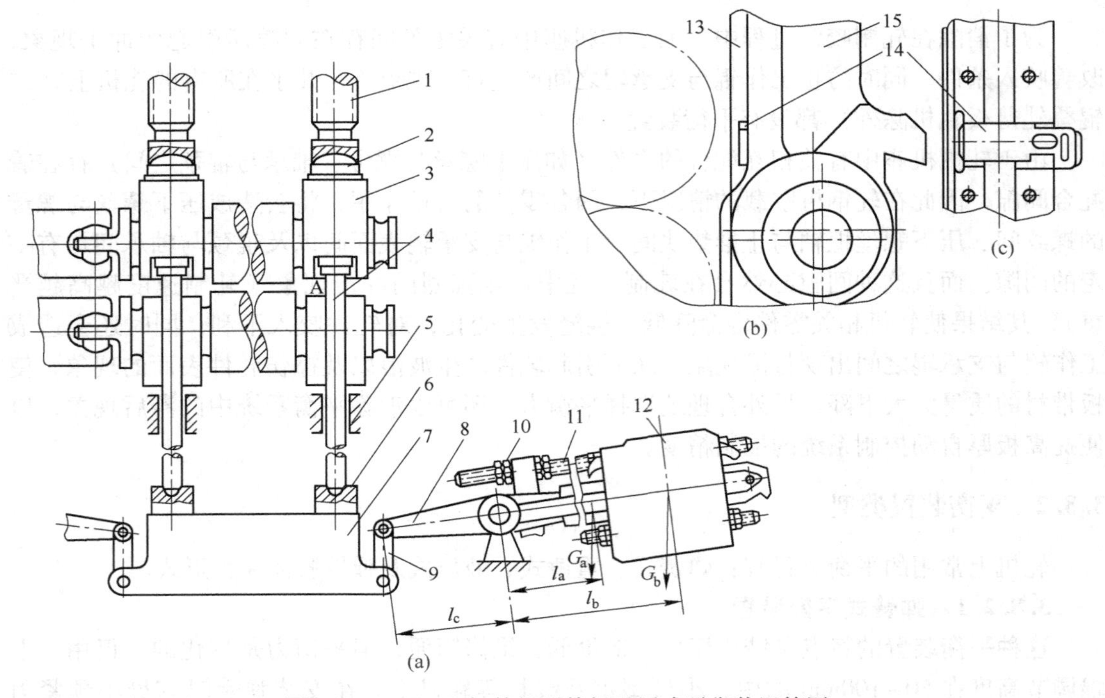

图 3-22　1150mm 初轧机上轧辊重锤式平衡装置简图

（a）1150mm 初轧机上轧辊重锤式平衡装置；（b），（c）1150mm 初轧机上轧辊平衡装置的止动闩板

1—压下螺丝；2—止推垫块；3—上轴承座；4—支杆；5—立柱中滑槽；6—铰链；7—支梁；8—杠杆
9—拉杆；10—调整螺母；11—螺杆；12—重锤；13—滑板；14—闩板；15—立柱

3.8.2.3　液压式平衡装置

A　特点

优点是：

（1）结构紧凑，适于各种高度的上轧辊的平衡；

（2）动作灵敏，能满足现代化的板厚自动控制系统的要求；

（3）在脱开压下螺丝的情况下，上辊可停在任何要求的位置上，同时拆卸方便，因此加速了换辊过程；

（4）平衡装置装于地平面以上，基础简单、维修方便、便于操作。

缺点是：

（1）调节高度不宜过高，否则制造、维修困难；

（2）需要一套液压系统，增加了设备投资。

现代化的轧钢车间中，液压已成了普遍采用的必不可少的技术，因此，缺点之二相对来说就不突出了。

B 类型

液压平衡装置按平衡柱塞缸的数量多少可以分为单缸式、四缸式、五缸式及八缸式等几种类型，下面分别加以叙述。

（1）单缸式平衡装置。图3-23所示为1100mm初轧机上辊平衡装置，它的上轧辊通过放

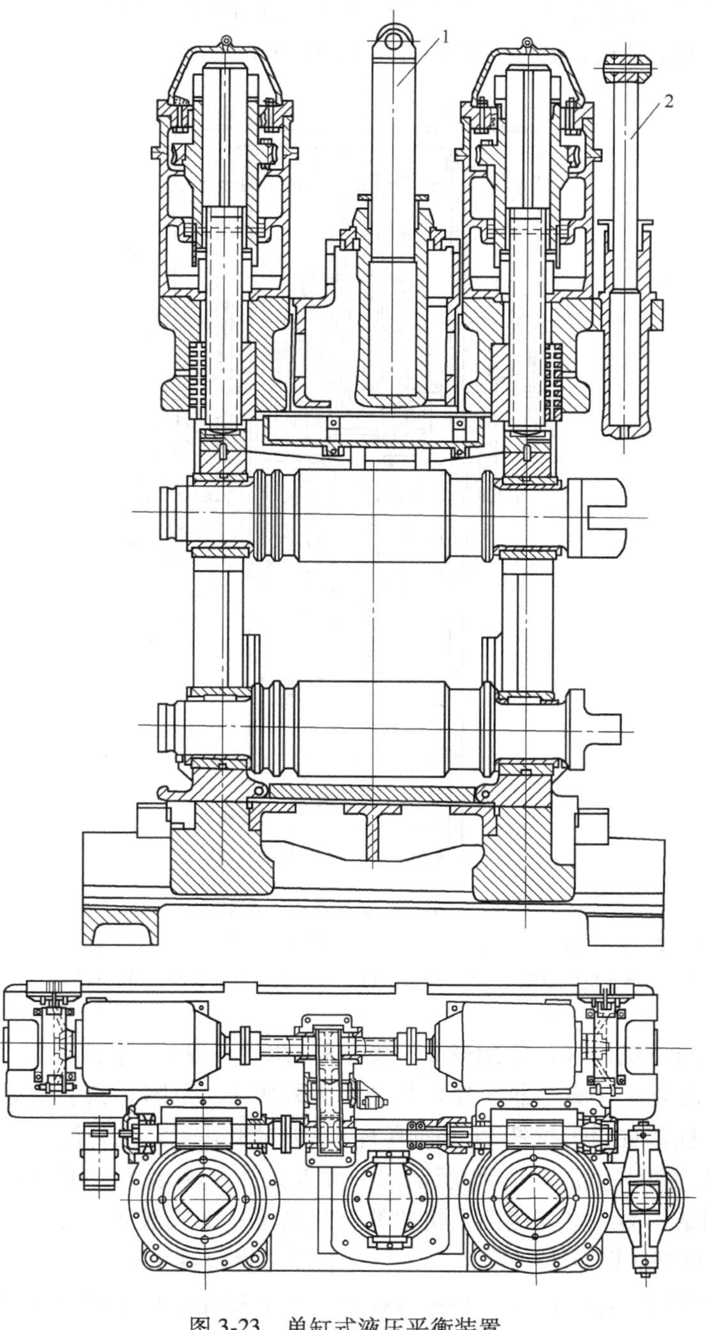

图3-23 单缸式液压平衡装置

1—液压缸；2—平衡上连接轴的小液压缸

在上横梁上的一个平衡液压缸 1 进行平衡，而旁边的小液压缸 2 用来平衡上连接轴。这种类型的装置适合于上轧辊调节高度大、辊身长（便于在两个压下螺丝之间安装液压主缸）的大型二辊初轧机。

（2）四缸式平衡装置。图 3-24 所示为国产 4200mm 特厚板轧机上轧辊平衡装置，上轧辊通过安装在两个压下螺丝两侧共 4 个柱塞缸 4 进行平衡。这种平衡装置适用于上辊调节距离大的各种大型轧机，其柱塞行程可达 1230mm。

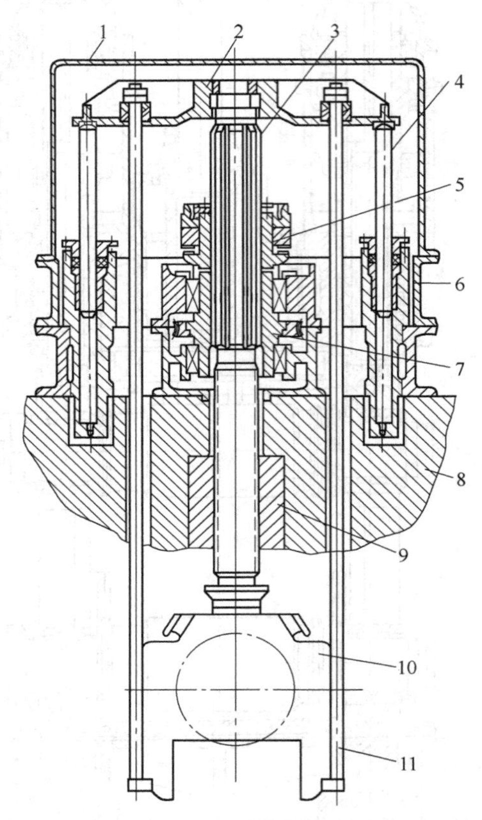

图 3-24　四缸式液压平衡装置

1—外罩；2—平衡横梁；3—压下螺丝；4—柱塞缸；5—离合器；6—壳体；7—压下蜗轮；8—机架上横梁；9—压下螺母；10—上轧辊轴承座；11—拉杆

整个轧机的压下机构（压下螺丝 3、螺母 9、蜗轮 7 等）、平衡装置（柱塞缸 4、平衡横梁 2）以及回松装置（离合器 5 等）都装在由外罩 1、壳体 6 和上横梁 8 所组成的一个密闭的箱体中，柱塞缸通过拉杆 11 和轴承座 10 来对上轧辊实现平衡。

（3）五缸式平衡装置。图 3-25 所示为一种五缸式平衡装置，用于四辊中厚板轧机的上辊平衡。它的结构为：在连接两个机架的上部横梁中部安装了一个大液压柱塞缸 1，通过平衡横梁 2、拉杆 3 以及下勾梁 4，使上支承辊装置得到平衡。而上工作辊的平衡是通过安放在下工作辊轴承座中的 4 个小液压柱塞缸 5 来实现的。换辊时柱塞缸 1 应能提起支承辊和工作辊两部件所包括的全部零件，故此时该缸内的压力应由原来 7.5MPa 变成 25MPa。

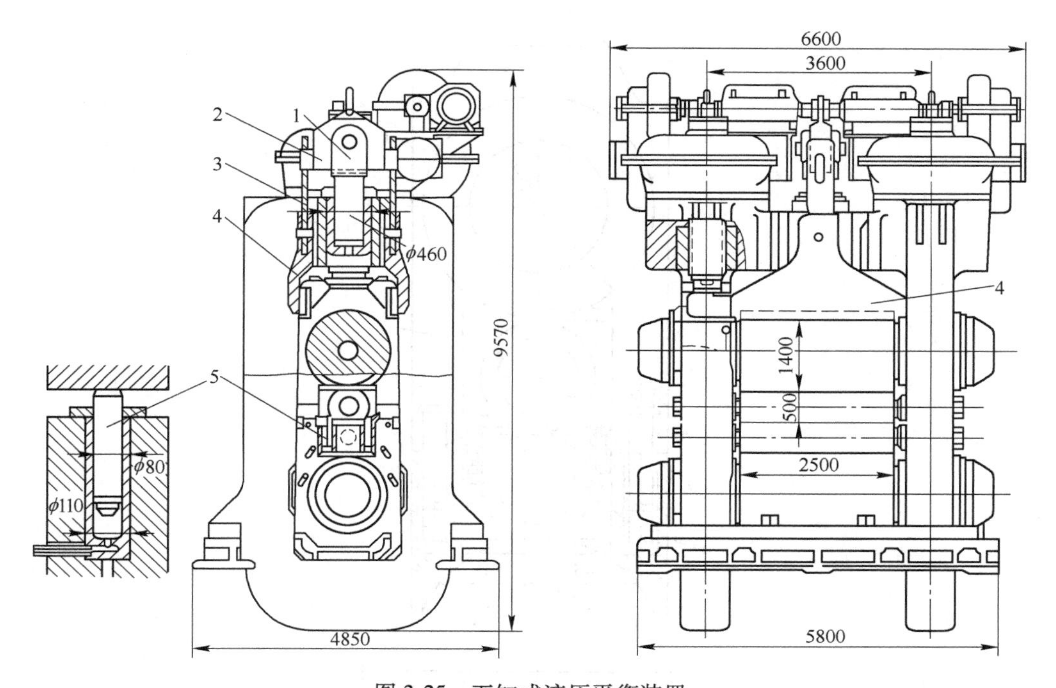

图 3-25 五缸式液压平衡装置
(500mm/1400mm/2500mm 四辊板带轧机)
1—柱塞缸；2—平衡横梁；3—拉杆；4—下勾梁；5—小液压柱塞缸

五缸式平衡装置的特点如下：

优点：

1）液压缸数量少（与八缸式相比），简化了轴承座的结构；

2）换辊时柱塞缸 1 固定不动，不用拆卸液压管路，加速了换辊过程；

3）柱塞缸在机座顶部，可以防止氧化铁皮和冷却水浸入缸体内部，改善了柱塞缸 1 的工作条件。

缺点：机架高度增加了，下勾梁与上支承辊轴承座的连接处结构复杂，设备重量增大。

根据以上特点，该平衡装置常用于中厚板（柱塞缸 1 行程较大）热轧、粗轧机座上。

（4）八缸式平衡装置。图 3-26 所示为用于四辊板带轧机上的一种八缸式上辊平衡装置，其结构为：在下支承辊轴承座内的 4 个（一边两个）大柱塞缸 4 是用来平衡上支承辊的，而在下工作辊轴承座内的 4 个（一边两个）小柱塞缸 5 是用来平衡上工作辊的。

八缸式平衡装置的特点是：由于大小 8 个柱塞缸均放在各自的两轴承座之间，因此布置十分紧凑。同时为了更换支承辊，特在下支承辊下面增设了一个更大的柱塞缸，以便在换辊时将整个轧辊部件升起，让换辊轨道送入进行换辊。所以这种平衡也可以称为九缸式平衡装置，多用于四辊冷轧机工作机座上。

3.8.2.4 弹性胶体平衡装置

弹性胶体平衡装置是一种以弹性胶体为填充介质的平衡装置，它具有弹力性能稳定、结构简单、工作可靠、成本低廉、维护方便、使用寿命长等优点，已在我国板带轧机上、型钢轧机上和高线轧机上得到了广泛的应用。

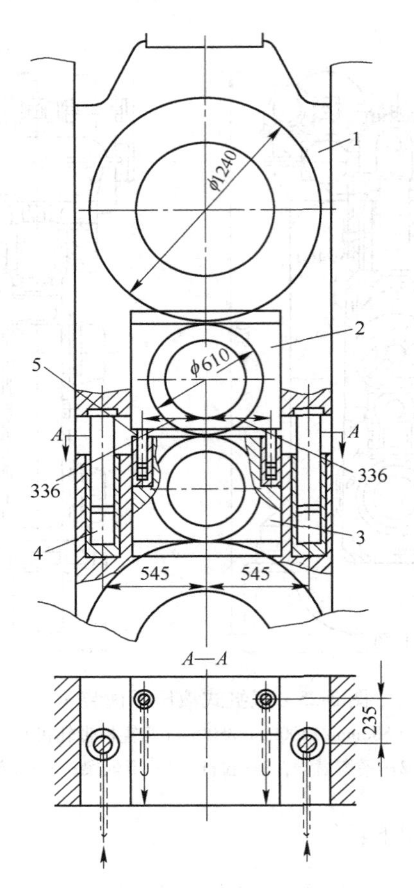

图3-26 八缸式液压平衡装置
（610/1240mm×1680mm 四辊板带轧机）
1—支承辊轴承座；2，3—工作辊轴承座；4—支承辊柱塞缸；5—工作辊柱塞缸；

弹性胶体平衡装置是在一个密闭的容器中（参见图3-27），利用高压阀强行填充一种弹性胶体介质，将容器中弹性胶体进行预压缩建立起初压力 $Q_{\min}$，其大小由下式确定：

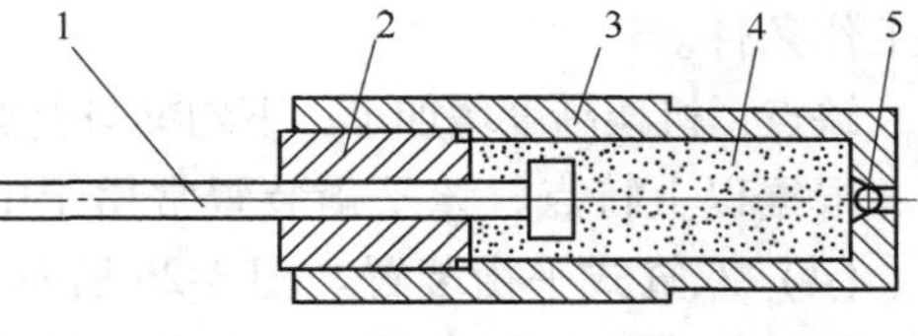

图3-27 弹性胶体平衡装置
1—活塞杆；2—缸盖；3—缸体；
4—弹性胶体；5—单向阀

$$Q_{\min} = \frac{K}{n}G \tag{3-24}$$

式中 G——被平衡零件的重力，N；

K——平衡装置中的过平衡系数，$K=1.2\sim1.5$；

n——平衡装置的数量。

3.8.3 平衡力的选择与计算

3.8.3.1 在二辊轧机上的平衡力

通常，上辊的平衡力 Q 应按下式选择

$$Q = KG \tag{3-25}$$

式中 Q——平衡系统中产生的最小平衡力，N；

G——被平衡件的重力。N；

K——平衡装置中的过平衡系数，$K=1.2\sim1.5$。

采用液压平衡时：

$$Q = np\frac{\pi d_g^2}{4}\times 10^6$$

式中 n——平衡缸数量；

p——平衡缸工作压力，MPa；

d_g——平衡缸的直径，m。

3.8.3.2 在四辊轧机上的平衡力

对上支承辊的平衡力 Q 的计算，同样可以采用式（3-25）。而在计算上工作辊的平衡力时，被平衡件的重力除包括上工作辊部件重力、上支承辊的重力外，还应包括万向接轴的重力，这样才可以消除上支承辊辊颈与其轴承间的上部间隙。

在四辊可逆式轧机上，为了防止轧辊在启动、制动及反转时，工作辊与支承辊产生打滑现象，其上工作辊的平衡力 Q 应保证上工作辊压向上支承辊的压力 R 满足以下平衡条件：

$$R\mu\frac{D_b}{2}\geqslant\frac{(GD^2)_b}{38.2}\frac{D_{zh}}{D_b}\frac{dn}{dt} \tag{3-26}$$

式中 R——上工作辊压向上支承辊的压力，N；

μ——工作辊与支承辊间摩擦系数；

D_{zh}，D_b——分别为主传动辊与被动辊的直径（工作辊传动时，工作辊为主传动辊而支承辊为被动辊，否则相反），m；

$(GD^2)_b$——被动辊飞轮力矩，N·m²；

$\frac{dn}{dt}$——主传动辊角加速度，r/min·s²；

式（3-26）左边为主传动辊对被动辊所产生的摩擦力矩，右边为被动辊启动、制动及反转时所产生的动力矩。

由式（3-26）求得：

$$R\geqslant\frac{D_{zh}}{\mu D_b^2}\frac{(GD^2)_b}{19.1}\frac{dn}{dt}$$

则上工作辊平衡力为：

$$Q = R + G' \tag{3-27}$$

式中 G'——上工作辊平衡系统被平衡件重力（上工作辊部件、上支承辊及接轴的重力）。

当计算结果 $Q<KG$ 时，需按式（3-25）计算平衡力 Q，即 $Q=KG$。

3.9 换辊装置

换辊装置按换辊速度的快慢可大致分为一般换辊装置和快速换辊装置两大类。

3.9.1　一般换辊装置

3.9.1.1　用吊车直接换辊

这种换辊的方法通常用于横列式布置的开式机架及立轧机座的轧辊更换。对开式机架来说，换辊前应首先将机座的上盖打开，然后用吊车直接用钢丝绳把旧轧辊吊走，并用同样的方法把新辊换上，盖好上盖，换辊完毕。

3.9.1.2　用带附加装置的吊车换辊

A　套筒式换辊装置

图 3-28（a）所示为更换工作辊用的套筒式换辊装置。换辊时首先用吊车主钩 1 和副钩 2 将套筒 4 及套在套筒一端的新轧辊吊起运往换辊机座旁，并使套筒的另一端与要被更换的轧辊辊头对准并套好，然后使用吊车的主副钩配合使套筒和套在两端的新旧轧辊处于一个水平位置，并稍稍吊起一点使旧辊从机座中抽出，回转 180°再将新辊插入机架窗口中，放下使其与套筒脱开，最后再将套筒与旧辊吊放到适当的地方。

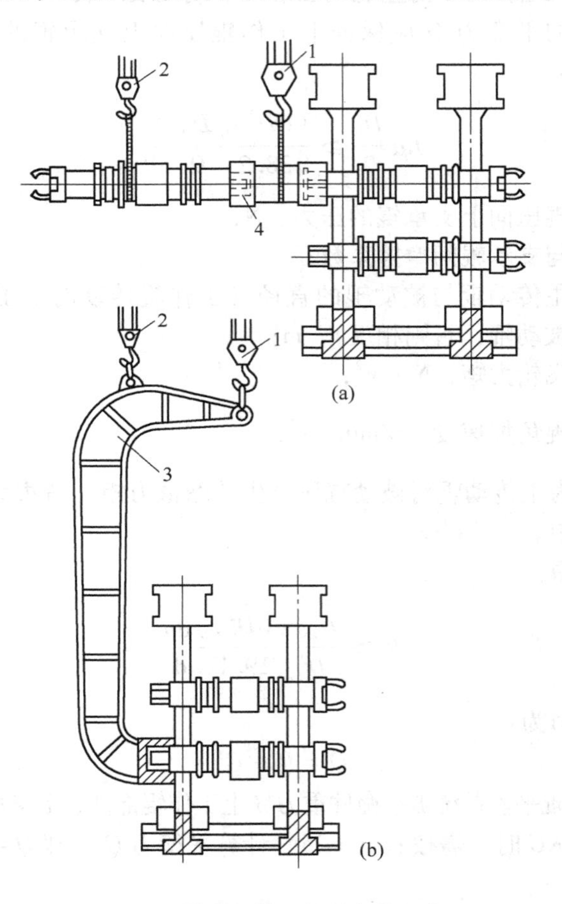

图 3-28　带附加装置的吊车换辊装置

（a）套筒式换辊装置；（b）C 形钩式换辊装置

1—吊车主钩；2—吊车副钩；3—C 形钩；4—套筒

B　C形钩式换辊装置

图3-28（b）为C形钩式换辊装置。在换辊前首先利用吊车的主钩1和副钩2将C形钩吊起，并使C形钩的套头水平中心线与机座中要更换的旧轧辊轴线平行并重合，套头与辊头套好之后，使C形钩与旧辊一同稍稍升起一点抽出旧轧辊，再用同样的方法换上新轧辊。

设计C形钩时要充分保证C形钩应有足够大的开口度，以避免与机座压下机构相碰而影响了换辊过程的顺利进行。这种换辊装置常用于更换四辊轧机的支承辊，如用来更换工作辊时，可将C形钩设计成两个套头，以便将两根工作辊同时一次更换。同时为了能够更换不同中心距的成对工作辊，其中一个套头应设计成上下可以调节的，以便随工作辊中心距的变化而能相应地改变两个套头的中心距，有效地提高换辊速度。

C　带平衡重锤式的套筒换辊装置

图3-29所示为一种带平衡重锤式的套筒换辊装置。通过移动手轮10、车轮11可以改变平衡重锤5的位置，使套筒和工作辊1的中心线处于同一水平位置，从而代替了那种利用主副钩相互配合来进行换辊的方法，加速了换辊过程。锁紧手轮8可带动水平斜楔7和垂直斜楔6使重锤固定于套筒体上。某钢铁公司七轧厂MKW型偏八辊轧机工作辊更换采用了这种换辊装置，其结构比套筒式相对复杂些，但重心调整很方便。

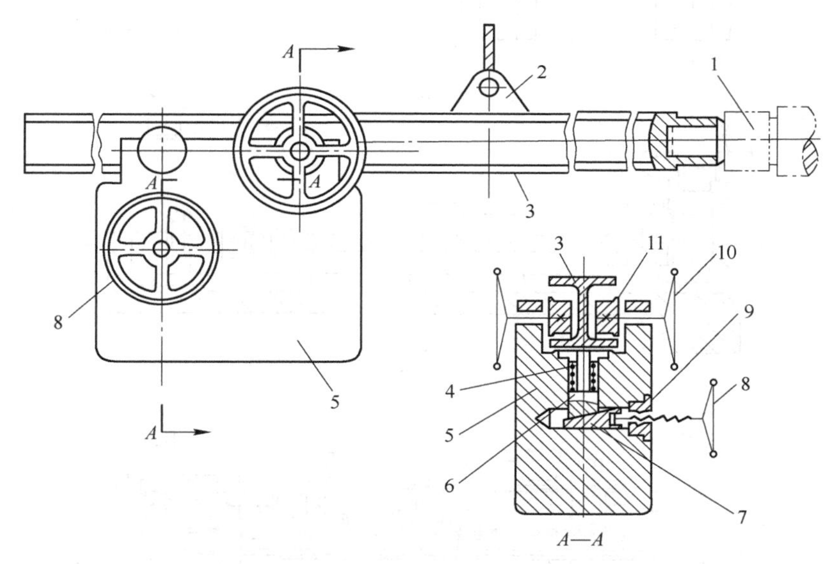

图3-29　带平衡重锤式的套筒换辊装置

1—工作辊；2—吊钩支座；3—套筒本体；4—弹簧；5—平衡重锤；6—垂直斜楔；7—水平斜楔；8—锁紧手轮；9—螺母；10—移动手轮；11—车轮

3.9.1.3　用吊车整体更换工作机座的换辊方法

这种换辊方式通常用于小型型钢、线材连续或半连续式现代化轧机及钢管张力减径机组上。当某架轧机的轧辊需要更换时，可将整个机座吊走而换上事先准备好的另一套新机座，这样能够大大地节省换辊时间，因为换辊时可以省去装拆导卫装置、轴向调整装置以及调整轧辊等时间，仅仅需要松开和拧紧地脚螺钉的时间。因此，换辊速度快。

3.9.1.4　用滑架和小车换辊

A　滑架式换辊装置

图 3-30（a）所示为一种滑架式换辊装置，它的换辊过程为：换辊滑架 1 通过钢丝绳

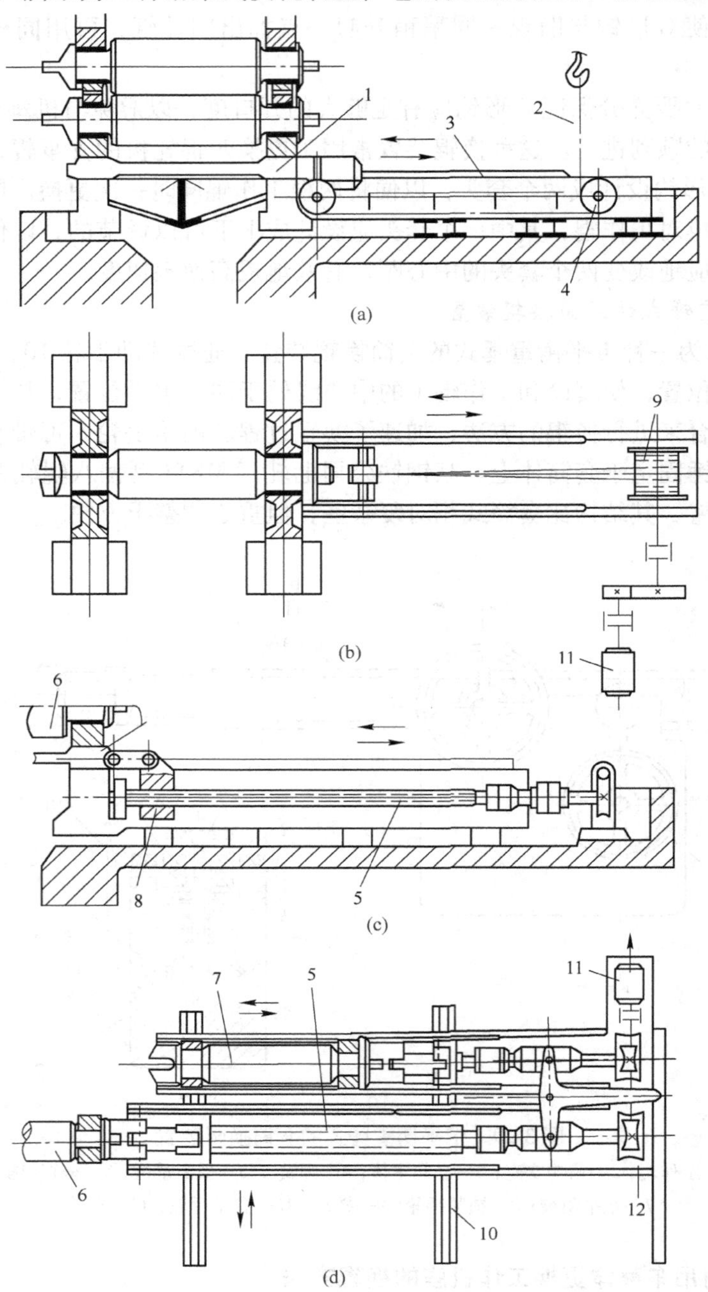

图 3-30　成对更换工作辊的换辊装置

（a）用吊车牵引的滑架式换辊装置；（b）用卷扬机牵引的滑架式换辊装置；
（c）用螺杆带动单小车式换辊装置；（d）用螺杆带动双小车式换辊装置
1—滑架；2—钢丝绳；3—滑轨；4—定滑轮；5—螺杆；6—旧工作辊部件；7—新工作辊部件；
8—螺母；9—卷扬机卷筒；10—轨道；11—电动机；12—传动装置

2 及定滑轮 4 用吊车提升时，滑架连同被更换的轧辊部件从机架中拉出到滑轨 3 上，随后由吊车运往轧辊间；同时由另一部吊车将新的成对轧辊部件运到滑架上，并用同样的方法反向提升钢丝绳 2 将滑架连同新轧辊部件拉入到机架窗口中（轧制时滑架留在机座中）。

图 3-30（b）所示为另一种滑架式换辊装置，拉动滑架的是电动卷扬机。

B 小车式换辊装置

图 3-30（c）为小车式换辊装置，换辊是通过装于小车上的螺杆 5、螺母 8 所组成的螺杆推进机构来完成的。推进机构除螺杆形式外，还有链条、齿条或液压等形式。采用这种换辊装置时，一次换辊时间需要 45min 左右。如采用图 3-30（d）所示的双螺杆推进机构的换辊小车，一次换辊时间可以减少到 30min 左右。因为在这种换辊小车上装有两组相互平行的滑轨，而小车可以沿轧制方向的轨道 10 平行移动。因此，换辊前可将预先准备好的新工作辊部件 7 放在一组移动滑架上，而另一组滑轨对准机架窗口中的移动滑架，换辊时通过螺杆推进机构将旧工作辊部件 6 拉到滑轨上，旧工作辊拉出后，平移小车立刻使新工作辊部件对准机架窗口，由螺杆推进机构推入机架窗口中完成换辊。

3.9.2 快速换辊装置

3.9.2.1 横移式快速换工作辊装置

图 3-31 为一种横移式快速换工作辊装置的换辊过程示意图。换辊前运送新旧工作辊

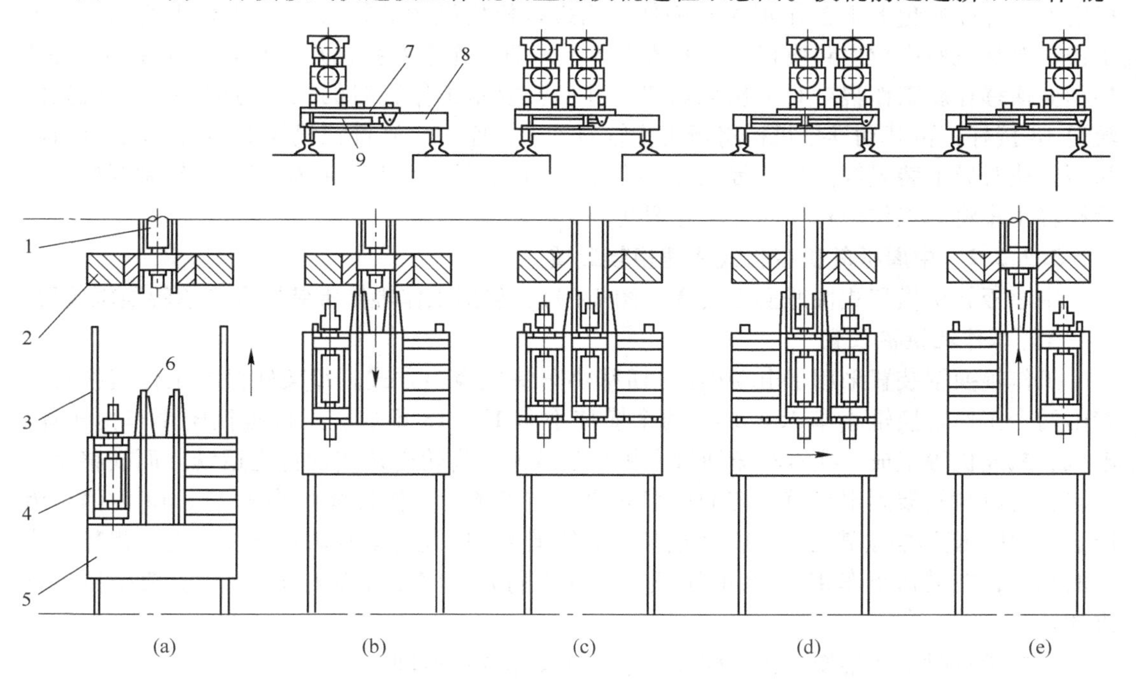

图 3-31 横移式快速换辊小车更换工作辊过程示意图

（a）小车从轧辊间开往轧机旁；（b）等待进行换辊；（c）将旧轧辊对从机座中拉出；（d）横移新工作辊对；（e）将新工作辊对推入机座中

1—旧工作辊对；2—机架；3—小车轨道；4—新工作辊对；5—小车；6—工作辊轨道；7—横移滑道；8—车体；9—横移液压缸

的换辊小车首先开往轧机非传动侧小车轨道 3 上，小车的行走机构、横移机构及换辊的拉出推入机构等都装在换辊小车上。小车的横移是由液压缸 9 推到横移滑道 7 上实现的，其上装有两组平行的工作辊轨道 6，其中一组停放新工作辊对 4，另一组接受旧工作辊对 1。所有机构都在本体 8 上。

横移式快速换辊小车的换辊过程均为自动进行的。为了满足快速换辊的需要，机架窗口与轴承座结构也相应做了改进，如图 3-32 所示。平衡缸 6 除了有平衡上工作辊的作用之外，还起上工作辊正弯曲作用。压紧缸 9 除了防止下支承辊和下工作辊之间打滑外，还起下工作辊正弯曲作用。液压缸支座 7 是用来安放平衡缸 5、6 和压紧缸 9 的。负弯曲缸 3 和 12 仍放在上、下支承辊轴承座内，这样改进的结果大大有利于加速换辊过程。

换辊过程为：停车后迅速打开工作辊轴向固定压板 16 和导向装置，并通过压下装置的双向油缸使弧形垫板迅速移开，然后通过平衡缸 5 使上支承辊部件升起，在上支承辊部件升起的同时，连在上支承辊轴承座上的钩形杆 4 将活动换辊轨道 10 升起，直到与轨道 18 成一水平面，如图 3-32（d）所示。在升起的同时整个下工作辊部件通过车轮 15 落在活动换辊轨道 10 上并被升起。接着换辊小车上的推拉机构将下工作辊部件拉出一个距离 A，再通过平衡缸 6 让上工作辊部件落下，使下工作辊轴承座 11 上的 4 个定位销 19 正好插入上工作轴承座 8 上 4 个相应盲孔中，见图 3-32（e），以保证工作辊对拉出和推入时的稳定性，并能避免上下工作辊相互碰伤。当推拉机构继续运行时，如图 3-31 所示，把旧工作辊对从机座中拉出到换辊小车的轨道 6 上，旧工作辊对拉出后，换辊小车由液压缸 9 推动而横移让新工作辊对对准机架窗口，并使安放新工作辊对的轨道与图 3-32 中机座的轨道 18 接好，再开动推拉机构将新工作辊对推入机座中。当推拉机构退出后，轴向压板、弧型垫块及导卫装置等恢复正常位置，接通气、电、液管线后，换辊完毕，轧制开始。最后换辊小车将旧工作辊对拉回轧辊修磨间。

3.9.2.2　中厚板轧机横移式快速换辊装置

中厚板轧机横移式快速换辊装置（图 3-33），包括工作辊换辊装置和支承辊换辊装置。

A　工作辊换辊装置

工作辊换辊装置采用了电动推拉+横移小车快速换辊方式。每架轧机的工作辊换辊装置由两个工作辊换辊小车 15、16，两个横移小车 17、18 组成。工作辊换辊小车由车体、电机、减速机等组成，换辊小车通过电机带动减速机齿轮齿条实现行走运动。而横移小车上装有可以与机架固定轨道对齐的换辊轨道 3 与齿条。工作辊横移小车 17、18 由两个液压缸 8、9，横移摆动轨道 5、12 和横移固定轨道 4、13 组成。换辊小车就是通过齿轮、齿条的啮合，在横移小车 17、18 的换辊轨道 3 上行走，将工作辊对 1、2 从机架中拉出推进的。

换支承辊时工作辊换辊小车横移，空出换支承辊的空间。

B　支承辊换辊装置

支承辊换辊装置采用电动小车推拉式结构。主要由换辊小车、支承辊换辊支架、轨座三部分组成。支承辊换辊小车由车体、电机、减速机等组成。而换辊轨座上装有与机架抬升轨道对齐的换辊轨道与齿条。换辊小车通过电机带动减速机，再通过齿轮齿条的啮合在换辊轨座间来回行走，将支承辊推进拉出。

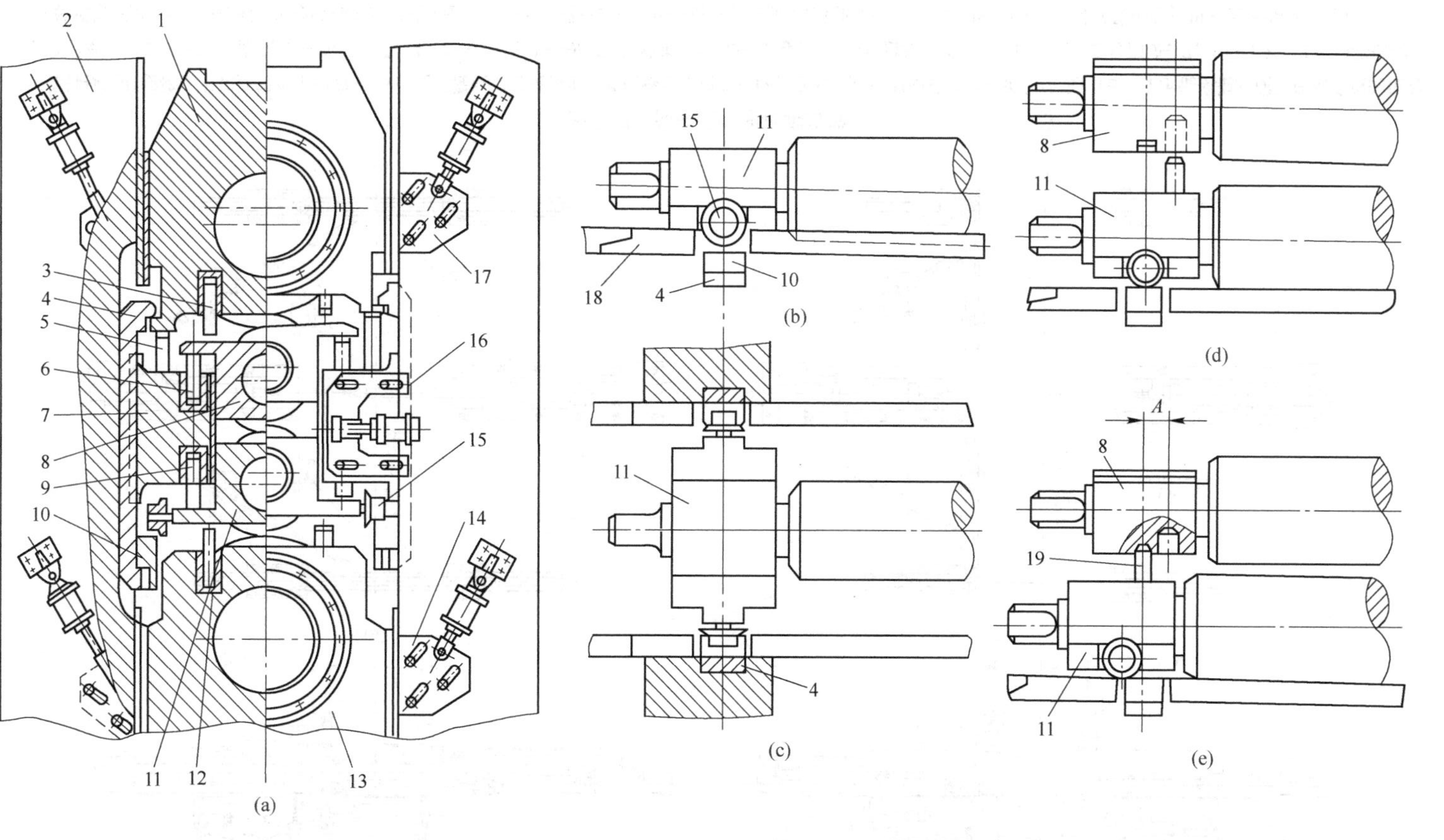

图 3-32　高速连轧机的轴承座结构与窗口配合简图

（a）机座的侧视图；（b）工作辊换辊前；（c）下工作辊轴承座上的车轮与轨道的相互位置；（d）工作辊换辊前上、下工作辊轴承座的相互位置；（e）工作辊换辊过程中上、下工作辊轴承座的相互位置

1—上支承辊轴承座；2—机架立柱；3，12—上、下工作辊负弯曲缸；4—钩形杆；5，6—上支承辊和上工作辊平衡缸；7—液压缸支座；8，11—上、下工作辊轴承座；9—下工作辊压紧缸；10—活动换辊轨道；13—下支承辊轴承座；14，17—下、上支承辊轴向固定压板；15—装在下工作辊轴承座上的车轮；16—工作辊轴向固定压板；18—换辊轨道；19—上、下工作辊轴承座定位销

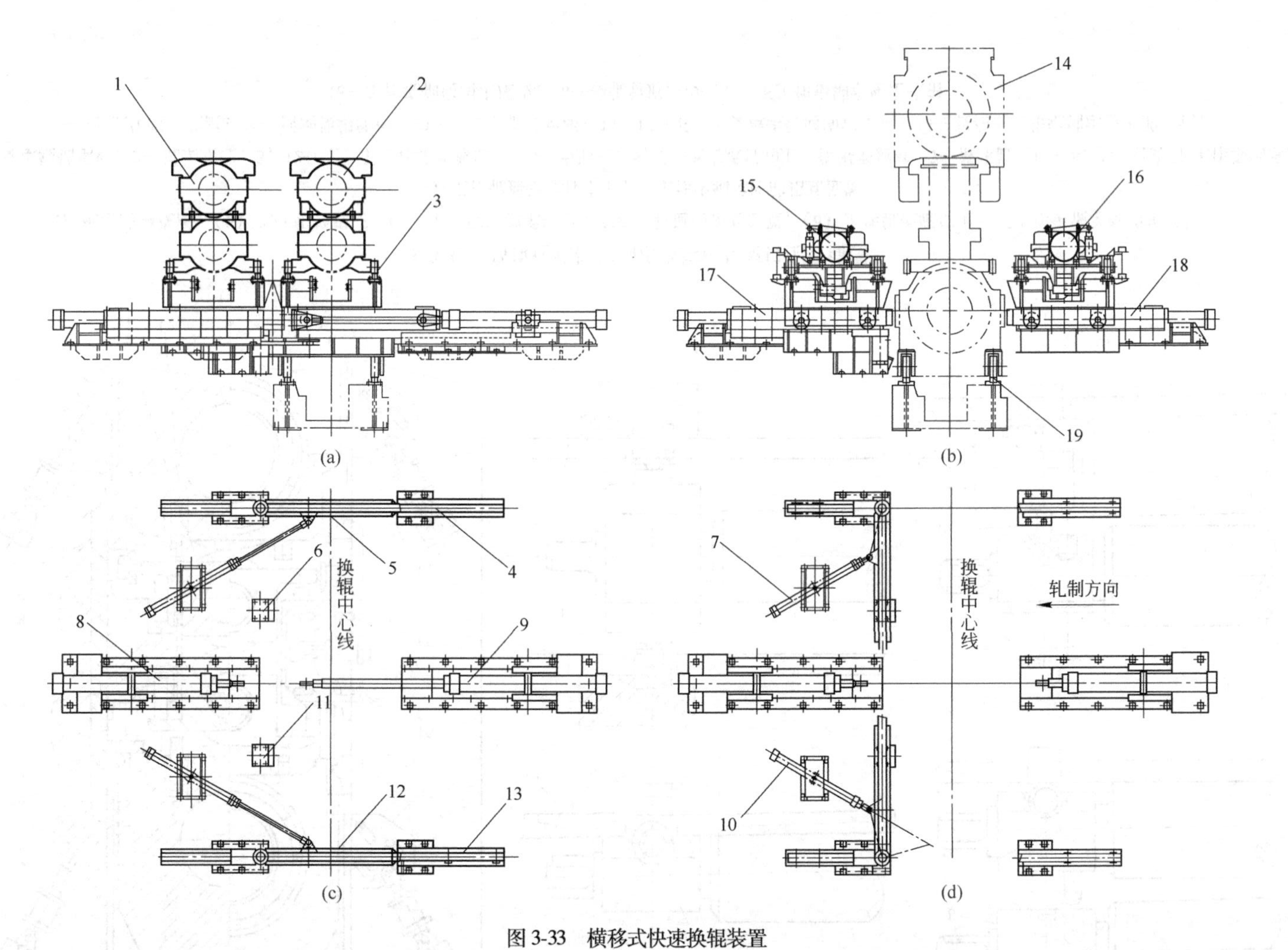

图 3-33　横移式快速换辊装置

（a）工作辊换辊时横移小车和换辊小车位置；（b）支承辊换辊时横移小车和换辊小车位置；（c）工作辊换辊时横移摆动轨道的位置；（d）支承辊换辊时横移摆动轨道的位置

1—旧工作辊对；2—新工作辊对；3—换辊轨道；4，13—1 号、2 号横移固定轨道；5，12—1 号、2 号横移摆动轨道；6，11—1 号、2 号挡块；7，10—1 号、2 号横移摆动轨道液压缸；8，9—1 号、2 号横移工作辊液压缸；14—支承辊对；15，16—机后、机前工作辊换辊小车；17，18—1 号、2 号横移小车；19—支承辊换辊轨道

整个换辊装置的轨道在空间设有三层，上层是工作辊换辊轨道3，由工作辊换辊小车15、16横移装置上的轨道3组成；中间层轨道与上层轨道垂直布置，由工作辊横移摆动轨道5、12（由液压缸7、10驱动）和横移固定轨道4、13组成；下层是支承辊换辊轨道19，与上层轨道3平行布置。

工作辊更换在约20min内完成，支承辊更换在约70min内完成。

工作辊换辊步骤如下：

（1）在换辊前必须将轨道面清理干净。

（2）将新辊吊到机后横移小车的换辊轨道3上，要求上、下工作辊轴向错开150mm，即下工作辊向换辊侧平移150mm，上、下工作辊中心对准换辊中心线，上、下工作辊的扁头垂直于水平面。

（3）由液压缸打开工作辊轴承座的4块挡板。

（4）工作辊换辊小车开始工作到位，下辊系下降，拉出钩与辊头相连。

（5）工作辊换辊小车16从机架中拉出工作辊至横移小车上。

（6）装有旧辊的横移小车和装有新辊的横移小车同时横移。

（7）装有新工作辊的换辊小车对准机架窗口中心将新辊推入机架。

（8）下辊系上升自动脱钩，工作辊换辊小车退出。

（9）吊走旧工作辊，将横移小车移动到原始位置，准备下次换辊。

支承辊换辊步骤如下（图3-34）：

（1）将支承辊支架4吊到机前（轧件入口侧）横移小车11的换辊轨道上，支架4中心对准换辊中心。

（2）载有支承辊支架4的横移小车11横移。

（3）工作辊换辊小车开始工作，将支承辊支架4推入机架。

（4）下辊系上升与钩12自动脱开，工作辊换辊小车退出，然后横移到位。

（5）横移摆动轨道液压缸7、10（图3-33）动作，将横移摆动轨道5、12摆至与支承辊座平行（由挡块6、11限位）的位置，让出更换支承辊的空间。

（6）支承辊换辊小车2（图3-34）动作，轧机中升降轨道上升与外轨道7处于同一水平面（这时支承辊换辊车上的T形钩与机架中的载辊小车上的T形槽自动连接）。

（7）上支承辊5缓慢下降坐落到支承辊支架4上，平衡梁下落定位。

（8）利用液压缸3打开支承辊轴承座挡板2（图3-43），支承辊换辊小车2（图3-34）后退，将上下支承辊5、13拖出机架至磨辊间。

（9）在磨辊间用吊具将旧辊、支架4吊出，把新下支承辊、支架、上支承辊吊入原旧辊位置。

（10）支承辊换辊小车2将新的支承辊对推入机架，上、下支承辊挡板2（图3-43）复位。

（11）主平衡缸将上支承辊5（图3-34）恢复到换辊前的位置。

（12）升降轨道下移，T形钩与T形槽自动脱开，支架4落到机架中的固定轨道上。

（13）机后（轧件出口侧）横移小车17（图3-33）横移至换辊中心，把支架拖出，为下一次工作辊更换做好准备。

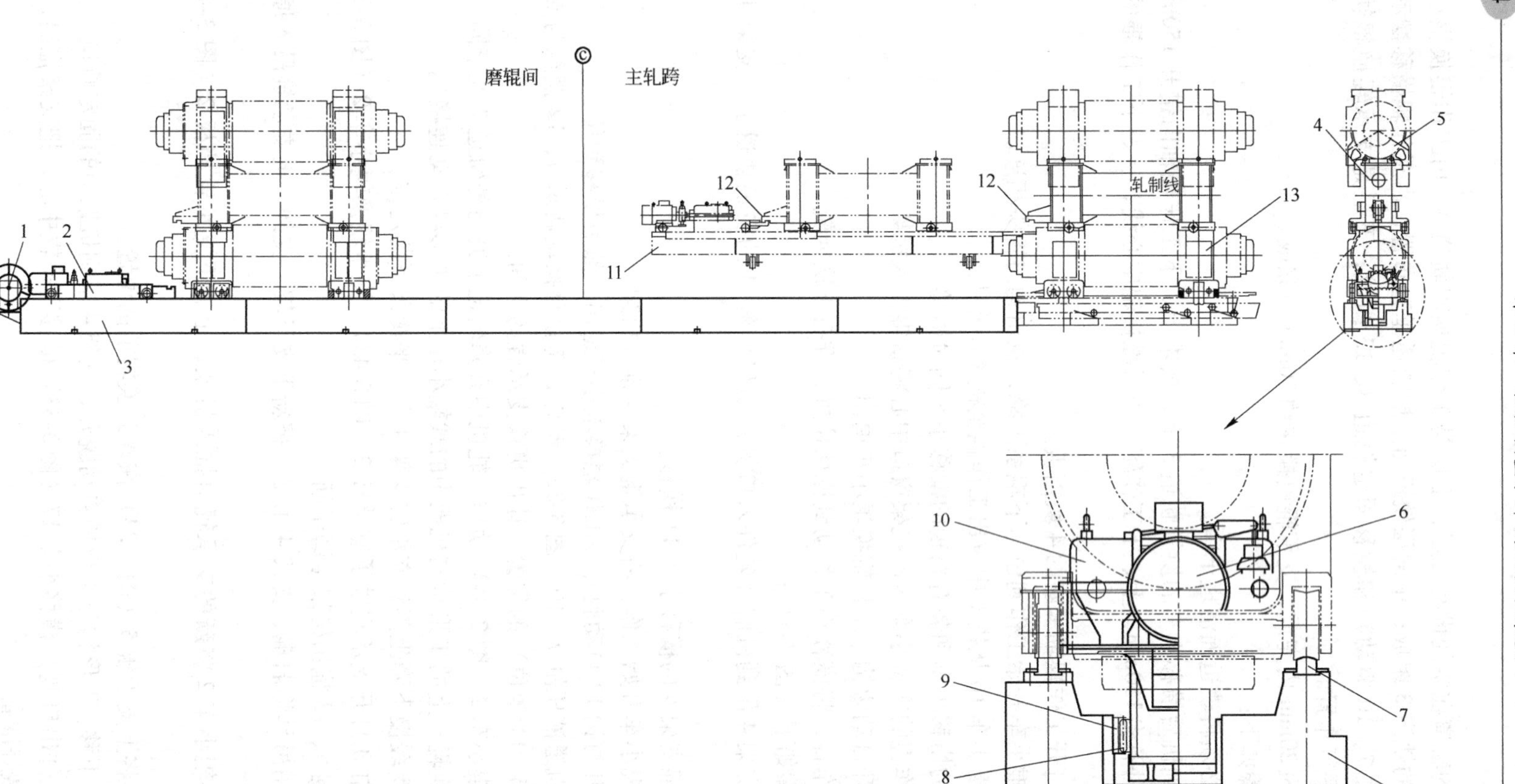

图3-34 支承辊快速换辊装置

1—电缆筒；2—换辊小车；3—换辊轨座；4—支架；5—上支承辊；6—电动机；7—外轨道；8—齿轮；9—齿条；10—减速箱；11—横移小车；12—钩；13—下支承辊

3.9.2.3 回转式快速换辊装置

图 3-35 为一回转式快速换辊装置与工作机座配置图。接收新、旧工作辊部件的回转台 2 固定于机座的非传动侧的地平面上，而回转机构 1 装在地下。同样在回转台上配置有两组平行轨道 3，其中一组事先放上新工作辊对 14，另一组等待接受换出的旧工作辊对 5。回转式与横移式的不同之处在于：新、旧工作辊对的运送（自轧辊间）由专门的小车完成。换辊时，推拉机构传动装置 10 通过齿条 11 带动推拉机的推拉杆 12，将事先由挂钩 13 与下工作辊轴承连接好的旧工作辊对推出到回转台 2 上，回转台通过回转机构 1 迅速回转 180°，让新工作辊对正好对准机架窗口，随即由推拉机构将其拉入到工作机座中。其余的动作与横移式大同小异。

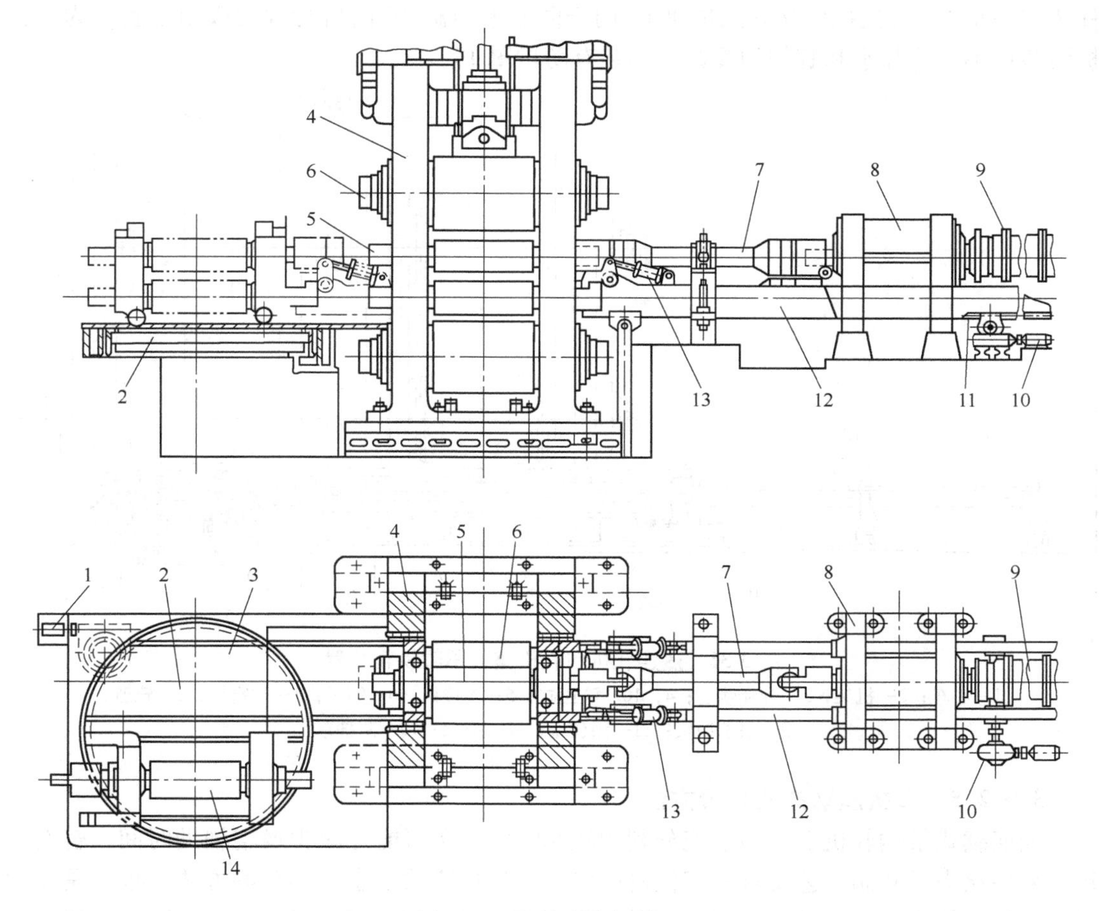

图 3-35 回转式换辊装置

1—回转传动机构；2—回转台；3—轨道；4—机架；5—旧工作辊对；6—上支承辊；7—万向接轴；8—齿轮机座；9—主联轴节；10—推拉机构的传动装置；11—齿条；12—推拉杆；13—挂钩装置；14—新工作辊对

横移式和回转式快速换辊装置的特点比较如下：横移式结构简单，工作条件好（传动机构在地平面以上），不足之处是换辊速度稍低于回转式。回转式全部机构均在地平面以下，对正常生产操作无影响，换辊速度快，但结构复杂，工作条件差（冷却水及杂质易于浸蚀），维修困难（在地下），因此造价高投资大，多用于一些高生产率、经常换辊的连轧机的精轧机座之中。横移式除了以上所提到的优点以外，还可以一机多用（一台换辊装置供几台机座进行换辊）大大节省了投资，所以近几年来得到了广泛的应用。

3.9.2.4 热连轧机精轧机机座支承辊换辊装置

图 3-36 所示为热连轧机精轧机机座支承辊换辊装置，由小车 1 和液压缸 10 等组成。小车作为支承辊轴承座支座架于两机架的下横梁上，只有换辊时才被液压缸拉出来。为防止轧制时小车车轮受到压力和冲击，与车轮接触的升降轨道 3 可以升降，只有换辊时才由液压缸 4 升起与连接梁 5 及机架下横梁上平面在同一个水平位置，并将车体和支承辊部件一起升起离开机架下横梁，然后由液压缸 10 将支承辊部件拉出。随后由吊车将旧支承辊吊走，并将新支承辊吊来，再由液压缸 10 反向推入机座中。图中的销子 6 用于连接柱塞杆 7 和小车 1。限位挡块 9 和限位块 11 用于限制液压缸 10 前后行程的极限位置。为了保护活塞杆不受冷却水和脏物的浸蚀，还装有防护罩 13。

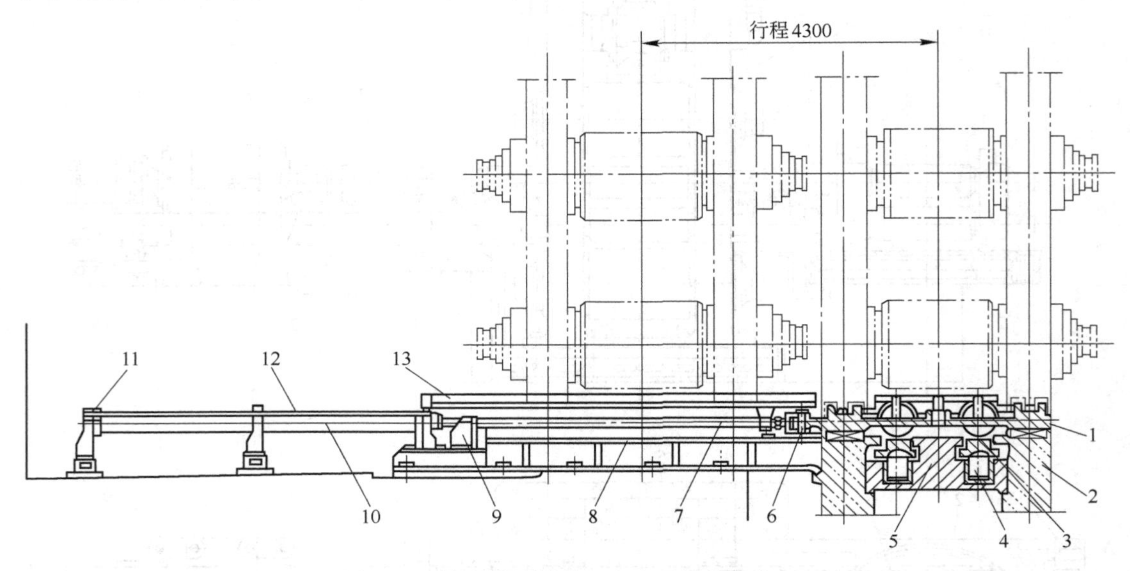

图 3-36 热连轧机精轧机座支承辊换辊装置

1—小车；2—机架；3—升降轨道；4，10—液压缸；5—连接梁；6—销子；7—柱塞杆；8—轨道；9—限位挡块；11—限位块；12—滑架；13—防护罩

3.9.2.5 多机座动态式换辊方法

全连续式带钢轧机上，为了充分利用轧制时间，尽可能地减少换辊辅助时间，曾有人建议采用比满足轧制工艺要求的工作机座多出一架机座的动态式换辊的方法。也就是说对于 5 机架连轧机，可在其轧制线上安装 6 台轧机机座，其中有一台机座平时不参与轧制，只有当需要换辊时才参与轧制，而要换辊的机座则停车等待换辊。这样做的结果是可以实现换辊时不用全线停车，这种换辊方式称为多机座动态式换辊方法。

图 3-37 是一种由电子计算机进行程序控制的动态式换辊示意图，换辊时必须首先使被换辊机座的工作辊与带材脱离接触，同时使机组中其余工作机座的工作辊辊缝和轧制速度调整到各自轧制工艺所要求的大小。而与带材脱离接触的工作辊机座的轧辊，可在不受时间和方法限制的情况下进行更换，而不会影响轧制正常进行。有时为了使带材的切头损

失尽可能地减少，可相应地将各机座轧制速度减低或瞬时停车。动态换辊和动态改变带材尺寸偏差（为调节带材的厚度不均而进行的瞬时压下）非常相似，它也是自动进行程序控制的，机组恢复正常轧制仅需极短时间。只有当更换产品规格或发生轧制事故时，才需要整个机组停车换辊或进行检修，因此，这是一种很理想的换辊方法，随着现代化科学技术的进步，将会在轧制生产中得到很好的应用。

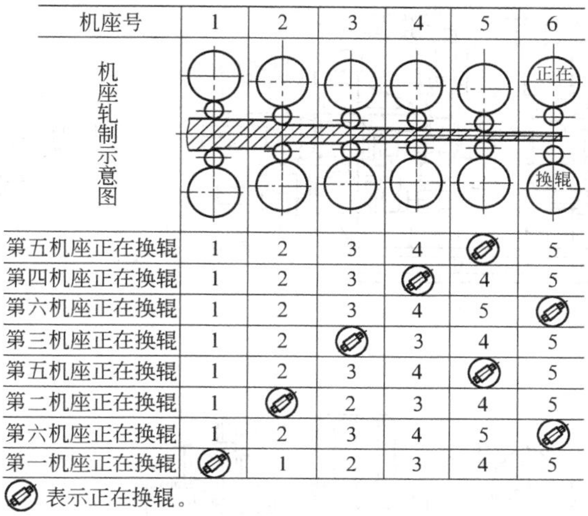

机座号	1	2	3	4	5	6
机座轧制示意图						正在换辊
第五机座正在换辊	1	2	3	4	⊘	5
第四机座正在换辊	1	2	3	⊘	4	5
第六机座正在换辊	1	2	3	4	5	⊘
第三机座正在换辊	1	2	⊘	3	4	5
第五机座正在换辊	1	2	3	4	⊘	5
第二机座正在换辊	1	⊘	2	3	4	5
第六机座正在换辊	1	2	3	4	5	⊘
第一机座正在换辊	⊘	1	2	3	4	5

⊘ 表示正在换辊。

图 3-37 多机座动态式换辊示意图

3.9.3 立辊轧机换辊装置

宝钢 1580mm E_1立辊轧机（图 3-38）主传动采用上传动形式，有两台 AC 700kW×260/390r/min 卧式电机和两台圆柱齿轮及螺旋齿轮减速机 1 及控制装置，都放在上平台上。

立辊轧机由于要进行较大侧压下量轧制，因此采用槽形轧辊 15。利用轧槽的侧面可将板坯两侧产生的狗骨形凸起挤向板坯中间，防止轧制板坯上移造成对水平辊 14 咬入不利，减少在随后的水平辊轧制中产生的宽展量，提高立辊轧机的侧压效率。

1580mm E_1立辊轧机轧辊轴承采用双列圆锥滚子轴承 17，组装在上、下轴承座 16、18 中。上轴承座 16 装有两个滚轮支承着轧辊在机架的上表面上移动，靠 AWC（自动宽度控制）缸锁紧，装拆方便。锁紧后自动消除间歇，减少不必要的冲击。而宝钢 2050mm 和武钢 1700mm 立辊轧机的轧辊、轴承及轴承座等零件组装成套后装入滑架中，随滑架在机架上表面上滑动，间歇无法消除。

1580mm E_1立辊轧机轧辊换辊步骤如下：

（1）接轴托架 11 托起接轴 13，使其与轧辊头 19 脱开 44mm。

（2）将一个轧辊移动到最大开口度位置。

（3）由侧压螺丝 9 带动另一个要更换的轧辊，通过轧辊轴承座上的挡块将机架上的上、下导板退到换辊需要的位置上，然后由侧压螺丝带动轧辊返回到换辊位置上。

（4）通过平衡缸 10 使平衡梁与轴承座 16、18 脱开，AWC 缸活塞内缩 27mm（最大行

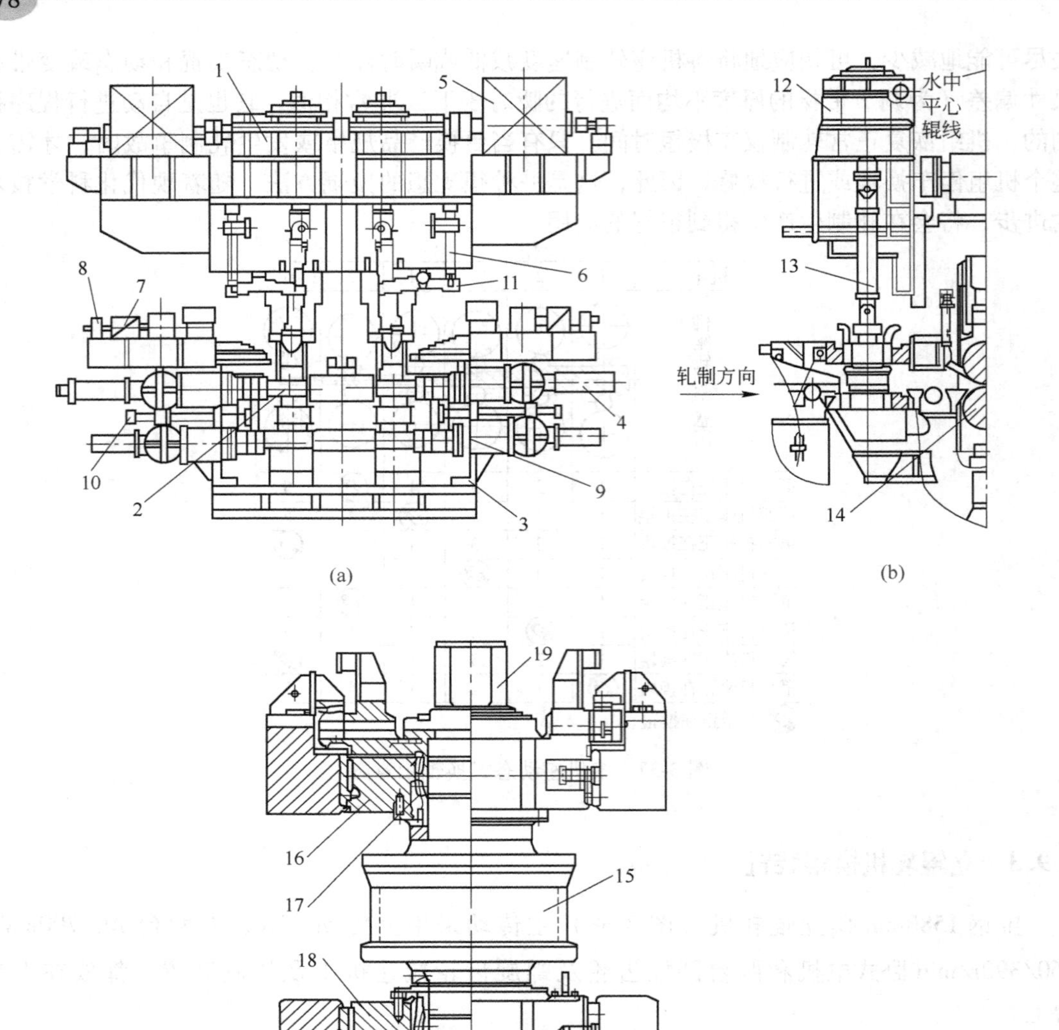

图 3-38 1580mm E_1立辊轧机结构图

（a）立辊轧机主传动及侧压传动正视图；（b）立辊轧机主传动侧视图；（c）立辊轴承与换辊装置
1—螺旋齿轮减速机；2—轧辊轴承及换辊装置；3—机架装配部分；4—辊缝调整及平衡装置；5—电机；
6—接轴更换起吊装置；7—卧式电机；8—自整角机；9—侧压螺丝；10—平衡缸；11—接轴托架；
12—减速机；13—万向接轴；14—水平辊；15—槽形轧辊；16，18—上、下轴承座；
17—双列圆锥滚子轴承；19—轧辊头

程），使侧压螺丝 9 的顶部与轴承座 16、18 脱开。

（5）打开自动干油润滑的快速接头。

（6）采用专用的换辊吊具从立辊轧机中间的位置上吊走待换下的轧辊 15。

装新轧辊时逆顺序操作。换辊时不必拆除上、下导板，但机架总长度相应增加。而宝钢 2050mm 不同的是上、下导板换辊时先吊走，用侧压螺丝把滑架移动到万向接轴处于垂直状态的位置，转动万向接轴使叉头停在规定的方位上，以便更换时叉头能顺利地套在新辊的扁头上。叉头的准确停车是接近开关和固定在主传动箱输出轴齿板上的信号板实现的。准确停车后接通液压管路，利用内藏液压缸提起万向接轴的下半段，使叉头与轧辊扁头脱开，然后用平衡缸将滑架推到轧机中心线处进行换辊。E_1立辊轧机采用吊杆抽出轧辊组件，并换上新辊。

3.10 轧辊轴向调整及固定

3.10.1 轧辊轴向调整的作用及其结构

轧辊轴向调整的作用是：

（1）在型钢轧机中使两轧辊的轧槽对正。

（2）在初轧机中使辊环对准。

（3）在有滑动衬瓦的轧机上，调整瓦座与辊身断面的间隙。

（4）轴向固定轧辊并承受轴向力。

（5）在 CVC 或 HC 板形控制轧机中，利用轧辊轴向移动机构完成调整轧辊辊形的任务。

在轧辊不经常升降的轧机和张力减径轧机上，常采用如图 3-39 所示的轴向调整装置。

图 3-39（a）、（b）所示的轧辊轴向调整装置是用穿孔过机架的螺栓来实现轧辊的轴向调整。螺母从侧面通过轴承座凸缘或利用压板轴向压紧轴承座。

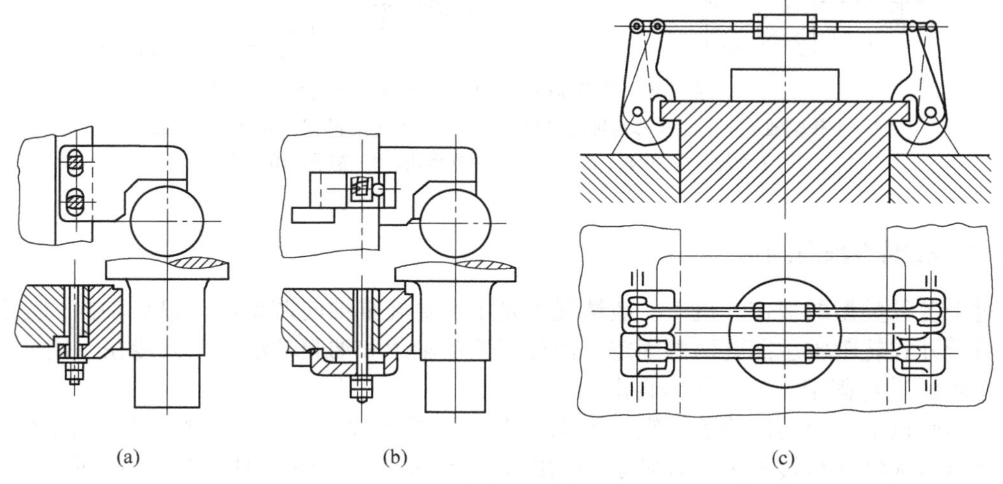

图 3-39 轧辊不经常升降的轧辊轴向调整装置

（a），（b）用螺栓来实现轧辊的轴向调整；（c）双栓杆系统

对于滚动轴承，只需移动一个轴承座（一般是非传动侧），即可进行轴向调整，因此多采用图 3-39（c）所示的双栓杆系统。左右拉杆和调整螺母采用正反扣螺纹，只要转动调整螺母，拉杆缩短或伸长时轴承座即可向一侧或另一侧移动。

图 3-40 是宝钢第二热轧厂 1580mm 轧机 CVC 工作辊的轴向移动装置示意图。工作辊轴向移动液压缸 2 的缸体与支承块 8 是一体的，工作辊 5 的轴向移动是通过与活塞杆相连接的导套 10 拖动装于工作辊轴承座 1 外伸臂上的滚轮 6 实现的。以工作辊的自然位置为中心，工作辊可相对于此向传动侧或操作侧左右各移动 100mm，其移动数值由位置传感器 3 控制。不使用 CVC 机构时，缸的活塞可通过销轴 9 将其导套 10 固定，此时工作辊就再也不能作轴向移动了。这时的轧辊轴向移动装置只相当于一般轧机中的工作辊轴向挡板的作用，防止轧制时轧辊产生轴向窜动，并承受轧制时产生的轴向力，为便于换工作辊时从轧机中抽出工作辊，可通过翻转液压缸 4 将原用来推动工作辊轴向移动用的滚轮 6 的外侧夹板旋开，使工作辊拉出时不受阻挡。这个液压缸 4 安装在前述的外套上，大小为 ϕ50mm×ϕ28mm× 280mm，压力为 13MPa。

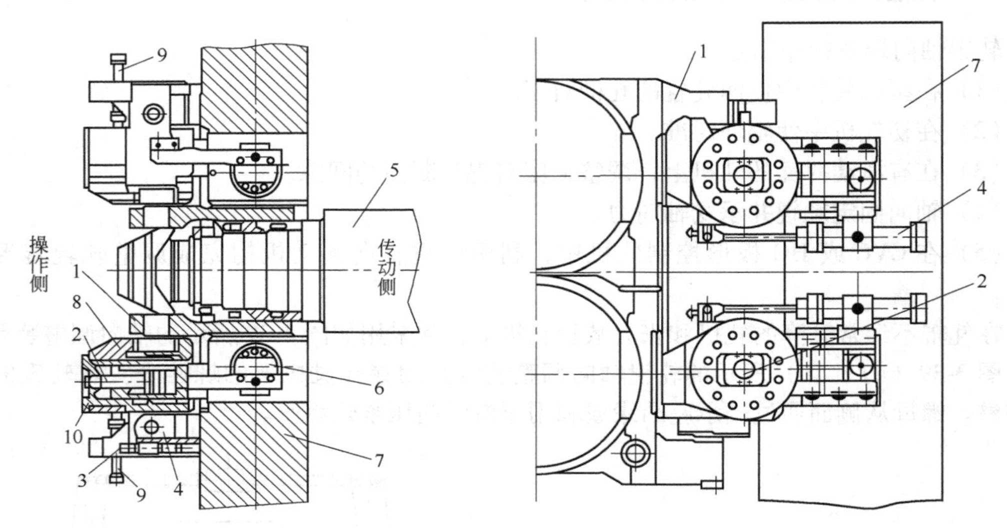

图 3-40　工作辊 CVC 机构轴向移动装置

1—工作辊轴承座；2—工作辊轴向移动液压缸；3—位置传感器；4—翻转液压缸；5—工作辊；6—滚轮；7—机架；8—支承块；9—销子；10—导套

3.10.2　轧辊的轴向固定

对于各种类型的板带轧机，一般情况下是不需要轧辊轴向调整的，只需轴向固定就行了。对于开式轧辊轴承需要两侧固定，而使用滚动轴承和油膜轴承时，只能在一侧（通常在操作侧）进行固定，另一侧为自由端。

在连轧机上，为适应快速换辊的要求，多采用图 3-32、图 3-41、图 3-42 和图 3-43 所示的液压压板将支承辊和工作辊轴承座轴向固定在机架上。图 3-41 和图 3-42 所示为支承辊和工作辊锁紧状态，而图 3-43 中 *A—A*、*C—C* 剖视图为换辊状态（非锁紧状态）。工作辊轴承座锁紧液压缸和支承辊轴承座锁紧液压缸均为 ϕ100mm×ϕ56mm×100mm 活塞液压缸，工作压力 10MPa。为了适应工作辊和支承辊从最大直径至最小直径时轴承座的上下移动，在带连接板的挡板 9 的连接板背面开有滑槽 10。如图 3-43 主视图所示的右面为工作辊和支承辊直径最大，且开口度为最大时带连接板挡板 9 的位置；主视图左面为工作辊和支承辊直径最小，且开口度为零时带连接板的挡板 9 的位置。

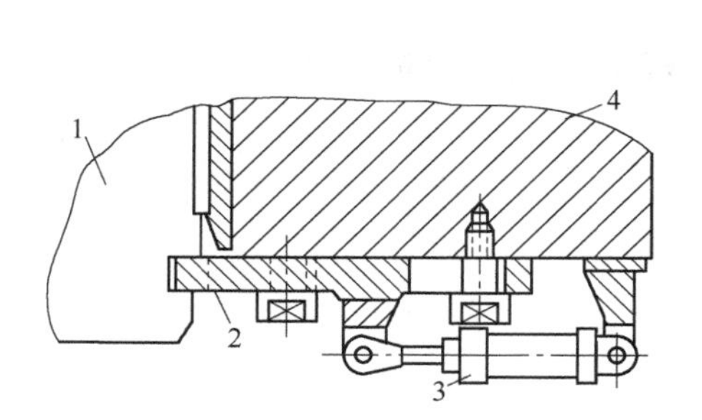

图 3-41 支承辊轴承座轴向固定

1—支承辊轴承座；2—挡板；3—液压缸；4—机架

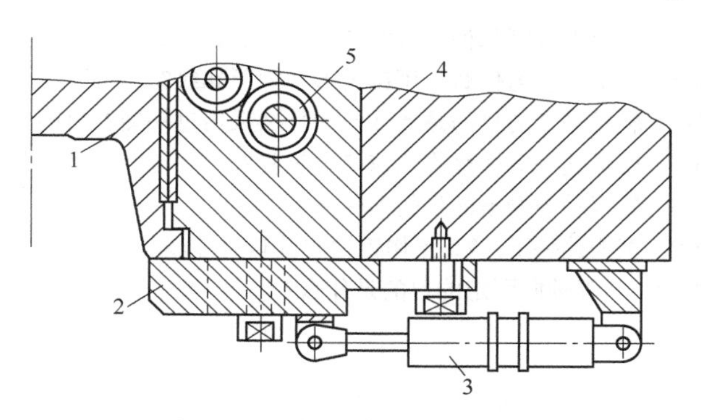

图 3-42 工作辊轴承座轴向固定

1—工作辊轴承座；2—挡板；3—液压缸；4—机架；5—平衡缸

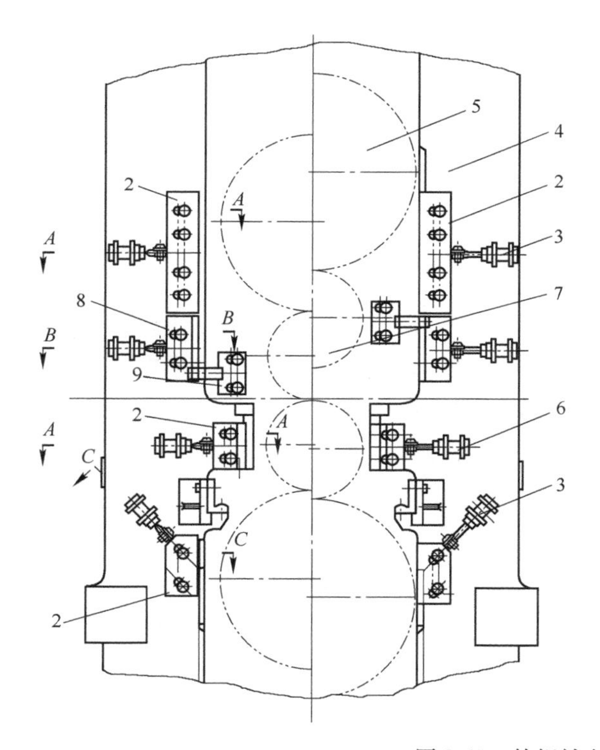

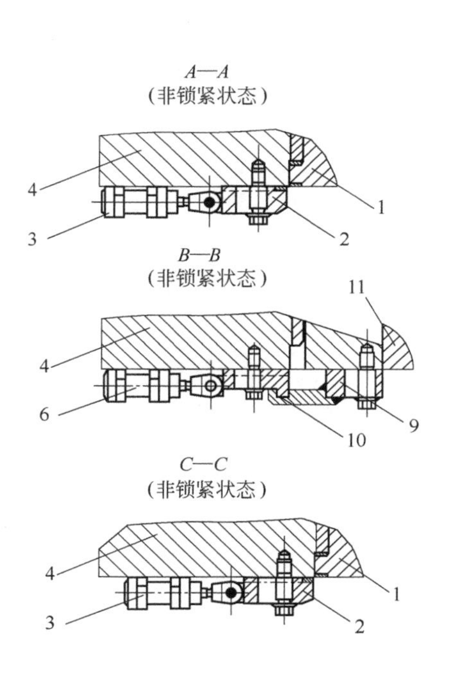

图 3-43 轧辊轴向固定装置

1—支承辊轴承座；2—挡板；3—支承辊轴承座锁紧液压缸；4—机架；5—支承辊；6—工作辊轴承座锁紧液压缸；7—工作辊；8—滑板；9—带连接板的挡板；10—滑槽；11—工作辊轴承座

思考题

3-1 压下螺丝的回松机构的作用是什么？是否可以取消？

3-2 为什么快速压下电机采用小惯量电机？

3-3 差动机构在压下传动系统的作用是什么？

3-4　双压下有哪几种形式？各自的特点是什么？

3-5　压下螺丝为什么采用锯齿形和梯形螺纹？

3-6　轧辊平衡的目的是什么？为什么采用过平衡？目前应用最普遍的是什么平衡装置？

3-7　试描述一下横移式快速换辊过程？

3-8　轧辊轴向调整的目的是什么？

3-9　试描述一下 CVC 工作辊轴向调整过程。

3-10　轧辊轴向固定的目的是什么？

第 4 章　轧钢机机架

4.1　机架的类型及其主要结构参数

4.1.1　机架类型

轧钢机机架是轧钢机的重要部件，它要在轧制过程中承受巨大的轧制力、瞬间冲击力、部分轧制力矩，另外轧辊系统、压下与平衡系统都安装在机架上。因此，要求轧钢机机架必须具有足够的强度与刚度。根据轧钢机工作要求、加工制作方式，可以将轧钢机机架的结构分为闭式机架、开式机架、焊接机架和组合机架 4 种，如图 4-1 所示。

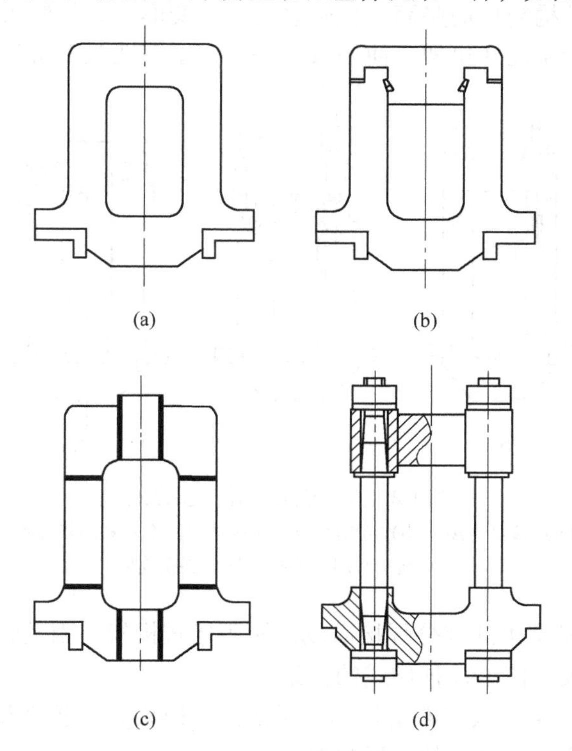

图 4-1　机架形式

（a）闭式机架；（b）开式机架；（c）焊接机架；（d）组合机架

（1）闭式机架。闭式机架是一个整体框架，可以是铸造也可以是用整块钢坯切割而成。闭式机架具有较高的强度和刚度，主要用于轧制力较大的初轧机和板带轧机等。随着机械加工能力的提高，小型和线材轧机，为了提高轧件轧制精度，也往往采用闭式机架。

（2）开式机架。开式机架是由机架本体和上盖两部分组成，主要用于横列式型钢轧机，其主要优点是换辊方便，缺点是刚度较差。开式机架上盖连接方式有：螺栓连接、立销和斜楔连接、套环和斜楔连接、横销及斜楔连接和斜楔连接。

图 4-2（a）是螺栓连接的开式机架，机架上盖（上横梁）用两个螺栓与机架立柱连接。这种连接方式结构简单，但因螺栓较长，变形较大，机架刚度较低。此外，换辊时拆装螺母较费时。

图 4-2（b）是立销和斜楔连接的开式机架，其换辊比螺栓连接方便。

图 4-2（c）是套环和斜楔连接的开式机架，与上述两种形式相比，取消了立柱和上盖上的垂直销孔，用套环代替螺栓或圆柱销。套环的下端用横销铰接在立柱上，套环上端用斜楔把上盖和立柱连接起来。这种结构换辊较为方便。由于套环的断面可大于螺栓或圆柱销，轧机刚性有所改善。

图 4-2（d）是横销和斜楔连接的开式机架，上盖与立柱用横销连接后，再用斜楔楔紧。其优点是结构简单，连接件变形较小。但是，在楔紧力和冲击力作用下，当横销沿剪切断面发生变形后，拆装较为困难，使换辊时间延长。

图 4-2（e）是斜楔连接的开式机架，与上述 4 种形式的开式机架相比有如下优点：上盖弹跳值小、连接件结构简单而坚固、机架立柱横向变形小和拆装方便。因此，采用斜楔连接的开式机架也称为半闭式机架，使用效果好，在型钢轧机上得到广泛应用。

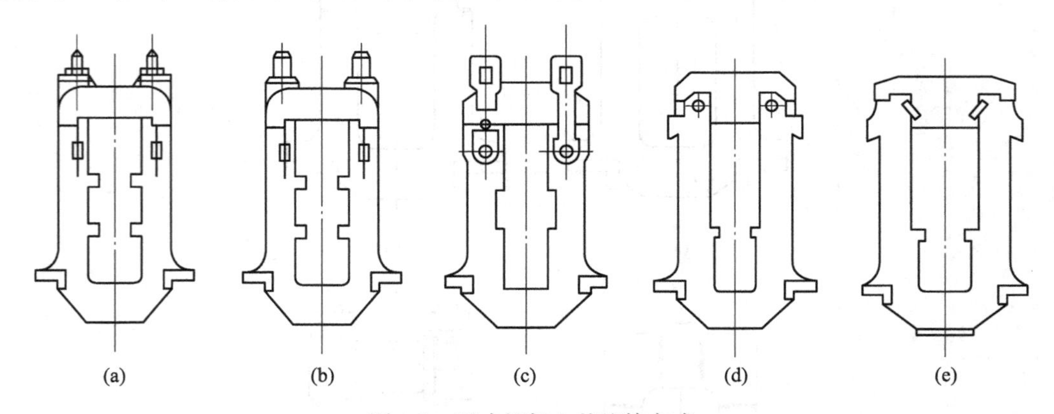

图 4-2　开式机架上盖连接方式
（a）螺栓连接；（b）立销和斜楔连接；（c）套环和斜楔连接；
（d）横销和斜楔连接；（e）斜楔连接

（3）焊接机架。机架由几部分焊接而成，属于老式机架，因其强度和刚度受焊缝质量影响较大，现代轧机极少使用该种形式的机架。

（4）组合式机架。组合式机架是将单片机架由上横梁、下横梁及左立柱、右立柱四部分通过拉杆预紧，形成一个封闭的矩形框架。

对于 5m 级大型宽厚板轧机，单片机架高度超过 16m，重量超过 500t，整体铸造、运输及安装存在一系列的困难，为了解决这些难题，德国西马克公司（SMS）将机架牌坊设计成组合式结构，其在轧制过程中能够达到与整体式机架相当的力学性能。组合式机架的优点：单件质量小，铸造加工相对容易且运输安装方便等，主要应用于宽厚板轧机。

4.1.2 机架的主要结构参数

机架的主要结构参数包括：机架窗口高度 H 和宽度 B 以及机架立柱断面尺寸 $F(F=l_1b)$，如图 4-3 所示。

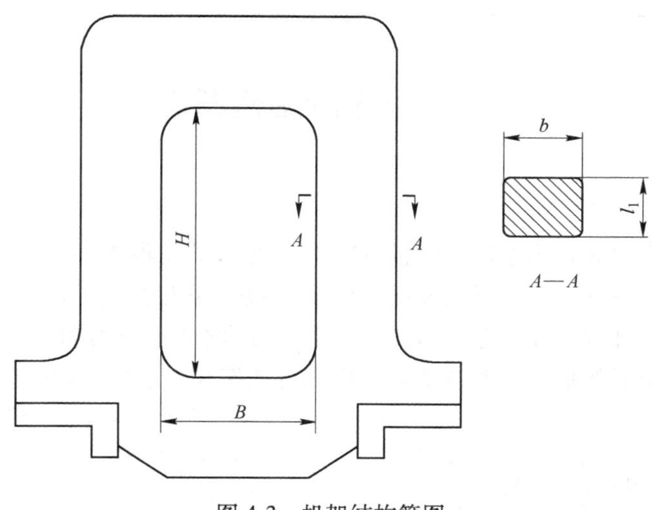

图 4-3 机架结构简图

为了便于更换轧辊，窗口的宽度 B 应稍大于轧辊最大直径 D，而且在换辊侧的窗口宽度比传动侧窗口宽度应大 10mm；对开式机架而言，其窗口宽度 B 主要决定于轧辊轴承座的宽度。

机架窗口高度 H 主要取决于轧辊直径、轴承座高度、压下螺丝的伸出量或液压压下油缸及有关零件的高度尺寸和安全臼或上推垫、下轴承座垫板等有关零件的高度尺寸，以及轧机换辊时的最大开口度。

对于四辊轧机，可取

$$H = (2.6 \sim 3.5)(D_g + D_z)$$

式中 D_g，D_z——分别为工作辊和支承辊直径，mm。

机架立柱断面尺寸 F 是根据机架强度来确定的。预选时可按表 4-1 的经验公式事先给定，而后再进行机架强度与刚度（对板带轧机）验算。

表 4-1 机架立柱断面面积与轧辊辊颈直径平方的比值

轧辊材料	轧机类型	比值 $\frac{F}{d^2}$	备注
铸铁		0.6~0.8	
碳钢	开坯机	0.7~0.9	
	其他轧机	0.8~1.0	
铬钢	四辊轧机	1.2~1.6	按支承辊辊颈计算
合金钢		1.0~1.2	

某些初轧机的 F/d^2 的比值见表 4-2。

表 4-2　对某些初轧机的 F/d^2 的比值

辊颈 d/mm	F/d^2	辊颈 d/mm	F/d^2
570	0.88	650	0.70
600	0.89	680	0.71

4.2　机架的结构特点

4.2.1　闭式机架

图 4-4 所示为 1700mm 热连轧机四辊万能机座的水平轧辊机架。它是由两片闭式机架 1 组成的，机架上面通过铸钢横梁来连接。由于机座采用五缸式平衡装置，因此上铸造横梁 2 的中部留有安装平衡缸的孔腔。两机架的压下螺丝中心距为 2800mm。在窗口内侧镶有耐磨滑板 3。机架下部是由下铸造横梁 4 用螺钉连接在一起的。整个机架通过热装地脚

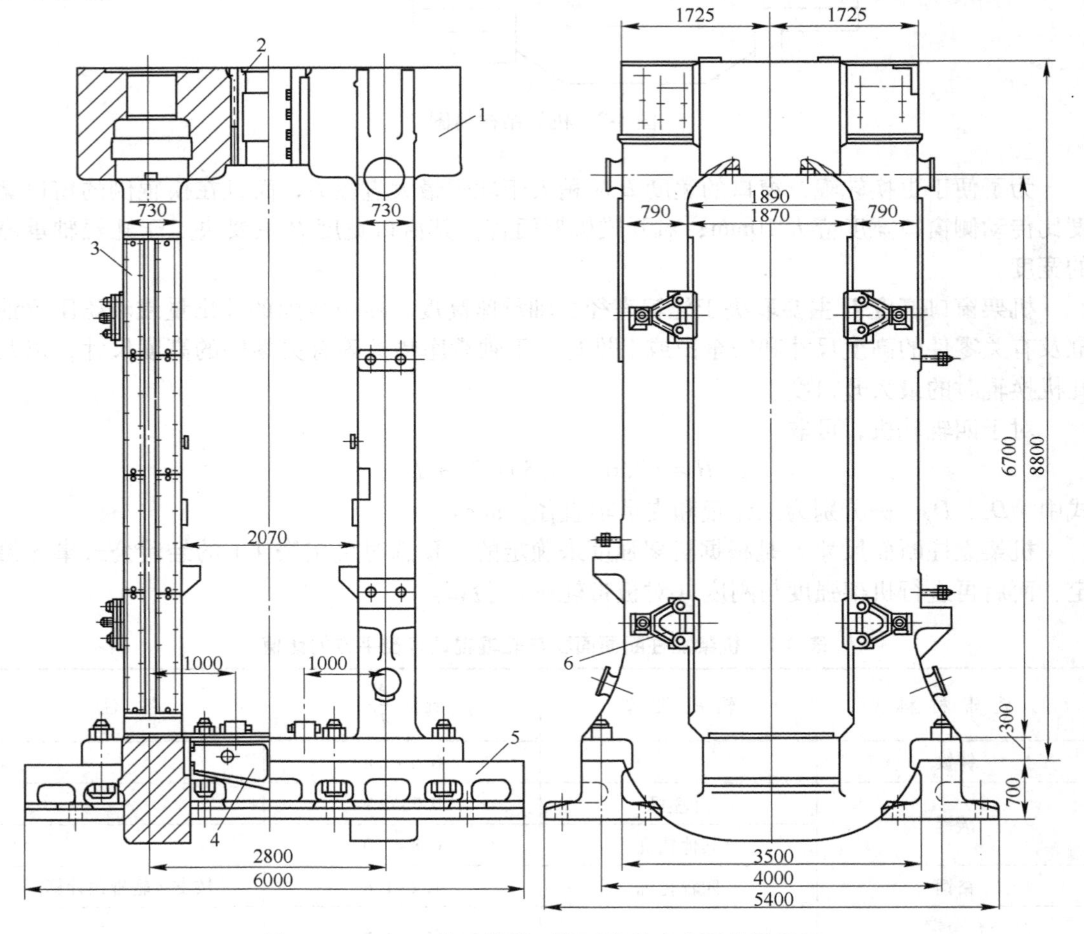

图 4-4　1700mm 热连轧机四辊万能机座水平轧辊机架
1—机架；2—上铸造横梁；3—耐磨滑板；4—下铸造横梁；5—轨座；6—轴向压板

螺钉牢固地与轨座5连接在一起。轨座5与机架地脚的配合面为直角，以便加工、安装和校正。轨座5放在地基之上，并通过地脚螺钉固定。轴向压板6用于防止轧辊轴向窜动。为了使机座起吊方便，在机架上铸有4个耳环。机架用ZG35Ⅱ整体铸造，其力学性能为：强度极限 $\sigma_b \geqslant 500MPa$；屈服极限 $\sigma_s \geqslant 280MPa$；延伸率 $\delta \geqslant 15\%$；冲击韧性 $\alpha_k \geqslant 350MPa$。

4.2.2 开式机架

图4-5所示为650mm大型型钢三辊轧机工作机座。它是由两片开式机架组成的，两机架的上盖被铸成一体，称为机架盖。在机架盖上可以安装压下机构，其上面的起吊用的中心轴5除换辊时可以吊起机架盖外，也可以整体吊起工作机座，以便于机座的调整安装。机架盖与机架立柱是采用刚性很好的楔子1来实现的，二者定位是靠定位销2来完成的。两机架的连接，上面是通过双头螺栓和撑管3，而下面则由铸造横梁4和螺柱相连接。

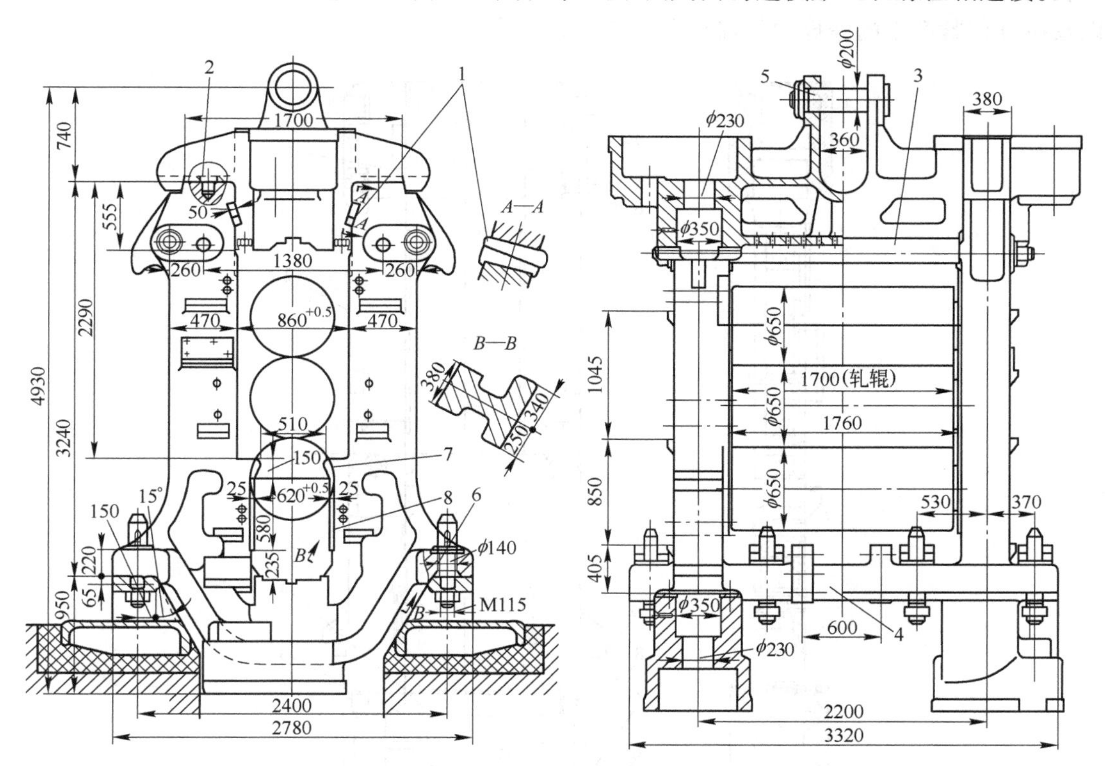

图4-5 650mm大型型钢三辊轧机工作机座

1—楔子；2—定位销；3—双头螺栓和撑管；4—铸造横梁；5—起吊用的中心轴；6—侧支承面；7—突出部分；8—耐磨滑板

采用这种形式的机架结构，对于换辊是十分方便的（指机架上盖的装拆），因此开式机架得到了广泛应用。另外为了便于机座的装拆，将机架地脚的侧支承面6作成15°斜面。连接机架与轨座的螺栓在轨座孔中紧固，而在螺栓的另一头做成圆锥形。同时相应将机架地脚孔内也做出了一段圆锥孔。在机架窗口内的下部有突出部分7，是用来安放中辊轴承座用的。在其下部窗口的立柱内表面上还镶有耐磨滑板8，以防止下轴承上下移动时磨损立柱表面。上轴承座安放在中辊轴承座的H形上瓦座中，并能上下滑动以实现上辊缝的调节。中辊通常是不动的，而上下轧辊调节是通过手动压下机构实现的。其机架材料为 ZG30，机座断面为工字形，如图 4-5 中的 *B—B* 剖面图。

连接上盖与立柱的斜楔的斜度为 1∶50。为了简化机架的切削加工以及防止斜楔对机架的磨损，可将斜楔孔做成不带斜度的方孔，然后再配上两块鞍形垫板（上、下各一块），并做成 1∶50 的斜度。

4.2.3　组合式机架

组合式拉架是在制造能力和运输条件不具备的情况下，不得已选用的结构。组合式拉杆预紧机架组成见图 4-6，它主要由左立柱、右立柱、上横梁、下横梁、大拉杆、小拉杆、大螺母、小螺母（大小拉杆螺母共 2×8 件）、斜键等连接件组成。上横梁受压下螺丝传递的轧制力，下横梁受下支承辊轴承座传递的轧制力，分别经过上、下横梁两端止口、斜键以及拉杆预紧产生的摩擦力传递给左立柱和右立柱。

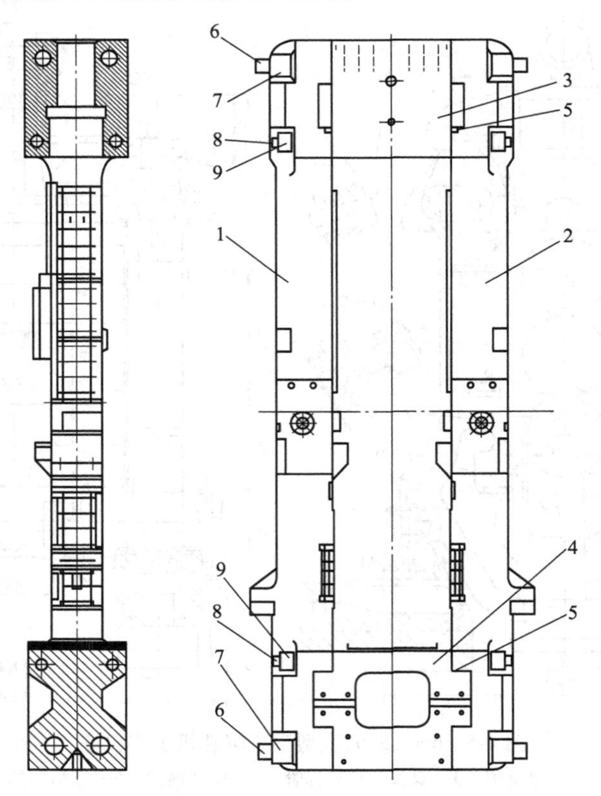

图 4-6　组合式拉杆预紧机架示意图

1—左立柱；2—右立柱；3—上横梁；4—下横梁；5—斜键；6—大拉杆；7—大螺母；8—小拉杆；9—小螺母

组合式拉杆预紧机架的缺点主要是组成件多。由于加工面多，技术要求高，加工工时和加工成本大量增加。为了满足连接部位强度，增加了很多重量。在加工车间装配时，要将多件整体预装、预紧，并检查预紧后各件尺寸公差和形位公差。占用车间场地大、预紧要采用专用预紧拉伸器，每个拉杆要分两次、交叉预紧，然后整体起吊下地坑装配，装配完成后，再拆卸运输。组合式机架受力关系不好，长期使用结构整体性、稳定性差。由于宽厚板轧机机架受最大轧制力 100~200MN（1 万~1.2 万吨），受脉动冲击载荷大，机架横梁与立柱的受力主要集中在凸台（宽 280mm ×长 2300mm）和键槽上，其次是拉杆预紧产生的摩擦力。组合式机架与整体式机架的对比见表 4-3。

表 4-3 组合式机架与整体式机架比较

项目名称	整体铸钢式	多块铸钢、锻造拉杆组合式	说 明
铸造件	整体铸钢	左立柱、右立柱、上横梁、下横梁	
锻造件	无	拉杆、螺母、键等联结件	锻造件比铸造件成本高
毛坯消耗量	小	大。包括钢水消耗量、加工余量、热处理、检查工作量等工序	
加工工时、成本	小	大。总体加工件多，铸件、锻件工序多	
运输方式、成本	公路+水路，412t/片，一台轧机 2 片，单重大、数量少，运输可行	铁路或公路+水路，171t /片立柱，一台轧机 4 片，单重小、数量多，运输可行	总体运输成本相当
装配、安装工时、成本	小	大。需要特殊预紧拉杆工具。制造厂预紧装配后再拆卸，到用户现场再预紧装配，工时长、成本高	制造厂和用户车间行车成本高
车间行车能力	2×200t 级	2×350t 级	
总体制造成本	小	大。一台轧机 2 片组合式机架增加重量 306t，单价约 3 万元/t，增加成本约 1000 万元	
稳定性	好	不好。预紧拉杆松动，整体性差	
建议使用	推荐采用	在制造、运输条件受到限制情况下采用	

4.2.4 轨座的结构

轧机轨座是用来保证机座的安装尺寸精确，并能承受机座的全部重量及其倾翻力矩的一个很重要的零件。在轧机安装时，可通过轨座将机座与地基紧紧连接在一起。因此安装轨座时必须准确牢固，并确保轨座有足够的强度与刚度。一般情况下轨座与机架的材料应相同。轨座结构型式很多，通常为条形结构，分别铺设在机架地脚的两边。但对横列式轧机可采用分段铸造，而对小型线材轧机的轨座可进行整体铸造。图 4-7（a）为一种矩形支承面的轨座形式，轨座与地脚的联接是通过螺钉、螺母紧固在一起的。这种联接形式主要用于工作机座不需要进行轴向位置调整的初轧机、开坯机及板带轧机机座上。换辊时工作机座不用拆卸，因此轨座与机架地脚接触处做成矩形断面，而内侧配合处为垂直面，整个断面为工字形。在轨座外侧面开有窗口，以便于安装和紧固地脚螺母。对经常进行整体拆卸的机座（如型钢和线材轧机机座），其轨座及与机架地脚联接一般可采用如图 4-5 的形式，二者的配合侧面为 15°的斜面，而地脚螺栓为自动定位的圆锥形形状，所以能够准确定位，拆卸较快。

图 4-7（b）为一种斜楔联接的轨座形式，它拆卸十分方便，可用于经常拆卸的机座

上，是通过销钉 2、斜楔 5 及 6 将机架固定的。

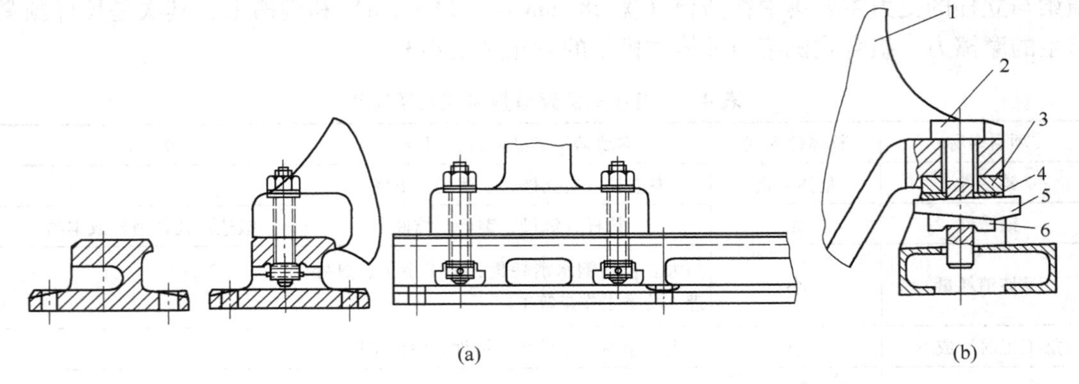

图 4-7 轨座形状及其机架地脚联接形式
（a）具有矩形支承面的轨座；（b）用斜楔联接的轨座
1—机架地脚；2—销钉；3—轨座；4—垫圈；5，6—上、下斜楔

4.3 工作机座的倾翻力矩及机座支反力计算

4.3.1 工作机座倾翻力矩的计算

轧制过程中，工作机座产生的倾翻力矩均由两部分组成，即

$$M_q = M_{\mathrm{I}} + M_{\mathrm{II}} \tag{4-1}$$

式中 M_q——工作机座总的倾翻力矩，N·m；

M_{I}——对轧件进行轧制时，轧机传动装置或相邻机座加于机座上的力矩，N·m；

M_{II}——由作用在轧件上的水平力所引起的力矩，N·m。

4.3.1.1 力矩 M_{I} 的计算

A 在二辊轧机上

图 4-8（a）中的 M_1、M_2 为传动装置传给轧辊的力矩，M'_1、M'_2 为相邻机座传给轧辊的力矩（如横列式轧机）。

当轧辊间力矩分布情况已知时，可按力矩的平衡条件列出下式：

$$M_{\mathrm{I}} = M_1 - M_2 - M'_1 + M'_2 \tag{4-2}$$

而总轧制力矩为：

$$M_z = M_1 + M_{zh} \tag{4-3}$$

式中 M_{zh}——轧件传给轧辊的总轧制力矩，N·m。

式（4-3）的意义为总轧制力矩全部传给了第一部轧机的上、下轧辊（如单机座传动时）。如进行单机轧制时，则

$$M_{\mathrm{I}} = M_1 - M_2$$

一般在正常轧制的情况下 $M_1 = M_2$，则 $M_{\mathrm{I}} = 0$。

若单辊传动或一个传动接轴折断时，以及接轴和传动系统中的相配合的传动零件之间产生了瞬时间隙时为最危险的情况，此时有：

$$M_{Iqmax} = M_{zh}$$

式中 M_{Iqmax}——机座上最大传动倾翻力矩，N·m。

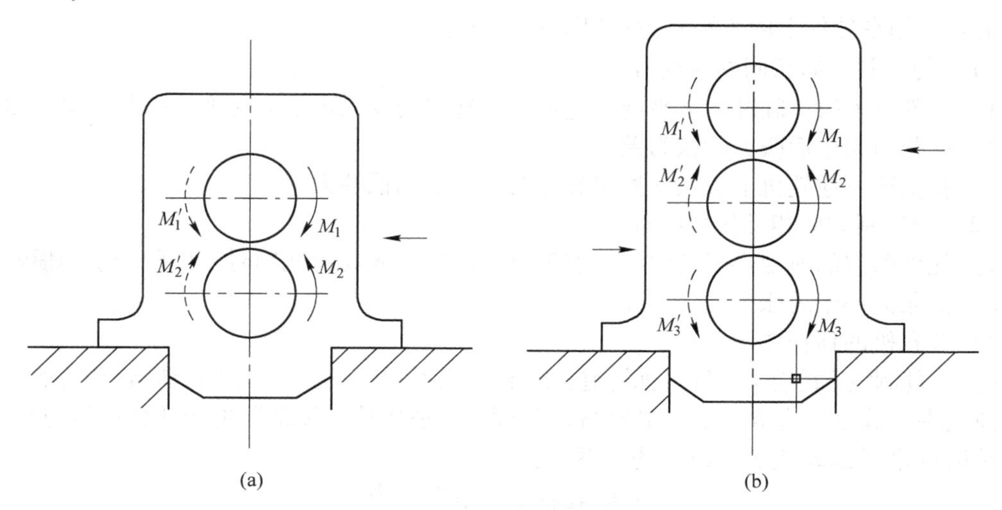

图 4-8 传到轧辊上的力矩示意图
（a）二辊机座；（b）三辊机座
⟶轧制方向

此时相当于轧制力矩全部传给了一个轧辊，其倾翻力矩达到了最大。

B 在三辊轧机上

如图 4-8（b）所示，当轧辊间的力矩分布情况为已知时，M_{I} 的值可以由下式求得：

$$M_{\mathrm{I}} = M_1 - M_2 + M_3 - M_1' + M_2' - M_3' \tag{4-4}$$

同样总轧制力矩为

$$M_{zh} = M_1 + M_2 + M_3 \tag{4-5}$$

式中 M_1，M_2，M_3——由传动机构传给机座各轧辊的力矩，N·m；
M_1'，M_2'，M_3'——相邻机座传给机座各轧辊的力矩，N·m。

式（4-5）可以说是总轧制力矩 M_{zh} 全部传给了第一架轧机的上、中、下三个轧辊。

下面以单机架轧制为例进行分析计算。

正常的情况下：

$$M_{\mathrm{I}} = M_1 - M_2 + M_3$$

最危险的情况是中间接轴折断或传动中辊的传动系统中产生了瞬时传动间隙以及中辊从动（如三辊劳特式中板轧机）等情况。

此时的 $M_2 = 0$，则

$$M_{\mathrm{I}} = M_1 + M_3 = M_{zh}$$

这种情况下总轧制力矩 M_{zh} 全部传给了上下轧辊，则从式（4-4）中可以看出 $M_{\mathrm{I}} = M_{zh}$，因此，倾翻力矩达到了最大。

4.3.1.2 力矩 M_{II} 的计算

如图 4-9 所示，力矩 M_{II} 可按下式计算：

$$M_{\mathrm{II}} = Ra \tag{4-6}$$

式中　R——作用在轧件上的水平力，N；

　　a——水平力 R 的作用线（轧制线）至轨座上平面的距离，mm。

通常作用在轧件上的水平外力有以下几种情况：

（1）与轧制方向相同的情况有：

1）轧件咬入时，轧件的水平前进速度大于轧辊的咬入水平分速度所引起的惯性力；

2）前张力大于后张力的张力差；

3）在高速可逆轧机上，低速抛出轧件时所产生的惯性力。

（2）与轧制方向相反的情况有：

1）轧件前进的速度小于轧辊咬入速度时或低速咬入高速轧制时轧件所产生的惯性力；

2）前张力小于后张力的张力差；

3）穿孔机的顶杆作用力；

4）在轧制线上的有关零件（如辊道、推床、翻钢机及盖板等）对轧件偶然产生的阻力。

总之在计算水平力 R 时，与轧制方向相同时一般应按实际情况进行计算；但与轧制方向相反时的水平力 R 应满足以下的关系式：

$$R \leqslant \text{轧辊的剩余摩擦力}$$

因此下面对轧辊的剩余摩擦力进行分析与计算。

以图 4-10 的轧件为研究对象，列出以下的平衡方程式。

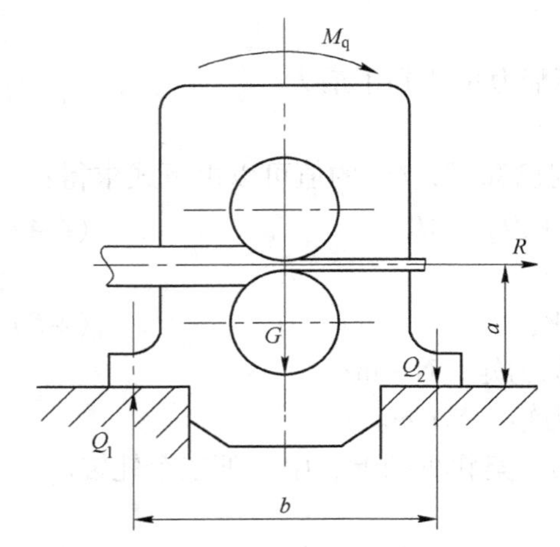

图 4-9　作用在轧机机座上倾翻力矩及轨座支反力示意图

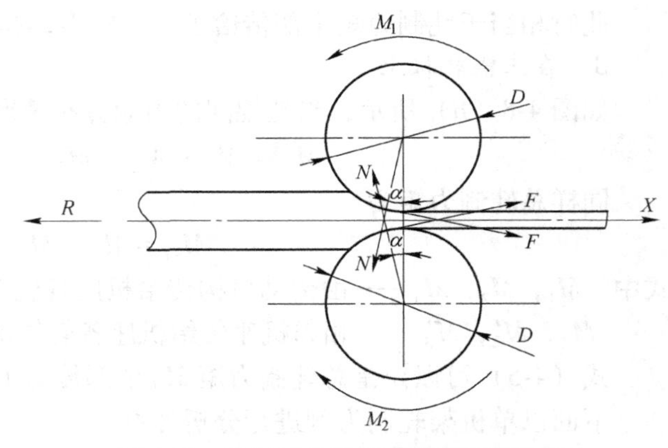

图 4-10　轧制时轧件的受力情况示意图

$\sum X = 0$ 时，取沿轧制方向为 X 轴，则有：

$$2F\cos\alpha - 2N\sin\alpha - R = 0 \tag{4-7}$$

于是：

$$R = 2(F\cos\alpha - N\sin\alpha)$$

式中　N——轧辊对轧件的正压力，N，$N = P\cos\alpha$；

　　α——轧件咬入角（由咬入角公式计算），(°)；

　　F——轧辊对轧件的摩擦力，N，$F = N\mu$；

　　μ——轧件与轧辊间的摩擦系数。

将 $N = \dfrac{F}{\mu}$ 之值代入式（4-7）中，经整理后可得：

$$R \leqslant 2F\cos\left(1 - \frac{\tan\alpha}{\mu}\right)$$

又因为：

$$M_{zh} = 2F\frac{D}{2} = FD$$

则：

$$F = \frac{M_{zh}}{D}$$

所以：

$$R \leqslant \frac{2M_{zh}\cos\alpha}{D}\left(1 - \frac{\tan\alpha}{\mu}\right) \tag{4-8}$$

式中 D——轧辊的辊身直径。

式（4-8）的右边项为轧辊的剩余摩擦力，所以该式说明与轧制方向相反的轧件上的水平力 R 最大不能超过轧制时的剩余摩擦力，否则轧制无法进行。

对于薄板、线材及小型型钢轧机等还应考虑轧件的失稳和拉伸屈服变形等问题。

将 M_{I} 与 M_{II} 的计算公式代入式（4-1）中，便得出轧机的最大倾翻力矩的计算公式为：

$$M_{qmax} = M_{zh} + R_{max}a \tag{4-9}$$

一般要根据实际情况求出最大水平力 R_{max} 来。通常情况下为计算方便起见，在许多情况下最大水平力 R_{max} 可按下式计算：

$$R_{max} = \frac{2M_{zh}}{D} \quad （认为 \alpha = 0）$$

则：

$$M_{qmax} = M_{zh}\left(1 + \frac{2a}{D}\right)$$

4.3.2 轨座支反力及地脚螺栓的强度计算

4.3.2.1 轨座支反力的计算

参看图 4-9，可计算出轨座上的最大压力 Q_2 为：

$$Q_2 = \frac{M_{qmax}}{b} + \frac{G}{2} \tag{4-10}$$

式中 b——两轨座间地脚螺栓中心线之间的距离，mm；

G——机座的总重力，N。

地脚螺栓所受最大拉力 Q_1 为：

$$Q_1 = \frac{M_{qmax}}{b} - \frac{G}{2} \tag{4-11}$$

应该注意，为保证机座地脚与轨座的配合表面始终不被分开，要求对地脚螺栓的预拧紧力必须大于 Q_1。一般为保险起见应取地脚螺栓总预紧力 P_y 为：

$$P_y = (1.2 \sim 1.4)Q_1$$

每一个地脚螺栓的预紧力为：

$$Q' = \frac{P_y}{n} = \frac{(1.2 \sim 1.4)Q_1}{n} \tag{4-12}$$

式中　Q'——每个地脚螺栓的预紧力，N；

n——地脚螺栓的数量。

4.3.2.2　地脚螺栓的选择与强度检验

首先按以下的经验公式预选螺栓的直径 d。当轧辊的直径 $D<500$mm 时：

$$d = 0.1D + (5 \sim 10)\text{mm} \tag{4-13}$$

而轧辊直径 $D>500$mm 时：

$$d = 0.08D + 10\text{mm} \tag{4-14}$$

然后按强度条件对地脚螺栓进行校验，即：

$$\frac{4Q_1'}{\pi d_1^2} \leqslant [\sigma] \tag{4-15}$$

式中　Q_1'——地脚螺栓的最大拉力，N，一般取 $Q_1' = (2.2 \sim 2.4)Q$；

d_1——地脚螺栓的螺纹内径，mm；

$[\sigma]$——地脚螺栓的许用应力，MPa。

通常，地脚螺栓用 Q215 和 Q235 的锻钢制成，因此 $[\sigma] = 70 \sim 80$MPa。

在轧钢机上常采用的地脚螺栓结构有两种形式，如图 4-11 所示。

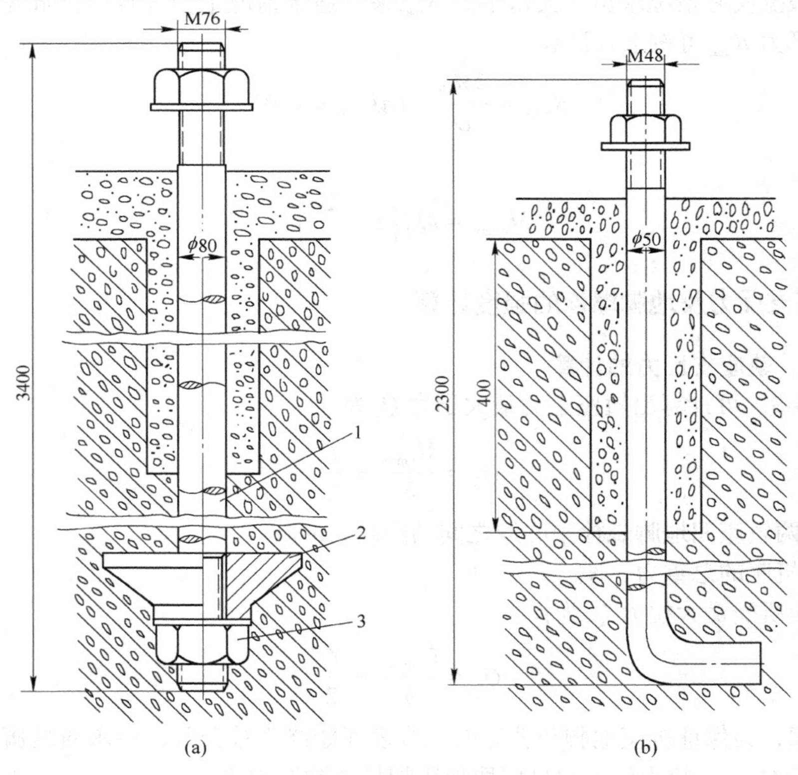

图 4-11　地脚螺栓的结构形式

（a）下面用螺帽固定在锚板上；（b）下面作成弯尾的

1—螺杆；2—锚板；3—螺帽

大型地脚螺栓如图 4-11（a）所示，其下面用螺帽固定在锚板上，而螺帽除拧在螺杆螺纹上外，还要焊于螺杆上。

用于中、小型轧机上的地脚螺栓形式如图 4-11（b）所示，其下面为钩头螺杆。

4.4 机架强度计算

4.4.1 开式机架的强度计算

4.4.1.1 几点假设

为了使得计算简便，在分析二辊轧机以及中辊不固定在机架立柱上的三辊轧机（如三辊劳特式轧机）机架受力和变形情况时，可作以下几点假设（参见图 4-12（a））：

（1）只考虑垂直轧制力 P_1 对开式机架的作用，作用点在机架中心线上。对板带轧机：

$$P_1 = \frac{P}{2}$$

式中 P——总轧制力。

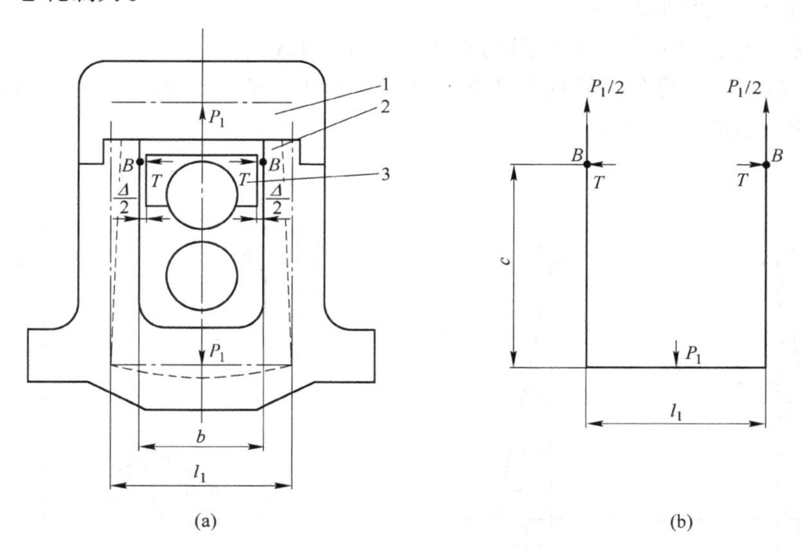

图 4-12 开式机架的受力变形图

（a）机架与轴承座配合简图；（b）机架受力简图

1—机架上盖；2—机架立柱；3—轴承座

（2）只考虑机架受力变形后轴承座对它的影响，不考虑机架上盖 1 对机架立柱的影响，认为立柱与上机架盖的连接为滑动铰链连接。

（3）认为轴承座为绝对刚体，受力后不会发生任何变形。

在以上的假设条件下，当机架在轧制力 P_1 的作用下，机架立柱在 B 点处的最大变形 δ_{max} 与轴承座的配合间隙 Δ 有以下的关系（当静不定期力 $T=0$ 时）：

$$\delta_{max} \leqslant \Delta \tag{4-16}$$

式中 δ_{max}——在 P_1 作用下，两立柱与轴承座接触点 B 处的最大变形量，mm；

Δ——机架窗口与轴承座侧向的最大配合间隙，mm。

为了计算方便起见，现将开式机架简化为一个开式框架，如图 4-12（b）所示，并将已知的外力 P_1 及静不定力 T 加在其上，其中静不定力为未知数。因此，为了计算机架的强度与刚度，首先应求出静不定力 T。

4.4.1.2　求静不定力 *T*

根据变形的协调条件可列出下面的补充方程，并用力法求出静不定力 T，参见图 4-12，因此，只需列出一个补充（典型）方程式就可以了，即：

$$T\delta_{TT}+\Delta_{TP}=-\Delta \tag{4-17}$$

式中　T——静不定力，即机架受外力 P_1 作用变形后，在立柱 B 点处轴承座对立柱的反作用力，N；

δ_{TT}——在 T 的单位力（1）作用下，立柱 B、B 两点处在 T 力的方向上产生的变形，称为方程的主系数；

Δ_{TP}——在外力 P_1 作用下，立柱 B、B 两点处在 T 力的方向上产生的变形，称为方程的自由项；

Δ——轴承座与机架窗口的配合间隙，mm，“-”表示作用力 T 的方向与变形的方向相反，否则取“+”。

下面用材料力学中的力法求变形的方法来求 δ_{TT} 和 Δ_{TP}。

首先在立柱 B、B 两个点处加上 T 单位力（$T=1$），并画出单位力（1）的弯矩图和在 P_1 力作用下的弯矩图（图 4-13）。

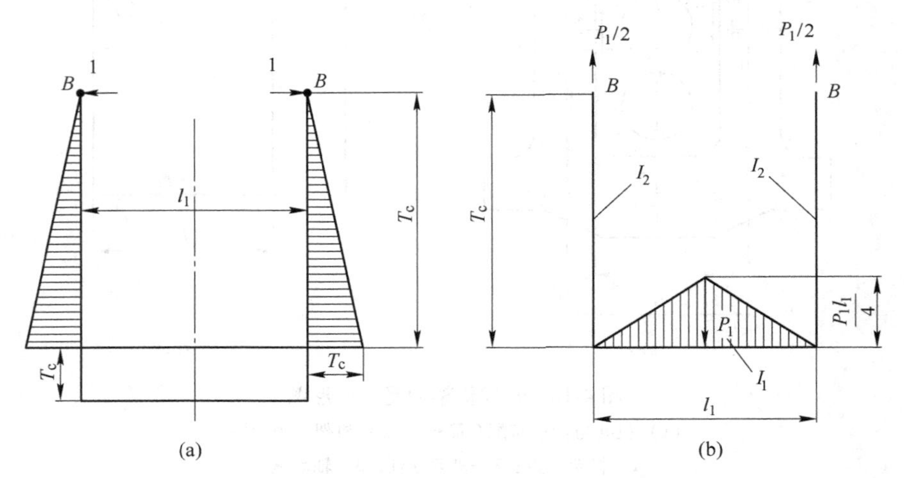

图 4-13　在 T 单位力（$T=1$）和外力 P_1 作用下的弯矩图
（a）单位力（$T=1$）作用下的弯矩图；（b）外力 P_1 作用下的弯矩图

图中 I_2、I_1 为机架立柱和下横梁的断面惯性矩；l_1 为下横梁中性层长度；c 为机架立柱 B 点至下横梁中性层距离。

按图乘法求出 δ_{TT} 和 Δ_{TP} 的值：

$$\delta_{TT}=\frac{1}{EI_2}\times 2\,\frac{1}{2}cc\times\frac{2}{3}c+\frac{1}{EI_1}l_1cc=\frac{c^2}{E}\left(\frac{2c}{3I_2}+\frac{l_1}{I_1}\right)$$

$$\Delta_{TP} = -\frac{1}{EI_1} \times \frac{1}{2} l_1 \frac{P_1 l_1}{4} c = -\frac{P_1 l_1^2 c}{8EI_1}$$

式中　P_1——作用在一个机架上的轧制力，N；

E——机架材料的弹性模量，N/mm²。

将 δ_{TT} 和 Δ_{TP} 的值代入式（4-17）中得：

$$T = \frac{\frac{P_1 l_1^2}{8} - \frac{\Delta E I_1}{c}}{c\left(l_1 + \frac{2}{3}\frac{I_1}{I_2}c\right)} \tag{4-18}$$

从式（4-18）中看出，当机架窗口与轴承座的配合间隙 $\Delta = 0$ 时，T 将会达到最大值，即：

$$T_{max} = \frac{P_1 l_1^2}{8c\left(l_1 + \frac{2}{3}\frac{I_1}{I_2}c\right)} \tag{4-19}$$

机架在外力 P_1 和静不定力 T 作用下的内力图如图 4-14 所示。

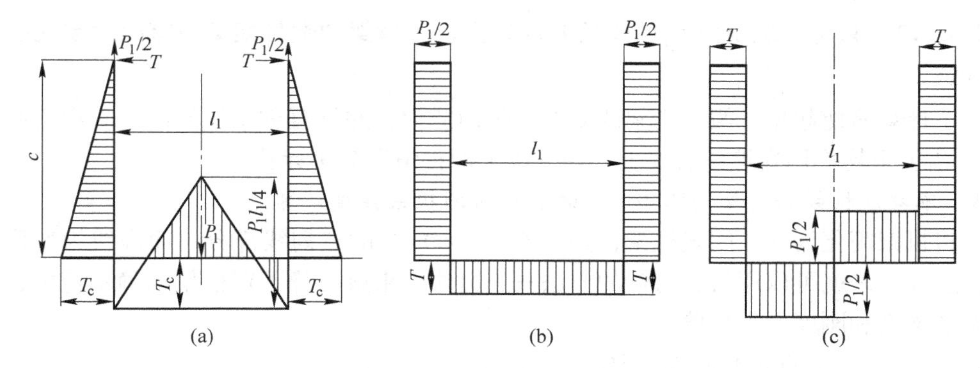

图 4-14　开式机架的内力图

（a）弯矩图（M）；（b）轴向力图（N）；（c）切力图（Q）

4.4.1.3　开式机架的强度校验

由于轴承座与机架窗口的配合间隙 Δ 随轴承的上下运动所产生的机械磨损而不断增加，因此，Δ 是个变化值。强度校验时，为了安全起见，应按 $\Delta = 0$（新轴承座时）的情况考虑。此时的静不定力 T 达到最大值，如式（4-19）所示。

从弯矩图中可以看出，立柱与横梁连接处的弯矩值比较大，再考虑此处易产生应力集中，因此该处必须进行强度校验，其强度条件如下：

$$\sigma_{max2} = \frac{P_1}{2F_2} \pm \frac{T_{max} c}{W_2} \leqslant [\sigma] \tag{4-20}$$

式中　σ_{max2}——立柱中最大应力，N/mm²；

F_2——立柱的断面面积，mm²；

W_2——立柱的抗弯截面系数，mm³；

$[\sigma]$——机架材料的许用应力，N/mm²。

一般情况下（不是短而粗的构件），切力对强度影响很小，因此可不考虑切力 Q 的影响。

校验横梁强度时，应按配合间隙 $\Delta \geqslant \delta_{max}$（立柱 B 点处的最大变形）来考虑，则 $T=0$，参见式（4-16）。此时横梁中部的弯矩值达到了最大，而横梁的轴向力变得最小（等于零），即：

$$M_{max} = \frac{P_1 l_1}{4};而 N = 0(T = 0)$$

横梁的强度条件为：

$$\sigma_{max1} = \frac{M_{max}}{W_1} \leqslant [\sigma] \tag{4-21}$$

式中 σ_{max1}——横梁中的最大应力值，N/mm^2；

W_1——横梁的抗弯截面系数，mm^3；

$[\sigma]$——机架材料的许用应力，N/mm^2。

4.4.2 闭式机架的强度计算

4.4.2.1 只考虑轧制力 P_1 的作用并假设上、下横梁的惯性矩 I 相等时对闭式机架的强度计算

为了计算简便起见，假设机架的变形是平面变形，并且对称于机架的垂直中心线，其作用力 P_1 上下均作用在该中心线上。现分以下两种情况分析计算。

A 不考虑机架转角处圆弧半径 r 的影响时的机架强度计算

先将机架简化为一个闭式框架，如图4-15（a）中的点划线部分，而虚线为变形后的情况，这样一来就可以用材料力学的方法——力法，求解出静不定框架的静不定力，然后对机架的强度和刚度进行校验。

a 求出机架中的静不定力矩 M_B

为了将静不定内力暴露出来，可将机架简化后的闭式框图在 B 点处切开，如图4-15（b）所示，于是显示出 X_1、X_2、X_3 等三个内力，即成为三次静不定问题，则需列出三个补充方程。

利用机架的结构和受力的对称与反对称特性，可求得 X_2（切力）和 X_3（轴向力）。

由于机架结构对称于 $A—A$ 轴线，所以，轴向拉力 $X_3=\frac{1}{2}P_1$。又因为反对称的切力 X_2 对称于 $B—B$ 轴线，所以切力 $X_2=0$。

经过以上的分析与简化，则三次静不定问题成了一次静不定问题，因此，只需一个补充方程就够了。现按 B 点受力变形后的转角为零的条件，列出补充方程如下：

$$X_1\delta_{11} + \Delta_{1P} = 0 \tag{4-22}$$

式中 X_1——立柱中静不定弯矩 M_B，N·m；

δ_{11}——在 X_1 单位力矩（1）的作用下，在 X_1 的方向立柱上 B 点处所产生的角位移，rad；

Δ_{1P}——在垂直力 P_1 的作用下，在 X_1 的方向上立柱的 B 点处所产生的角位移，rad。

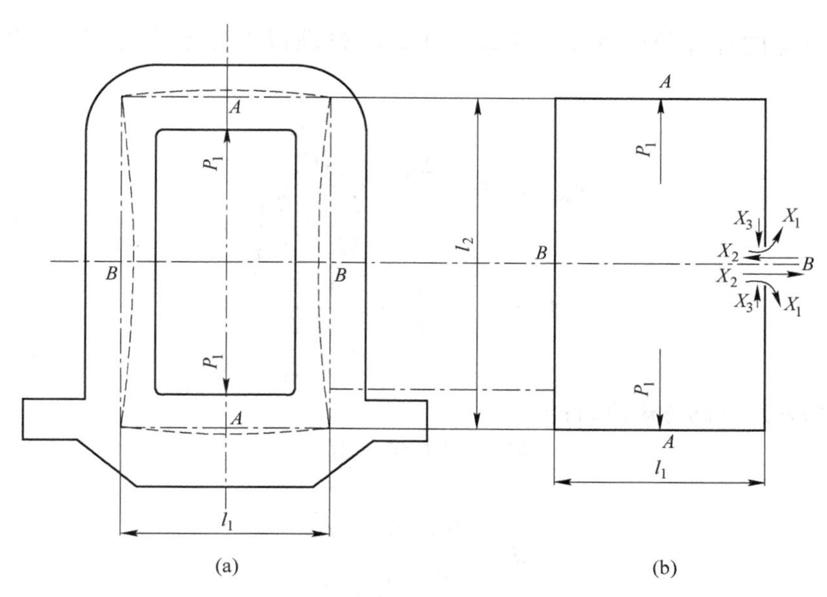

图 4-15 闭式机架的受力变形简化图

（a）闭式框架；（b）受力示意图

为了求出 δ_{TT} 和 Δ_{TP}，首先画出在单位力矩（$X_1=1$）和外力 P_1 作用下的机架弯矩图（图 4-16），然后用图乘法求出 δ_{11} 和 P_1 来，即：

$$\delta_{11}=2\frac{1}{EI_1}\times 1l_1\times 1+2\frac{1}{EI_2}\times 1l_2\times 1=\frac{2l_1}{EI_1}+\frac{2l_2}{EI_2}$$

$$\Delta_{1P}=-2\frac{1}{EI_1}\times\frac{1}{2}\times\frac{P_1l_1}{4}l_1\times 1=-\frac{P_1l_1^2}{4EI_1}$$

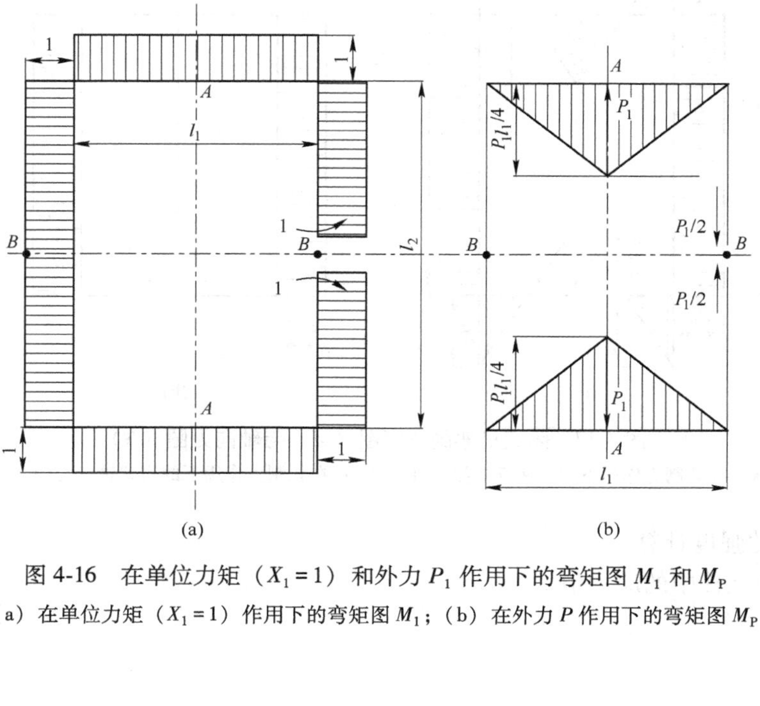

图 4-16 在单位力矩（$X_1=1$）和外力 P_1 作用下的弯矩图 M_1 和 M_P

（a）在单位力矩（$X_1=1$）作用下的弯矩图 M_1；（b）在外力 P 作用下的弯矩图 M_P

将δ_{TT}和Δ_{TP}的计算值代入式（4-22）中，经整理得出静不定力矩M_B的计算公式。由于：

$$M_B = X_1 = \frac{-\Delta_{1P}}{\delta_{11}} = \frac{\dfrac{P_1 l_1^2}{4EI_1}}{\dfrac{2l_1}{EI_1} + \dfrac{2l_2}{EI_2}}$$

则：

$$M_B = X_1 = \frac{P_1 l_1}{8} \frac{1}{1 + \dfrac{I_1}{I_2}\dfrac{l_2}{l_1}} \tag{4-23}$$

上下横梁A点处的弯矩值为：

$$M_A = P_1 l_1/4 - M_B$$

则：

$$M_A = \frac{P_1 l_1}{4} \frac{\dfrac{l_1}{2I_1} + \dfrac{l_2}{I_2}}{\dfrac{l_1}{I_1} + \dfrac{l_2}{I_2}} \tag{4-24}$$

式中 l_1，l_2——机架横梁及立柱的中性层长度，mm；

I_1，I_2——机架横梁及立柱的截面惯性矩，mm^4。

b 机架的弯矩图（M）和轴力图（N）

从图4-17中可以看出，立柱中的各处均受同样的弯拉联合作用，但危险断面仍在立柱与横梁的交接处，因为该处易产生应力集中。而横梁的危险断面在其中部A点处，此处仅受弯矩作用。

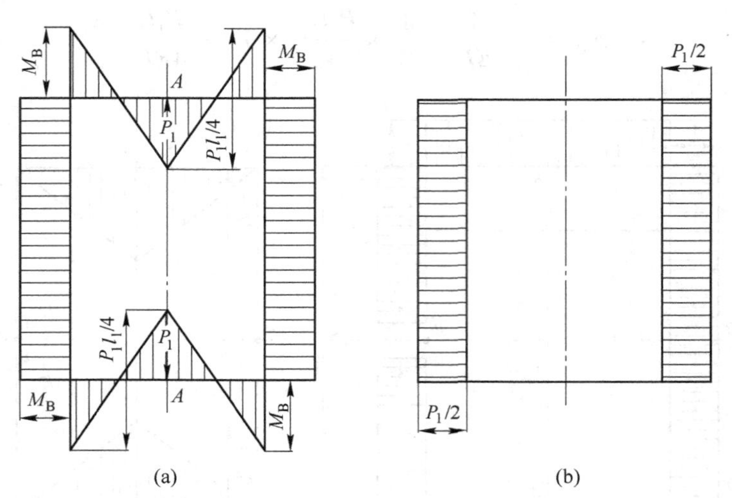

图4-17 闭式机架的弯矩图（M）与轴向力图（N）

（a）在轧制力作用下的机架弯矩图（M）；（b）在轧制力作用下的机架轴向力图（N）

c 机架的强度计算

（1）计算立柱中的应力值。

内表面：
$$\sigma_{2n} = \frac{P_1}{2F_2} + \frac{M_B}{W_{2n}} \leqslant [\sigma] \tag{4-25}$$

外表面：
$$\sigma_{2w} = \frac{P_1}{2F_2} - \frac{M_B}{W_{2w}} \leqslant [\sigma] \tag{4-26}$$

式中　σ_{2n}，σ_{2w}——分别为立柱内、外侧表面的计算应力，N/mm^2；

F_2——立柱的断面面积，mm^2；

W_{2n}，W_{2w}——分别为机架立柱内侧和外侧的断面系数，mm^2；

$[\sigma]$——机架材料的许用应力，N/mm^2。

（2）计算横梁中的最大应力值。

内表面：
$$\sigma_{\max 1n} = \frac{M_A}{W_{1n}} \leqslant [\sigma] \tag{4-27}$$

外表面：
$$\sigma_{\max 1w} = \frac{M}{W_{1w}} \leqslant [\sigma] \tag{4-28}$$

式中　$\sigma_{\max 1n}$——横梁中内表面的最大应力，N/mm^2；

$\sigma_{\max 1w}$——横梁中外表面的最大应力，N/mm^2；

W_{1n}，W_{1w}——分别为横梁内、外表面的截面系数，mm^2。

B　考虑机架转角处的圆弧半径 r 的影响时的机架强度计算

图 4-18 所示为一个机架的立柱与横梁连接处为圆弧半径 r 的闭式机架。为计算方便起见，同样可简化为一个如图 4-18 中的点划线部分的闭式框架，并可以作出它的弯矩图 M_A 和 M_B。

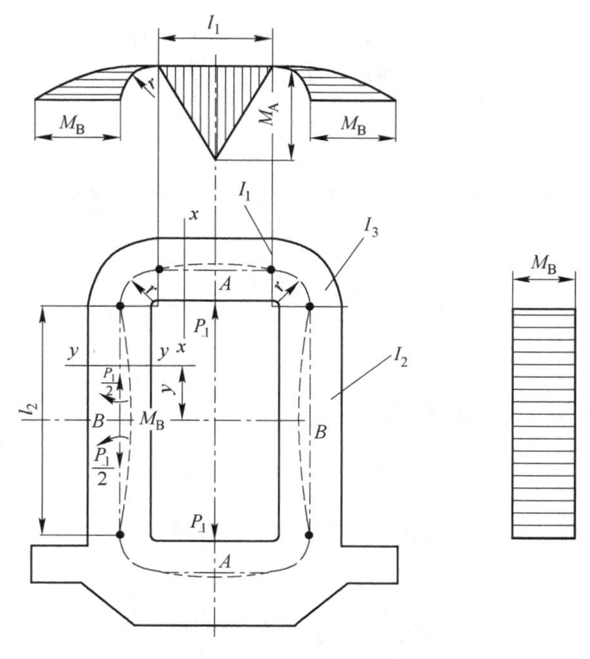

图 4-18　考虑过渡圆弧半径 r 的闭式机架弯矩图

由于过渡圆角处的弯矩值较小，因此可按曲梁求应力的公式进行以下的计算。

当在轧制力 P_1 的作用下，机架弯曲力矩图与图 4-17 中的机架受轧制力 P_1 之后的变化情况相似。在立柱中同样是受拉伸和弯曲联合作用，而横梁中仅受弯曲力矩作用。因此机架的立柱与横梁中的最大应力值可分别由式（4-25）~式（4-28）求得。而关键的问题是如何求得机架立柱中的静不定力矩 M_B 及横梁中部 A 点处的弯曲值 M_A。

为了求解静不定力矩 M_B，可以用最小功能原理，因为最小功能原理认为，机架的变形总位能对静不定力矩 M_B 的偏微分等于零。如假设机架的变形总拉能为 U，则：

$$\frac{\partial U}{\partial M_B} = 0$$

如已知机架转角处圆弧半径为 r，而机架横梁、立柱及转角处的断面积、惯性矩用 F_1、F_2、F_3 及 I_1、I_2、I_3 来表示，并假设机架横梁和立柱的有效长度为 l_1 和 l_2，所承受的轧制力为 P_1，便可求出机架总拉能 U 来，即：

$$U = 4\left\{\int_0^{\frac{l_2}{2}} \frac{M_B^2 \mathrm{d}y}{2EI_2} + \int_0^{\frac{\pi}{2}} \frac{\left[M_B - \frac{P_1}{2}r(1-\cos\varphi)\right]^2 r\mathrm{d}\varphi}{2EI_3} + \int_r^{\frac{l_2}{2}+r} \frac{\left(M_B - \frac{P_1}{2}x\right)^2 \mathrm{d}x}{2EI_1}\right\}$$

将上式右边对 M_B 进行偏微分，并令其等于零，则：

$$\frac{\partial U}{\partial M_B} = 4\left\{\int_0^{\frac{l_2}{2}} \frac{M_B \mathrm{d}y}{EI_2} + \int_0^{\frac{\pi}{2}} \frac{\left[M_B - \frac{P_1}{2}r(1-\cos\varphi)\right] r\mathrm{d}\varphi}{EI_3} + \int_r^{\frac{l_1}{2}+r} \frac{\left(M_B - \frac{P_1}{2}x\right)\mathrm{d}x}{EI_1}\right\} = 0$$

再经积分并整理后，得出静不定弯矩 M_B 的计算公式为：

$$M_B = P_1 \frac{\frac{l_1^2}{8I_1} + \frac{r^2}{I_3}\left(\frac{\pi}{2} - 1\right) + \frac{l_1 r}{2I_1}}{\frac{l_1}{I_1} + \frac{l_2}{I_2} + \frac{\pi r}{I_3}} \tag{4-29}$$

从上式可以看出，当 $r=0$ 时，式（4-29）与式（4-23）完全相同，即：

$$M_B = P_1 \frac{\frac{l_1^2}{8I_1}}{\frac{l_1}{I_1} + \frac{l_2}{I_2}} = \frac{P_1 l_1}{8} - \frac{1}{1 + \frac{I_1}{I_2}\frac{l_2}{l_1}}$$

而横梁中部的弯矩 M_A 由下式求出：

$$M_A = \frac{P_1}{2}\left(\frac{l_1}{2} + r\right) - M_B \tag{4-30}$$

同样当 $r=0$ 时，式（4-30）与式（4-24）完全相同，即：

$$M_A = \frac{P_1 l_1}{4} - M_B = \frac{P_1 l_1}{4} \frac{\frac{l_1}{2I_1} + \frac{l_2}{I_2}}{\frac{l_1}{I_1} + \frac{l_2}{I_2}}$$

当弯矩 M_B 和 M_A 求出后，同样可将机架的弯矩及轴向力图画出来，然后对机架进行强度验算。

4.4.2.2 只考虑轧制力 P_1 的作用并当上、下横梁惯性矩 I 不等时闭式机架的强度计算

由于机架上、下横梁的惯性矩不同，机架中只能有一个对称轴，如图 4-19 中的 A—A 轴。如果同样采用力法求解机架中的静不定力，可在简化的静不定框架中 A—A 轴上的上横梁 A 点处切开，则暴露出了静不定力 X_1、X_2 及 X_3。如果利用 A 点处的对称与反对称的特性，其反对称力 $X_3=0$。

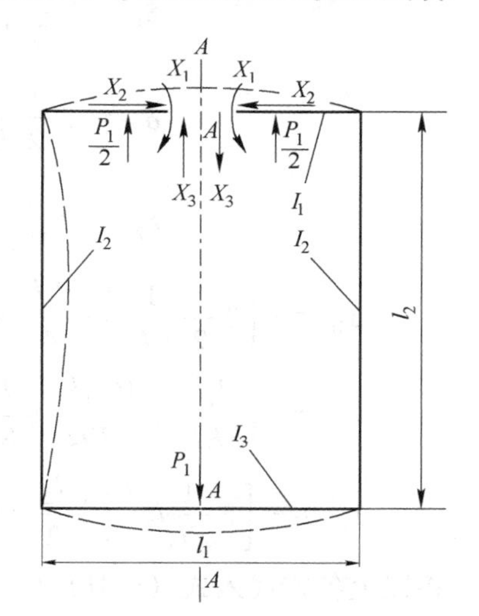

图 4-19 上、下横梁惯性矩不同时闭式机架受力变形示意图

为了求解 X_1 和 X_2 必须列出下面的两个补充（典型）方程式来：

$$\left.\begin{aligned} X_1\delta_{11} + X_2\delta_{12} + \Delta_{1P} = 0 \\ X_1\delta_{21} + X_2\delta_{22} + \Delta_{2P} = 0 \end{aligned}\right\} \tag{4-31}$$

式中 X_1，X_2——机架中上横梁 A 点处的静不定弯矩和静不定轴向力；

δ_{11}，δ_{12}——在 X_1 和 X_2 的单位力（1）作用下，上横梁 A 点处所产生的角位移；

δ_{21}，δ_{22}——在 X_1 和 X_2 的单位力（1）作用下，上横梁 A 点处所产生的轴向位移；

Δ_{1P}，Δ_{2P}——在 P_1 的作用下，上横梁 A 点处所产生的角位移和轴向位移。

其中 δ_{11}、δ_{22} 称为主系数；δ_{12}、δ_{21} 称为副系数；Δ_{1P}、Δ_{2P} 为自由项。

为了求解 X_1、X_2，同样应画出其单位力（1）和外力 P_1 的弯矩图，如图 4-20 所示。

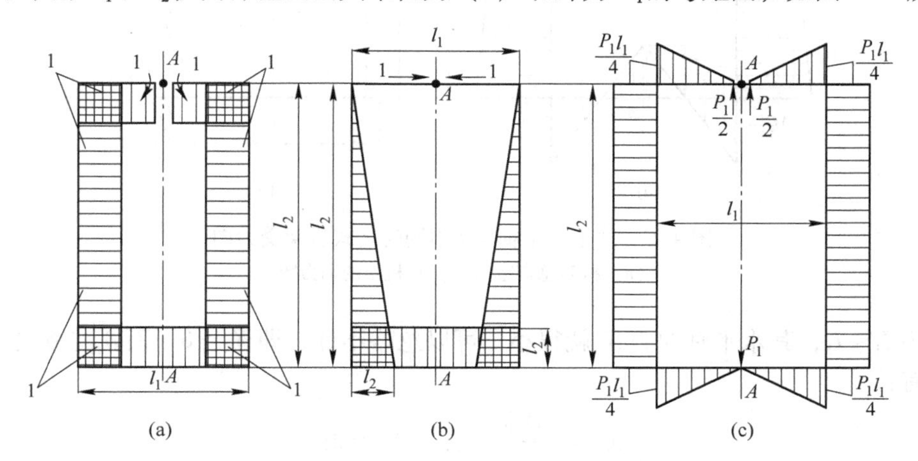

图 4-20 在 X_1 和 X_2 的单位力（1）及 P_1 力作用下机架的弯矩图

（a）在 X_1 的单位力（1）作用下的弯矩图；（b）在 X_2 的单位力（1）作用下的弯矩图；（c）在外力 P_1 作用下的弯矩图

下面可用图乘法求出补充方程中的各个系数 δ_{11}、δ_{12}、δ_{21}、δ_{22}、Δ_{1P} 和 Δ_{2P}：

$$\delta_{11} = \frac{1}{EI_1} \times 1l_1 \times 1 + 2\frac{1}{EI_2} \times 1l_2 \times 1 + \frac{1}{EI_3} \times 1l_1 \times 1 = \frac{l_1}{EI_1} + \frac{2l_2}{EI_2} + \frac{l_1}{EI_3}$$

$$\delta_{12} = 2\frac{1}{2}\frac{1}{EI_2}l_2 l_2 \times 1 + \frac{1}{EI_3}l_1 l_2 \times 1 = \frac{l_2^2}{EI_2} + \frac{l_1 l_2}{EI_3}$$

$$\delta_{22} = 2\frac{1}{2}\frac{1}{EI_2}l_2 l_2 \times \frac{2}{3}l_2 + \frac{1}{EI_3}l_2 l_1 l_2 = \frac{2l_2^3}{3EI_2} + \frac{l_1 l_2^2}{EI_3}$$

$$\delta_{21} = 2\frac{1}{EI_2} \times 1l_2\frac{l_2}{2} + \frac{1}{EI_3} \times 1l_1 l_2 = \frac{l_2^2}{EI_2} + \frac{l_1 l_2}{EI_3}$$

$$\begin{aligned}\Delta_{1P} &= -\left(2\frac{1}{2}\frac{1}{EI_1}\frac{l_1}{2}\frac{P_1 l_1}{4} \times 1 + 2\frac{1}{EI_2}l_2\frac{P_1 l_1}{4} \times 1 + 2\frac{1}{2}\frac{1}{EI_3}\frac{l_1}{2}\frac{P_1 l_1}{4} \times 1\right)\\ &= -\left(\frac{P_1 l_1^2}{8EI_1} + \frac{P_1 l_1 l_2}{2EI_2} + \frac{P_1 l_1^2}{8EI_3}\right)\end{aligned}$$

$$\Delta_{2P} = -\left[2\frac{1}{EI_2}l_2\frac{P_1 l_1}{4}\frac{l_2}{2} + 2\frac{1}{EI_3}\left(\frac{l_1}{2}\frac{P_1 l_1}{4} \times \frac{1}{2}\right)l_2\right] = -\left(\frac{P_1 l_1 l_2^2}{4EI_2} + \frac{Pl_1^2 l_2}{8EI_3}\right)$$

将以上各式代入式（4-31）中，经过整理并联立求解补充方程，则求出 X_1 和 X_2。同时应用叠加原理可以绘出机架的总弯矩和轴向力图，如图 4-21 所示。

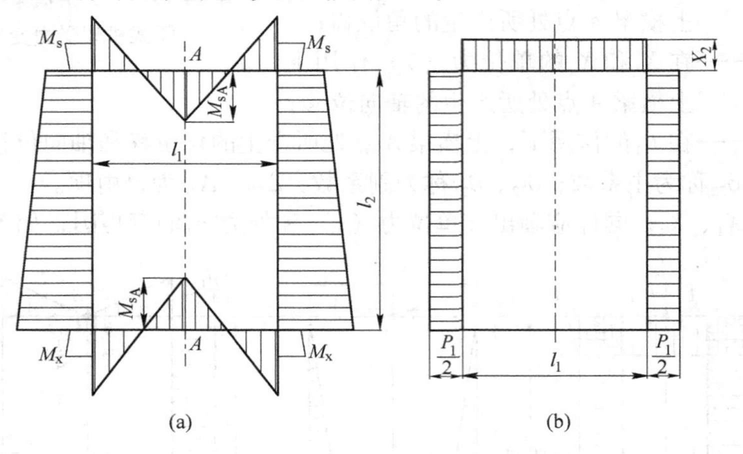

图 4-21　当上、下横梁 I 不同时闭式机架受力图
（a）机架总弯矩图；（b）机架的轴力图

认为 $I_1 \approx I_3$，其水平轴向力 X_2 就很小，可以忽略不计，即 $X_2 \approx 0$，而 δ_{22}、δ_{21}、δ_{12} 均为零，则有：

$$X_1 = -\frac{\Delta_{1P}}{\delta_{11}} \quad 且 \quad X_1 = M_A$$

若将 Δ_{1P} 和 δ_{11} 的计算公式代入上式，则有：

$$M_A = \frac{-\left(\frac{P_1 l_1^2}{8EI_1} + \frac{P_1 l_1 l_2}{2EI_2} + \frac{P_1 l_1^2}{8EI_3}\right)}{\frac{l_1}{EI_1} + \frac{2l_2}{EI_2} + \frac{l_1}{EI_3}}$$

所以：

$$\left.\begin{aligned} M_A &= -\frac{P_1 l_1}{4} \times \frac{\dfrac{l_1}{4I_1} + \dfrac{l_2}{I_2} + \dfrac{l_1}{4I_3}}{\dfrac{l_1}{2I_1} + \dfrac{l_2}{I_2} + \dfrac{l_1}{2I_3}} \\ M_B &= \frac{P_1 l_1}{4} - M_A \end{aligned}\right\} \tag{4-32}$$

若考虑水平力 X_2 的影响，则机架上、下转角处的弯矩值（在 X_1、X_2 和 $\frac{P_1}{2}$ 作用下）为：

$$\left.\begin{aligned} M_s &= \frac{P_1 l_1}{8} \times \frac{3 + c(2B - A)}{3 + 2c(A + B) + ABc^2} \\ M_x &= \frac{P_1 l_1}{8} \times \frac{3 + c(2A - B)}{3 + 2c(A + B) + ABc^2} \end{aligned}\right\} \tag{4-33a}$$

其中：

$$A = \frac{I_1}{I_2},\ B = \frac{I_3}{I_2},\ c = \frac{l_2}{l_1}$$

当 $I_1 > I_3$ 时，则 $A > B$，而 $M_x > M_s$。

当 $I_1 = I_3$ 时，则 $A = B$，而 $M_x = M_s$，即：

$$M_x = M_s = \frac{P_1 l_1}{8} \times \frac{1}{1 + Ac} \tag{4-33b}$$

式中 M_s——机架上横梁转角处的弯矩值；

M_x——机架下横梁转角处的弯矩值。

若将 $A = B = \frac{I_1}{I_2}$ 和 $c = \frac{l_2}{l_1}$ 代入式（4-33b）中，则得到：

$$M_s = M_x = \frac{P_1 l_1}{8} \times \frac{1}{1 + \dfrac{I_1}{I_2}\dfrac{l_2}{l_1}} = M_B$$

此式与式（4-23）结果完全一样。

当 $I_1 > I_3$ 时，上横梁中必然产生水平轴向力 X_2，则：

$$X_2 = \frac{M_x - M_s}{l_2}$$

将式（4-33a）中的 M_x 和 M_s 代入上式，经整理得：

$$X_2 = \frac{P_1}{8} \times \frac{3(A - B)}{3 + 2c(A + B) + ABc^2} \tag{4-34}$$

其上、下横梁中点 A 处的弯矩值为：

$$\left.\begin{aligned} M_{sA} &= \frac{P_1 l_1}{4} - M_s \\ M_{xA} &= \frac{P_1 l_1}{4} - M_x \end{aligned}\right\} \tag{4-35}$$

弯矩图和轴向力图做出后便可进行强度校验。

4.4.2.3　考虑闭式机架在水平外力作用下的强度计算

正如本章 4.3 节论述机架产生倾翻力矩 M_{II} 的时候讲到的，轧件的惯性力、前后张力及轧制线上的有关零件对轧件的阻力等都会使轧件在轧制的方向上产生水平外力 R，从而使机座造成有倾翻的趋势。同时 R 也必然会通过轧辊、轴承座传给机架立柱。

以二辊钢板轧机为例，可将水平力 R 分解为 4 个相等的力 X，并分别由 4 个轴承座作用到机架的立柱上去，如图 4-22 所示。

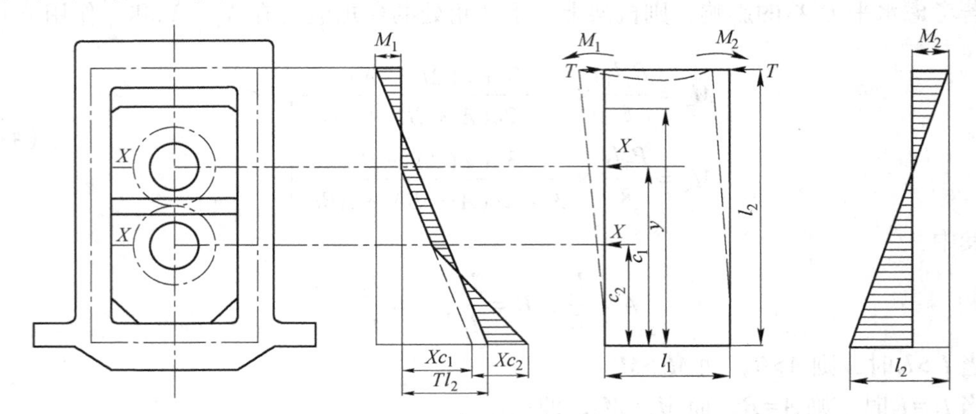

图 4-22　在水平外力作用下闭式机架中所产生的弯矩及变形图

由于水平外力 X 的作用，上横梁对机架左右立柱必然产生静不定力 T 和静不定力矩 M_1 和 M_2。

从图 4-22 中可以看出，弯矩的变化规律为：

在机架左立柱中：

当 y 在 $0\sim c_2$ 变化时，其弯矩值 M 为：

$$M = X(c_2 - y) + X(c_1 - y) - T(l_2 - y) + M_1$$

当 y 在 $c_2\sim c_1$ 变化时，其弯矩值 M 为：

$$M = X(c_1 - y) - T(l_2 - y) + M_1$$

当 y 在 $c_1\sim l_2$ 变化时，其弯矩值 M 为：

$$M = - T(l_2 - y) + M_2$$

而在右立柱中：

当 y 在 $0\sim l_2$ 变化时，其弯矩值 M 为：

$$M = - T(l_2 - y) + M_2$$

因此，在立柱与横梁连接处的弯矩总和为：

若机架的左上角弯矩用 M_{zs}、左下角弯矩用 M_{zx} 表示，则：

$$\left.\begin{aligned} M_{zs} &= M_B + M_1 \\ M_{zx} &= M_B + X(c_1 + c_2) - Tl_2 + M_1 \end{aligned}\right\} \tag{4-36}$$

而机架右上角弯矩用 M_{ys}、右下角弯矩用 M_{yx} 表示，则：

$$\left.\begin{aligned} M_{ys} &= M_B + M_2 \\ M_{yx} &= M_B + (M_1 - Tl_2) \end{aligned}\right\} \tag{4-37}$$

式中 M_B——在轧制力 P_1作用下所产生的弯曲力矩（立柱中），可由式（4-23）求出；

M_{zs}，M_{ys}——机架左上角及右上角的弯矩；

M_{zx}，M_{yx}——机架左下角及右下角的弯矩。

A 求静不定力矩 M_1与 M_2

为了计算方便起见，可假设横梁与立柱连接的转角处受力变形后仍为直角（指中性轴），不产生相对的角位移，即 $\theta=0$。在这一假设条件下，可采用材料力学中求转角的方法——维利沙金法（图乘法）。这样便可以列出以下的补充方程式，从而求得静不定力矩 M_1和 M_2。

在左转角处，由于在单位弯矩（1）作用下整个机架的弯矩均为 1，则：

$$\theta_1 = \frac{1}{EI_2}\left(\frac{Xc_2^2}{2} + \frac{Xc_1^2}{2} - \frac{Tl_2^2}{2} + M_1 l_2\right) = 0$$

在右转角处：

$$\theta_2 = \frac{1}{EI_2}\left(\frac{Tl_2^2}{2} - M_2 l_2\right) = 0$$

由以上两式联立可得下式：

$$\left.\begin{aligned} M_1 &= \frac{Tl_2}{2} - \frac{X}{2l_2}(c_1^2 + c_2^2) \\ M_2 &= \frac{Tl_2}{2} \end{aligned}\right\} \tag{4-38}$$

B 求水平力 T

在式（4-38）中，T 力仍为一未知数。为了求得静不定力 T 可作以下一点假设：

设在左立柱的上部水平方向弯曲挠度 f_1等于右立柱上部水平方向的挠度 f_2再加上上横梁水平方向的延伸变形 Δl_1，则列出补充方程：

$$f_1 = f_2 + \Delta l_1 \tag{4-39}$$

同样可用图乘法求出 f_1及 f_2。如在转角处加一单位力（1），则立柱上的单位弯矩为 l_2 的三角形变化，则：

$$f_1 = \frac{1}{EI_2}\left[\frac{Xc_2^2}{2}\left(l_2 - \frac{c_2}{3}\right) + \frac{Xc_2^2}{2}\left(l_2 - \frac{c_1}{3}\right) - \frac{Tl_2^2}{3} + \frac{1}{2}M_1 l_2^2\right]$$

$$f_2 = \frac{1}{EI_2}\left(\frac{Tl_2^3}{3} - \frac{1}{2}M_2 l_2^2\right)$$

现将式（4-38）中的 M_1、M_2代入上式则得下式：

$$\left.\begin{aligned} f_1 &= \frac{X}{2EI_2}\left[c_1^2\left(\frac{l_2}{2} - \frac{c_1}{3}\right) + c_2^2\left(\frac{l_2}{2} - \frac{c_2}{3}\right)\right] - \frac{Tl_2^3}{12EI_2} \\ f_2 &= \frac{Tl_2^3}{12EI_2} \\ \Delta l_1 &= \frac{Tl_1}{EF_1}(\text{按胡克定律}) \end{aligned}\right\} \tag{4-40}$$

最后将式（4-40）中的 f_1、f_2、Δl 代入式（4-39）中，经整理则得：

$$T = \frac{X\left[c_1^2\left(\frac{l_2}{2} - \frac{c_1}{3}\right) + c_2^2\left(\frac{l_2}{2} - \frac{c_2}{3}\right)\right]}{\frac{1}{3}l_2^3 + 2l_1\frac{I_2}{F_1}} \tag{4-41}$$

式中 F_1——上横梁的断面面积，mm^2。

水平力 T 求出后可按式（4-38）求出 M_1 和 M_2 来。这样就可以根据 M_1、M_2 和 T 的实际值按一定比例绘出图 4-22 中的左、右立柱的弯矩图，最后将图 4-17 和图 4-22 中的弯矩图、轴向力图及水平力 T 进行相应的叠加，则可绘出总弯矩和总轴力图 4-23。

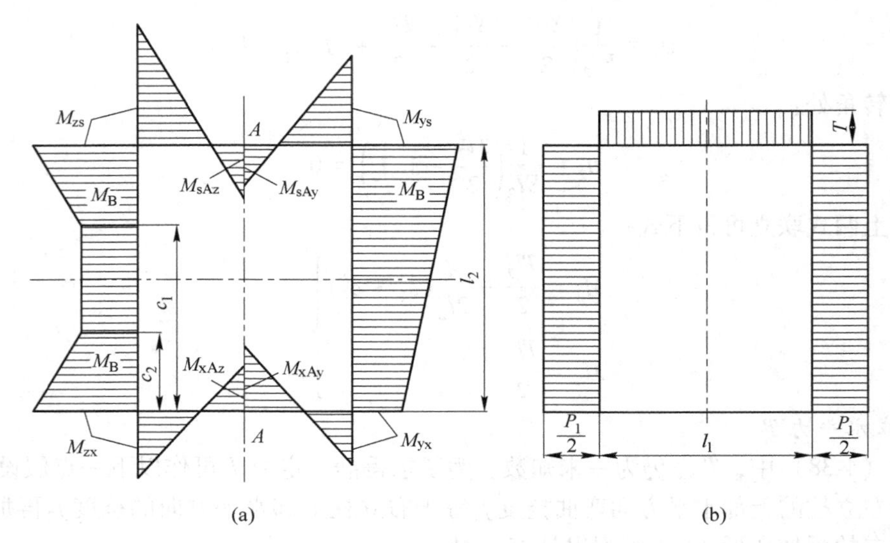

图 4-23 在外力作用下的闭式机架的总弯矩和总轴向力图

（a）总弯矩图；（b）总轴向力图

其中在上横梁中部 A 点处：

$$M_{sAz} = \frac{P_1 l_1}{4} - M_{zs}（中部左边）$$

$$M_{sAy} = \frac{P_1 l_1}{4} - M_{ys}（中部右边）$$

而在下横梁的中部 A 点处：

$$M_{xAz} = \frac{P_1 l_1}{4} - M_{zx}（中部左边）$$

$$M_{xAy} = \frac{P_1 l_1}{4} - M_{yx}（中部右边）$$

最后可由式（4-25）~式（4-28）进行机架各危险断面的强度校验。

4.4.3 形状复杂的闭式机架强度计算

所谓复杂，即机架具有以下两个特点：

（1）机架中性层除在立柱与横梁交接处有大的圆角外，而且还不成直线。

（2）在机架的立柱和横梁上各断面的惯性矩是变化的。

对于像这样复杂形状的机架，采用图解法可以得到较精确的计算结果。

为了简化计算，可假设机架只受轧制力 P_1 的作用，并作用在上下横梁的机架垂直中心线上，而且机架的结构尺寸对称于该中心线，同时还认为立柱与横梁交接处的转角是刚性的，在轧制力作用下保持不变（始终为直角）。

按以上的假设，可取其机架的一半，如图 4-24（a）所示，将机架沿垂直中心轴 Ⅰ—Ⅰ 剖开，并将下横梁截面固定，上横梁的截面必然暴露出静不定力矩 M_1，再将垂直轧制力的一半 $\frac{P_1}{2}$ 加上去，则机架被平衡。由于机架左右对称，因此静不定弯矩 M_1 可由半个机架的弹性变形位能求出。

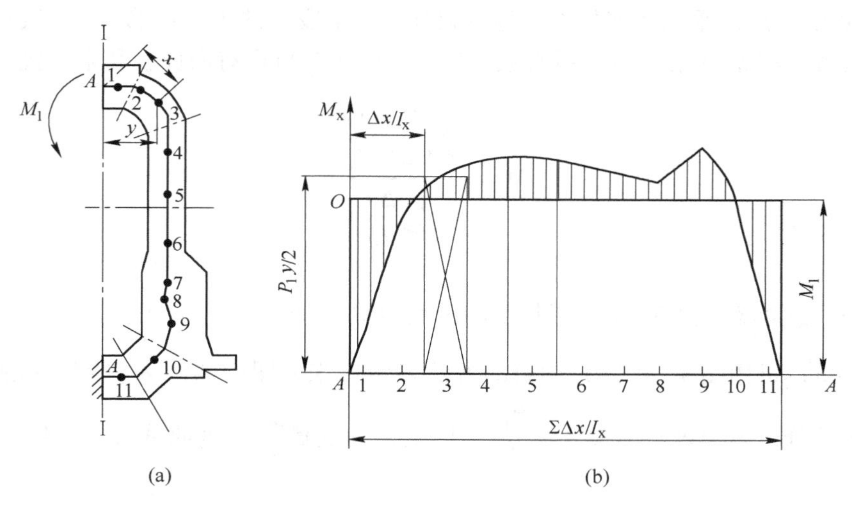

图 4-24 用图解法求解静不定力矩的计算简图

（a）机架切开后的受力和分割图；（b）机架图解弯矩图

同时为了计算简便，在截面处不考虑水平分力的影响（因水平分力一般很小，为垂直分力的 3%~4%）。

在轧制力作用下，上横梁处的 Ⅰ—Ⅰ 截面上的转角为零，由卡氏定理得：

$$\theta_1 = \int \frac{M_x}{EI_x} \frac{\partial M_x}{\partial M_1} dx = 0 \tag{4-42}$$

式中 E——机架材料的弹性模量，N/mm²；

x——Ⅰ—Ⅰ 截面与所计算截面间的机架中性层长度，mm；

M_x——机架计算截面上的弯矩值，N · mm；

I_x——机架计算截面上的惯性矩，mm⁴。

$$M_x = \frac{P_1}{2}y - M_1$$

式中　y——$\frac{P_1}{2}$到计算截面的力臂，mm。

$$\frac{\partial M_x}{\partial M_1} = -1$$

将 M_x和$\frac{\partial M_x}{\partial M_1}$之值代入式（4-42）中，并移项和取消 E 后得：

$$M_1 = \frac{\int \frac{P_1}{2} y \frac{dx}{I_x}}{\int \frac{dx}{I_x}} \tag{4-43}$$

由于式中的 I_x、y 是变量又无法通过 x 的函数表示出来，因此用上式来确定静不定力矩 M_1是困难的。所以采用图解的方法将机架分成若干段（约 12～16 段），每段长度为 Δx，对某一小段 Δx 来说，I_x和 y 可看成常数，则上式的积分可用有限面积和来取代，即：

$$M_1 = \frac{\sum \frac{P_1}{2} y \frac{\Delta x}{I_x}}{\sum \frac{\Delta x}{I_x}} \tag{4-44}$$

式中　y——$\frac{P_1}{2}$至该小段 Δx 中性层长度的中点力臂，mm。

式（4-43）可用图 4-24（b）图解的方法表示出来，图中曲线 AA 所包含的面积为公式中的分子部分，图中纵坐标为变量$\frac{P_1}{2}y$，横坐标为变量$\frac{\Delta x}{I_x}$。因此从式（4-44）不难看出 M_1的值等于曲线 AA 所包含的面积的平均纵坐标值。然后根据 $M_x = \frac{P_1}{2}y - M_1$ 的公式看出，机架任意截面上的弯矩值 M_x应为图 4-24（b）中的阴影部分。M_x的坐标原点在 O 点处，而 O 与曲线 AA 的横坐标之矩为静不定力矩 M_1。

为了简化计算工作，可先令$\frac{P_1}{2}=1$，以 y 为纵坐标值作图解曲线 AA，然后再将曲线所包含的面积的平均纵坐标值乘以$\frac{P_1}{2}$则得到静不定力矩 M_1。

静不定力矩 M_1求出后，设 $y=0$，则截面Ⅰ—Ⅰ上的弯矩 $M_A = M_1$。再由公式 $M_x = \frac{P_1}{2}y - M_1$ 又可求出立柱各危险断面上的弯矩值 M_B。最后可通过式（4-25）～式（4-28）来对机架进行强度验算。

4.4.4　机架结构强度的有限元分析

随着计算机技术和有限元分析方法的发展，对于轧钢机机架这样的结构和受力状态复杂的重要零部件，采用有限元法对其结构强度进行计算分析是十分有效和必要的。

以某厂的5000mm宽厚板轧机为例，对组合式机架的强度进行有限元分析计算。为了满足加工制造及装配等要求，组合式机架各部件上存在较多倒角与凹槽，因此根据有限元分析过程中对分析模型的具体要求，在建模过程中对机架结构进行简化，然后建立组合式机架的三维模型，如图4-25所示，其中单片机架的预紧拉杆为8根，上、下横梁分别有2根大拉杆和2根小拉杆（以上横梁为例，上方2根为大拉杆，下方2根为小拉杆）。

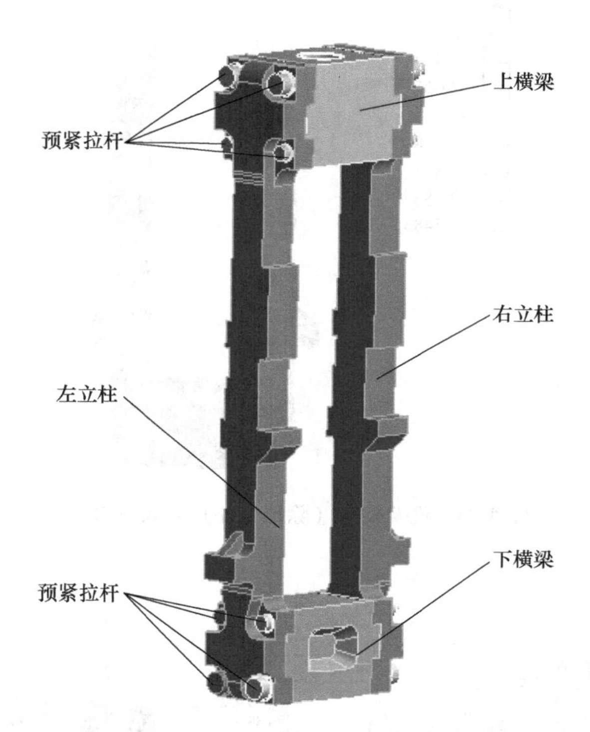

图4-25 组合式机架的三维模型

使用有限元软件ANSYS对组合式机架的三维模型进行网格划分，施加边界条件。轧机承受的最大总轧制力$P=120000\text{kN}$，则单片机架所承受的轧制力$P_1=60000\text{kN}$，大、小拉杆极限预紧力分别为44738242N、22825633N，计算结果如图4-26~图4-29所示。

图4-26为机架架身（不含拉杆）的等效应力云图，由图可知最大等效应力出现在立柱底部大拉杆孔边缘，其值为261.4MPa，立柱上其余7个拉杆孔边缘同样出现了应力集中现象，而立柱其他部位的等效应力都不超过80MPa。

图4-27为上横梁等效应力云图，由图可知上横梁最大等效应力为137.42MPa，出现在液压缸压下螺母承压环面边缘，且相对整个上横梁来说，承压环面的等效应力偏高，均在100MPa以上。图4-28为下横梁等效应力云图，由图可知机架下横梁的应力由上到下呈大-小-大分布，左右两侧则基本为对称分布，最大等效应力约为100MPa，出现在下横梁凸台下方与立柱配合的转角处。

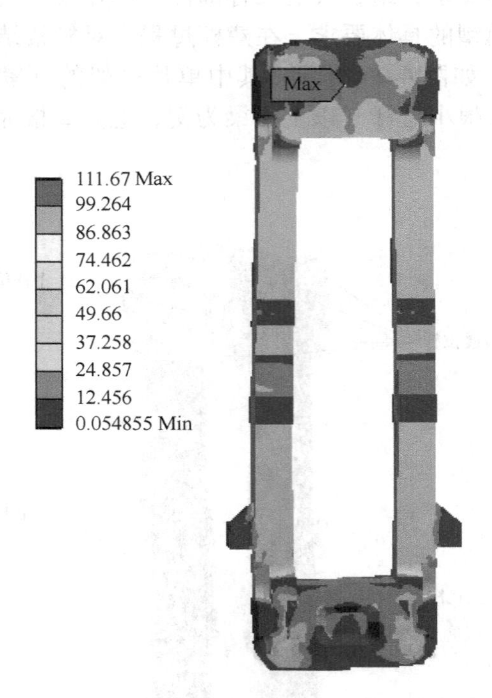

图 4-26 机架架身（除拉杆外）等效应力

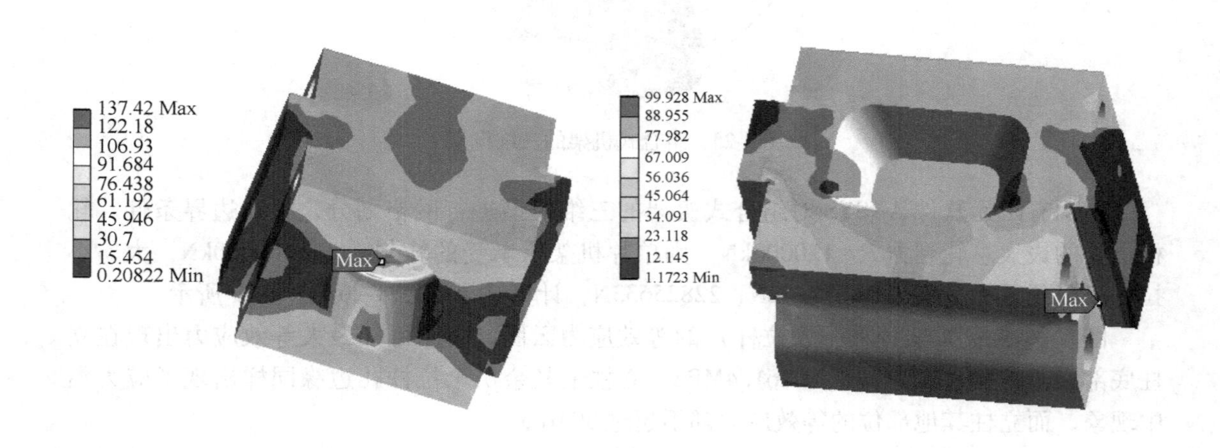

图 4-27 上横梁等效应力　　图 4-28 下横梁等效应力

图 4-29 为八根拉杆的等效应力云图，由图可知在轧制力及预紧力的作用下上横梁处四根拉杆最大等效应力为 518MPa，下横梁处四根拉杆的最大等效应力为 527MPa，且均出现在与立柱拉杆孔配合的两端，杆身部位的等效应力均约为 460MPa。

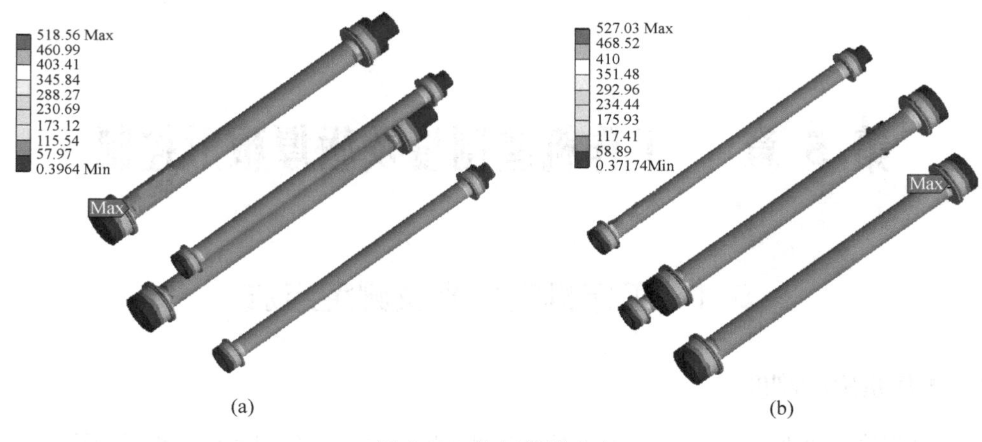

图 4-29 拉杆等效应力

（a）上横梁拉杆；（b）下横梁拉杆

4.4.5 机架材料和许用应力

机架材料一般选用 ZG270～500 铸钢，其强度极限 $\sigma_b = 500 \sim 600$MPa，延伸率 $\delta_5 = 12\% \sim 15\%$。

由于机架是轧钢机中最重要，且不可更换的零件，必须具有较大的强度、刚度以及较长的使用寿命，故安全系数取得较大，一般为 10～12.5。对于 ZG270～500 铸钢来说，其许用应力［σ］采用下列数值：

对于横梁 $[\sigma] \leqslant 50 \sim 70$MPa

对于立柱 $[\sigma] \leqslant 40 \sim 50$MPa

思考题

4-1 轧钢机机架形式有几种？每种形式有何特点？

4-2 四辊轧机机架窗口高度 H、宽度 B 的确定应该考虑哪些因素？

4-3 如何设计工作机座地脚螺栓？

4-4 开式机架和闭式机架的强度计算有何假设？这种计算方法的精度如何？如何提高机架计算的计算精度？

4-5 组合式机架主要由几部分组成？

第 5 章　工作机座刚度及板厚板形控制

5.1　工作机座刚度及测定方法

5.1.1　工作机座的刚度

轧制过程中，在轧制力的作用下，轧件产生塑性变形，其厚度尺寸和断面形状发生变化。与此同时，轧件的反作用力使工作机座中的轧辊、轧辊轴承、轴承座、垫板、压下螺丝和螺母、牌坊等一系列零件相应产生弹性变形。通常将这一系列受力零件产生的弹性变形总和称为工作机座或轧机的弹跳值。

工作机座的弹性变形如图 5-1 所示。假定轧辊的原始辊型为圆柱形，轧件在进入轧辊之前，轧辊的开口度（初始辊缝）为 S_0，轧件进入轧辊之后，在轧制力 P 的作用下，工作机座产生弹性变形 f，它使初始辊缝增大并呈凸形，造成实际压下量减小，轧件出口厚度大于初始辊缝值，并且沿轧件宽度方向的厚度分布不均匀。

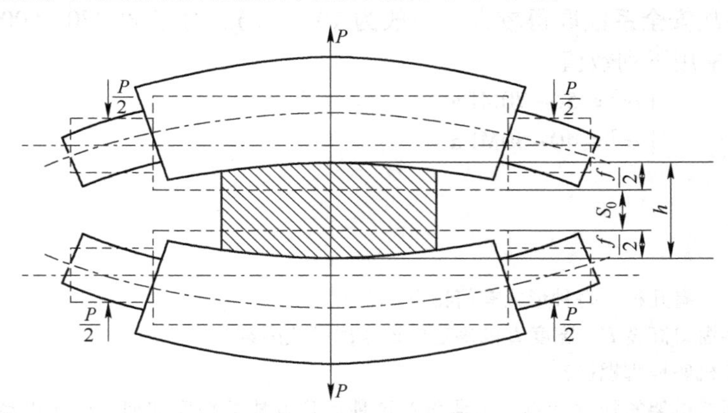

图 5-1　轧机工作机座弹性变形示意图

轧件厚度、初始辊缝和轧制力的关系可以用弹跳方程（或厚度计方程）来表示，最简单的表达形式为：

$$h = S_0 + f = S_0 + \frac{P}{K} \tag{5-1}$$

式中　h——轧件出口厚度，mm；

S_0——轧辊初始辊缝，mm；

f——机座的弹性变形，mm；

K——轧机刚度系数，它表示轧机抵抗弹性变形的能力，N/mm；

P——轧制力，N。

工作机座刚度（或轧机刚度）对产品质量有很大影响。特别是板带材轧机，如果工作机座刚度较小，轧制力波动会严重影响产品的厚度精度，所以现代轧机大部分都采用高刚度设计。

根据大量实践，工作机座的弹性变形与轧制力之间不是简单的线性关系。在低轧制力段，机座弹性变形和轧制力之间的关系为非线性；当轧制力大到一定值后，机座弹性变形和轧制力趋近于线性关系。这种现象的产生主要是因为零件之间存在接触变形和间隙。一般情况下非线性区不稳定，每次换辊后都有变化，特别是轧制力接近于零时的弹性变形很难精确测定，因此式（5-1）很难实际应用。在现场实际操作中，为了消除上述不稳定段的影响，可采用预压靠方法，即先将轧辊预压靠到一定的压力 P_0（该压力大于非线性段所要求的最小轧制力），并将此时的辊缝位置作为相对零位，从而克服不稳定段的影响。

图 5-2 反映了预压靠过程轧机弹性变形和压靠力的关系。曲线 C 为预压靠过程的弹性变形曲线，曲线 A 为轧制过程的弹性变形曲线。o 处工作机架受压靠力作用开始变形（图 5-2 中 o 处的辊缝值并不是零）。压靠力为 P_0 时弹性变形（负值）为 ok，将此时的辊缝仪刻度作为相对零位（即 k 点处为相对零位），然后抬辊，如抬到 g 点，此时辊缝刻度为 $kg=S$。根据弹性变形的可复现性特点，曲线 A 和曲线 C 完全对称，因此，$ok=gf$，所以 $of=S$。如果轧入厚度为 H 的轧件产生的轧制力为 P（轧件的塑性曲线为曲线 B），则轧出厚度为 h。

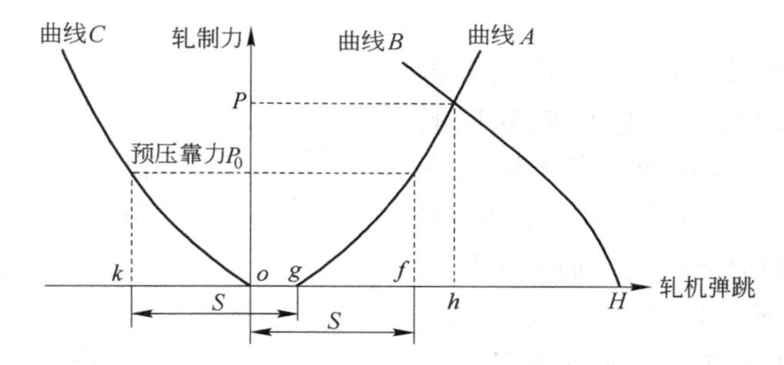

图 5-2　预压靠过程和轧制过程的弹性变形曲线

目前弹跳方程的结构主要有以下几种（为讨论方便，模型忽略了宽度补偿之外的其他因素，如油膜厚度影响，并将工作机架刚度 K_0 考虑成常数）。

$$h = S - S_0 + \frac{P}{K_0 - C\Delta B} - \frac{P_0}{K_0} \tag{5-2}$$

$$h = S - S_0 + \frac{P - P_0}{K_0} + AP\Delta B \tag{5-3}$$

$$h = S - S_0 + \frac{P - P_0}{K_0} + P(D_1\Delta B^2 + D_2\Delta B) \tag{5-4}$$

式中　S——设定辊缝，mm；

S_0——预压靠力对应的辊缝，mm，一般情况下该数值为零；

P——轧制力，N；

P_0——预压靠力，N；

K_0——工作机架刚度，N/mm；

ΔB——轧辊辊身长度与轧件宽度之间的差值，mm；

C，A，D_1，D_2——与宽度相关的系数。

式（5-2）将轧件宽度变化对轧机刚度的影响表示为线性关系，即：

$$K = K_0 - C\Delta B \tag{5-5}$$

式（5-3）将轧件宽度变化对轧机刚度的影响直接表述成轧制力和宽度变化的乘积，即：

$$\Delta W = AP\Delta B \tag{5-6}$$

将式（5-2）加以变形，得：

$$h = S - S_0 + \frac{P}{K_0 - C\Delta B} - \frac{P_0}{K_0} + \frac{P}{K_0} - \frac{P}{K_0} = S - S_0 + \frac{P - P_0}{K_0} + \frac{CP\Delta B}{(K_0 - C\Delta B)K_0} \tag{5-7}$$

式（5-7）和式（5-3）进行比较，可以看出之间的差别在于式（5-3）将 $\frac{C}{(K_0 - C\Delta B)K_0}$ 简化为一个常数 A，这种简化处理会带来一定的误差。如果将 $\frac{C\Delta B}{(K_0 - C\Delta B)K_0}$ 拟合成 ΔB 的二次函数，即式（5-4）的形式，其误差将得到一定程度改善。

为了更清楚地了解轧件宽度和轧制力对轧机刚度的影响，下面对实际弹跳曲线进行分析。首先假设：（1）弹跳曲线由多个折线段组成，只要折线段划分足够多，就可以以较高精度逼近实际弹跳曲线；（2）不同宽度下的弹跳曲线对应的折线段的延长线在零轧制力下相交。

根据上面两条假设，分析图 5-3 的多折线段弹跳曲线，可以看出，宽度 W_1 对应的弹跳曲线由 A_1、A_2 和 A_3 组成，宽度 W_2 对应的弹跳曲线由 B_1、B_2 和 B_3 组成。对应折线段的延长线在零轧制力下相交。通过平行线理论，在某轧制力下，A_2 和 B_2 的差值 dL_1 与 A_1 和 B_1 延长线的差值 dL_2 是相等的。如果轧制力更低，则 A_3 和 B_3 的差值、A_2 和 B_2 延长线的差值、A_1 和 B_1 延长线的差值是相等的。由此我们可以得出一个结论，宽度补偿与弹跳曲线是否线性关系不大，即宽度补偿与轧制力的大小成正比，这与式（5-2）~式（5-4）中对轧制力的考虑是相符的。

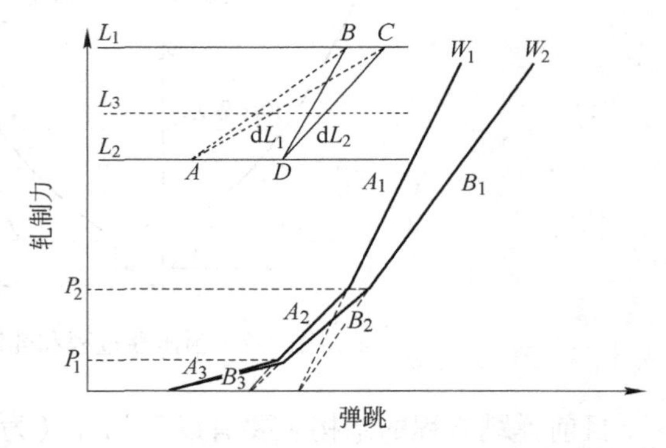

图 5-3　不同宽度下的多折线段弹跳曲线

5.1.2　轧机刚度的测定

轧机的弹性变形可以分解为两大部分组成：辊系弹性变形、牌坊和其他零件的弹性变形。目前辊系的弹性变形可采用影响函数法或有限元法进行计算。而牌坊和其他零件的形状和受力情况比较复杂，再加上有关零件的接触面间存在间隙，所以轧机的总体刚度或弹性变形还没有精确的理论计算方法。为了得到轧机刚度系数的精确值，最可靠的方法仍然是通过实验，对轧机机架刚度进行测定。

轧机刚度系数 K 的大小取决于轧制力和轧机的弹性变形。如果能测得不同轧制力下对应的轧机弹跳值，就可以绘出轧机的弹性变形曲线，曲线的斜率即为轧机的刚度系数。目前，轧机刚度的测定方法有轧制法、压靠法和理论计算结合压靠法三种。

5.1.2.1 轧制法

首先选定轧辊的原始辊缝 S_0，保持 S_0 一定，用厚度不同而宽度相同的一组板坯（一般采用铝板）顺序通过轧辊进行轧制，分别测出轧制后的厚度 h 及对应厚度下的轧制力 P。将测得的板厚减去轧辊原始辊缝值，即为相应轧制力作用下轧机的弹跳值。将测得的数值绘制成轧机的弹性变形曲线，此曲线称为弹跳曲线，其斜率即为刚度系数 K，用轧制法测得的轧机刚度比较符合实际情况。

5.1.2.2 压靠法

在大型轧机上用轧制法测定轧机刚度比较困难，实际上更多采用压靠法进行测定。其测定方法是在保持轧辊不转动的情况下，调整压下螺丝的位置，使上下工作辊直接接触，并使两侧压靠力达到一个相对较低的数值（为避免轧辊压靠，一般在 1000~2000kN 之间），在该压靠力下保持压下螺丝位置不变。然后，调整液压缸的油柱高度，使两个工作辊之间的压靠力逐渐增大，将不同辊缝对应的压靠力绘制成轧机弹性变形曲线。由于压靠法测定的刚度是在轧辊间没有轧件的情况下进行的，无法反映轧件宽度的变化对轧机刚度的影响，所以测定误差较大。

5.1.2.3 理论计算结合压靠法

占轧机弹性变形比例最大的辊系弹性变形可以利用影响函数法或有限元法计算得到，如果将压靠法中测得的轧机弹性变形减去辊系弹性变形，就能得到牌坊和其他零件的弹性变形。在某轧制力下，牌坊和其他零件的弹性变形是相同的，差别在于辊系弹性变形的变化，而辊系弹性变形的变化可以通过理论方法得到，所以理论计算结合压靠法是测定轧机刚度的一个较好的方法。

5.1.3 不同因素对轧机刚度的影响

轧制过程中，由于受外界条件的影响，轧机的刚度系数并不是一个常数，而是随轧制条件的不同有所改变。对于采用油膜轴承的轧机，轴承的油膜厚度与轧辊的转速和轧制力有关。在同一轧制力下，轧制速度越快，油膜厚度越大；对于同一轧制速度，轧制力越大，油膜厚度越小。根据实测数据可以得到，不同转速下辊缝数值和 N/F 的关系，如图 5-4 所示。

轧制不同宽度轧件时，轧辊与轧件的接触宽度不同，单位宽度上的轧制力发生变化，造成变形区轧辊与轧件的接触变形不一样。另外，轧件宽度发生变化时，工作辊与支承辊间的接触压力沿辊身长度方向的分布也发生变化，其间的压扁变形量和支承辊的弯曲挠度也要相应改变，即在相同的轧制力时，轧辊的弹性变形不一样，从而使轧机刚度系数发生变化。实验证明，轧件宽度越窄，则轧机的刚度系数下降越多。图 5-5 显示了不同轧件宽度对轧机弹跳的影响。

辊系弹性变形对轧机刚度有很大影响。显然，工作辊和支承辊直径越大，则在同一轧制力下的辊系弹性变形越小。由于四辊轧机支承辊直径一般是工作辊直径的 1.5~2 倍，所以支承辊直径对辊系弹性变形的影响较大。

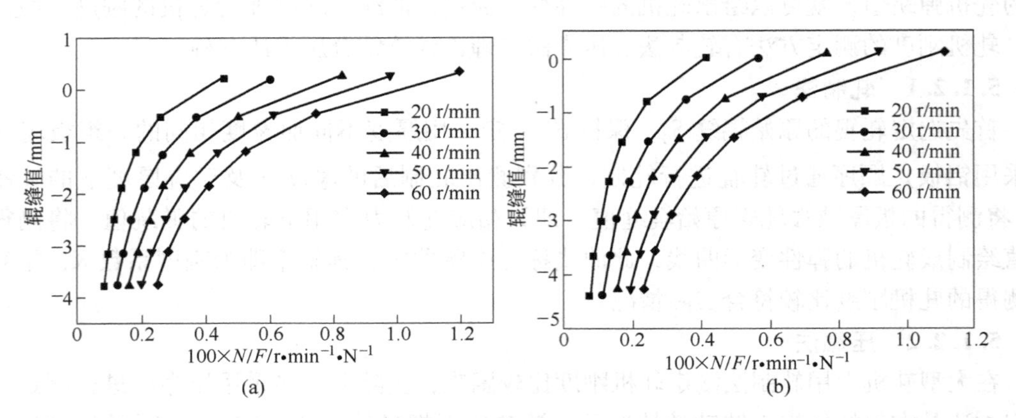

图 5-4 不同转速下辊缝值与 N/F 的关系

（a）操作侧；（b）传动侧

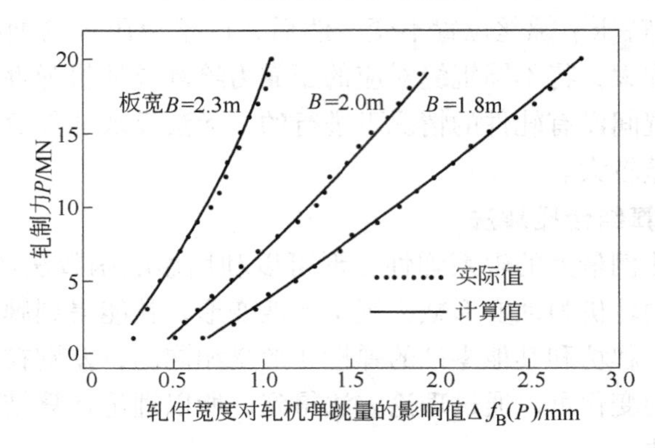

图 5-5 不同轧件宽度对轧机弹跳的影响

5.2 四辊轧机工作机座的刚度计算

由于机座中各零件的形状和受力情况较复杂，再加上有关零件的接触面间存在间隙，所以关于机座的刚度或弹性变形还没有精确的理论计算方法，主要是通过对工厂轧机的测定来确定。但是，在设计新轧机时，或在缺乏合适的弹跳曲线时，近似计算方法仍是提供参考依据的一种手段。而且，通过计算结果与实测结果的比较，也将使计算方法不断得到完善和精确。

四辊轧机工作机座的弹性变形 f 等于机座中一系列受力零件弹性变形的总和：

$$f = f_1 + f_2 + f_3 + f_4 + f_5 + f_6 \tag{5-8}$$

式中 f_1——轧辊系统的弹性变形，mm；

f_2——轧辊轴承的弹性变形，mm；

f_3——轴承座的弹性变形，mm；

f_4——压下螺丝和螺母的弹性变形，mm；

f_5——支承辊轴承座和压下螺丝之间各受压零件的弹性变形，mm；

f_6——机架的弹性变形，mm。

工作机座的刚度系数 K 按下式计算：

$$K = \frac{P}{f} \tag{5-9}$$

式中 P——轧制力，N；

f——工作机座的弹性变形，mm。

下面分别计算各有关零件的弹性变形。

5.2.1 轧辊系统的弹性变形

四辊轧机轧辊系统（辊系）的弹性变形由支承辊的弯曲变形、支承辊与工作辊之间的弹性压扁和工作辊与轧件间的弹性压扁三部分组成，即：

$$f_1 = 2f_{11} + 2f_{12} + 2f_{13} \tag{5-10}$$

式中 f_1——辊系的弹性变形，mm；

f_{11}——支承辊辊身的弯曲变形，mm；

f_{12}——支承辊与工作辊间的弹性压扁，mm；

f_{13}——工作辊与轧件间的弹性压扁，mm。

辊系弹性变形对轧机弹跳的影响如图 5-6 所示。

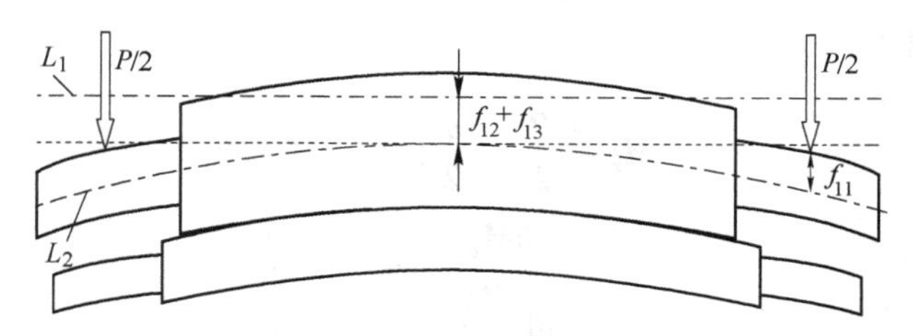

图 5-6 辊系弹性变形对轧机弹跳的影响

L_1—变形前支承辊轴线位置；L_2—变形后支承辊轴线位置；P—压下螺丝受力

5.2.1.1 支承辊的弯曲变形

在计算支承辊弯曲变形时，由于支承辊辊身直径与辊身长度相比尺寸较大 $\left(\frac{D}{L}=0.4\sim1\right)$，所以必须考虑横切力的影响，故支承辊的弯曲变形由两部分组成：

$$f_{11} = f'_{11} + f''_{11} \tag{5-11}$$

式中 f'_{11}——由弯矩引起的弯曲变形，mm；

f''_{11}——由横切力引起的弯曲变形，mm。

由于工作辊与支承辊间的压力分布是不均匀的，呈曲线变化，故支承辊弯曲变形的计算比较复杂。为了简化计算，近似地认为工作辊与支承辊间的压力分布沿辊身全长是均匀的。考虑轧辊负荷的对称性，在计算支承辊的弯曲变形时，可以只研究半个轧辊（图 5-7），此时支承辊的弯曲变形可用卡氏定理计算

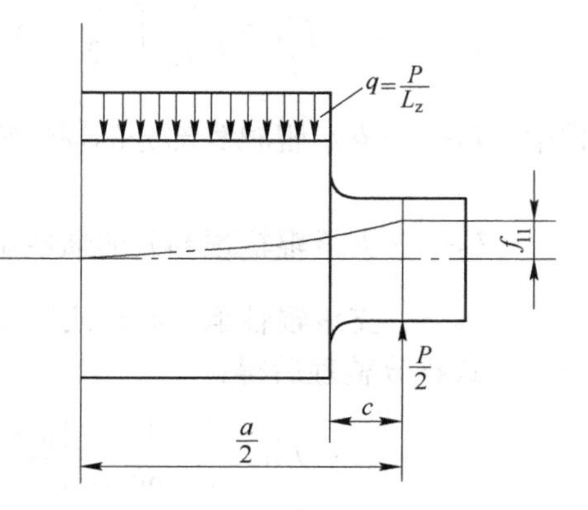

图 5-7 支承辊变形计算简图

$$f'_{11}=\int\frac{M_x}{E_zI_z}\frac{\partial M_x}{\partial R}\mathrm{d}x \tag{5-12}$$

$$f''_{11}=\int\frac{Q_x}{G_zF_z}\frac{\partial M_x}{\partial R}\mathrm{d}x \tag{5-13}$$

式中，M_x、Q_x 分别为任意断面的弯矩（N·mm）和剪切力（N）；E_z、G_z 分别为支承辊的弹性模量和剪切弹性模量，MPa；I_z、F_z 分别为任意断面的惯性矩（mm^4）和断面积（mm^2）；R 为在计算轧辊变形的地方所作用的外力，N。

为了计算支承辊辊身中部的弯曲变形，令 $R=\frac{P}{2}$，则作用在支承辊各截面的弯矩及其导数分别为：

在 $x=0\sim c$ 之间

$$M_z=\frac{P}{2} \tag{5-14}$$

$$\frac{\partial M_x}{\partial\left(\frac{P}{2}\right)}=x \tag{5-15}$$

在 $x=c\sim\frac{a}{2}$之间

$$M_z=\frac{P}{2}-\frac{q}{2}(x-c)^2 \tag{5-16}$$

$$\frac{\partial M_x}{\partial\left(\frac{P}{2}\right)}=x \tag{5-17}$$

式中　q——作用在支承辊辊身上的单位负荷，$q=\frac{P}{L_z}$，其中，L_z为支承辊辊身长度；P 为轧制力；

c——支承辊辊身边缘至轴承中心线间的距离。

将式（5-14）~式（5-17）代入式（5-12）得：

$$f'_{11}=\frac{1}{E_zI_{z1}}\int_0^c\frac{P}{2}x^2\mathrm{d}x+\frac{1}{E_zI_{x2}}\int_0^{\frac{a}{2}}\left[\frac{P}{2}x-\frac{q}{2}(x-c)^2\right]x\mathrm{d}x \tag{5-18}$$

式中　I_{z1}——支承辊辊身部分的惯性矩，$I_{z1}=\frac{\pi D_z^4}{64}$，其中 D_z为支承辊辊身部分的直径；

I_{z2}——支承辊辊颈部分的惯性矩，$I_{z2}=\frac{\pi d_z^4}{64}$，其中 d_z为支承辊辊颈部分的直径；

a——支承辊轴承中心线之间的距离。

上式积分整理后得：

$$f'_{11}=\frac{P}{18.8E_zD_z^2}\left\{8a^3-4aL_z^2+L_z^3+64c^3\left[\left(\frac{D_z}{d_z}\right)^4-1\right]\right\} \tag{5-19}$$

同理，由式（5-11）求出横切力 Q 引起的支承辊弯曲变形为：

$$f''_{11}=\frac{P}{\pi G_z D_z^2}\left\{a-\frac{L_z}{2}+2c\left[\left(\frac{D_z}{d_z}\right)^4-1\right]\right\} \tag{5-20}$$

5.2.1.2 工作辊与支承辊间的弹性压扁

轧制时，工作辊与支承辊间的接触区将产生弹性压扁，使两辊中心线相互靠近（图 5-8），如果把工作辊与支承辊间的弹性压扁看成是两圆柱体的接触变形，并假定辊间压力沿辊身长度方向均匀分布，则根据赫兹定理，可得出工作辊与支承辊间的弹性压扁值为：

$$f_{12}=\frac{P}{\pi L_z}\left(\frac{1-\mu_g^2}{E_g}+\frac{1-\mu_z^2}{E_z}\right)\times\left(\frac{2}{3}+\ln\frac{2D_g}{b}+\ln\frac{2D_z}{b}\right) \tag{5-21}$$

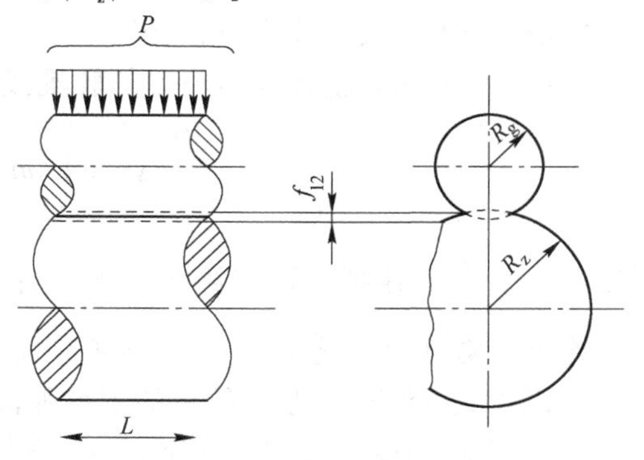

图 5-8　工作辊与支承辊间的弹性压扁

式中　f_{12}——工作辊与支承辊间的弹性压扁，mm；

P——轧制力，N；

L_z——支承辊辊身长度，mm；

μ_g——工作辊的泊松比；

μ_z——支承辊的泊松比；

E_g——工作辊的弹性模量，MPa；

E_z——支承辊的弹性模量，MPa；

D_g——工作辊辊身直径，mm；

D_z——支承辊辊身直径，mm；

b——工作辊与支承辊接触宽度，mm。可按下式计算：

$$b=2.26\sqrt{\frac{P}{2L_z}\left(\frac{1-\mu_g^2}{E_g}+\frac{1-\mu_z^2}{E_z}\right)\frac{D_gD_z}{D_g+D_z}} \tag{5-22}$$

将式（5-22）代入式（5-21）中，经整理后得：

$$f_{12}=\theta q\ln 0.97\frac{D_g+D_z}{\theta q} \tag{5-23}$$

式中　q——辊间的单位负荷，$q=\frac{P}{L_z}$。

$$\theta=\frac{1-\mu_g^2}{\pi E_g}+\frac{1-\mu_g^2}{\pi E_z} \tag{5-24}$$

当工作辊与支承辊材料相同，均为钢轧辊时，则 $\mu_g=\mu_z=0.3$，$E_g=E_z=22\times10^4\text{N/mm}^2$，此时，$\theta=0.0263\times10^{-4}\text{mm}^2/\text{N}$。

5.2.1.3 工作辊与轧件间的弹性压扁

轧制时，工作辊与轧件在变形区将产生弹性压扁，其值可按下式计算：

$$f_{13}=\frac{4P}{\pi b_0}\left(\frac{1-\mu_g^2}{E_g}\right)\left(\ln\frac{D_g}{b_1}-0.612\right) \tag{5-25}$$

式中　P——轧制力，N；

b_0——轧件宽度，mm；

μ_g——工作辊泊松比；

E_g——工作辊弹性模量，MPa；

b_1——考虑轧辊弹性压扁时的轧辊接触弧长，mm。其大小按下式计算：

$$b_1 = \sqrt{\frac{D_g}{2}\Delta h + \left(4m_1 D_g \frac{P}{b_0 b_1}\right)^2} + 4m_1 D_g \frac{P}{b_0 b_1} \tag{5-26}$$

式中　m_1——工作辊材料的弹性系数，$m_1 = \dfrac{1-\mu_g^2}{\pi E_g}$。

影响函数法（参考相关专业书籍）是计算辊系弹性变形的有效工具。基于影响函数法，可以得到 3500mm 厚板轧机的辊系弹性变形与轧件宽度 B、工作辊辊径 R_w、支承辊辊径 R_b、工作辊凸度 C_w、支承辊凸度 C_b 等因素的关系，如图 5-9 所示。

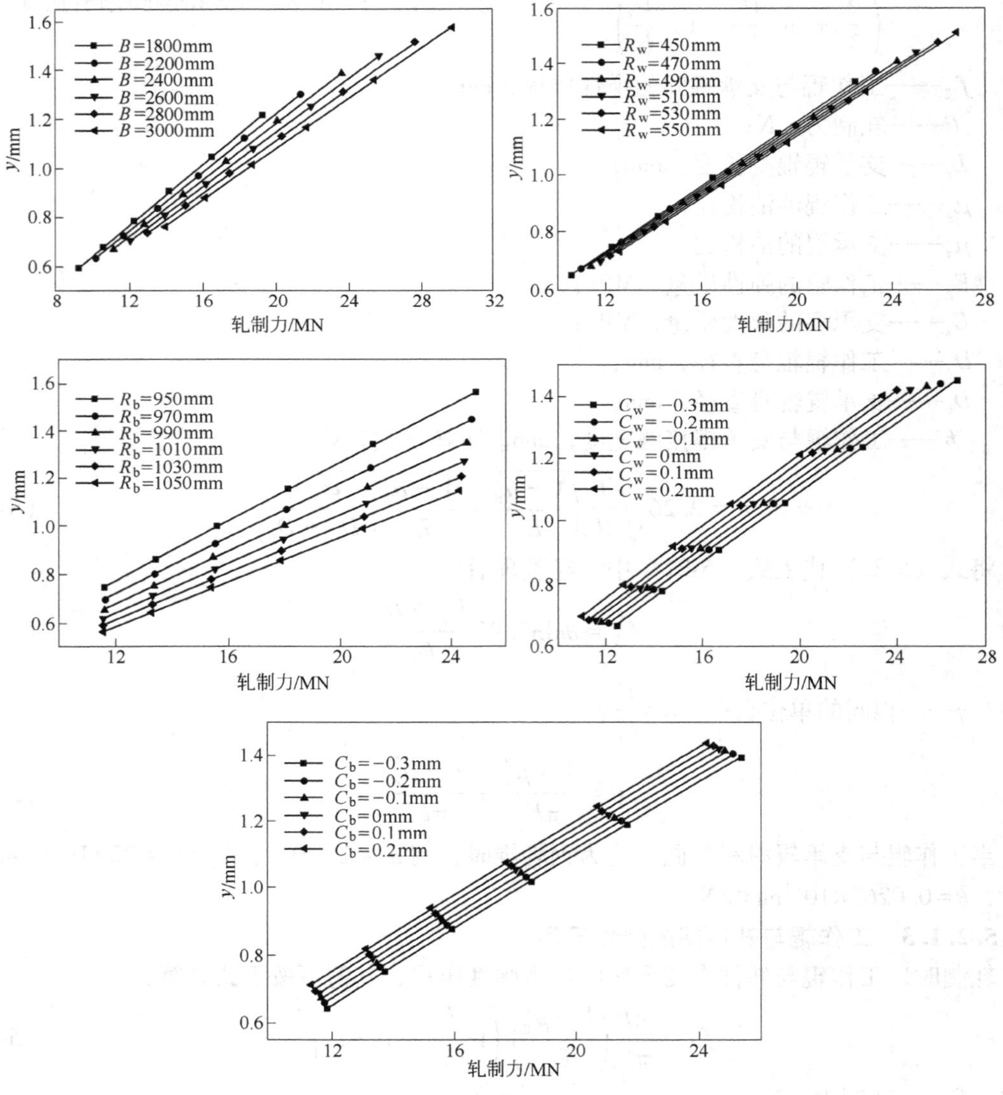

图 5-9　基于影响函数法的辊系弹性变形

从图 5-9 可以看出，支承辊半径对轧辊弹性变形影响最大，工作辊半径次之，而工作辊凸度和支承辊凸度的影响一般不超过工作辊半径的 15%。对于宽度补偿而言，工作辊半径的影响最大，支承辊半径次之，而工作辊和支承辊凸度的影响只有工作辊半径的 5%左右。

5.2.2 轧辊轴承的弹性变形

现代四辊轧机轧辊轴承主要采用滚动轴承和油膜轴承。在刚度计算时，只考虑支承辊的弹性变形（图 5-10）。

当支承辊采用滚动轴承时，在轴承没有外辊负荷的情况下，轴承的内座圈与外座圈的中心线是重合的。轧制时，在轧制力的作用下，轴承内座圈与滚动体间以及外座圈与滚动体间都将产生弹性压扁，使内、外座圈的中心线产生偏移值，此偏移值即该轴承的弹性变形量。当采用滚柱轴承时，偏移值可按下式计算：

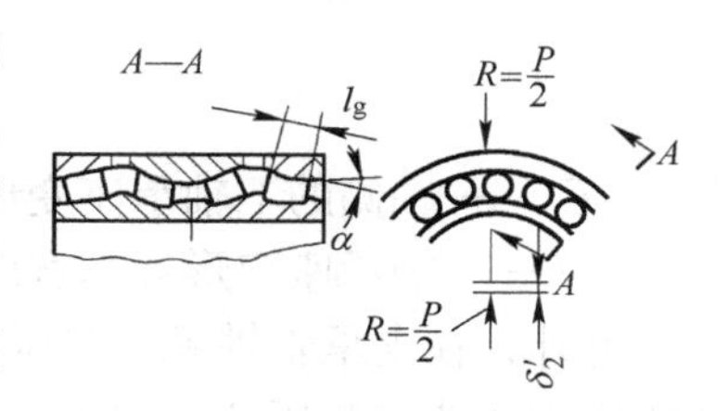

图 5-10 滚动轴承内外座圈中心线的位移

$$\delta_2' = \frac{0.0006}{\cos\alpha}\ \frac{Q^{0.9}}{l_g^{0.8}} \tag{5-27}$$

式中 δ_2'——一个轴承的弹性变形，mm；

α——滚柱的接触角，(°)；

l_g——滚子的有效接触长度，mm；

Q——滚子上的最大负荷，N。

Q 值可根据作用在轴承上的径向负荷计算：

$$Q = \frac{4.08R}{iz\cos\alpha} \tag{5-28}$$

式中 R——作用在轴承上的径向负荷，对于支承辊轴承来说，$R=\frac{P}{2}$，P 为轧制力；

i——轴承中滚子的列数；

z——每列的滚子数量。

对于整个工作机座，支承辊轴承的弹性变形 $f_2=2\delta_2'$，综合式（5-27）和式(5-28)得：

$$f_2 = \frac{0.0012}{\cos\alpha}\ \frac{1}{l_g^{0.8}}\left(\frac{2.04}{iz\cos\alpha}\right)^{0.9}P^{0.9} \tag{5-29}$$

当支承辊采用油膜轴承时，油膜厚度将随轧辊转速和轧制力的变化而变化，一般用油膜补偿公式进行计算。在粗略的刚度计算中，可不考虑油膜厚度的影响。

5.2.3 轴承座的弹性变形

对于四辊轧机，只需计算支承辊轴承座的弹性变形。由于支承辊轴承座的结构一般都比较复杂，只能近似地计算。如图 5-11 所示的上支承辊轴承座，在计算时可将其受力部分简化成一个四棱锥体，其压缩变形量可按下式计算：

$$f_3 = \frac{Rh_j}{EF_s} + \frac{Rh_x}{EF_x} \tag{5-30}$$

式中　R——作用在轴承座上的力，等于轧制力的一半，N；

h_j——上轴承座变形部分的计算高度，mm。可按下式计算：

$$h_j = h_1 + \frac{h_2}{2}$$

h_x——下轴承座变形部分的计算高度，计算方法与 h_j 相同，mm；

F_s——一侧的上轴承座变形部分的平均面积，mm。可用下式计算：

$$F_s = \frac{1}{2}(b_1 + b_2)l = bl$$

F_x——一侧的下轴承座变形部分的平均面积，mm^2；

b——轴承座变形计算宽度，mm。

另外，在支承辊轴承座和压下螺丝之间还有垫板、止推球面垫等零件（图 5-12），有的机座中还装有测压仪，它们在轧制时也要产生弹性变形 f_5，其大小可按简单压缩变形进行计算。

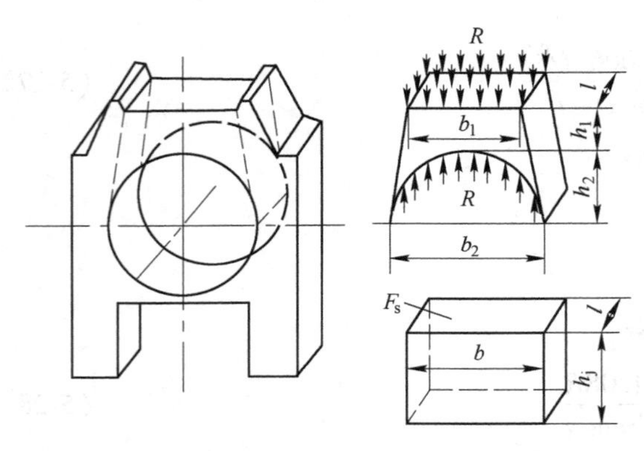

图 5-11　支承辊轴承座的压缩变形计算简图

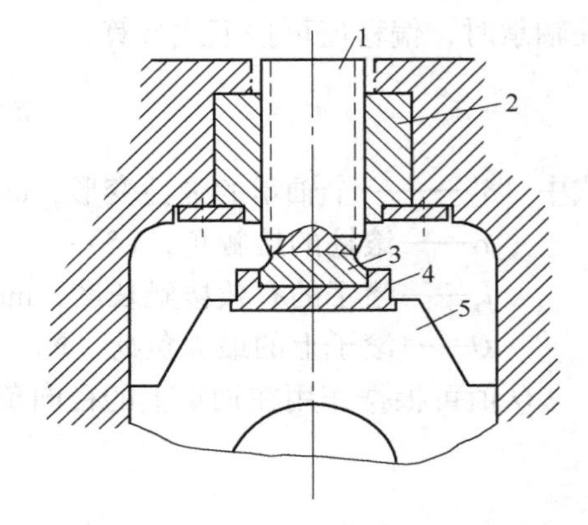

图 5-12　工作机座受载零件简图
1—压下螺丝；2—压下螺母；
3—止推球面垫；4—垫板；5—支承辊轴承座

5.2.4　压下螺丝和压下螺母的弹性变形

压下螺丝的弹性变形包括压下螺丝悬臂部分的压缩变形和压下螺丝与压下螺母相配合的螺纹部分的压缩变形（图 5-13）。

压下螺丝悬臂部分的压缩变形可按下式计算：

$$f_{41} = \frac{4R}{\pi E_s}\left(\frac{l_{s1}}{d_1^2} + \frac{l_{s2}}{d^2}\right) \tag{5-31}$$

式中　f_{41}——压下螺丝悬臂部分的压缩变形，mm；

R——作用在压下螺丝上的力，N；

E_s——压下螺丝的弹性模量，MPa；

l_{s1}——压下螺丝端部（无螺纹部分）高度，mm；

l_{s2}——压下螺丝悬臂部分的螺纹高度，mm；

d_1——压下螺丝端部（无螺纹部分）的直径，mm；

d——压下螺丝的螺纹中径，mm。

压下螺丝与压下螺母配合部分的压缩变形可按照螺纹中的压力分布曲线来确定。为简化计算，可取螺纹中的平均压力为$\frac{R}{2}$，则该部分的弹性变形为：

$$f_{42} = \frac{2Rl_m}{\pi E_s d^2} \tag{5-32}$$

式中 f_{42}——压下螺丝与压下螺母配合部分的压缩变形，mm；

l_m——压下螺母的高度，mm。

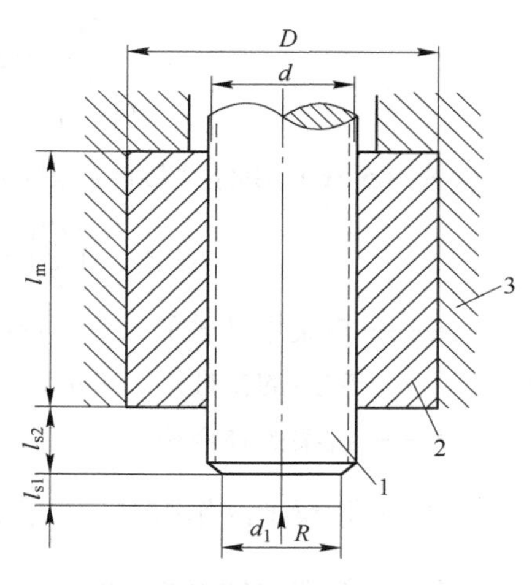

图 5-13 压下螺丝与压下螺母简图

1—压下螺丝；2—压下螺母；3—机架

同理，压下螺母的压缩变形为：

$$f_{43} = \frac{2Rl_m}{\pi(D^2 - d^2)E_n} \tag{5-33}$$

式中 f_{43}——压下螺母的压缩变形，mm；

D——压下螺母的外径，mm；

E_n——压下螺母的弹性模量，对于青铜螺母，可取 $E_n = 11\times10^4 \text{N/mm}^2$。

压下螺丝和压下螺母的总弹性变形f_4为：

$$f_4 = \frac{4R}{\pi E_s}\left(\frac{l_{s1}}{d_1^2} + \frac{l_{s2}}{d^2} + \frac{l_m}{2d^2}\right) + \frac{2Rl_m}{\pi(D^2 - d^2)E_n} \tag{5-34}$$

5.2.5 机架的弹性变形

机架在垂直方向的弹性变形包括横梁的弯曲变形和立柱的拉伸变形。由于横梁的断面尺寸对于横梁的长度来说是较大的，所以在计算横梁的弯曲变形时，要考虑切力引起的横梁弯曲变形，即：

$$f_6 = f_{61} + f_{62} + f_{63} \tag{5-35}$$

式中 f_{61}——弯矩引起的横梁弯曲变形，mm；

f_{62}——横切力引起的横梁弯曲变形，mm；

f_{63}——轴向力引起的立柱拉伸变形，mm。

为了简化计算，假定机架的上、下横梁的惯性矩相同，由横梁受力图（图 5-14）可见，弯曲力矩引起的横梁变形f_{61}根据卡氏定理计算如下：

$$f_{61} = \frac{2}{EI_1}\int_0^{l_1/2} M_x \frac{\partial M_x}{\partial\left(\frac{R}{2}\right)}\mathrm{d}x \tag{5-36}$$

式中 M_x——任意断面的弯曲力矩，N · mm；

$$M_x = \frac{R}{2}x - M_2 \tag{5-37}$$

$$\frac{\partial M_x}{\partial\left(\frac{R}{2}\right)}=x \tag{5-38}$$

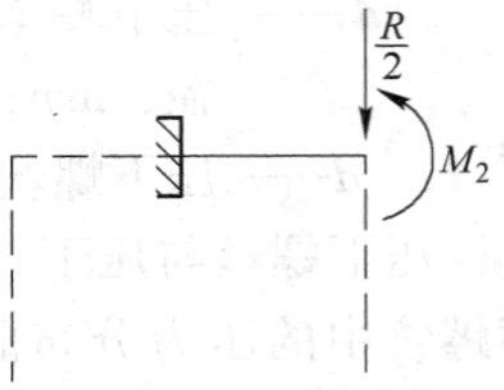

将式（5-36）积分并整理后得：

$$f_{61}=\frac{l_1^2}{EI_1}\left(\frac{Rl_1}{24}-\frac{M_2}{4}\right) \tag{5-39}$$

图5-14　闭式机架横梁变形简图

式中　l_1——横梁中性轴的长度，mm；

I_1——横梁的惯性矩，mm^4；

E——机架的弹性模量，MPa；

R——横梁上的作用力，对于板材轧机，R是轧制力P的一半，即$R=\frac{P}{2}$，N；

M_2——机架立柱中的弯曲力矩，N·mm。

横切力引起上下横梁的弯曲变形f_{62}为：

$$f_{62}=\frac{2K}{GF_1}\int_0^{l_1/2}Q_x\frac{\partial Q_x}{\partial\left(\frac{R}{2}\right)}dx \tag{5-40}$$

横切力为：

$$Q_x=\frac{R}{2} \tag{5-41}$$

$$\frac{\partial Q_x}{\partial\left(\frac{R}{2}\right)}=1 \tag{5-42}$$

将式（5-40）积分整理后得：

$$f_{62}=K\frac{Rl_1}{2GF_1} \tag{5-43}$$

式中　K——横梁的断面形状系数，对于矩形断面，$K=1.2$；

G——机架的剪切弹性模量，MPa；

F_1——横梁的断面面积，mm^2。

机架立柱由轴向力引起的拉伸变形为：

$$f_{63}=\frac{Rl_2}{2EF_2} \tag{5-44}$$

式中　l_2——立柱中性轴的长度，mm；

F_2——立柱的断面面积，mm^2。

对于热轧四辊轧机，机架的弹性变形f_6不应超过0.5~1.0mm，冷轧机的机架弹性变形f_6不应超过0.4~0.5mm。

5.3 提高轧机刚度的措施

要获得高精度的轧件，轧机必须具有足够的刚度。由轧机弹跳方程 $h=S_0+\frac{P}{K}$ 可以看出，轧机刚度系数越大，对于克服由轧制力的波动而引起的板厚变化越有利。由 $K=\frac{P}{f}$ 可见，由轧制力波动所引起的工作机座的弹性变形越小，则轧机的刚度系数越大。因此，从轧机结构的设计来说，应尽量减少轧制过程中工作机座各受力零件的弹性变形，以提高轧机的刚度。提高轧机刚度的措施有：合理确定各受力零件的尺寸；采用应力回线较短的轧机结构；采用预应力轧机。

5.3.1 确定各受力零件的尺寸

根据实测和计算结果统计资料看，在轧机工作机座的弹性变形中，轧辊及轴承的变形约占 40%~70%，机架变形占 10%~16%，压下螺丝的变形占 3.7%~21%，其他零件的变形占 4.3%~34.6%。

从上述统计数据可知，提高轧辊的刚度可以显著地改善轧机的刚度。对于四辊轧机来说，辊系的刚度主要取决于支承辊直径的大小。因此，现代化连轧机支承辊直径已提高到 1300~1600mm，厚板轧机的支承辊直径已提高到 2000mm 以上，同时加大支承辊与工作辊直径的比值并尽量缩短辊径的长度，以提高辊系的刚度。

根据统计资料说明，随着支承辊直径的增大，工作机座的刚度系数也增大。某些轧机的刚度系数 K 与支承辊直径 D_z 的关系如下：

对于小型四辊轧机：

$$K = 0.3D_z \tag{5-45}$$

对于支承辊直径为 1260~1400mm 的大型宽带钢冷轧机：

$$K = (0.3 \sim 0.4)D_z \tag{5-46}$$

对于支承辊直径为 1260~1400mm 的大型宽带钢热轧机

$$K = (0.25 \sim 0.35)D_z \tag{5-47}$$

增加机架立柱的断面面积及选取合理的断面形状也可使轧机刚度得到提高。图 5-15 显示了机架立柱断面面积与机架刚度系数的关系。

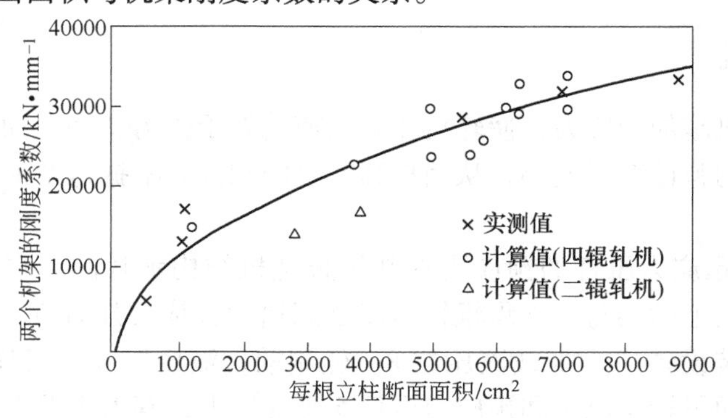

图 5-15 机架刚度系数与立柱断面面积的关系

但是，随着轧辊直径和机架立柱断面尺寸的增加，机架高度和轧辊的压扁量也会相应增加，这就影响了轧机刚度的进一步提高。另外，由于增大轧辊直径和主柱断面积尺寸，会使工作机座结构庞大，增加设备重量和制造加工困难。所以，靠增加轧辊直径和机架立柱断面尺寸的方法来提高轧机刚度，在经济上和技术上均受到一定限制。为了有效提高轧机刚度，必须合理确定机座中各受力零件的尺寸。

5.3.2　应力回线较短的轧机结构

工作机座中全部受力零件在轧制力作用下，都要产生弹性变形，根据虎克定律，受力零件的弹性变形量与其长度成正比。机座中受力零件的长度之和，就是该轧机应力回线的长度。因此，缩短轧机应力回线的长度，就可减小轧机弹性变形，提高机座刚度。根据这个原理设计的轧机，称为短应力回线轧机，如图 5-16（a）所示，图中 l_1 为上下横梁的长度，l_2 为机架立柱的长度，l_3 为上辊轴承座至上横梁的长度，l_3' 为下辊轴承座至下横梁的长度。

无机架轧机（图 5-16（b））就是一种短应力回线的轧机。它没有机架，而是在轧辊的每侧用两根螺栓将上、下轴承座直接连接在一起。从而大大缩短了轧机应力回线长度，因而使轧机的刚度增大。无机架轧机主要应用于线材轧机上，有时也用于型钢轧机上。

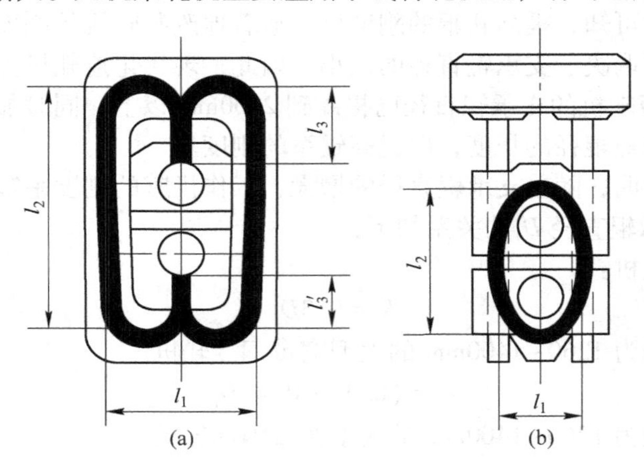

图 5-16　轧机的应力回线
（a）普通轧机；（b）无机架轧机

5.3.3　预应力轧机

在轧制前对轧机施加预应力，使轧机在轧制前就处于受力状态。而在轧制时，由于预应力的影响，轧机的弹性变形变小，从而提高轧机的刚度。根据这个原理设计的轧机称为预应力轧机。

图 5-17 为采用预应力压杆的预应力热轧钢板轧机结构示意图。它与普通板材轧机的主要区别是在机架的上横梁与下支承辊轴承座之间增设预应力压杆 5，以及在下横梁与下支承辊轴承座之间装设预应力加载液压缸 8。轧制前，液压缸 8 对机座进行预应力加载，此时机架受拉力，而下轴承座 7 和预应力压杆 5 则受压力，其大小都等于预紧力 P_0（通常

P_0 要大于 1.5 倍的轧制力)。

在预紧力 P_0 的作用下,机架产生拉伸变形 L_1,受压零件产生压缩变形 L_2。一般情况,变形量 L_1 和 L_2 都与预紧力 P_0 成正比(图 5-18),即:

$$L_1 = \frac{P_0}{K_1}, \quad L_2 = \frac{P_0}{K_2} \tag{5-48}$$

式中 K_1——机架的刚度系数,如图 5-18 所示,$K_1=\tan\alpha$,N/mm;

K_2——受压零件的刚度系数,如图 5-18 所示,$K_2=\tan\beta$,N/mm。

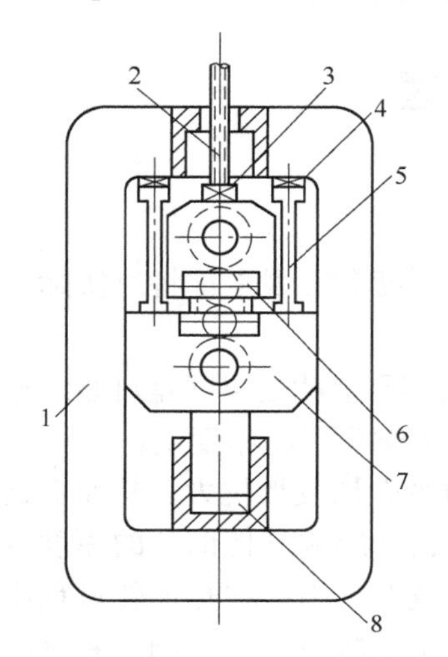

图 5-17 预应力热轧钢板轧机结构示意图

1—机架;2—压下螺丝;3,4—测压仪;5—预应力压杆;6—上轴承座;7—下轴承座;8—液压缸

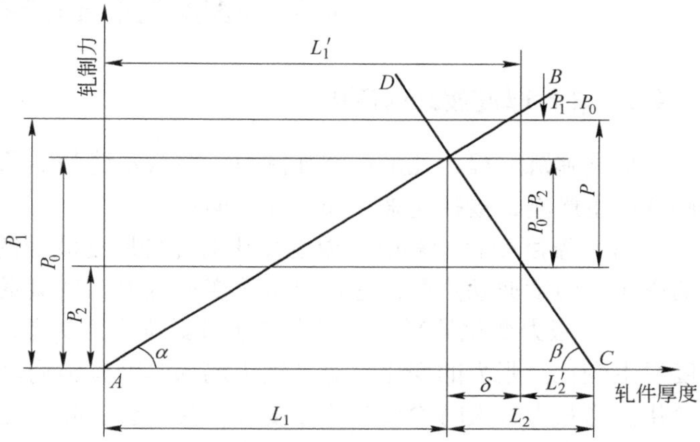

图 5-18 预应力轧机力和变形之间的关系

图 5-18 中的直线 AB 表示机架受力与变形的关系,直线 CD 表示受压零件受力与变形的关系。轧制时,在轧制力 P 的作用下,机架上的作用力由 P_0 变为 P_1,变形由 L_2 变为 L_2',减少了一个 δ。由图可见:

$$P = (P_1 - P_0) + (P_0 - P_2) = \delta K_1 + \delta K_2 \tag{5-49}$$

所以,由轧制力 P 引起的轧机弹性变形 δ 为:

$$\delta = \frac{P}{K_1 + K_2} \tag{5-50}$$

此时,预应力的刚度系数为:

$$K = K_1 + K_2$$

对于一般轧机,没有预应力,在轧制力的作用下,机架和受压杆件的弹性变形之和即为轧机的弹性变形,即:

$$\delta = L_1 + L_2 = \frac{P}{\dfrac{K_1 K_2}{K_1 + K_2}} \tag{5-51}$$

故一般轧机的刚度系数为：　$K' = \frac{K_1 K_2}{K_1 + K_2}$

$$\frac{K}{K_1} = \frac{K_1 + K_2}{\frac{K_1 K_2}{K_1 + K_2}} = 2 + \frac{K_1}{K_2} + \frac{K_2}{K_1} \tag{5-52}$$

由式（5-52）可见，预应力轧机的刚度系数比普通轧机的刚度系数大。上述计算没有考虑辊系的变形。预应力轧机主要应用于小型、线材和板材轧机上。

5.4　厚度控制的基本原理

5.4.1　轧件厚度波动的原因

根据弹跳方程，凡是影响轧制力、空载辊缝和轴承油膜厚度等的因素都将对实际轧出厚度产生影响，概括起来有如下几方面：

（1）温度变化的影响。温度变化对轧件厚度波动的影响实质上就是温度差对厚度波动的影响。温度波动主要是通过对金属变形抗力和摩擦系数的影响而引起厚度差。

（2）张力变化的影响。张力是通过影响应力状态，以改变金属变形抗力，从而引起厚度发生变化。张力的变化除对带钢头尾部厚度有影响之外，也会影响其他部分的厚度发生变化。当张力过大时除会影响厚度外，甚至会引起宽度发生改变，因此在热连轧过程中一般采用微量的恒定小张力轧制。而冷连轧与热连轧不同，由于是冷态进行轧制，并且随着轧制过程的进行，会产生加工硬化，故冷轧时采用较大张力进行轧制。

（3）速度变化的影响。速度变化主要是通过对摩擦系数、变形抗力、油膜轴承厚度的影响来改变轧制力和压下量，从而影响轧件厚度。

（4）辊缝变化的影响。当进行板带材轧制时，轧机部件的热膨胀、轧辊磨损和轧辊偏心等会使辊缝发生变化，从而直接影响实际轧出厚度。轧辊和轴承的偏心所导致的辊缝周期性变化，在高速轧制情况下，会引起高频的周期性厚度波动。

除上述影响因素之外，来料厚度和力学性能的波动，也是通过轧制力的变化而引起轧件厚度变化。冷轧时，如果带钢有焊缝，焊缝处的硬度要比其他部分高，因此也会引起厚度波动。

5.4.2　轧制过程中厚度变化的基本规律

轧件的轧出厚度主要取决于初始辊缝值 S_0、轧机刚度 K 和轧制力 P 这三个因素。因此，无论是分析轧制过程中厚度变化的基本规律，还是阐明厚度自动控制在工艺方面的基本规律，都应从深入分析这三个因素入手。

轧制时的轧制力 P 是所轧轧件的宽度 B、来料入口与出口厚度 H 与 h、摩擦系数 f、轧辊半径 R、温度 t、前后张力 σ_h 与 σ_H 以及变形抗力 σ_s 等的函数，即：

$$P = F(B, R, H, h, f, t, \sigma_h, \sigma_H, \sigma_s) \tag{5-53}$$

此式为金属的轧制力方程，当 B、f、R、t、σ_h、σ_H、σ_s 及 H 等均为一定时，P 将只随轧出厚度 h 而改变，这样便可以在图 5-19 所示的 P-h 图上绘出曲线 B，称为金属的塑性曲线，其斜率 M 称为轧件的塑性系数，它表征使轧件产生单位压下量所需的轧制力。M 可按照下式确定出来：

$$M = \frac{\Delta P}{\Delta h} \tag{5-54}$$

（1）实际轧出厚度随辊缝而变化的规律。轧机的初始辊缝值 S_0 决定着弹性曲线 A 的起始位置。随着压下螺丝或液压缸设定位置的改变，S_0 将发生改变。实际轧制过程中，因轧辊热膨胀、轧辊磨损或轧辊偏心而引起的辊缝变化，也会引起 S_0 改变，从而导致轧出厚度 h 发生改变。在其他条件相同的情况下，它将按图 5-20 所示的方式引起轧件的实际轧出厚度 h 的改变。例如通过调整压下，辊缝变小，则曲线 A 平移，从而使得曲线 A 与曲线 B 的交点由 O_1 变为 O_2，此时实际轧出厚度便由 h_1 变为 h_2，$\Delta h_2>\Delta h_1$，轧件被轧得更薄。

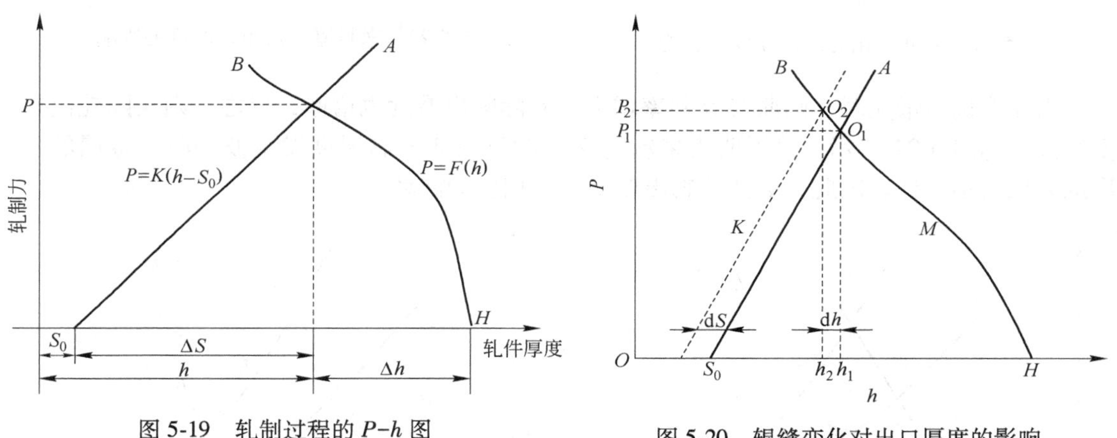

图 5-19　轧制过程的 P-h 图

图 5-20　辊缝变化对出口厚度的影响

（2）实际轧出厚度随轧机刚度而变化的规律。轧机的刚度 K 随轧制速度、轧制力、轧件宽度、轧辊材质和凸度、工作辊与支承辊接触部分的状况而变化。在实际轧制过程中，由于轧辊的凸度大小不同，轧辊轴承的性质以及润滑油的性质不同，轧辊圆周速度发生变化，也会引起刚度系数发生变化。就油膜轴承而言，当轧辊圆周速度增加时，油膜厚度会增厚，油膜刚性增大，轧件出口厚度减小。轧机刚度系数由 K_1 增加到 K_2，则实际轧出厚度由 h_1 减小到 h_2，如图 5-21 所示。可见，提高轧机的刚度有利于轧制更薄的轧件。

（3）实际轧出厚度随轧制力而变化的规律。如前所述，所有影响轧制力的因素都会影响金属塑性曲线的相对位置和斜率，因此，即使在轧机弹性曲线 A 的位置和斜率不变的情况下，所有影响轧制力的因素都可以通过改变 A 和 B 两曲线的交点位置，而影响着轧件的实际轧出厚度。当来料厚度 H 发生变化时，会使曲线 B 的相对位置和斜率都发生变化，如图 5-22 所示。在 S_0 和 K 值一定的情况下，来料厚度 H 增大，则曲线 B 的起始位置右移，并且其斜率稍有减小，即金属的塑性刚度稍有减小，而实际轧出厚度有所增加；反之，实际轧出厚度要减小。所以当来料厚度不均匀时，所轧出的轧件厚度将出现相应的波动。

在轧制过程中，当摩擦系数减小时，轧制力会降低，可以使得轧件轧得更薄，如图 5-23所示。轧制速度对实际轧出厚度的影响，也主要是通过对摩擦系数的影响来起作用。当轧制速度增加时，摩擦系数减小，实际轧出厚度也减小，反之则增厚。

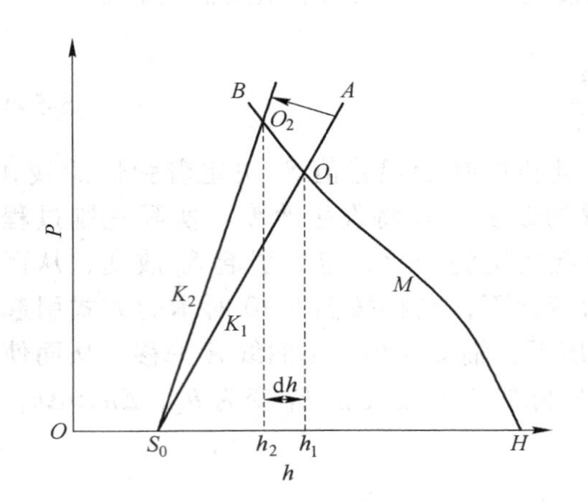

图 5-21　刚度变化对出口厚度的影响

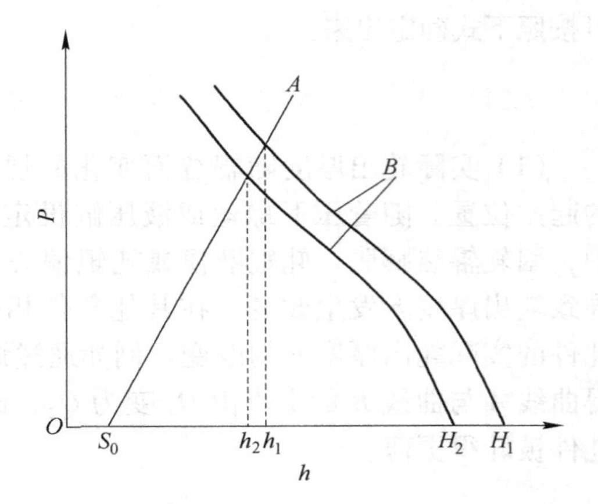

图 5-22　来料厚度对出口厚度的影响

当变形抗力增大时，则曲线 B 斜率增大，实际轧出厚度也增厚；反之，则实际轧出厚度变薄，如图 5-24 所示。这说明当来料力学性能不均或轧制温度发生波动时，金属的变形抗力也会不一样，因此，必然使轧出厚度产生相应的波动。

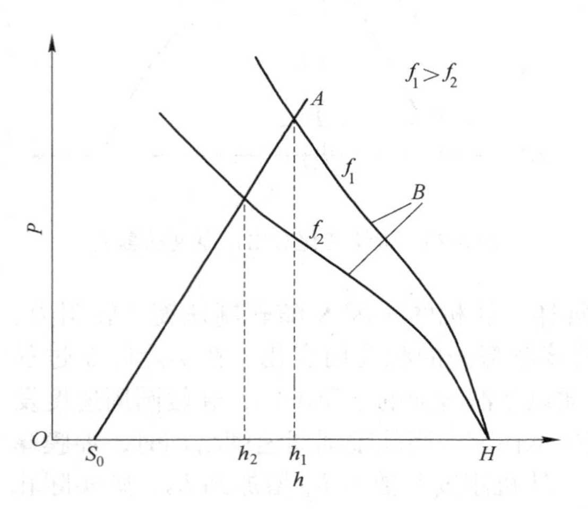

图 5-23　摩擦系数对出口厚度的影响

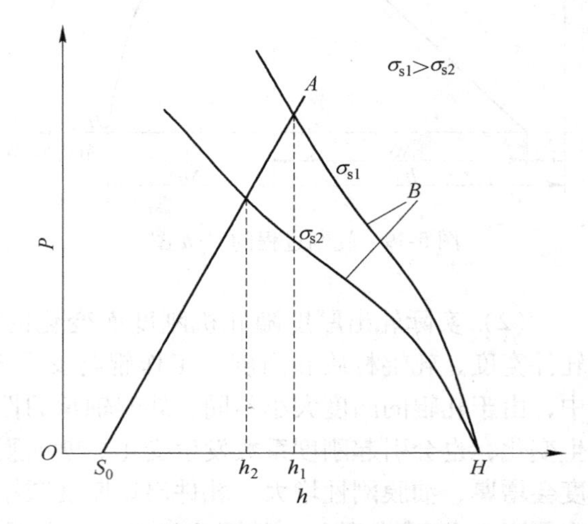

图 5-24　变形抗力对出口厚度的影响

轧制张力对实际轧出厚度的影响，也是通过改变曲线 B 的斜率来实现的。张力增大时，会使曲线 B 的斜率减小，因而可使轧件轧得更薄，如图 5-25 所示。热连轧时的张力微调，冷轧时采用较大张力的轧制，也都是通过对张力的控制，使得轧件轧得更薄和控制厚度精度。

在实际轧制过程中，以上诸因素对轧件实际轧出厚度的影响不是孤立的，而往往是同时对轧出厚度产生作用。所以在厚度自动控制系统中应考虑各因素的综合影响。

轧机的弹性曲线和轧件塑性曲线，实际上并不是直线，但是由于在轧制过程中实际的轧制力和轧出厚度都在曲线的直线段部分，为了便于分析问题，常把它们当成直线来处理。

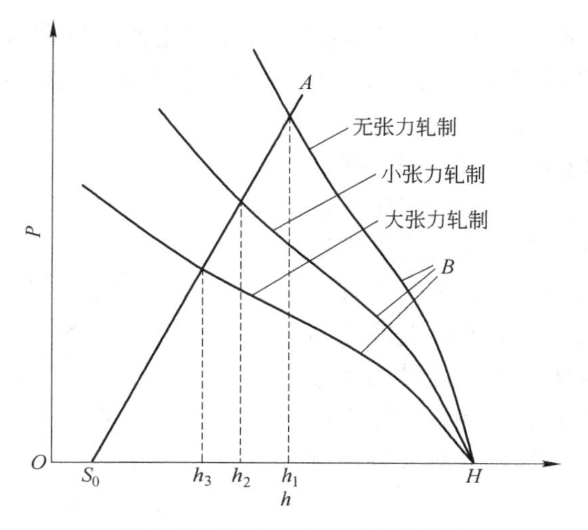

图 5-25 张力对出口厚度的影响

5.4.3 板厚控制的基本原理

常用的厚度控制方式有调整压下、调整张力和调整轧制速度，其原理都可通过 P-h 图加以阐明。

（1）调整压下改变初始辊缝。调整压下是厚度控制的最主要方法，常用于消除影响轧制力的因素所造成的厚度差。

图 5-26（a）为消除来料板厚变化影响的厚控原理图。当来料厚度为 H 时，弹跳曲线 A_1 与塑性曲线 B_1 的交点 E 的横坐标即为轧件轧后厚度 h。如果来料厚度由 H 变到 $H-\mathrm{d}H$ 时，塑性曲线位置由 B_1 平移至 B_2，与弹性曲线交于 C 点，此时轧件轧后厚度为 h_1'，与要求的厚度 h 产生一个厚度偏差 $\mathrm{d}h$。为了消除这一偏差，需要调整压下，使辊缝由 S_0 增加一个调整量 $\mathrm{d}S$，而弹跳曲线位置由 A_1 平移至 A_2，A_2 与 B_2 的交点 E' 的横坐标仍为 h，使轧件轧后厚度保持不变。

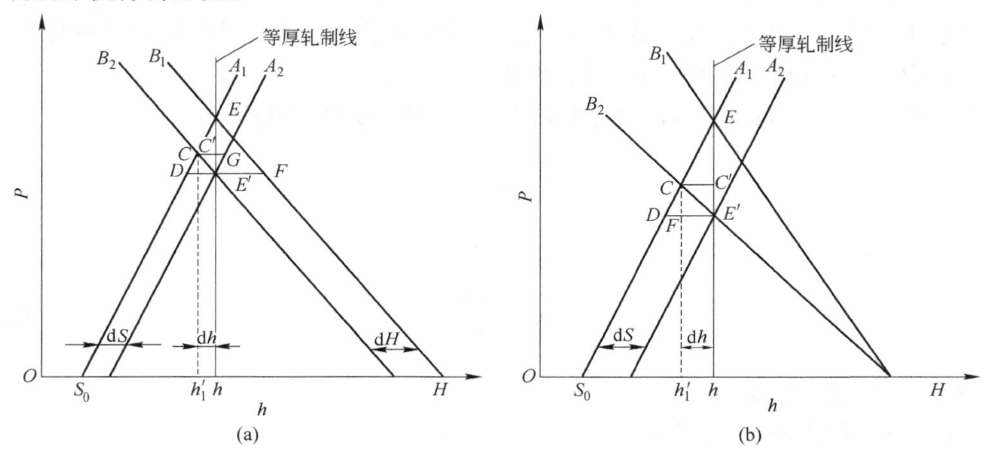

图 5-26 调整压下厚度控制原理图

（a）消除来料厚度变化的影响；（b）消除张力、摩擦系数和变形抗力变化的影响

当轧制温度、轧制速度、张力以及摩擦系数等变化使塑性曲线由 B_1 变为 B_2 时（图 5-26（b）），轧件轧后厚度由 h 变为 h_1' 产生一个厚度偏差 dh，也可调整压下使弹跳曲线由 A_1 变为 A_2，使轧件厚度恢复到 h。

（2）调整张力改变塑性曲线斜率。在连轧机或可逆式板带轧机上，除了调整压下进行厚控外，还可以通过改变前后张力来进行厚控。如图 5-27 所示，当来料厚度 H 有一偏差 dH 时，轧后轧件厚度 h 将产生偏差为 dh。在设定辊缝不变的情况下，通过加大张力，塑性曲线斜率发生变化，使塑性曲线 B_2 发生变化变为曲线 B_2'，就能使轧后轧件厚度 h 保持不变。

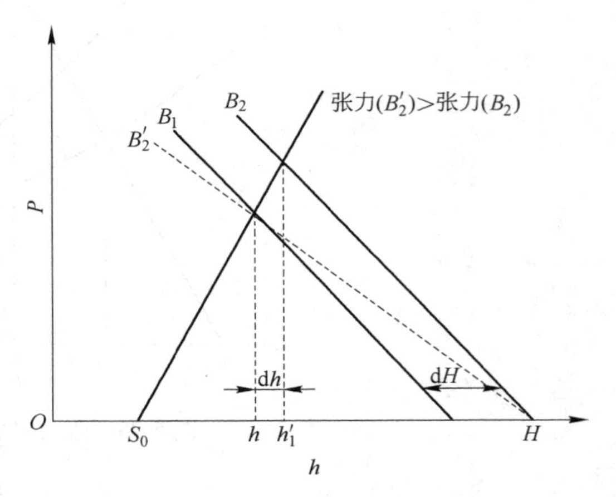

图 5-27　调整张力厚控原理图

采用张力厚控法的优点是响应速度快，可使厚度更有效和更精确。其缺点是在热轧带钢和冷轧薄板时，为防止轧件拉窄和拉断，张力变化范围不能过大。所以，这种方法在冷轧时用得较多，热轧一般不采用，但有时在末机架采用张力微调。而且，在冷轧中也不仅仅单独采用这种方法，而是与调压下厚控法配合使用。当厚度偏差较小时，在张力允许范围内进行张力微调，当厚度偏差较大时则采用调压下法进行厚控。

（3）调整轧制速度。调整轧制速度可以起到调整轧制温度、张力和摩擦系数的作用，从而改变塑性曲线的斜率，达到厚度控制的目的。调速厚控原理图与张力厚控原理图相似。

5.4.4　液压压下轧机的当量刚度

上述的轧机刚度系数 K 称为轧机的自然刚度系数。在一定条件下，轧机刚度系数 K 基本上是一个常数。在液压压下轧机的厚度控制系统中可以采用改变辊缝调整系数 C_p 的方法，控制和改变轧机的“刚度”来实现不同的厚控要求。这种可以变化的“刚度”称为轧机当量刚度，用轧机当量刚度系数 K_p 来表示。

辊缝调整系数 C_p 和轧机当量刚度系数 K_p 可分别写成以下表达式：

$$C_p = \frac{\delta S}{\frac{\delta P}{K}} \tag{5-55}$$

$$K_p = \frac{\delta P}{\delta h} \tag{5-56}$$

式中　δS——辊缝调整量，mm；

δP——轧制力波动量，N；

δh——轧件厚度偏差，mm。

轧机当量刚度系数和辊缝调整系数的基本意义可用 P-h 图来阐述。如图 5-28 所示，当

轧件原始厚度为 H 时，在轧制力 P 作用下，轧件轧后厚度为 h。当原始厚度存在厚度差 δH，轧制力增量为 δP_1，轧件轧后的厚度偏差 δh_1 为：

$$\delta h_1 = \frac{\delta P_1}{K} \tag{5-57}$$

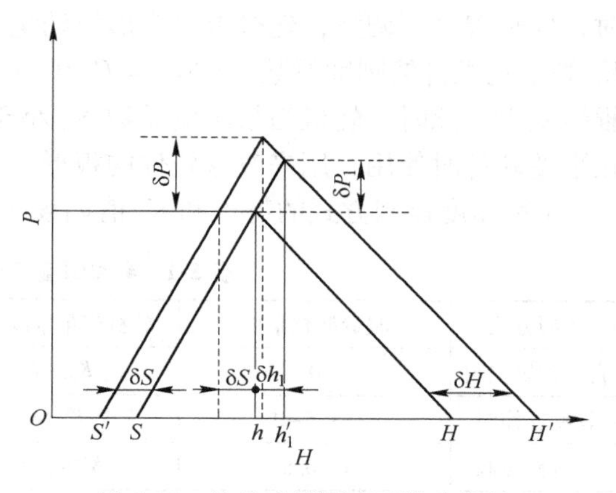

图 5-28　轧机当量刚度系数和辊缝调整系数示意图

如果通过厚度自动控制系统的调整，辊缝调整量为 δS，辊缝由 S 减少到 S'。此时，轧制力增量为 δP，响应的机座弹性变形波动量为 $\delta P/K$，轧件轧后的厚度偏差为 δh，并有：

$$\delta h = \frac{\delta P}{K} - \delta S \tag{5-58}$$

根据式（5-55）和式（5-58），δh 亦可用下式表示：

$$\delta h = \frac{\delta P}{K}(1 - C_p) \tag{5-59}$$

将式（5-59）代入式（5-56），则轧机当量刚度系数 K_p 为：

$$K_p = \frac{\delta P}{\frac{\delta P}{K} - \delta S} = \frac{K}{1 - C_p} \tag{5-60}$$

通过上述推导，可看出辊缝调整系数 C_p、轧机当量刚度系数 K_p 和厚度控制的关系（图 5-29）：(1) 当 $C_p = 1$ 时，$\delta S = \delta P/K$ 和 $\delta h = 0$，说明辊缝调整量 δS 完全补偿了轧机弹性变形波动量 $\delta P/K$，使轧后的厚度偏差为零。此时，轧机当量刚度系数为无穷大，说明轧机有“无穷大”的厚度控制能力，能完全消除轧件厚度偏差。(2) 当 $0 < C_p < 1$ 时，$\delta S < \delta P/K$，辊缝调整量只能部分补偿轧机弹性变形波动量，此时，轧机当量刚度系数 K_p 大于轧机自然刚度系数 K 而小于无穷大，称为硬特性控制，能补偿部分厚度差。(3) $C_p = 0$

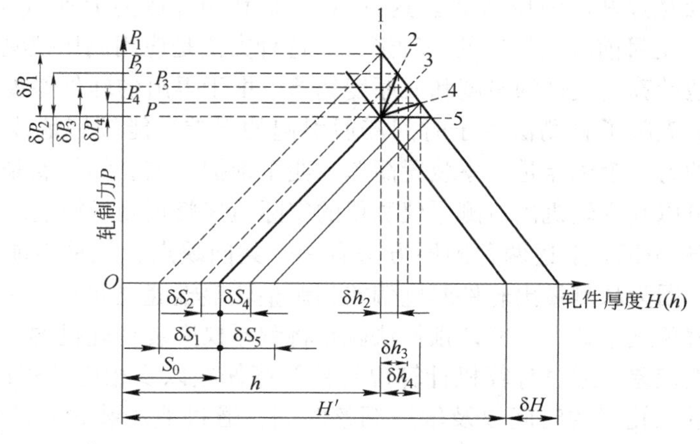

图 5-29　轧机当量刚度和厚度控制的关系

时，轧辊辊缝不调整，轧机弹性变形波动量完全不能得到补偿。此时，轧机当量刚度系数 K_p 等于轧机自然刚度系数。（4）当 $C_p<0$ 时，辊缝调整方向与轧机弹性变形方向相同，使辊缝变大。此时，轧机当量刚度系数 K_p 小于轧机自然刚度系数，称为软特性控制，一般在平整轧件时使用，用来改善轧件的板形。

4 种厚度控制方式的特点和 K_p 值如表 5-1 所示。

表 5-1　4 种厚度控制方式的特点和 K_p 值

控制方式	辊缝调整系数	轧机当量刚度系数	特　点
自动位置控制	0	$K_p=K$	完全不能补偿厚度偏差
软特性控制	-1.5~0	$K_p<K$	辊缝调整方向与轧机变形方向相同，使辊缝增大
硬特性控制	0~0.8	$K<K_p<\infty$	部分补偿厚度偏差
超硬特性控制	1（为了稳定，一般取 0.8~0.9）	∞	完全补偿厚度偏差

5.4.5　自动厚度控制的基本类型

自动厚度控制简称 AGC。在现代板带轧机上，一般采用液压压下装置。采用液压压下的自动厚度系统称为液压 AGC。AGC 系统可分为三个主要部分：（1）测厚部分，主要是检测轧件的实际厚度；（2）厚度比较和调节部分，主要将检测的轧件实际厚度与轧件给定厚度比较，得出厚度偏差值 δh，此外，在根据工艺要求给出辊缝调整系数 C_p 后，输出辊缝调节量 δS；（3）辊缝调整部分，主要根据辊缝调整量输出值，通过液压装置对辊缝进行相应的调整，以减少或消除轧件的纵向厚度偏差。

根据轧件测厚方法的不同，AGC 可分为三种方法：

（1）采用直接测厚法的液压 AGC。这种液压 AGC 是应用测厚仪直接测量轧机出口处的轧件厚度，经厚度比较调节后得出轧件厚度偏差 δh，并输出辊缝调节量数值，通过液压装置进行辊缝调整。这种方法的优点是控制系统较为简单，其缺点是由滞后性造成轧件厚度控制精度不高，只能在轧制速度不高的轧机应用。

（2）采用间接测厚法的液压 AGC。这种 AGC 是利用轧制力 P 来间接测量轧件厚度，故又称为 P-AGC，是目前应用较广的一种形式。这种方法是应用测压仪测出轧制力后，通过弹跳方程间接地计算出轧件的厚度和或厚度偏差。由于得出的轧件厚度是在轧辊辊缝中轧制的轧件厚度，克服了直测法由于时间滞后引起的误差，能较好地改善轧件的厚度偏差。间接测厚法的另一个优点是测厚装置简单，便于维护。该法的缺点是轧件厚度测量精度较低。但是，可以利用轧机出口测厚仪测得的实际值来修正测量精度。

（3）预控液压 AGC。上述两种测厚方法有一个共同缺点，就是不能修正实时测量点的轧件厚度偏差，因为从测量出轧件厚度偏差到调整轧辊辊缝之间都有一个滞后时间。预控法可以有效地避免这个缺点。所谓预控法就是将测厚仪安装在轧机的入口处，测出轧件入口处的来料厚度偏差，通过计算机计算出轧件厚度偏差以及相应的辊缝调整量。最后，根据测量点轧件进入轧辊的时间以及辊缝调整时间，通过液压装置对轧辊辊缝进行预控调整。

预控 AGC 是开环控制，不能检查控制效果，其控制精度只能取决于计算精度。为了提高控制精度，预控 AGC 往往与 P-AGC 配合使用。P-AGC 属于闭环反馈控制系统。

由上可见，上述三种类型的液压 AGC 各有其使用特点。在现代带钢连轧机组上，在机组的入口侧和出口侧一般都设有测厚仪，而中间各机架则基本采用 P-AGC 系统。

5.5 板形控制的基本原理

5.5.1 板形的基本概念及其表示方法

板形是板带的重要质量指标。20 世纪 80 年代以来，随着对板形要求的不断提高，板形控制技术和新型板带轧机的研制和开发不断深入，取得很大进展。

所谓板形，包括板带纵横两个方面的尺寸指标。纵向板形直观上表现为板带材的翘曲程度，即通常所讲的平直度，就实质而言，是指带钢内部残余应力分布。横向板形，指的则是带钢的断面形状，包括板凸度、边部减薄及局部高点等。

5.5.1.1 平直度

板材的平直度也称为板材的翘曲度，就其实质而言，是指板带钢内部残余应力的分布。人们依据各自不同的研究角度及不同的板形控制思想，采用不同的方式定量地描述板形。

A 相对长度差表示法

把翘曲的带钢裁成若干个纵条并铺平，则在带钢的横向各点有不同的延伸。用 $\Delta L/L$ 来表示板形，如图 5-30 所示。通常板形以 I 单位表示，如下所示：

$$I = \frac{\Delta L}{L} \times 10^5 \tag{5-61}$$

式中 I——带钢板形，以 I 单位表示；

ΔL——带钢纵向延伸差，mm；

L——带钢基准点的带钢长度，mm。

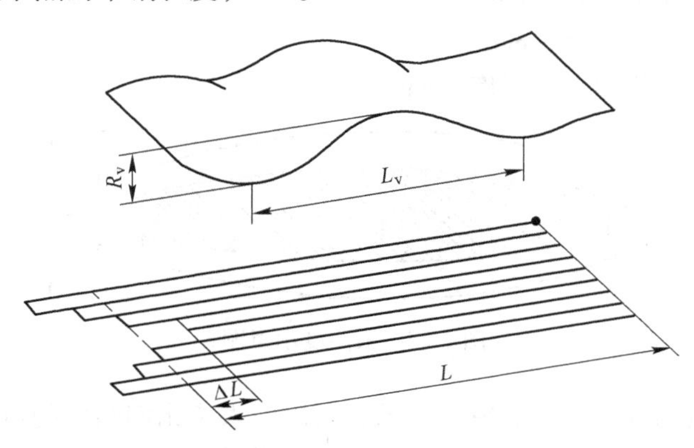

图 5-30 板形的相对差表示法示意图

B 波形表示法

翘曲的带钢切取一段置于平台上，如将最短纵条视为一直线，最长纵条视为一正弦波，以翘曲波形来表示板形，则称为翘曲度。翘曲度通常以百分数来表示，如图 5-31 所示。带钢的翘曲度 λ 表示为：

$$\lambda = \frac{R_v}{L_v} \times 100\% \tag{5-62}$$

式中 λ——翘曲度，以百分数表示；

R_v——波幅，mm；

L_v——波长，mm。

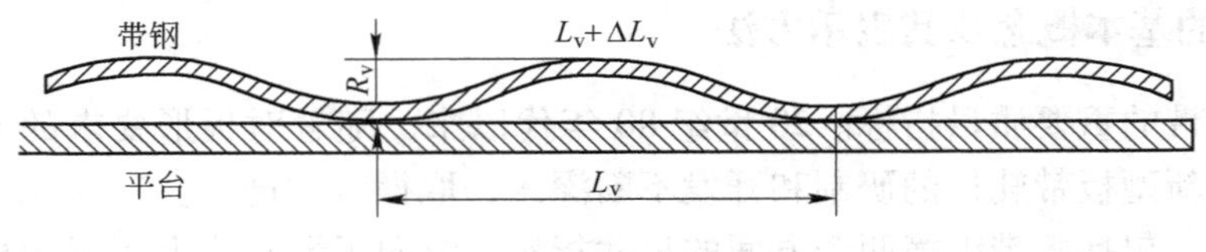

图 5-31 板形的波形表示法

C 相对长度差表示法和波形表示法之间的关系

翘曲度 λ 和最长、最短纵条相对长度差 I 之间的关系表示为：

$$I = \frac{\Delta L_v}{L_v} \times 10^5 = \left(\frac{\pi R_v}{2L_v}\right)^2 \times 10^5 = \frac{5\pi^2}{2}\lambda^2 \tag{5-63}$$

式中 I——带钢板形，以 I 单位表示；

λ——翘曲度，以百分数表示。

该式说明相对差表示法和波形表示法之间的关系，只要测出带钢的波形就可以求出相对长度差。

5.5.1.2 板凸度

所谓板凸度是指板中心处厚度与边部代表点处的厚度之差（图 5-32），有时为强调没有考虑边部减薄，又称它为中心板凸度。其表达式为：

$$C_h = h_c - h_e \tag{5-64}$$

式中 C_h——带钢的中心凸度，mm；

h_c——带钢的中心厚度，mm；

h_e——带钢边部代表点的厚度，mm。

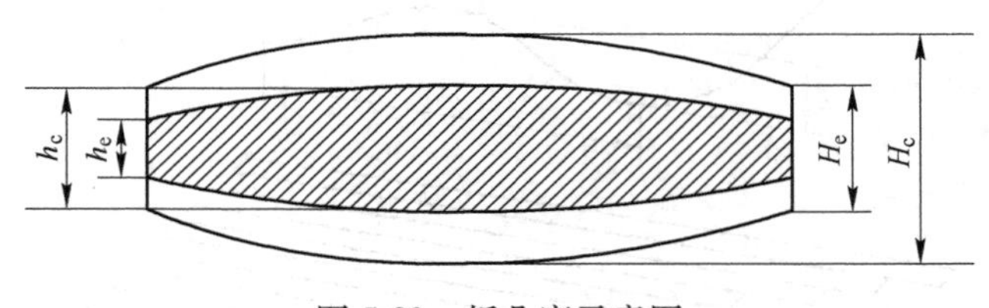

图 5-32 板凸度示意图

由于轧件的厚度与其板凸度有密切关系，所以引入了比例凸度的概念。比例凸度是指轧件中心凸度与轧件出口平均厚度的比值，其公式表示为：

$$C_p = \frac{C_h}{\overline{h}} \times 100\% \tag{5-65}$$

式中 C_P——比例凸度，以百分数表示；

C_h——板凸度，mm；

$\overline{h}$——轧件的平均厚度，mm。

5.5.1.3 边部减薄

边部减薄也是一个重要的断面质量指标。边部减薄是在板带轧制时发生在轧件边部的一种特殊现象，即在接近板带边部处，其厚度突然减小，这种现象称为边部减薄（图5-33）。故严格来说，实际的板凸度是针对除去边部减薄区以外部分来说的。

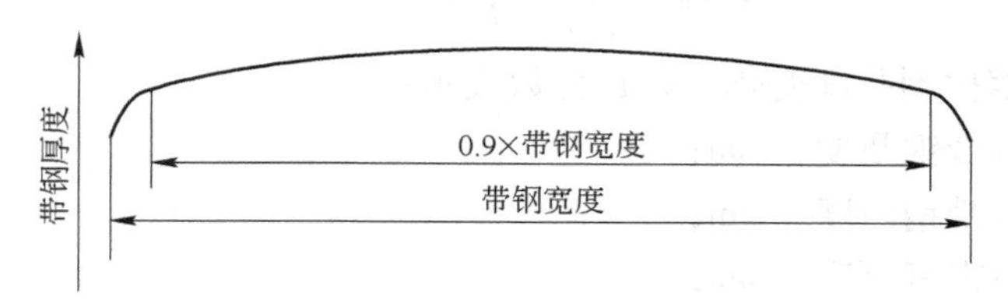

图 5-33 边部减薄示意图

边部减薄量直接影响到边部切损的大小，与成材率有密切关系。一般选取距离带钢边部 25~50mm 的区域作为边部减薄区。

发生边部减薄现象的主要原因有两个：（1）轧件与轧辊的弹性压扁量在轧件边部明显减小；（2）轧件边部金属的横向流动要比中间部分容易，这也进一步降低了轧件边部的轧制力及其与轧辊的压扁量，使轧件边部减薄量增加。

5.5.1.4 平直度与板凸度之间的关系

平直度与板凸度有密切关系，可以应用良好板形条件来加以阐述。假定钢板没有横向流动，则根据体积不变条件，可知：

$$H(x)L(x) = h(x)l(x) \tag{5-66}$$

$$\frac{L(x)}{l(x)} = \frac{H(x)}{h(x)} \tag{5-67}$$

式中 $L(x)$，$H(x)$——分别为轧前 x 处的钢板长度和厚度，mm；

$l(x)$，$h(x)$——分别为轧后 x 处的钢板长度和厚度，mm。

良好板形是轧件延伸均匀，即：

$$\frac{L(x)}{l(x)} = \frac{H(x)}{h(x)} = \text{const} \tag{5-68}$$

取边部和中心两点考虑，则：

$$\frac{H_c}{h_c} = \frac{H_e}{h_e} \Rightarrow \frac{H_c - H_e}{H_e} = \frac{h_c - h_e}{h_e} \Rightarrow \frac{C_H}{\overline{H}} = \frac{C_h}{\overline{h}} \tag{5-69}$$

由此可见，板形良好条件就是比例凸度恒定，即：

$$\frac{C_h}{\overline{h}} = \frac{C_H}{\overline{H}} \tag{5-70}$$

式中 C_H，C_h——分别为轧前、轧后带钢的凸度，mm；

$\overline{H}$，$\overline{h}$——分别为带钢轧前、轧后的厚度，mm。

冷轧过程要求严格保证良好板形条件，所以在轧制过程中，尽管板凸度值不断减小，可是比例凸度始终保持不变。热轧过程有所不同，为了满足产品凸度方面的要求，在板形允许的范围内带钢比例凸度可以适当改变。因此，板形变化与板凸度变化的定量关系是板凸度控制的基础。

轧制过程中带材产生的翘曲或波浪是由带钢宽向的不均匀延伸所至，带钢宽向延伸与该道次板凸度变化直接相关，可用如下式表示：

$$\Delta C_p = \left(\frac{C_1}{h_1} - \frac{C_2}{h_2}\right) \times 100\% \tag{5-71}$$

式中　ΔC_p——带钢比例凸度变化，以百分数表示；

C_1——入口带钢凸度，mm；

C_2——出口带钢凸度，mm；

h_1——入口带钢厚度，mm；

h_2——出口带钢厚度，mm。

当 $\Delta C_p<0$ 时，带钢多趋向于出现边浪；而当 $\Delta C_p>0$ 时，带钢多趋向于出现中浪。但是，由于有内应力的存在，所以只要比例凸度变化在一定的范围内，带钢仍然会保持平直，这一凸度范围就叫做平直度的死区。热轧平直度死区可用下式给出：

$$-80\left(\frac{h_2}{B}\right)^a < \Delta C_p < 40\left(\frac{h_2}{B}\right)^b \tag{5-72}$$

式中　ΔC_p——带钢比例凸度变化；

B——带钢的宽度，mm。

根据以上概述，给出平直度与比例凸度差之间的关系式为：

$$I = \Delta C_p \times 10^3 \tag{5-73}$$

式中　I——板形，以 I 单位表示；

ΔC_p——比例凸度差，以百分数表示。

翘曲度与比例凸度差之间的关系式：

$$\lambda = 6.3661977 \times \sqrt{|\Delta C_p|} \tag{5-74}$$

式中　λ——翘曲度，以百分数表示；

ΔC_p——比例凸度差，以百分数表示。

由以上两式得到板形的 I 单位表示与百分数表示的翘曲度关系式为：

$$\lambda = 0.201317 \times \sqrt{I} \tag{5-75}$$

式中　λ——翘曲度，以百分数表示；

I——平直度，用 I 单位表示。

5.5.1.5　板凸度方程

从板形与凸度的关系中，我们可以看出轧后板形与以下几种因素有关：来料板形、来料凸度、轧辊有载辊缝形状、金属横向流动状态。对于某一轧制道次而言，来料板形和来料凸度是不可改变的，因而从理论上讲，只能通过控制轧辊有载辊缝或改变金属横向流动两种方式来控制板形。

尽管任何一种板形控制方式都只是以上述两种途径之一作为主要作用机理，但由于改变金属的横向流动状态也必然会影响轧制力的横向分布，从而改变有载辊缝形状，同样，改变辊缝形状必然会影响金属横向流动，所以说，任何一个板形控制方式都包含着上述两种作用机理。

众所周知，轧件出口凸度取决于以下因素：轧辊原始辊形、轧辊热凸度、轧辊磨损凸度、轧制力和弯辊力造成的弹性弯曲、轧辊压扁和轧件入口凸度。通过理论计算和实践应用，轧件的出口板凸度一般可以用下式表示：

$$C_h = \frac{F}{K_F} + \frac{F_B}{K_B} + K_{cw}C_w + K_{cb}C_b + \alpha'\left(\frac{C_H}{H} - \frac{C_h}{h}\right) \tag{5-76}$$

将式（5-76）右边前半部分看成是有载辊缝凸度 C_0，则有：

$$C_h = C_0 + \alpha'\left(\frac{C_H}{H} - \frac{C_h}{h}\right) \tag{5-77}$$

$$\left(1 + \frac{\alpha'}{h}\right)\left(\frac{C_h}{h} - \frac{C_H}{H}\right) = \frac{C_0}{h} - \frac{C_H}{H} \tag{5-78}$$

$$\frac{C_h}{h} - \frac{C_H}{H} = \xi\left(\frac{C_0}{h} - \frac{C_H}{H}\right) \quad 0 \leqslant \xi < 1 \tag{5-79}$$

式中 K_F——轧制力横向刚度，N/mm；

F——轧制力，N；

K_B——弯辊力横向刚度，N/mm；

F_B——弯辊力，N；

K_{cw}，K_{cb}——分别为工作辊和支承辊的凸度影响系数；

C_w，C_b——分别为工作辊和支承辊凸度，mm；

C_h——轧件出口凸度，mm；

C_H——轧件入口凸度，mm；

α'——出入口比例凸度差异对轧件凸度的影响系数。

将式（5-79）进行变形，得式（5-80）：

$$C_h = \xi \cdot C_0 + (1 - \xi)(1 - r)C_H \tag{5-80}$$

其中，$1 - r = h/H$，则有：

$$C_h = \xi \cdot C_0 + (1 - \xi)\frac{h}{H}C_H \tag{5-81}$$

式中 ξ——轧制力均匀分布时的机械凸度对轧件出口凸度的影响。

5.5.2 板形控制方法

从20世纪60年代至今，随着板形控制思想的变化和发展，各种形式的板形控制轧机相继问世并投入实践生产，板形控制水平不断提高。但是，板形问题在世界范围内尚未找到一个完善的解决方案，没有任何一种板形控制技术占据绝对主导地位，板形控制呈现多元化的发展趋势。

板形控制主要从工艺手段和设备结构上进行考虑。当采用设定初始辊型、改变轧制规程和对轧辊进行分段冷却等工艺手段调整板形时，不可避免地存在响应速度慢、不能在线实时控制的缺陷。鉴于这种情况，工艺方法仅能作为板形控制的辅助手段，实际应用中主要通过改进设备结构达到控制板形的目的。从设备方式和执行机构看，主要板形控制技术包括：液压弯辊、阶梯形支承辊、轧辊变形、轧辊横移、轧辊在线研磨与在线检测以及轧辊交叉。

5.5.2.1　压下倾斜技术

压下倾斜技术的原理是对轧机两侧的压下装置进行同步控制，通过增大或减小一侧的压下量，同时使得另一侧的压下量减小或者增大，从而使辊缝呈楔形（见图 5-34）以消除带材非对称板形缺陷如“单边浪”“镰刀弯”等，压下倾斜具有结构简单、操作方便和响应速度快等特点。

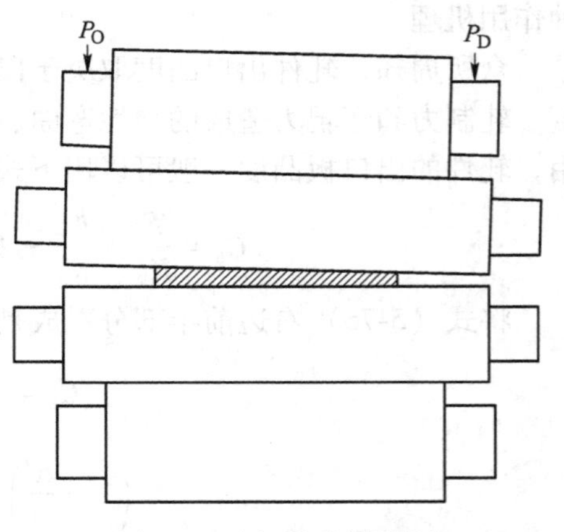

图 5-34　压下倾斜控制法

5.5.2.2　弯辊技术

20 世纪 60 年代初发展起来的液压弯辊技术是改善板形最有效、最基本的方法。液压弯辊的基本原理是通过向工作辊或支承辊辊颈施加液压弯辊力，使轧辊产生人为的附加弯曲来瞬时改变轧辊的有效凸度，从而调整轧件的凸度。

根据弯辊力作用部位，弯辊通常可以分为工作辊弯辊、中间辊弯辊（对于六辊轧机而言）和支承辊弯辊；根据弯辊力作用方向，弯辊可以分为正弯辊和负弯辊；根据操作侧和传动侧施加的弯辊力是否相等，可分为对称弯辊和非对称弯辊，非对称弯辊也可以消除非对称板形缺陷。下面针对普通四辊轧机对液压弯辊控制法进行说明。

正弯辊法如图 5-35（a）所示，在上下工作辊轴承座之间设置液压缸，对上下工作辊

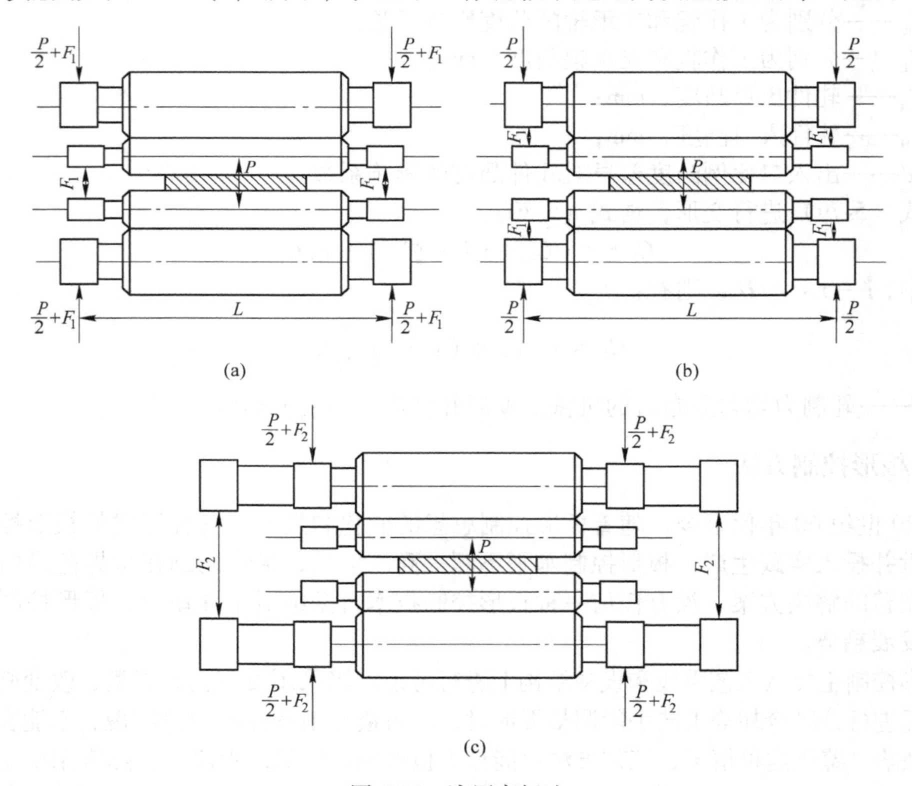

图 5-35　液压弯辊法
（a）正弯辊；（b）负弯辊；（c）弯曲支承辊

轴承座施加与轧制力方向相同的弯辊力 F_1（此力规定为正值，故称为正弯辊）。在弯辊力 F_1作用下，轧制时的轧辊挠度将减小。负弯辊法如图 5-35（b）所示，是在工作辊与支承辊轴承座之间设置液压缸，对工作辊轴承座施加一个与轧制力方向相反的作用力 F_1（此力规定为负值，故称为负弯辊），它使工作辊挠度增加。

在辊身长度 L 与工作辊直径 D 的比值 $L/D<4\sim5$ 的板材轧机上，一般多采用弯曲工作辊法。正弯辊和负弯辊的实际效果基本相同，但正弯辊的设备简单，可与工作辊平衡缸合为一体，且当轧件咬入或抛出时，液压系统不需切换。正弯辊法的缺点是使支承辊与工作辊辊身边缘的接触载荷增大，增加支承辊辊身边缘部分的疲劳剥落。此外，弯辊力 F_1也加大工作辊辊颈、轴承、压下装置和机架的负荷，特别是对工作辊轴承寿命影响较大。负弯辊法对工作辊辊颈和轴承的负荷增大，与正弯辊法相同，但不增加压下装置和机架的负荷，反而减小支承辊与工作辊辊身边缘的接触载荷。

弯曲支承辊如图 5-35（c）所示。采用弯曲支承辊来调整轧辊辊型时，需要将支承辊两端加长，在伸长的辊端上设置液压缸。目前常用的是支承辊正弯辊法，即弯辊力 F_2作用方向与轧制力方向相同，以减小支承辊挠度。这种弯辊方法会增加支承辊辊颈、轴承、压下装置和机架的负荷。在某些轧机上采用结构较为复杂的弯曲支承辊装置时，也可以使压下装置和机架不承受弯辊力。

弯曲支承辊装置一般用于宽度较大的中厚板轧机，即辊身长度 L 与工作辊直径 D_1之比 $L/D_1>4\sim5$，或支承辊辊身长度与直径之比大于 2 时。

普通单轴承座工作辊弯曲装置存在着工作辊轴承座应力和变形不均的现象，为此日本石川岛播磨重工业公司开发了 DCB 轧机（图 5-36），即装有双轴承座工作辊弯曲装置的轧

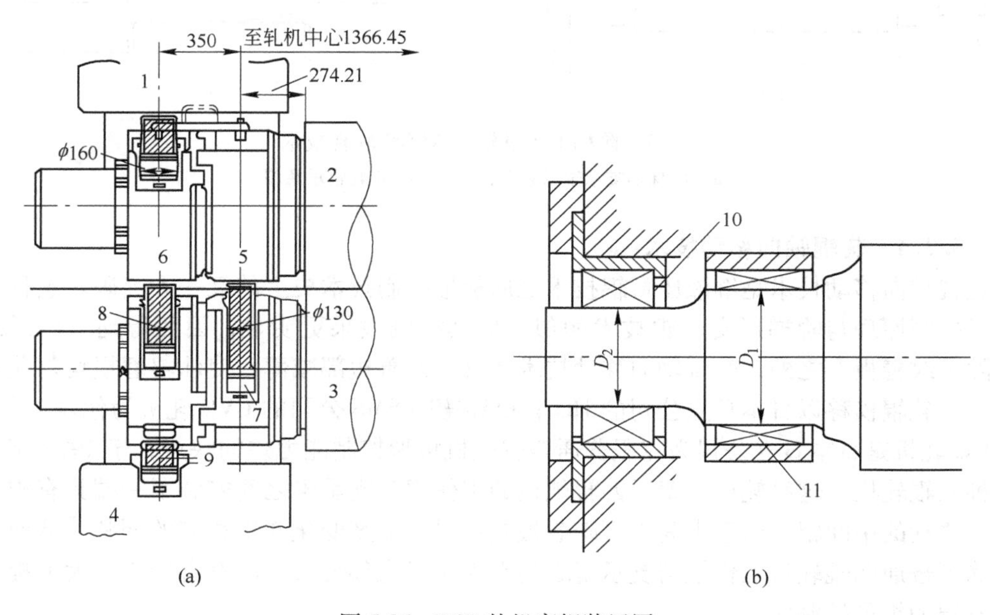

图 5-36 DCB 轧机弯辊装置图

（a）结构简图；（b）工作辊辊径和轴承配置

1—上支承辊轴承座；2—上工作辊；3—下工作辊；4—下支承辊轴承座；5—工作辊内侧轴承座；6—工作辊外侧轴承座；7—内侧轴承座液压缸；8—外侧轴承座液压缸；9—工作辊弯辊缸；10—工作辊外侧轴承；11—工作辊内侧轴承

机。它的特点是将工作辊轴承座一分为二，两个轴承座分别由各自的液压缸施加弯矩力。其优点是：独立调整弯矩辊力，可以实现现代化设计，充分利用轴承座、轴承及辊颈的强度，使整个装置可承受更大的弯辊负荷，从而提高设备的板形控制能力，延长零部件的使用寿命；由于外侧液压缸优先用于弯辊，加长了弯辊力臂，增大了弯曲力矩；容易实现现有轧机的改造。此轧机在日本分别用于热连轧、冷连轧带钢机及可塑式冷轧机。但由于轧辊轴承座结构复杂，目前 DCB 轧机还处在有选择的推广中。

5.5.2.3 阶梯形支承辊技术

阶梯形支承辊技术是对传统的四辊轧机进行分析后，为消除四辊轧机的辊间有害接触区而提出的，见图 5-37（a）。另外还有大凸度支承辊，见图 5-37（b），即 NBCM 轧辊，也可以看作是一种连续可变的阶梯形支承辊。由于轧辊轴向移动技术的迅速发展，阶梯形支承辊技术应用很少，基本被轧辊轴向移动技术所代替。

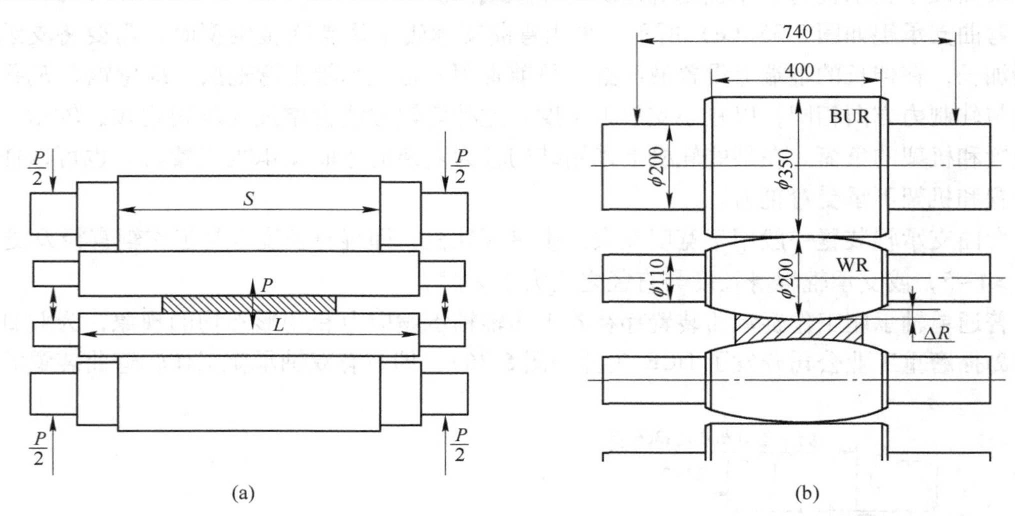

图 5-37 阶梯形支承辊和 NBCM 轧辊技术
（a）阶梯形支承辊示意图；（b）NBCM 轧辊示意图

5.5.2.4 轧辊轴向移动技术

轧辊轴向移动技术是继液压弯辊技术之后板形控制技术史上的又一大突破。这种技术的板形控制原理与阶梯形支承辊技术相似，但其控制效果更明显，因而得到了广泛的应用。除了改善板形之外，轧辊轴向移动技术还具有改善边部减薄，使轧辊磨损均匀化等许多优点。轧辊横移以日本日立公司的 HC 轧机和德国 SMS 公司的 CVC 轧机为代表。

HC 轧机是日本日立公司为克服普通四辊轧机板形控制能力差的缺点，于 1972 年开发了一种六辊轧机。这种轧机在普通四辊轧机的工作辊与支承辊之间安装了一端具有锥度并可轴向移动的中间辊。由于中间辊可随着被轧带材的宽度变化作出相应的调整，从而有效地消除了普通四辊轧机工作辊与支承辊之间在大于板宽部分形成的有害弯矩，大大提高了液压弯辊的板形控制能力。

通过分析四辊轧机工作辊的挠度可以看出，大于带材宽度的工作辊与支承辊的接触区是一个有害的接触区，它迫使工作辊承受了一个附加弯辊力，增大了工作辊的弯曲力矩，使工作辊挠度变大，故板形变坏，同时由于存在这个有害的接触区，液压反向弯曲轧辊不能有效地发挥作用。

HC 轧机相当于在四辊轧机工作辊和支承辊之间安装了一对中间辊，使之成为六辊轧机。中间辊可以随着带材宽度的变化而调整到最佳位置，使工作辊与支承辊脱离有害接触区，同时工作辊又配有液压弯辊装置，所以 HC 轧机板形控制能力十分理想。

利用中间辊的轴向移动进行板形控制是 HC 轧机的本质所在，也是在工作原理上区别于四辊轧机的根本点，其原理如图 5-38 所示。

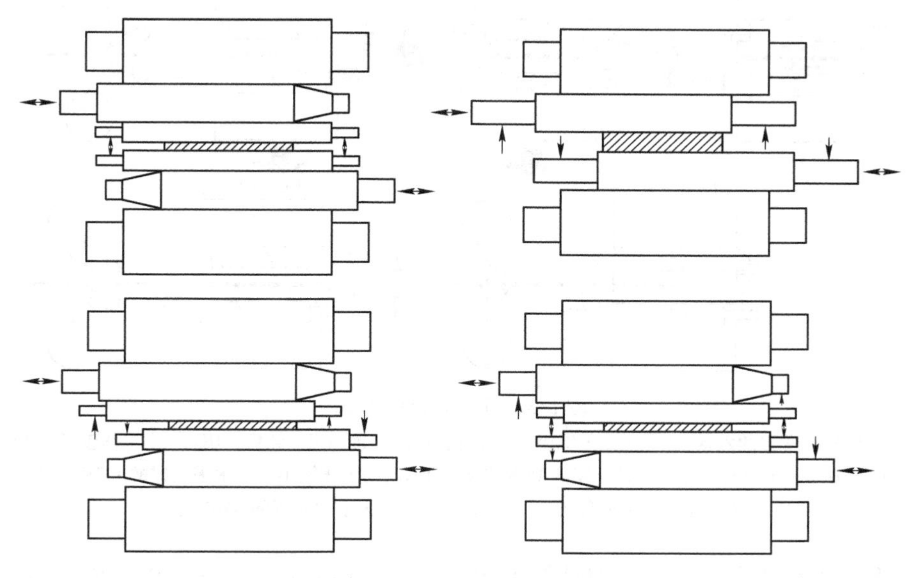

图 5-38　HC 轧机的形式

HC 轧机具有以下特性：

（1）具有良好的板凸度和板形控制能力。产品板形好，波浪度可控制在 1%以下。

（2）带材边部减薄量减少，减少了裂边和切边量，轧制成材率可提高 1%~2%。

（3）可增大道次的压下量和减少轧制道次，可比同类四辊轧机提高产量 20%左右。对于冷轧而言，由于减少中间退火次数等原因，可节省能耗 15%左右。

由于轴向移动辊子的方案不同，HC 轧机又分为：具有中间辊移动系统的 HCM 六辊轧机，用于热轧、冷轧和平整；具有工作辊移动系统的 HCW 四辊轧机，用于热轧厚板材等；工作辊和中间辊都能移动的 HCMW 轧机，用于热轧带钢。近年来，为了轧制宽薄而硬度又高的产品，还出现了在 HC 六辊轧机基础上增设中间辊弯辊装置轧机，称为 UCM 六辊轧机。HC 轧机的不同形式如图 5-38 所示。

20 世纪 80 年代初日立公司为了进一步满足宽、薄、硬质材料高精度轧制的需要，在 HC 轧机基础上发展出 UC 轧机（Universal Crown Control Mill），即万能凸度控制轧机。这种轧机采用小径化工作辊，具有中间辊横移、中间辊弯辊、工作辊弯辊三种板形控制机构。随着 UC 轧机的广泛应用，为了满足不同的生产需要，UC 轧机由最初的 UCM 形式派生出 UCMW、UC2、UC3、UC4、UC1F、5MB、6MB 等多种形式，构成了一个如图 5-39 所示的庞大的轧机系列。

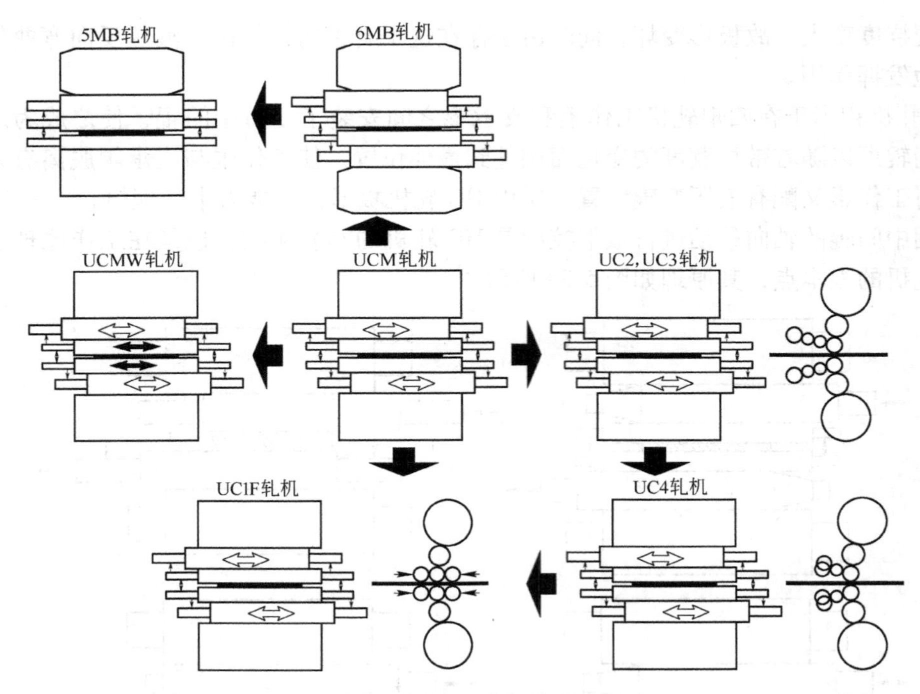

图 5-39　UC 轧机的形式

UCM—中间辊横移、弯辊的六辊 HC 轧机；UCMW—工作辊横移的六辊 UCM 轧机；UC2—小工作辊径的 UCM 轧机；UC3，UC4—工作辊小径、无轴承座的 UCM 轧机；UC1F—工作辊小径、水平支撑的 UCM 轧机；6MB—无中间辊横移的 UCM 轧机；5MB—无下中间辊的 6MB 轧机

CVC 板形控制技术的工作原理是将工作辊磨削成 S 形辊，并呈 180°反向布置，通过轧辊的轴向移动连续改变辊缝形状。如图 5-40 所示，上、下两轧辊在基准位置为中性凸度，辊缝两侧对立的高度相同，和一般的轧辊相同。当上辊向右、下辊对称地向左移动时，辊缝中间薄，相当于轧辊的正凸度；反之，当上辊向左、下辊向右作对称移动时，则辊缝中间厚，相当于轧辊的负凸度。因轧辊移动量是可以无级设定的，所以辊缝的凸度也是连续可变的，CVC 轧机也由此而得名。

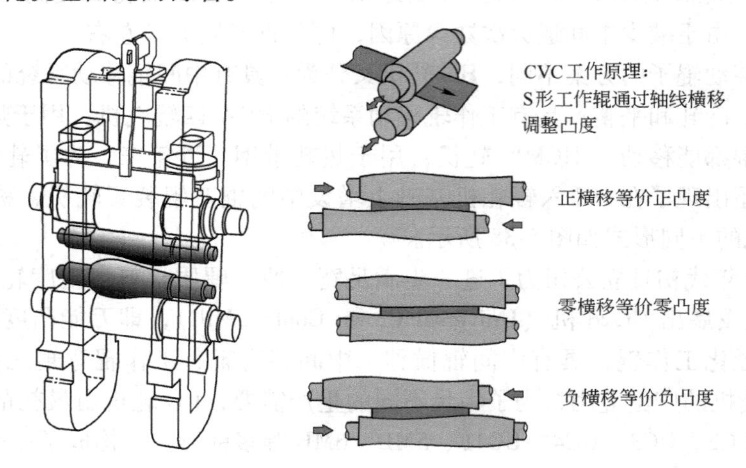

图 5-40　CVC 轧机工作原理示意图

通常 CVC 轧机的设计是基于轧辊移动距离等于轧辊辊身支承长度的±5%~7%，每一根辊子的凸度设定范围大致为 0.5mm。CVC 轧机可以是二辊式、四辊式或六辊式。这种轧机凸度调节范围大，可以预设定，也可以在轧制过程中调整辊形。最近几年，SMS 在 CVC 基础上又发展推出了 CVC-PLUS 技术，该技术可以更好地控制边部减薄和降低辊间压力峰值。

万能板断面形状控制（UPC）轧机是由德国曼内斯曼－德马克－萨克（MDS, Mannesmann Demag Sack）公司设计的，这种轧机在某种程度上与 CVC 技术有相似之处，只是 UPC 辊为雪茄形，而不是 S 形（见图 5-41（a）），UPC 辊的移动行程是 CVC 系统的两倍。Smart-Crown 技术由奥钢联（VAI）公司开发，其工作辊也是采用横移技术，只是其辊型曲线为正弦/余弦曲线（见图 5-41（b））。

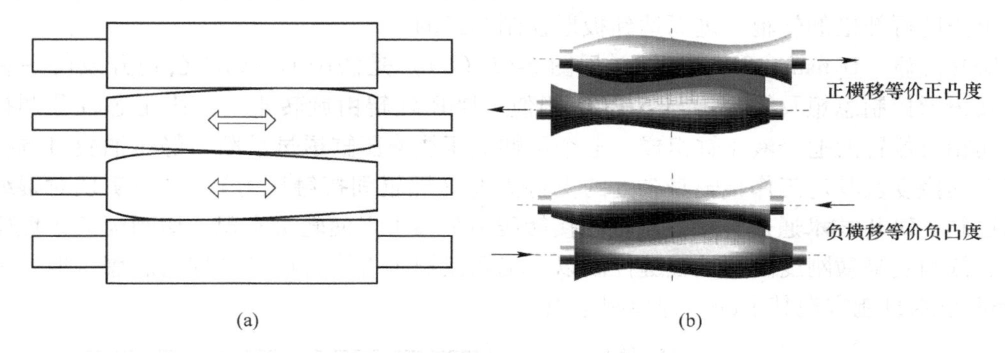

图 5-41 万能板断面形状控制（UPC）轧机和 Smart-Crown 轧机
（a）UPC 轧机；（b）Smart-Crown 轧机

5.5.2.5 轧辊胀形技术

轧辊胀形技术的基本思想就是采用液压或机械的方式改变轧辊辊形，以达到控制板形的目的。

1974 年日本住友公司开发出了一种凸度可变的轧辊，称为 VC 轧辊（Variable Crow roll system）或液压胀形轧辊，其结构原理如图 5-42 所示。液压胀形轧辊由芯轴与辊套组成。在芯轴与辊套之间设有液压腔，高压液体经高速旋转的高压接头由芯轴进入液压腔。在高压液体的作用下，辊套外胀，产生一定的凸度。调整液体压力的大小，可以连续改变辊套凸度，迅速校正轧辊的弯曲变形，达到控制板形的目的。辊套与芯轴两端在一定长度内采用过盈配合，一方面对高压液体起密封作用，另一方面在承受轧制载荷时，传递所需要的扭矩，并保证轧辊的整体刚度。

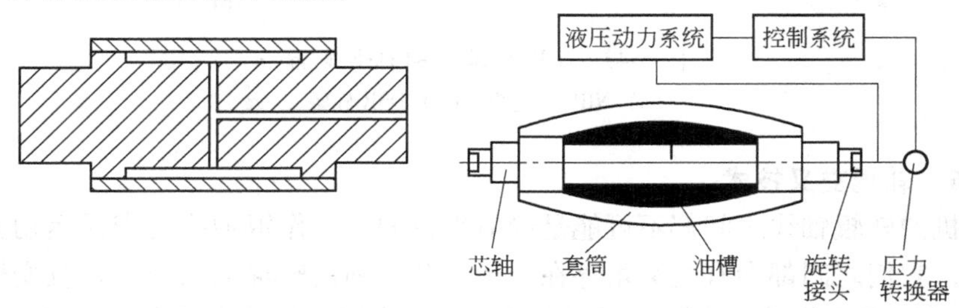

图 5-42 VC 轧机轧辊整体胀形原理图

关于 VC 轧辊控制特性，日本有关方面作了大量的工作。实际应用中，既可将工作辊制成 VC 辊，也可将支承辊制成 VC 辊。虽然 VC 轧辊内部设有一个油槽，但其整体刚度并不次于实心轧辊，与弯辊技术相配合，可以扩大板形控制范围。

VC 轧机的优点是轧机不需改装，并在轧制过程中可实现轧辊凸度的快速改变。但这类轧机也有其缺点，也是它的致命点，即油压达 50MPa 时，旋转接头与油腔密封困难，结构复杂，并且，在板形控制上尚不能有效地控制复合浪，它至今只在日本住友公司内部使用。

瑞士 Escher Wyss 公司开发的 NIPCO（Nip Controlled Rolls）轧辊（见图 5-43（a）），由辊轴、辊套和调心轴承组成，每个支承块装入固定梁中，构成单独的液压支承，把旋转辊套压贴到工作辊上。可在辊身全长的各区内单独调节轧制力，这样就使 NIPCO 轧辊成为一个挠度可补偿的轧辊，进而达到板形控制的目的。

DSR 轧辊（Dynamic Shaperoll）（见图 5-43（b））是法国 CLECIM 公司开发的一种轧辊，其板形控制思想及结构均与 NIPCO 相似。DSR 轧辊由旋转辊套、固定芯轴及调控两者之间相对位置的七个液压缸组成。七个可伸缩压块液压缸透过承载动静压油膜可调控旋转辊套的挠度及其对工作辊辊身各处的支持力度（即辊间接触压力），进而实现对辊缝形状的控制。DSR 技术通过直接控制辊间接触压力分布可以使轧机实现低横刚度的柔性辊缝控制、低凸度高横刚度的刚性辊缝控制以及辊间接触压力均布控制的控制思想，但同一时间 DSR 技术只能实现其中的一种控制思想。

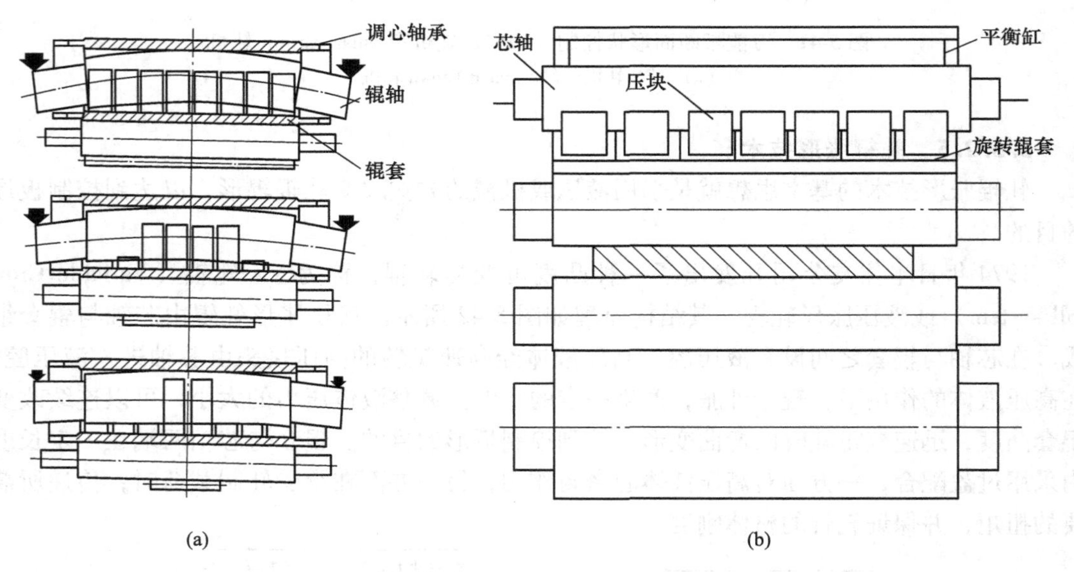

图 5-43　NIPCO 轧辊和 DSR 轧辊
（a）NIPCO 轧辊；（b）DSR 轧辊

5.5.2.6　轧辊交叉技术

任何轧机的轧辊轴线之间都不可能是绝对平行的，工作辊轴线与带材运动方向也不可能绝对垂直，它们之间都会有交叉角存在。最早开始利用轧辊交叉现象来改变辊缝形状是美国的 BETHLEHEM 公司，他们是利用支承辊或工作辊的单独交叉来改变辊缝形状。1981

年河野辉雄等人对工作辊交叉的轧机进行了一些研究。之后日本的新日铁公司和三菱重工业公司又开发了工作辊与支承辊同时交叉的 PC 轧机，并对这种轧机的各种特性进行了大量的理论和实验研究。除此之外，1982 年安田建一在他的博士论文中还提出了六辊轧机的轧辊交叉方案。图 5-44 给出了以上 4 种交叉辊轧机的交叉形式。与现有的其他板形控制方式相比，轧辊交叉有一个突出的优点，就是其板形控制能力强，特别是在轧制宽带时，其凸度可控范围远远大于其他任何一种板形控制方式。

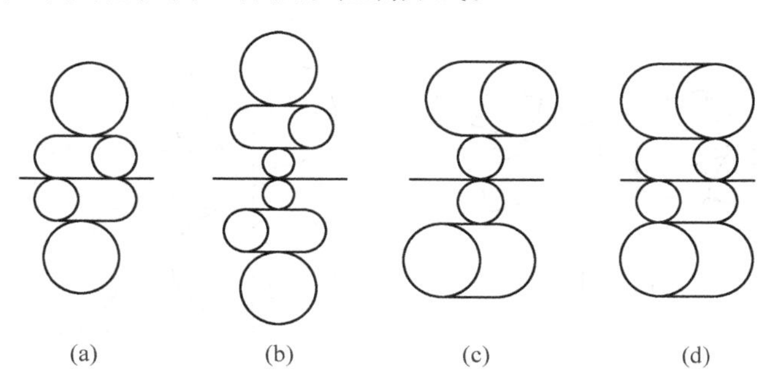

图 5-44　轧辊交叉系统

（a）工作辊交叉；（b）中间辊交叉；（c）支承辊交叉；（d）对辊交叉

实际上在图 5-44 所示的 4 种交叉方式中，对辊交叉方式的凸度控制能力仅占第二位，凸度控制能力最大的是工作辊交叉方式，它的凸度控制能力是对辊交叉及支承辊交叉二者之和。因此，工作辊交叉方式的凸度可控范围大这一优点比对辊交叉方式更明显。现在有的 4 种轧辊交叉方案中，支承辊交叉和中间辊交叉的凸度可控范围小，且有轧辊磨损和轧辊轴向力相对较大等缺点，所以，这两种交叉方式较难发展。尽管工作辊交叉方式也存在磨损和轴向力较大的缺点，但由于它具有板形控制能力最强、凸度可控制范围最大这样一个突出的优点，同时，还可以通过减小最大交叉角（牺牲部分凸度控制能力）、给轧辊以合理的硬度值以及采用合理润滑等方式减小它的轧辊磨损量和轴向力，所以，这种交叉方式仍是一种很有发展前途的板形控制方式。

目前得到广泛应用的轧辊交叉轧机为 PC 轧机，即对辊交叉轧机。按照辊系轴线交叉点的位置，PC 轧机又分为对称交叉轧制（即上下交叉辊的轴线交叉点在轧辊辊身中心）和非对称交叉轧制（即上下交叉辊的轴线交叉点不在轧辊辊身中心），如图 5-45 所示。

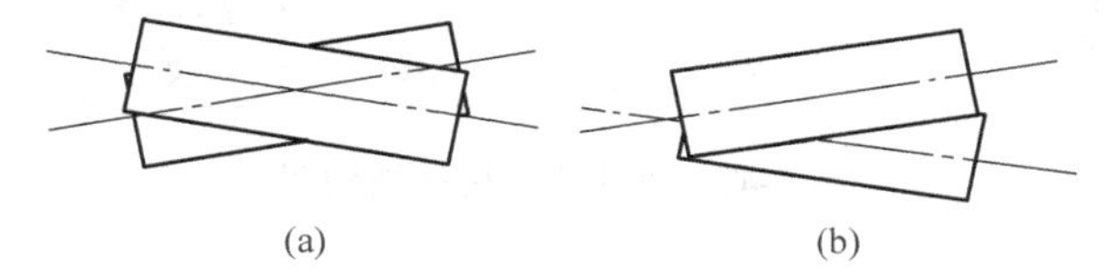

图 5-45　PC 轧机轧辊轴线交叉位置图

（a）对称交叉；（b）非对称交叉

根据推导，对称交叉式 PC 轧机通过成对轧辊的轴线交叉而形成的等效辊凸度为：

$$C_r = \frac{b^2 \tan^2\theta}{2D_w} = \frac{b^2\theta^2}{2D_w} \tag{5-82}$$

式中　C_r——等效凸度，mm；

b——带钢宽度，mm；

θ——交叉角度，rad；

D_w——工作辊直径，mm。

因此，调整轧辊交叉的角度，可以改变工作辊的等效凸度，如图 5-46 所示。由 PC 轧机的等效辊凸度公式可看出，根据轧制条件设定适当的交叉角 θ，便可以得到不同的带钢凸度 C_r 值，从图中可以看出，θ 越大，C_r 越大，控制带钢凸度的范围越大。

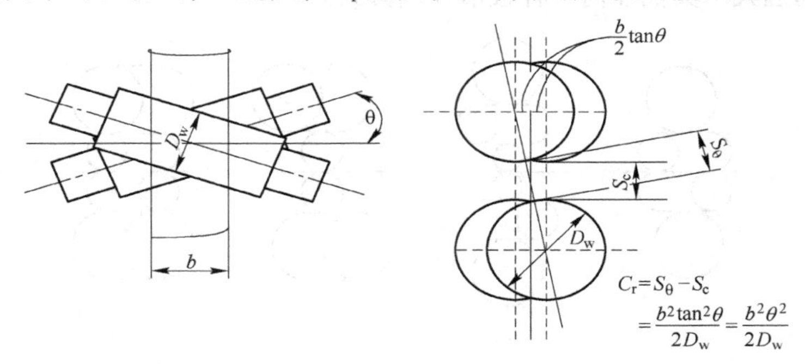

图 5-46　PC 轧机的等效工作辊凸度图

日本三菱日立制铁机械股份公司在三菱 PC 轧机和日立 WRS 轧机的基础上，开发出了一种新型的 PCS 轧机。PCS 轧机机械结构如图 5-47 所示，PCS 轧机不但具备了 PC 轧机板凸度控制能力大的优点，还兼具了 WRS 轧机可以分散轧辊磨损的特点，同宽轧制长度可以扩大到常规轧机的 1.7 倍，适合于配置在带钢热连轧生产线精轧机组的中间机架。PCS 轧机在 PC 轧机的基础上又多出一套横移机构，结构更加复杂，造价更高。

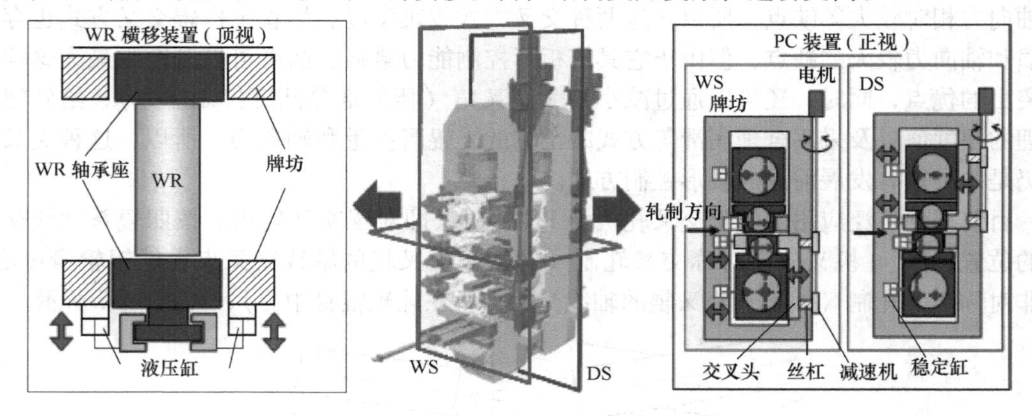

图 5-47　PCS 轧机机械结构图

PC 轧机在 1984 年 8 月首次问世就在板形和板凸度控制上取得了显著的成绩。随后许多国家都采用了 PC 轧制技术，在不到 20 年的时间里，世界上已拥有 50 多台 PC 轧机，这说明其具有很多优点和强大的竞争力。其主要特点介绍如下：

（1）板凸度控制范围大。根据上述原理可知，改变 PC 轧机的交叉角，则带钢宽度方向的轧辊间缝隙就可达到改善带钢凸度的效果。因此可以根据不同带钢产品的轧制和凸度要求，选择合适的轧辊交叉角进行轧制，从而达到最佳凸度要求。对于生产凸度调整范围要求大的带钢产品，仅用一种规格的轧辊辊形，就能满足过去需要5~6种辊形的要求。PC轧机的凸度调整范围比普通四辊轧机、带强力弯辊的四辊轧机、HC轧机、WRS轧机（工作辊移动）、CVC轧机要大得多。上述轧机的凸度控制能力的比较如表5-2所示。从表中可知，当PC轧机交叉角为1.5°时，轧机凸度控制范围最大可达1000μm以上。

表5-2 各种轧机凸度控制能力的比较

项 目	轧 机 类 型					
	四辊 普通	四辊 重型弯辊	六辊 HC	四辊 工作辊移动	四辊 VC-BUR	四辊 PC
工作辊辊径/mm	700	700	600	600	600	700
弯辊力/kN	0~950	0~1430	0~600	0~600	0~600	0~950
移动行程/mm			$\delta \geqslant 0$	$\delta \geqslant 45$	±140	
交叉角度/(°)						0~1.5
BUR凸度/μm	0	0		0	0	0
凸度控制范围/μm	0~160	0~350	0~480	0~380	0~650	0~1500

（2）凸度控制的精度高。由于PC轧机交叉角设定精度以及计算精度高，因此目标凸度命中率也十分精确（交叉角设定精度为0.01°）。带钢凸度控制精度提高是PC轧机的重大特点，特别对一些低凸度要求产品，例如硅钢对凸度的要求就很低。采用PC轧机后能将带钢凸度的实际值与目标值偏差控制在±20μm内。

控制精度高的另外一个重要原因是PC轧机交叉角的微小变化都能使板形产生很明显的变化。因此利用PC轧机上交叉角的微小变动，就可使带钢得到理想的板形。

（3）有效控制带钢边部减薄。带钢边部减薄的控制对带钢的质量和成材率都是有很大影响的。因为采用PC轧制时，工作辊与带钢之间存在横向的相对滑动，金属易于产生横向的流动，所以在PC轧机上轧制的带钢边部减薄是比较小的。

（4）提高板厚精度。根据数据统计，PC轧机在带钢全长、全宽方向的板厚精度比常规轧机高20%~50%。同时由于PC轧机上下工作辊的交叉，带钢容易咬入，带钢对中性也好，带钢的镰刀弯现象也相应大大减少。这对于提高带钢的质量和生产的稳定性是十分有利的。

（5）提高轧制能力。PC轧机在一个轧制计划中不再受轧辊辊形的限制。对不同的钢种和尺寸的带钢来说若要获得良好的板形和凸度，工作辊的原始辊形成为主要障碍。PC轧机能够改变交叉角，就可以获得任意辊形曲线和凸度来消除这种障碍，并能结合ORG在线磨辊技术实现自由程序轧制，从而使其轧制能力大大高于其他热带钢轧机。

思考题

5-1 影响轧机工作机架刚度的因素有哪些？辊系弹性变形是如何影响轧机刚度的？

5-2 测量轧机刚度的方法有几种？分析其优缺点。

5-3 如何有效提高四辊轧机工作机架刚度？

5-4　影响厚度波动的因素有哪些？利用 *P-h* 图举例说明如何消除钢板水印和来料厚度变化对厚度的影响？

5-5　说明轧机当量刚度和厚度控制的关系。说明软特性控制、硬特性控制和超硬特性控制的区别。

5-6　说明相对长度差表示法和波形表示法之间的关系以及平直度与板凸度之间的关系。

5-7　举例说明三种以上的现代板形控制技术。

5-8　分析工作辊和支承辊间的附加有害弯矩对板形控制的影响。

第 6 章　轧钢机主传动装置

6.1　轧钢机主传动装置的功用与组成

轧钢机主机列由工作机座、主传动装置和电动机组成。主传动装置的作用是将电动机的转动传递给工作机座的轧辊，使其以一定的速度和输出扭矩转动，实现对金属的轧制。

主传动装置的组成与轧机的结构形式和工作制度有关。轧钢机主传动装置的基本构成包括：联轴器、减速器、齿轮机座、连接轴等组成，如图 6-1 所示。

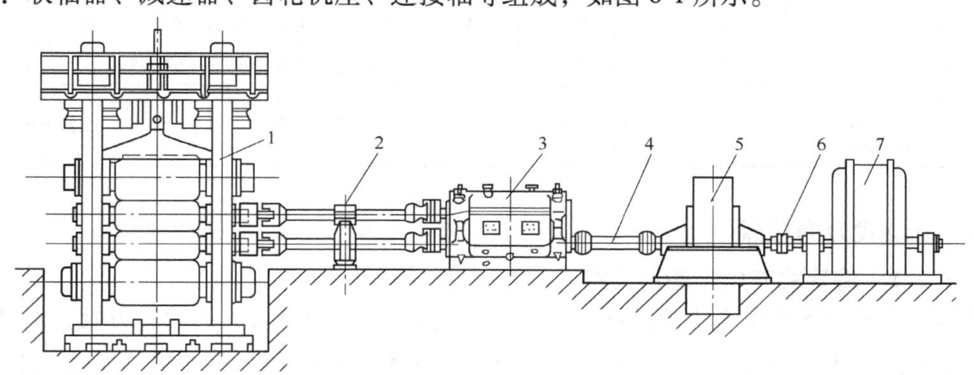

图 6-1　1700mm 四辊粗轧机座主传动简图

1—工作机座；2—连接轴及平衡装置；3—齿轮机座；4—主联轴器；5—减速器；6—电动机联轴器；7—交流同步电动机

如果轧制速度较高，可以取消减速器，由电动机通过齿轮箱驱动轧辊，或者采用单电机传动方式，由两台电动机分别直接传动两个轧辊。这样的传动方式可以降低传动系统的飞轮力矩和传动消耗，提高轧机的动力性能。如图 6-2 所示。

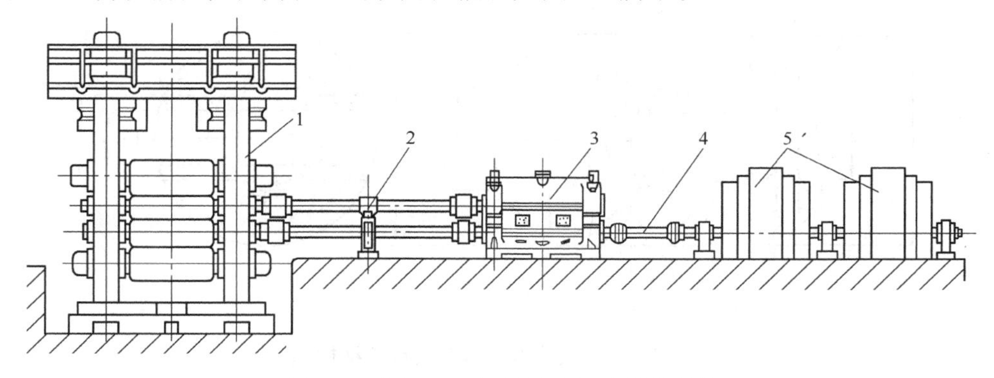

图 6-2　1700mm 四辊精轧机座主传动简图

1—工作机座；2—连接轴及平衡装置；3—齿轮机座；4—电动机联轴器；5—双电枢直流电动机

6.2 连 接 轴

6.2.1 连接轴的类型和用途

连接轴是与轧辊连接的传动部件，其作用是将由齿轮机座或减速器或者直接由电动机传来的运动和力矩传递给轧辊。由于轧机的上轧辊通常是上下运动的，所以连接轴需要以一定范围的倾斜角工作。轧钢机常用的连接轴有万向接轴、梅花接轴和齿式接轴。轧钢机连接轴的类型和用途如表 6-1 所示。

表 6-1 轧钢机连接轴的类型和用途

连接轴类型		允许倾角/(°)	主 要 特 点
十字铰链万向接轴	滑块式	8~10	传递扭矩大、耐冲击负荷、有色金属材料消耗多、维修量大
	十字轴式	8~12	传递扭矩大、易于标准化、维修方便
梅花接轴		1~1.5	价格便宜，冲击振动大，易于更换、仅用于横列式轧机
联合接轴		1~1.5	两种不同万向节的组合，使用两端不同形式的轴头
齿式接轴		约 6	传动平稳、传递扭矩大、使用寿命长、易于标准化、维修方便
弧面齿形接轴		一般 1~3	

6.2.2 滑块式万向接轴

6.2.2.1 滑块式万向接轴的结构

滑块式万向接轴的结构如图 6-3 所示，主要由扁头 1、叉头 2、销轴（方轴）3 和滑块 4 等 4 个零件组成。在接轴叉头 2 的径向镗孔中，装有定位凸肩（在镗孔中心线方向固定滑块的位置）的半月牙形青铜或工程塑料滑块 4，在两个滑块之间装有上下具有轴颈的销轴 3，销轴的轴身断面为方形或圆形。将带有切口的扁头 1 插入两个滑块之间，销轴 3 刚好位于扁头的切口之中，这样叉头和扁头即形成一个虎克铰链，叉头径向镗孔的中心线Ⅰ—Ⅰ和销轴的中心线Ⅱ—Ⅱ分别为虎克铰链的两个中心线。

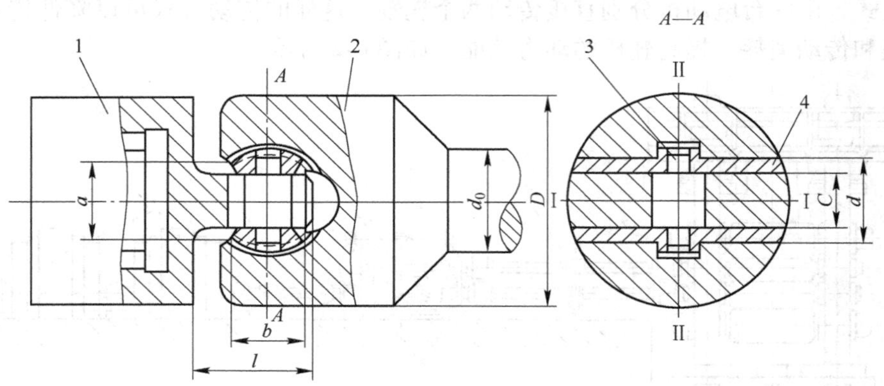

图 6-3 滑块式万向接轴的铰链结构

1—扁头；2—叉头；3—销轴；4—滑块

叉头位于接轴体的两端，叉头和接轴体可以做成一体的，也可以分开制造，然后采用静配合的键连接。当接轴较长时，叉头与接轴体分开制造比较合理，因为当叉头破坏时可以单独更换，并且制造方便。现场使用经验表明，万向接轴的损坏往往是由于叉头的破坏而造成的。接轴两端的叉头直径分别受到齿轮机座中心距和轧辊重车后最小中心距的限制。所以，靠轧辊一端的叉头直径应比重车或重磨后的最小轧辊直径小；而靠齿轮机座一端的叉头，由于径向空间较大，允许比轧辊端的叉头直径做得大一些，以保证过载时，人字齿轮轴的扁头不致破坏。轧辊端的扁头，可以和轧辊做成一体；也可以分开制造，然后装在轧辊轴端上。前者强度较高，后者在轧辊报废后，扁头仍可使用。

接轴铰链的主要结构尺寸是叉头直径 D、径向镗孔直径 d 和扁头厚度 c。这些结构尺寸通常可按轧辊最小直径 D_{min} 的比例关系确定：

轧辊端的叉头直径：　$D=(0.85\sim0.95)D_{min}$

叉头的镗孔直径：　$d=(0.48\sim0.50)D$

扁头厚度：　$c=(0.25\sim0.28)D$

扁头长度：　$l=(0.415\sim0.50)D$

接轴体直径：　$d_0=(0.50\sim0.60)D$

叉头端面两股间的距离 a 要比半月形滑块的宽度 b 稍大些，以便于安装和拆卸。

接轴两端铰链中心线之间的长度 L，由接轴最大允许倾角 α 和上轧辊在最高提升位置时上轧辊中心线与上齿轮轴（或电动机）中心线之间的距离 h_s 来确定

$$L=\frac{h_s}{\tan\alpha} \tag{6-1}$$

h_s 的大小取决于联接轴的布置形式。

扁头带有切口的滑块式万向接轴便于从轴向安装和拆卸，故又称为轴向拆装的万向接轴。在开式机架的轧钢机中，为了便于从机架窗口上面换辊，可以采用侧向移动拆装的万向接轴，这种形式的万向接轴，称为侧向拆装的万向接轴（图 6-4）。扁头的中间具有圆孔，螺栓贯穿于叉头和扁头，半月形滑块不再具有定位凸肩。当把螺栓抽出后，扁头和滑块可以从叉头的侧向移出。由于在叉头镗孔中间没有凹槽，所以镗孔比较简单，但是贯穿螺栓会大大削弱叉头的强度，使接头传递扭矩降低。

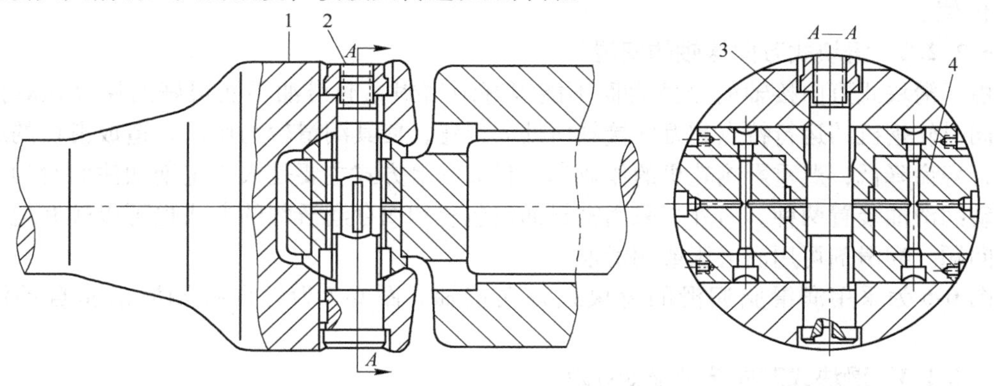

图 6-4　侧向拆装的万向接轴铰链

1—叉头；2—扁头；3—贯穿螺栓；4—滑块

用于传动轧辊的接轴传递的扭矩很大，因此铰链结构应具有足够的强度。为了提高接轴叉头强度，可以对叉头的结构加以改进，例如，采用叉头两股间带筋板的铰链(图 6-5)，叉头镗孔从两侧各镗一段，中间留有一定厚度的筋板将叉头的两股连在一起，筋板两侧各有两块半月形滑块，与镗孔垂直的中间销轴是两块拼合的，圆角不宜过小，否则将产生过大的应力集中。这种结构的接轴铰链拆装比较麻烦。

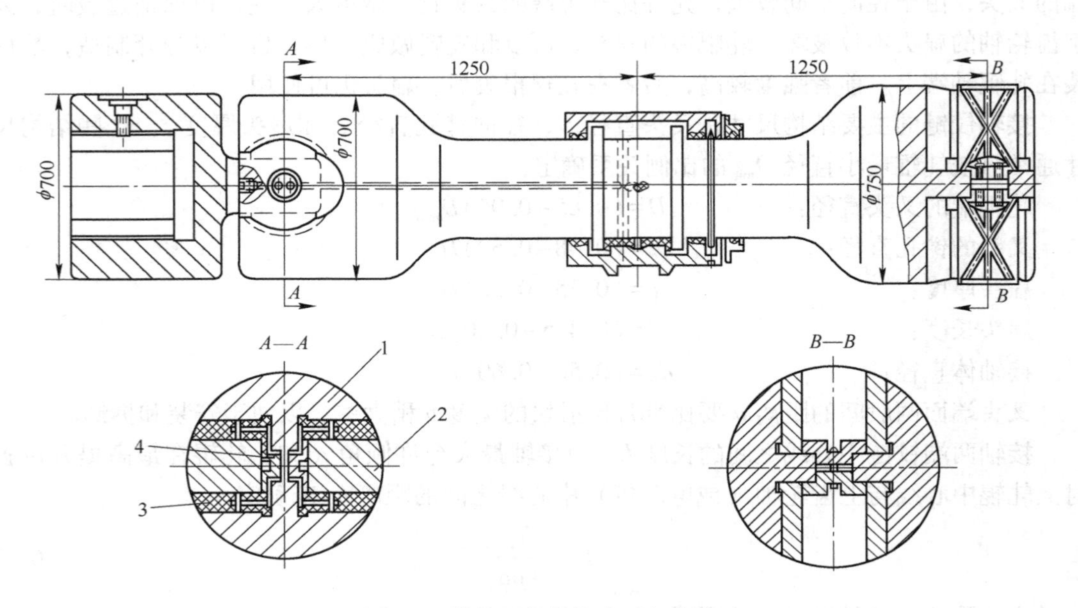

图 6-5　带筋板的滑块式万向接轴

1—叉头；2—扁头；3—半月形滑块；4—圆柱面青铜块

滑块式万向接轴的材料，一般多选用 45 号锻钢，当传递扭矩较大时，可采用合金钢，如 42CrMo、37SiMn2MoV、32Cr2MnMoA 等。铰链中的滑块材料，通常选用耐磨青铜 ZQAL9-4 制造，但容易磨损，寿命低，青铜的消耗量很大。为了节省有色金属，可以采用 MC 尼龙-6 等工程塑料滑块，此外，采用复合结构的滑块也具有一定的实用价值。

6. 2. 2. 2　滑块式万向接轴的润滑

由于滑块式万向接轴的摩擦表面不能很好地密封，润滑油不能很好的保存在摩擦面上。同时轧钢机的运行特点和万向接轴所处的位置，使其润滑较为困难，造成滑块的磨损加快，寿命降低，严重影响轧机的作业率。目前润滑方式主要是人工定期加注润滑油和采用自动润滑油装置两种。另外，采用密封油包包覆和内存润滑剂的方式也可以较好地解决润滑问题。润滑剂可用润滑脂或润滑油。

图 6-6 为采用润滑脂润滑的滑块式万向接轴。图 6-7 为万向接轴润滑脂自动润滑装置。

6. 2. 2. 3　滑块式万向接轴强度计算

A　带有切口的扁头强度计算

带有切口的扁头承受由滑块方面传来的载荷，其表面的单位压力可近似地认为呈三角

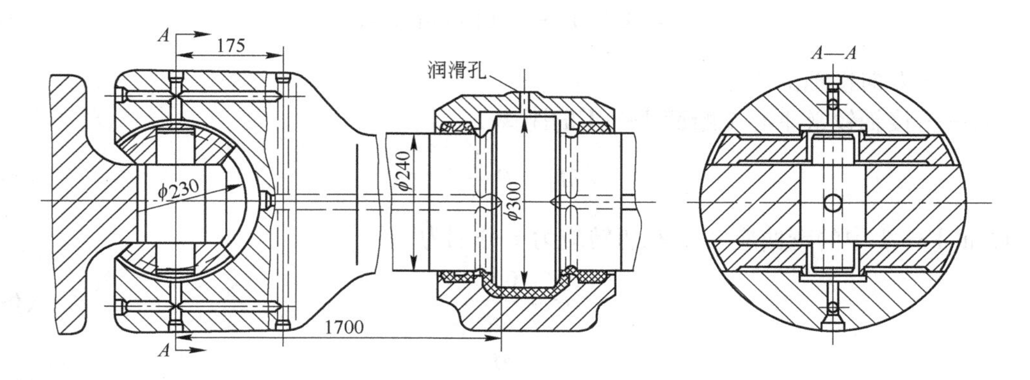

图 6-6 采用润滑脂润滑的滑块式万向接轴

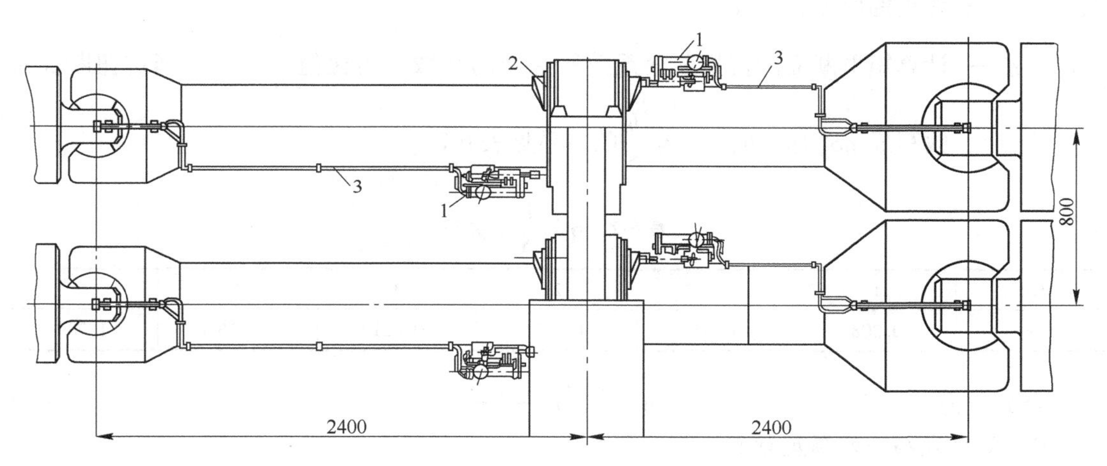

图 6-7 万向接轴润滑脂自动润滑装置

1—柱塞泵；2—凸轮模板；3—油管

形分布（图 6-8），所以，其合力 P 的作用点位于三角形的重心，即距离外表面 $b/3$ 的地方。合力 P 可按下式计算：

$$P=\frac{M}{b_0-\frac{2}{3}b} \tag{6-2}$$

式中 M——接轴传递的扭矩；

b_0——扁头的总宽度；

b——扁头一个交叉的宽度。

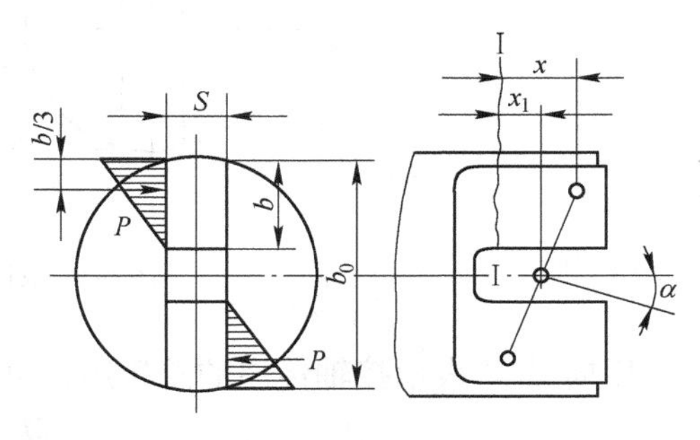

图 6-8 带切口的扁头受力简图

合力 P 对于危险断面Ⅰ—Ⅰ将产生弯曲力矩 M_b 和扭转力矩 M_k，其大小等于

$$M_b=Px \tag{6-3}$$

式中 x——合力 P 对于断面Ⅰ—Ⅰ的弯力臂，它等于

$$x = 0.5\left(b_0 - \frac{2}{3}b\right)\sin\alpha + x_1 \tag{6-4}$$

α——万向接轴的倾角；

x_1——接轴铰链中心至断面Ⅰ—Ⅰ的距离。

$$M_k = P\frac{b}{6} \tag{6-5}$$

断面Ⅰ—Ⅰ中的弯曲应力 σ 和扭转应力 τ 分别为

$$\sigma = \frac{6M_b}{bS^2} \tag{6-6}$$

$$\tau = \frac{M_k}{\eta S^3} \tag{6-7}$$

式中　S——扁头的厚度；

η——计算矩形断面的抗扭断面系数所使用的系数，与比值 $\frac{b}{S}$ 有关，当抗扭断面系数写成 ηS^3 形式时，η 与 $\frac{b}{S}$ 的关系见表 6-2。

表 6-2　η 与 $\frac{b}{S}$ 的关系

b/S	1	1.5	2	3	4	6
η	0.208	0.346	0.493	0.801	1.15	1.789

合成应力
$$\sigma_P = \sqrt{\sigma^2 + 3\tau^2} \tag{6-8}$$

B　闭口式扁头的强度计算

在危险断面Ⅰ—Ⅰ处承受弯曲力矩和扭转力矩的作用（图 6-9）。

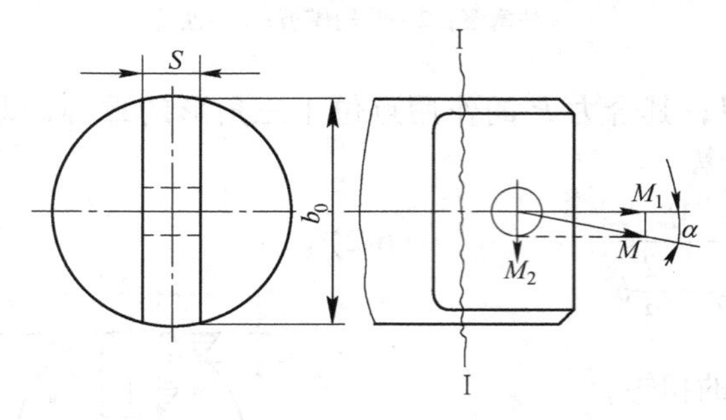

图 6-9　闭口式扁头计算简图

用向量 M 表示接轴传递的总扭矩，可以将其分解为两个分力矩

$$M_1 = M\cos\alpha \tag{6-9}$$

$$M_2 = M\sin\alpha \tag{6-10}$$

力矩 M_1 对扁头起扭转的作用，而力矩 M_2 则起弯曲的作用，相应地，在危险断面Ⅰ—Ⅰ产生的扭转应力 τ 和弯曲应力 σ，其值分别等于

$$\tau = \frac{M_1}{\eta S^3} \tag{6-11}$$

$$\sigma = \frac{6M_2}{b_0 S^2} \tag{6-12}$$

式中 η——与$\frac{b_0}{S}$有关的系数，其值见表6-2。

合成应力

$$\sigma_P = \sqrt{\sigma^2 + 3\tau^2} \tag{6-13}$$

C 叉头强度计算

叉头的每个叉股承受滑块传来的压力，在垂直于扁头的断面 A—A 上，压力近似地认为按三角形分布（图6-10）。合力 P 的作用点位于距铰中心线 $b_1/3$ 的地方，其中 b_1是一个叉股的宽度。

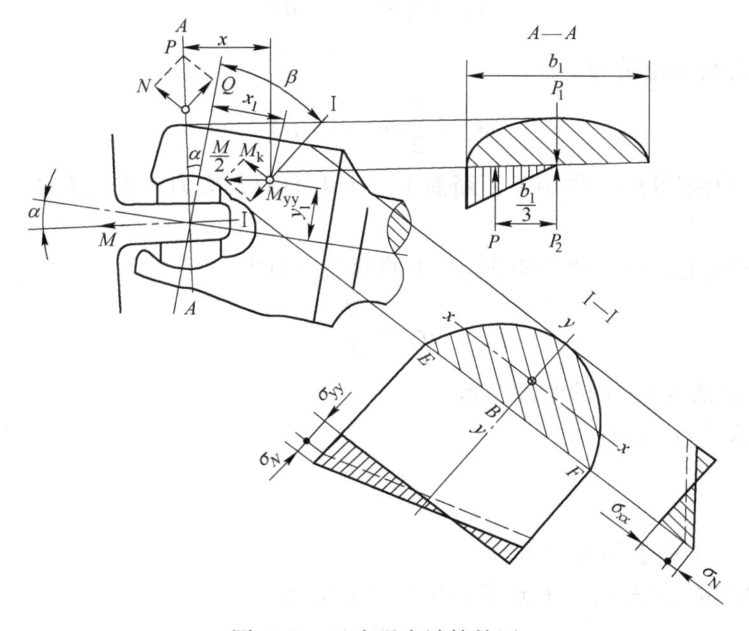

图6-10 叉头强度计算简图

合力 P 的大小等于

$$P = \frac{3M}{2b_1} \tag{6-14}$$

式中 M——接轴传递的扭矩。

如果在 A—A 断面中心线上加上两个大小等于 P，而方向相反的力 P_1和 P_2，就可以看出将有力偶$\frac{M}{2}$（由于 P 和 P_1形成）作用在叉股上，此外，还有力 P_2在叉股上引起的弯曲应力、拉应力和剪切应力。

在叉头的叉股上取任意一个断面Ⅰ—Ⅰ，其上将作用有下列力矩和力：

（1）对该面中性线 $x—x$ 的弯曲力矩 M_{xx}

$$M_{xx} = P \cdot x \tag{6-15}$$

式中 x——力 P 的弯曲力臂，其大小等于

$$x = (x_1 + y_1 + \tan\alpha)\cos\alpha \tag{6-16}$$

式中 x_1，y_1——Ⅰ—Ⅰ断面中性线的坐标。

（2）拉力 N

$$N = P\sin(\alpha + \beta) \tag{6-17}$$

式中 $\alpha+\beta$——断面Ⅰ—Ⅰ相对于断面 $A—A$ 的倾角；

β——断面Ⅰ—Ⅰ的倾斜角。

（3）对该断面 $y—y$ 轴的弯曲力矩 M_{yy}

$$M_{yy} = \frac{M}{2}\sin(\alpha + \beta) \tag{6-18}$$

（4）对该断面的扭转力矩 M_k

$$M_k = \frac{M}{2}\cos(\alpha + \beta) \tag{6-19}$$

在上述力和力矩的综合作用下，断面Ⅰ—Ⅰ中的最大应力将发生在 EF 线上的 B 点或是 E 和 F 点。

（1）在 EF 线上，由弯曲力矩 M_{xx} 产生的弯曲应力为

$$\sigma_{xx} = \frac{M_{xx}}{W_{xx}} \tag{6-20}$$

式中 W_{xx}——对轴线 $x—x$ 的断面系数。

（2）由力 N 产生的拉应力

$$\sigma_N = \frac{N}{F} \tag{6-21}$$

式中 F——断面Ⅰ—Ⅰ的断面积。

（3）由力矩 M_{yy} 在 E 点或 F 点所产生的弯曲应力

$$\sigma_{yy} = \frac{M_{yy}}{W_{yy}} \tag{6-22}$$

式中 W_{yy}——断面Ⅰ—Ⅰ对于 $y—y$ 轴的断面系数。

（4）在 B 点将发生最大扭转应力，其值为

$$\tau_B = \frac{M_h}{W_{kB}} \tag{6-23}$$

式中 W_{kB}——断面Ⅰ—Ⅰ的 B 点处抗扭断面系数。

下面分析 B 点处的合成应力。将弓形叉股化成面积相等的梯形（图6-11），则1—1断面的抗弯断面系数可近似地按下式计算：

$$W_{xx} = \frac{3C_2^2 + 6C_2C_3 + 2C_3}{6(3C_2 + 4C_3)}C_1^2 \tag{6-24}$$

$$W_{yy}=\frac{C_2^3+3C_2^2C_3+4C_2C_3^2+2C_3^3}{6(C_2+2C_3)}C_1 \tag{6-25}$$

断面 B 点的抗扭断面系数可按下式计算：

$$W_{hB}=\frac{r^3}{2.86}\left(\frac{h}{r}\right)^{2.82} \tag{6-26}$$

式中 r——弓形弧的半径；

h——弓形面的高度。

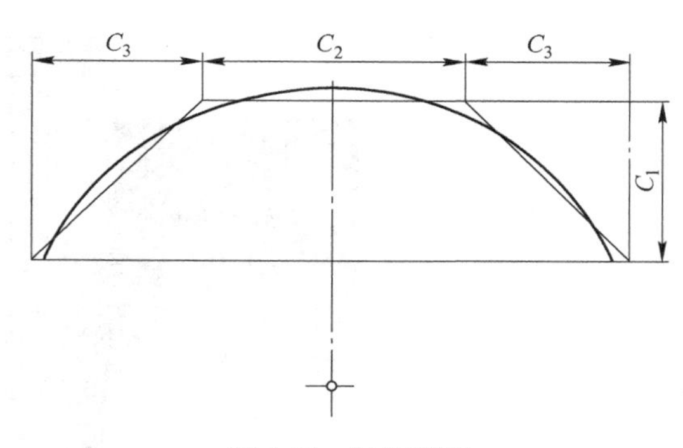

图 6-11 叉股断面

所以，B 点处的合成应力：

$$\sigma_P=\sqrt{(\sigma_{xx}+\sigma_N)^2+3\tau_{kB}^2} \tag{6-27}$$

E 及 F 点的合成应力

$$\sigma_P=\sigma_{xx}+\sigma_{yy}+\sigma_N \tag{6-28}$$

D 轴体强度计算

由于倾角 α 的存在，接轴体在工作过程中，除承受扭转作用外，还承受弯曲作用。当倾角 α 不大时，则弯矩值较小，可略去不计。轴体中的剪力按下式计算：

当 $\alpha \leqslant 4°$ 时
$$\tau=\frac{5M}{d_0^3} \tag{6-29}$$

当 $\alpha > 4°$ 时
$$\tau=\frac{5M(1+\sin\alpha)}{d_0^3} \tag{6-30}$$

式中 d_0——接轴体的最小直径。

E 万向接轴的许用应力和安全系数

万向接轴是轧钢机的重要部件，接轴的安全系数应大于轧辊的安全系数。由于万向接轴传递的力矩很大，而其径向的结构尺寸受到轧辊直径的限制，因此，其安全系数通常只能达到 5。

确定安全系数后，万向接轴的许用应力 $[\sigma]$ 为

$$[\sigma]=\frac{\sigma_b}{n} \tag{6-31}$$

式中 σ_b——材料的抗拉强度，MPa；

n——安全系数，最小安全系数不应小于 5。

近年来，一些学者采用现代有限元计算分析软件，对滑块式万向接轴的插头和扁头的应力分布、滑块的磨损状况进行了分析，从而能够有针对性进行万向接轴的设计（图 6-12～图 6-15）。

6.2.3 十字轴式万向接轴

6.2.3.1 十字轴式万向接轴的优点

带有滚动轴承的十字轴式万向接轴广泛地应用在轧钢机的主传动中，与滑块式万向接轴相比，这种万向接轴有以下优点。

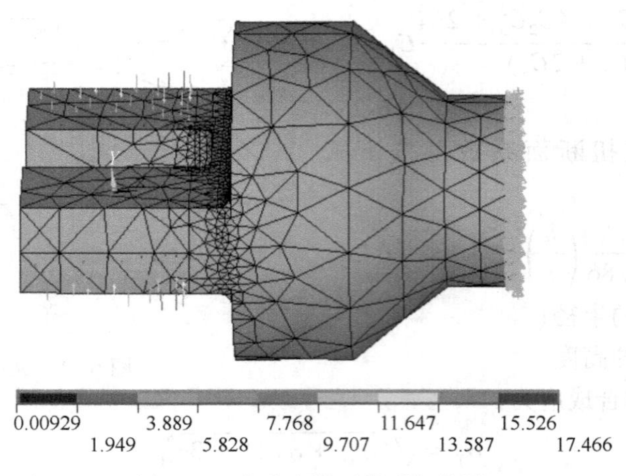

图 6-12 扁头有限元模型加载图

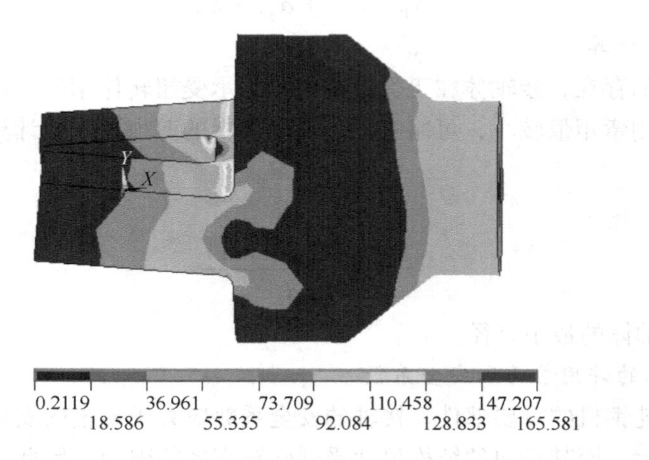

图 6-13 扁头 Mises 应力分布图

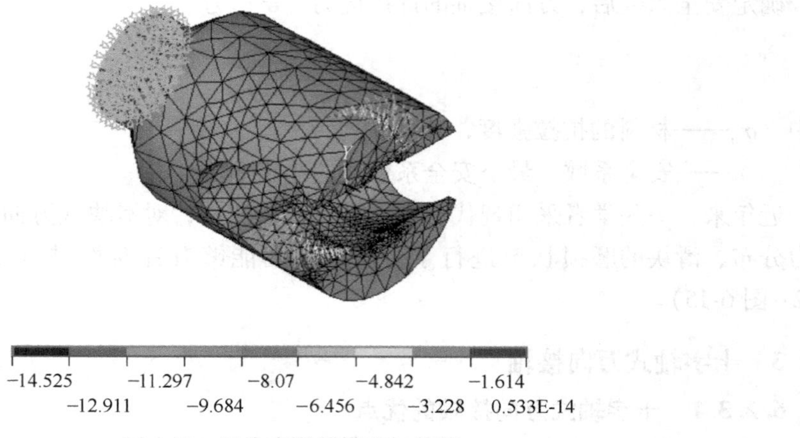

图 6-14 叉头有限元模型加载图

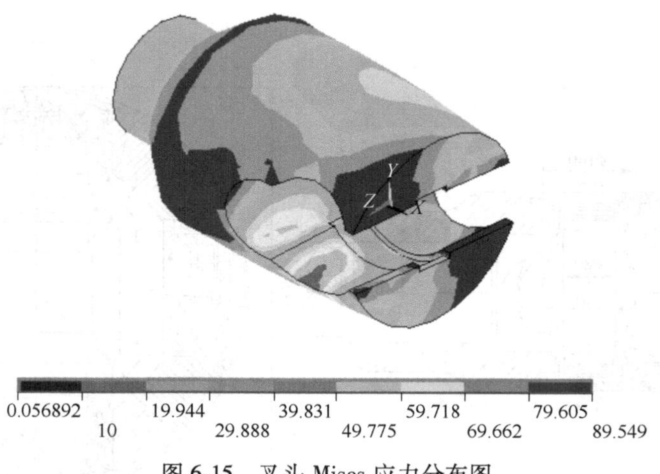

图 6-15 叉头 Mises 应力分布图

（1）在回转直径相同的情况下，比滑块式万向接轴能传递更大的扭矩。最大的传递扭矩高达 5000~8300kN · m。

（2）由于采用滚动轴承，传动效率可达 98.7%~99%，节能效果显著。

（3）由于滚动轴承的间隙小，接轴传动平稳，噪声低。

（4）润滑条件好，做到不漏油，省去润滑系统，减少了维修费用。

（5）一次使用寿命可达 1~2 年以上。

（6）允许倾角可达 10°~15°。

（7）适用于高速运转，为提高轧制速度创造了条件。

（8）有利于标准化、专业化生产，降低成本。

6.2.3.2 十字轴式万向接轴的结构

图 6-16 为十字轴式万向接轴铰链简图，它有两个共轭的叉头 1、十字轴 2 和装在十字轴轴颈上的滚动轴承等主要部件组成。

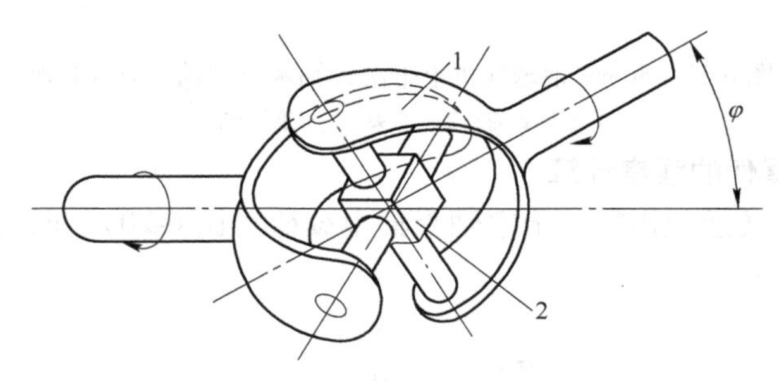

图 6-16 十字轴式万向接轴铰链简图

1—叉头；2—十字轴

轧钢机用的大型十字轴式万向接轴的结构，根据万向节的连接固定方式的不同，可分为轴承盖固定式、卡环固定式和轴承座固定式。

图 6-17 所示为 80mm 钢球轧机上带滚针轴承十字轴的万向接轴；图 6-18 所示为带滚动轴承的万向接轴铰链；图 6-19 所示为 1700mm 不可逆式万能粗轧机的立辊接轴。

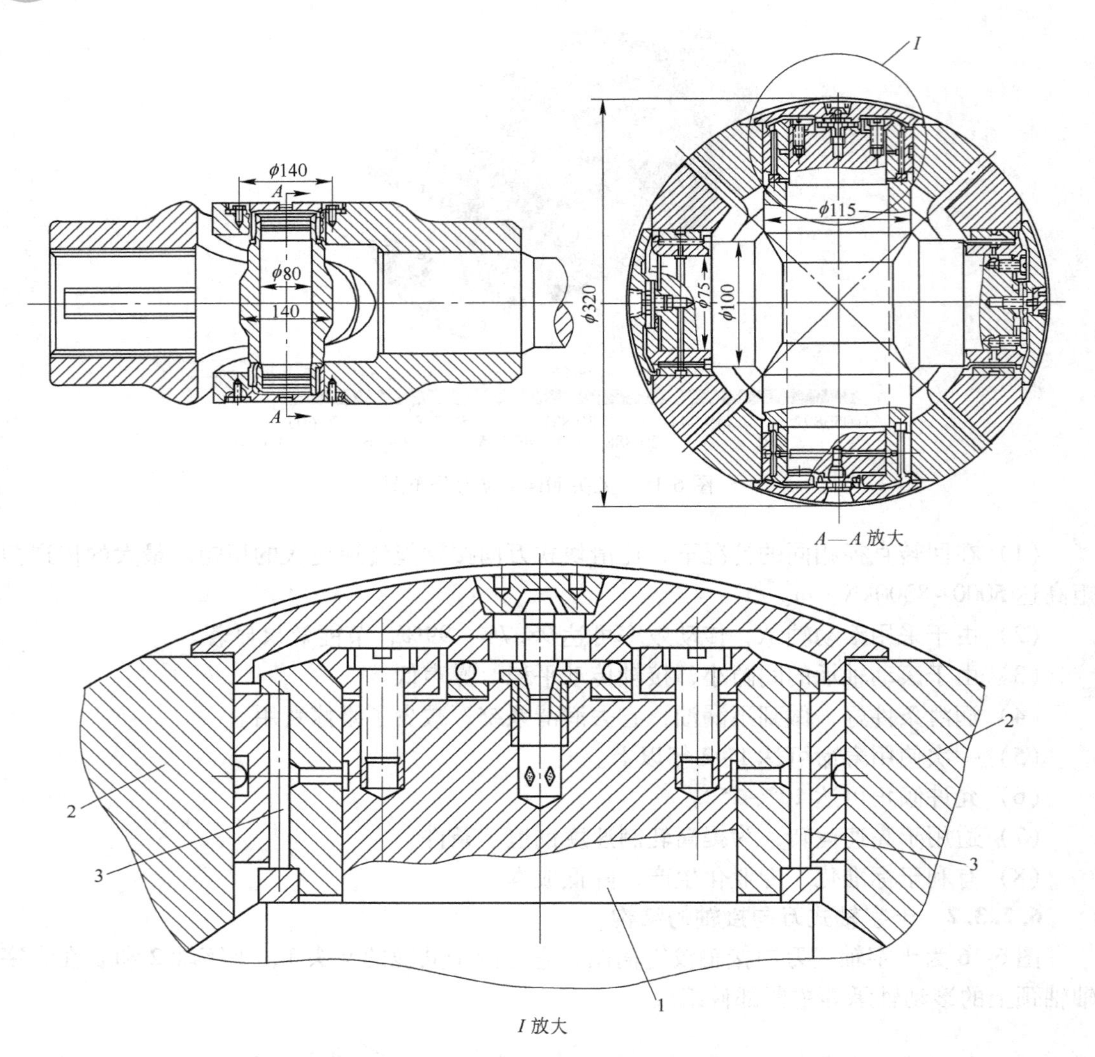

图 6-17　80mm 钢球轧机上带滚针轴承十字轴的万向接轴

1—十字轴；2—叉头；3—滚针轴承

6.2.3.3　主要零件的强度计算

（1）十字轴：在传递扭矩时，十字轴受集中载荷（图 6-20），断面Ⅰ—Ⅰ、Ⅱ—Ⅱ上的弯曲应力（MPa）为

$$\sigma_{\mathrm{I}} = \frac{32FSd}{\pi(d^4 - d_i^4)} \tag{6-32}$$

$$\sigma_{\mathrm{II}} = \frac{32FS_1 d_1}{\pi(d_1^4 - d_i^4)} \tag{6-33}$$

式中　F——十字轴上的作用力，N；

d，d_1——轴径，mm；

d_i——轴上钻孔直径，mm。

十字轴的材料一般采用铬镍合金钢，如 20Cr，并经渗碳或氮化处理。

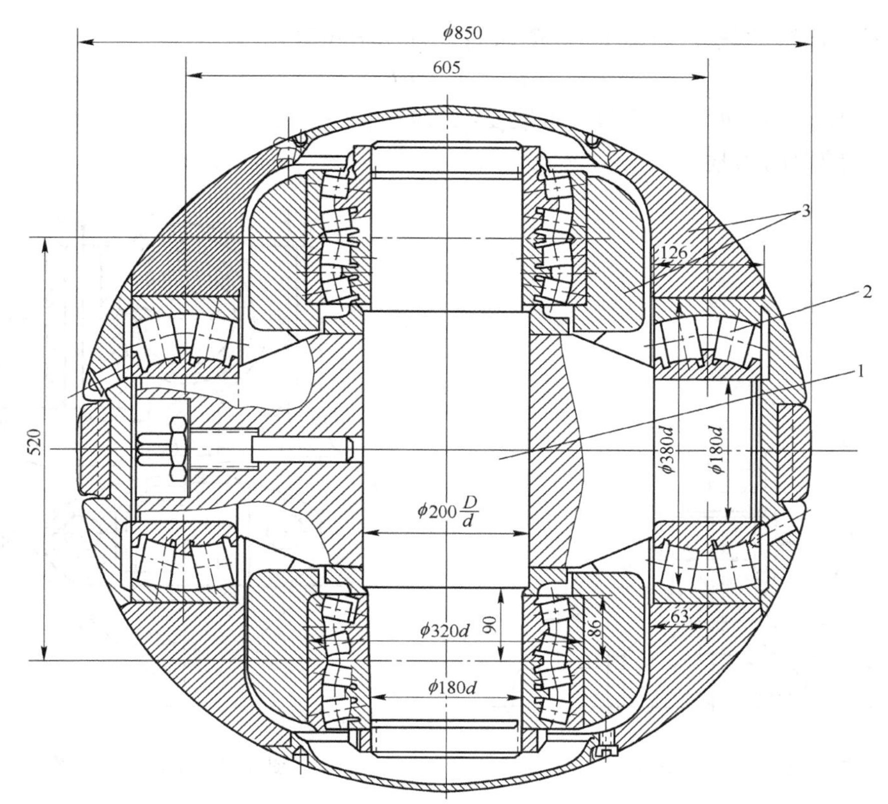

图 6-18 带滚动轴承的万向接轴铰链

1—十字轴；2—滚动轴承；3—叉头

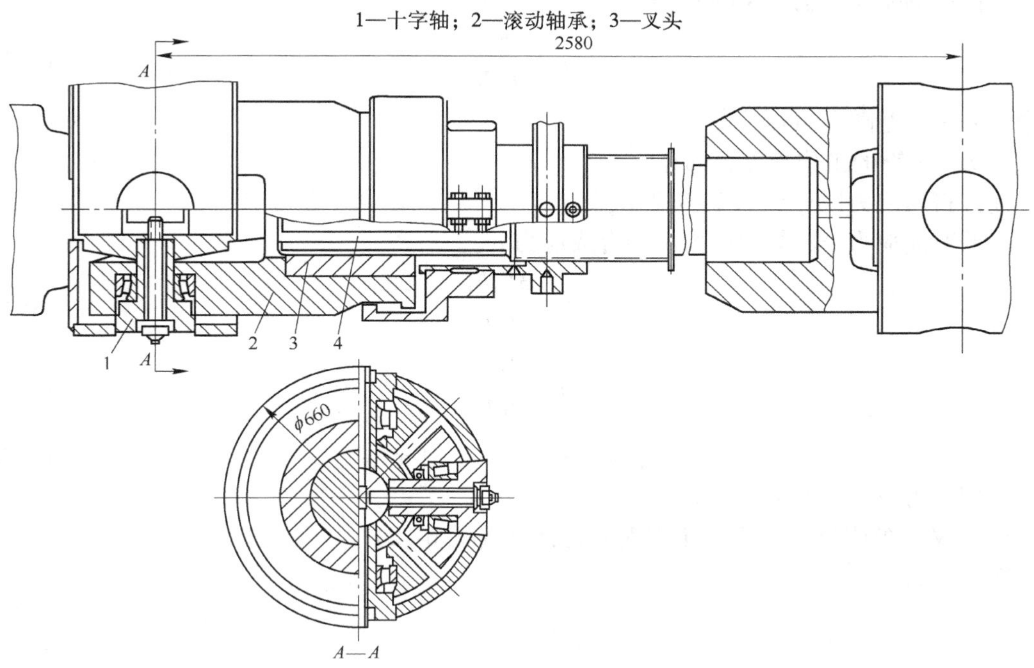

图 6-19 1700mm 不可逆式万能粗轧机的立辊接轴

1—十字轴；2—叉头；3—花键；4—花键轴

（2）轴承座键的强度：作用在键侧面的力为（图 6-21）

$$F_1 = F - \mu P \tag{6-34}$$

式中　μ——结合面间的摩擦系数，可取 $\mu = 0.14$；
　　　P——螺栓的预紧力。

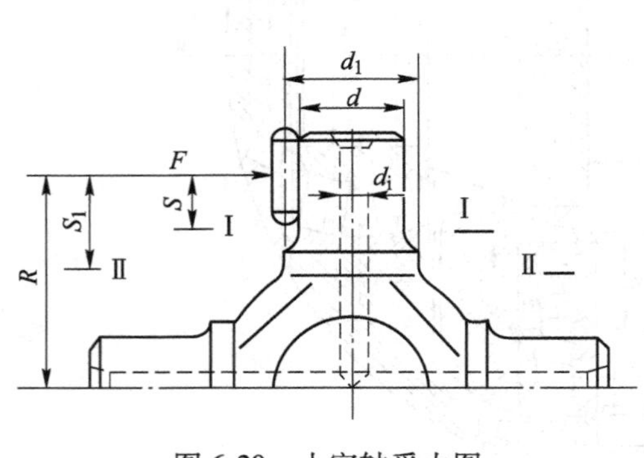

图 6-20　十字轴受力图

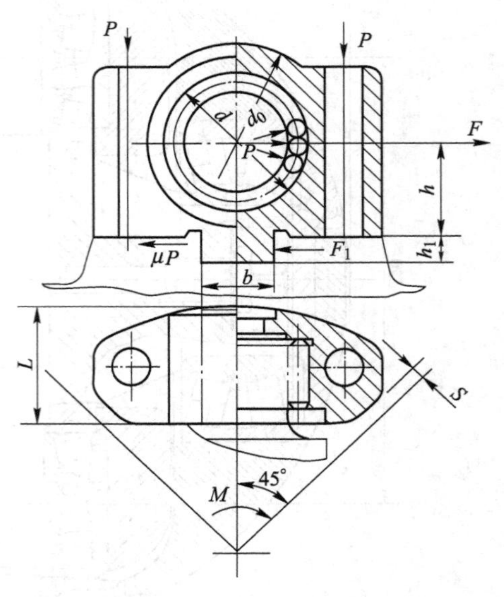

图 6-21　轴承座受力图

键侧面的挤压应力（MPa）为

$$\sigma = \frac{F_1}{h_1 L} \tag{6-35}$$

式中　h_1——键高，mm；
　　　L——键的工作长度，mm。

允许挤压应力 $[\sigma] = (0.5 \sim 0.7)\sigma_s$。

键的弯曲应力 σ、剪切应力 τ 和合成应力 σ_W。

$$\sigma = \frac{3F_1 h_1}{b^2 L} \tag{6-36}$$

$$\tau = \frac{3F_1}{2bL} \tag{6-37}$$

$$\sigma_W = \sqrt{\sigma^2 + 3\tau^2} \leqslant [\sigma] \tag{6-38}$$

许用应力 $[\sigma] = (0.4 \sim 0.5)\sigma_s$。

（3）叉头的强度：取 Ⅰ—Ⅰ 断面进行计算（图 6-22）

弯曲应力

$$\sigma = \frac{F_1 h_1 y}{2J_z} \tag{6-39}$$

式中　J_z——组合图形截面对 z 轴的惯性矩，mm^4；
　　　y——组合图形截面形心到截面边缘的距离，mm。

剪切应力

$$\tau = \frac{F_1 S}{J_z L} \tag{6-40}$$

式中 L——槽的长度，mm；

S——中性轴一边截面积对中性轴的静面矩，mm^3。

合成应力按式（6-38）进行计算，许用应力 $\sigma_W = \sqrt{\sigma^2 + 3\tau^2} \leqslant [\sigma]$。

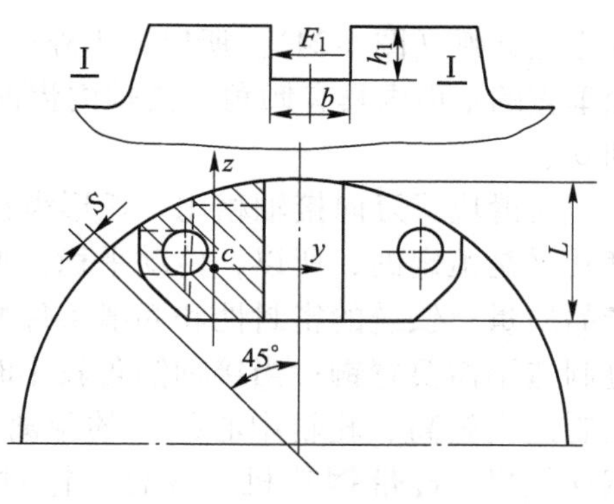

图 6-22 叉头受力简图

（4）轴承寿命计算：万向联轴器的寿命是指十字轴上轴承的寿命，可按经验公式进行计算：

$$L_h = 3000 k_m \left(\frac{k_n k_\beta M_a}{M} \right)^{2.907} \tag{6-41}$$

式中 M_a——额定平均扭矩，kN · m；

k_m——材料系数，可取 $k_m = 3$；

k_n——转速系数：

$$k_n = \frac{10.2}{n^{0.336}} \tag{6-42}$$

n——平均转速，r/min；

k_β——倾角系数：

$$k_\beta = \frac{1.46}{\beta^{0.344}} \tag{6-43}$$

β——合成倾角。

6.2.4 弧形齿接轴

弧形齿接轴（如图 6-23 所示）是由一对弧形外齿轴套 5、内齿圈 6 及中间接轴 1 等主要零件组成。

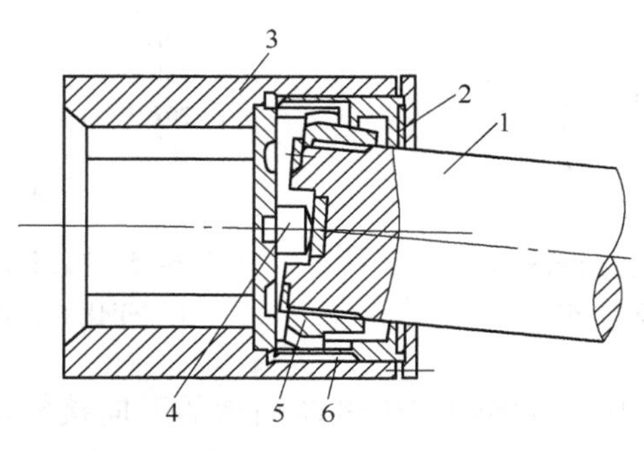

图 6-23 弧形齿接轴

1—中间接轴；2—密封圈；3—联接套；4—球面顶头；5—弧形外齿轴套；6—内齿圈

弧形齿接轴外轴套的齿顶和齿根表面在齿宽方向（即轴向）均呈圆弧面，并且其齿侧面亦呈圆弧（图6-24）。所以，当外齿轴套与内齿圈啮合时，允许接轴在 *xoz* 和 *zoy* 两个互相垂直的平面内具有倾角。接轴内齿圈与外齿套间的倾角 α（即接轴铰链的倾角）可达到6°。

与滑块式万向接轴相比，弧形齿接轴有许多优点：在运转过程中弧形齿接轴的角速度几乎是恒定的，所以，传动平稳，冲击和振动小，有利于提高轧机的轧制速度和改善产品质量；铰链的密封性和润滑条件好，使用寿命长；换辊时容易对准，装拆简单；铰链制造不需要青铜；当接轴倾角较小时，有较大的承载能力。所以，弧形齿接轴适于在轧制速度较高、轧辊中心线间的距离变化不大（即接轴倾角较小）时使用。如在热带钢连轧机、冷带钢轧机、线材、棒材及管材机的主传动系统中，广泛地采用弧形齿接轴。

此外，由于弧形齿接轴易于实现标准化、系列化生产，从而使接轴的生产和使用更为方便，降低了成本和维修费用。

随着接轴倾角的增大，轮齿间的接触应力增加，接轴的承载能力显著下降（图6-25），传动效率降低，磨损加快，使用寿命缩短。所以弧形齿接轴不适合在接轴倾角较大、扭矩很大的轧机上使用。

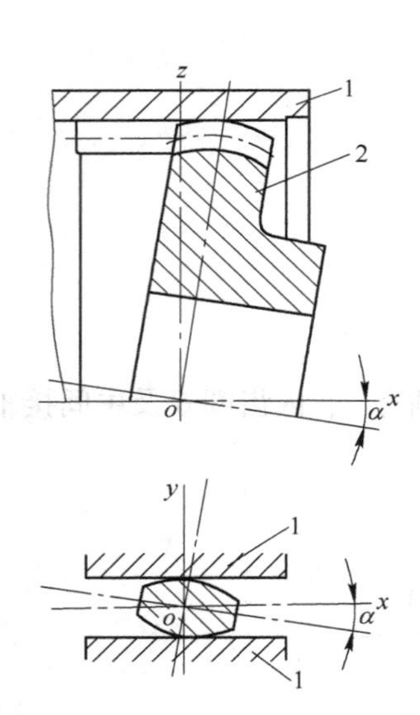

图6-24　外齿轴套的齿形示意图
1—内齿圈；2—弧面外齿套

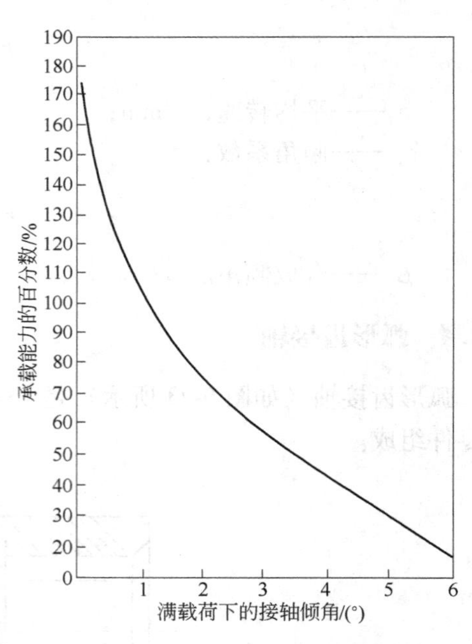

图6-25　弧形齿接轴在载荷下接轴倾角变化对承载能力的影响曲线

图6-26中的曲线表明弧形齿接轴与带滚动轴承的万向接轴承载能力随接轴倾角的变化情况。由图6-26可见，当接轴倾角小于1°时，采用弧形齿接轴更为有利。

外齿轴套的弧形齿，可在滚齿机上利用靠模板方法铣削而成。内齿圈和弧形外齿轴套等主要零件的材料，一般选用合金结构钢。考虑破坏后可单独更换，内齿圈与弧形外齿轴套间应保证具有良好的润滑和密封，以减少轮齿间的磨损，延长接轴使用寿命。

图 6-27 所示是某套热带钢连轧机的最后三架精轧机上采用的弧形齿接轴，其主要技术性能为：齿数 $z=60$、模数 $m=10\text{mm}$、每根接触允许传递的最大扭矩 $M=350\text{kN}\cdot\text{m}$、上轧辊提升时接轴的最大倾斜角 $\alpha=2°52'$、接轴两个铰链的中心距为 3000mm、接轴允许最大转数为 820r/min。弧形外齿轴套和内齿轴套和内齿圈均用合金锻钢 37SiMn2MoV 制造，切齿后进行热处理，齿面淬火硬度≥HRC40。考虑接轴的轴向定位和防止轴向冲击，在轴体端部安有带弹簧的球面顶头。弧形齿接轴的内齿圈和弧形外齿轴套的轮齿轴套的轮齿强度计算与一般的齿轮传动计算方法相同。实践表明，弧形外齿轴套和内齿圈的破坏，主要是由于加工和润滑不好产生齿面磨损变尖和轮齿弯曲折断。因此，弧形齿接轴的强度计算，只需计算弧形外齿轴套的轮齿弯曲强度。

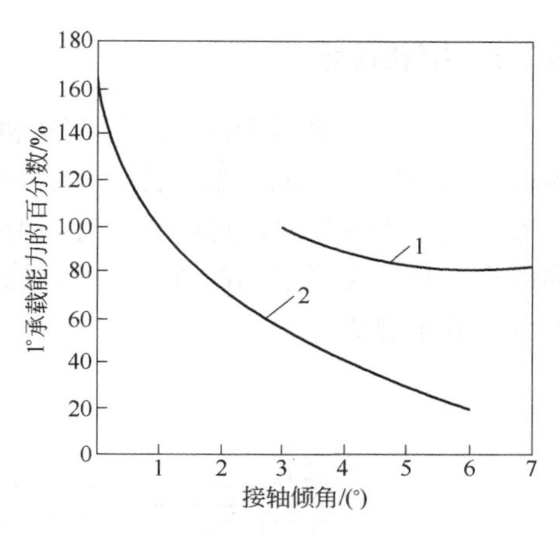

图 6-26 带滚动轴承的万向接轴与弧形齿接轴的比较
1—带滚动轴承；2—弧形齿接触

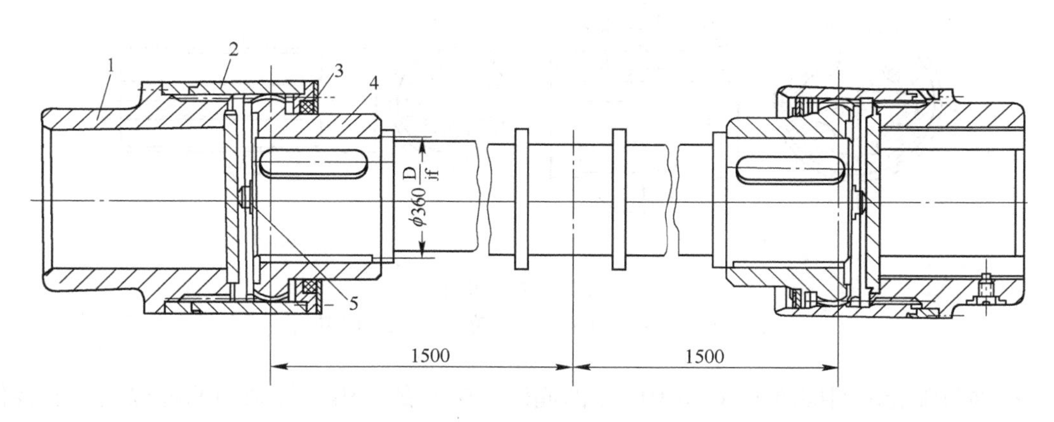

图 6-27 1700mm 热连轧机的弧形齿接轴
1—轴套；2—内齿圈；3—密封圈；4—弧形外齿轴套；5—球面顶头

按轴齿轮传递的圆周力 P 和力矩 M，可按下式计算：

$$P = Bh_2z[\sigma] \tag{6-44}$$

$$M = \frac{1}{2}Pmz = 108Bm^2z^2 \tag{6-45}$$

式中 B——轮齿宽度；

h_2——内齿圈的全齿高，$h_2=1.8\text{m}$；

m——模数；

z——齿数；

$[\sigma]$——连续工作条件下的许用单位压力，$[\sigma]=1200\text{MPa}$。

6.2.5　梅花接轴

梅花接轴主要用于横列式型钢轧机各机架之间的传动，其结构如图 6-28 所示由梅花接轴、梅花轴套组成。主要优点是制造简单，安装和拆卸方便。其允许的工作倾角很小，一般不大于 1°~1.5°，且运转中有冲击和噪声，通常是在没有润滑的条件下工作，故很容易磨损，特别是当接轴倾角较大时，磨损更为严重。随着型钢连轧技术的发展，梅花接轴的应用愈来愈少。

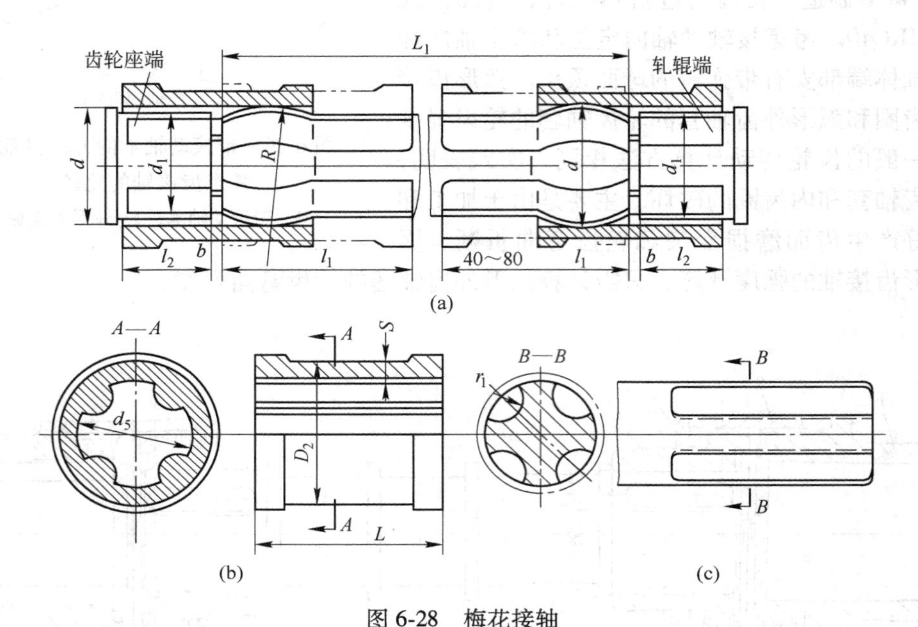

图 6-28　梅花接轴

（a）弧形梅花头；（b）梅花轴套；（c）普通梅花头

接轴与轴套之间要留出 $\Delta=0.015d_1$ 的间隙。轴套的凸瓣与接轴的凹槽以同一半径制成（图 6-29（a）），但为了接触良好，应采用不同的圆心（图 6-29（b））。轴套的长度等于轧辊梅花头长度的两倍再加上轧辊梅花头与接轴梅花头端面间的间隙。

当接轴倾角小于 1°时，接轴传动端作成平的梅花头，当倾角为 1°~2°时，梅花头则作成弧形的，即梅花头的外表面呈弧形。通常该弧形半径 $R=(2.8\sim3.0)d_1$。

梅花接轴只按扭转应力计算，应力的最大值在梅花头的凹槽中，它等于：

$$\tau=\frac{M}{0.0706d_1^3} \tag{6-46}$$

式中　d_1——梅花头外径；

M——扭转力矩。

梅花接轴通常用强度极限 $\sigma_b=500\sim600$MPa 的铸钢或锻钢制造，轴套一般用灰口铸铁制造，当应力较大时，可选用铸钢。通常，梅花轴套具有安全保护功能。

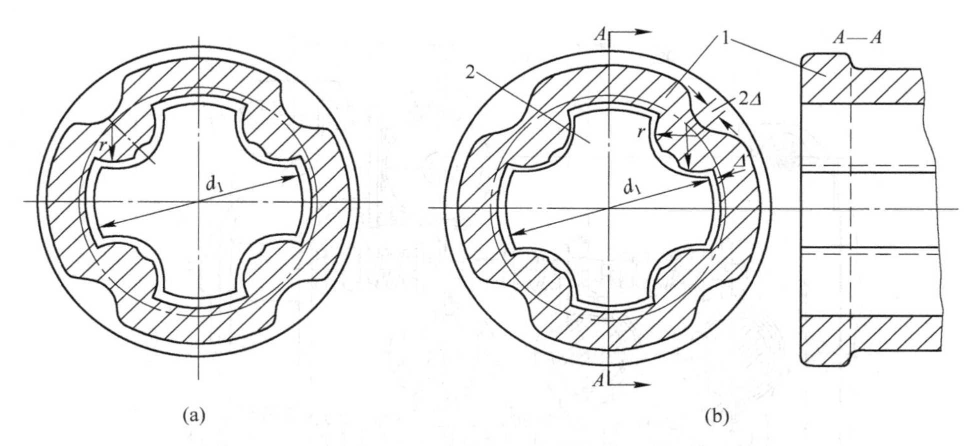

图 6-29 梅花轴套

（a）轴套的凸瓣与接轴的凹槽以同一半径制成；（b）轴套的凸瓣与接轴凹槽用不同的圆心制成

1—梅花套筒；2—梅花轴头

6.2.6 接轴的平衡

在轧辊直径为450~500mm的轧机上，接轴的重量较大，为了不使接轴的重量传递到接轴的铰链或齿轮上，以减少接轴铰链中或齿轮间的冲击和磨损，通常用平衡装置来平衡接轴的重量。平衡力的大小为被平衡重量的1.1~1.3倍。

接轴的平衡装置有弹簧平衡，重锤平衡和液压平衡三种形式。图6-30为1000mm初轧机滑块式接轴的重锤平衡装置。图6-31为500mm三辊轧机梅花接轴的弹簧平衡装置。图6-32为2500mm四辊轧机接轴的液压平衡装置。

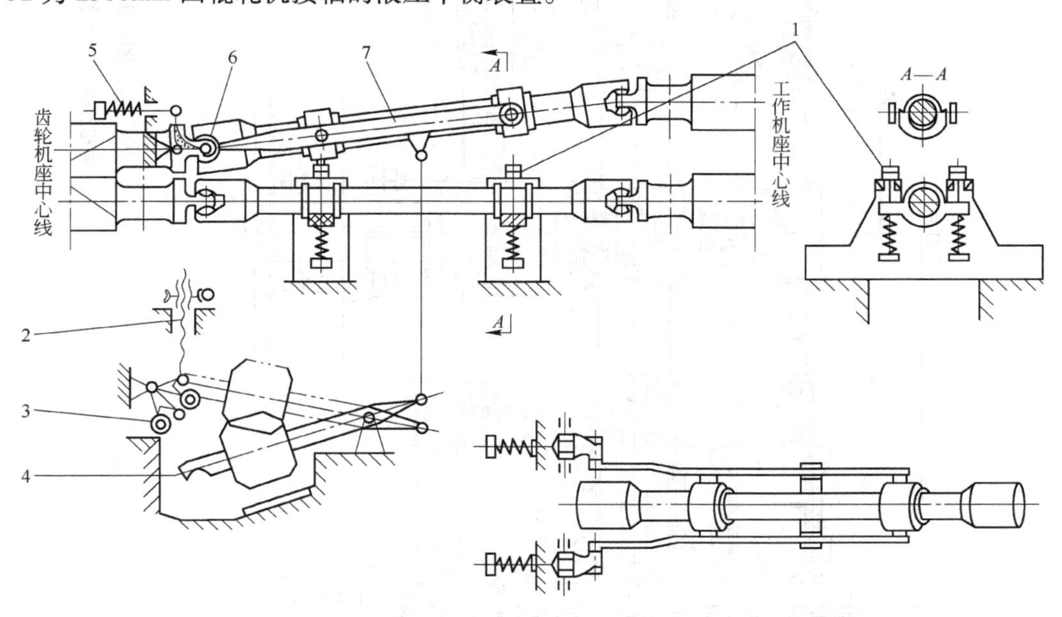

图 6-30 接轴的重锤平衡装置

1—螺帽；2—蜗轮蜗杆机构；3—滚子；4—重锤杠杆；5—弹簧；6—接轴铰链；7—轴承支承架

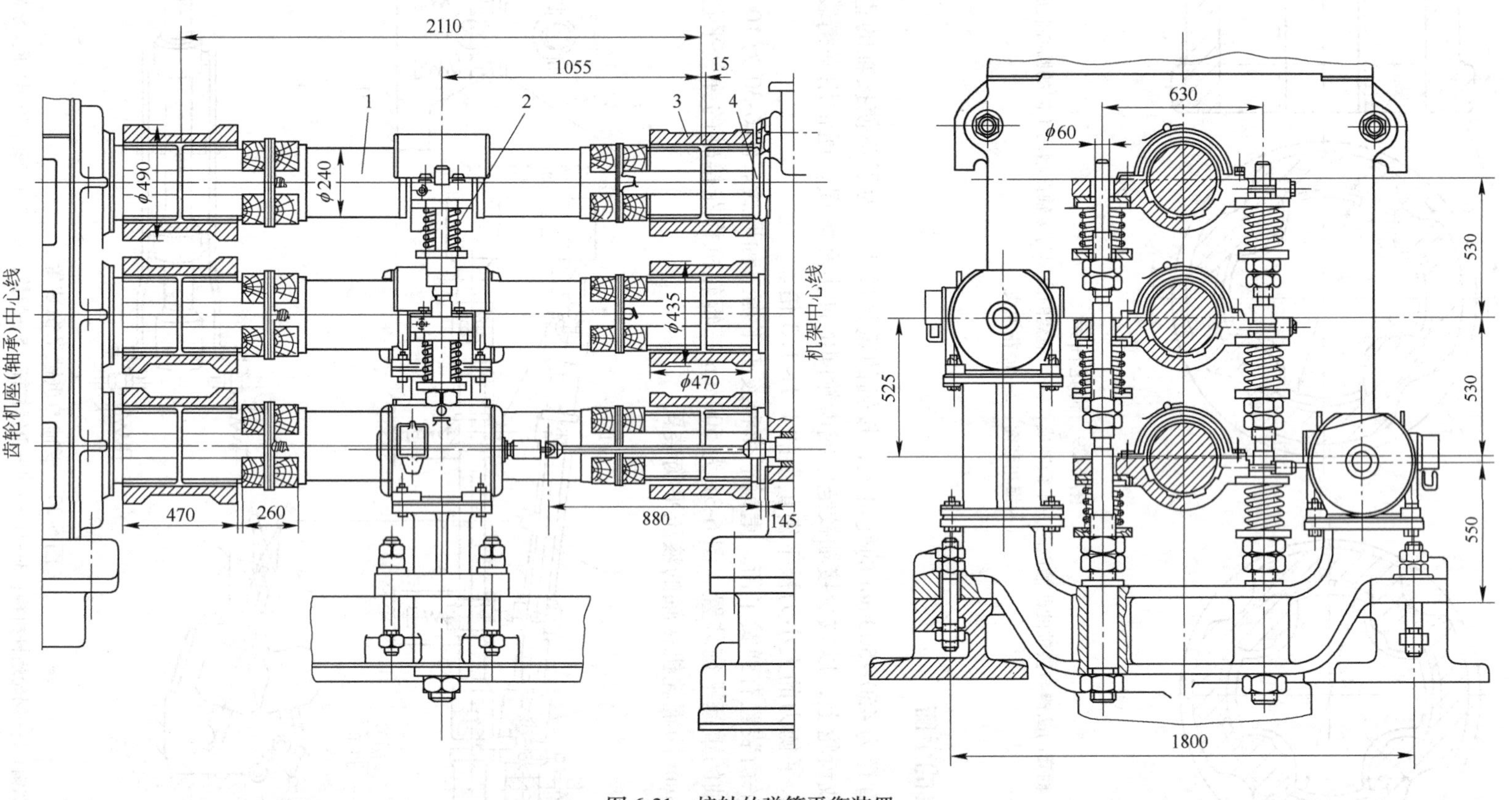

图 6-31 接轴的弹簧平衡装置

1—梅花接轴；2—平衡接轴的弹簧；3—梅花轴套；4—轧辊端部

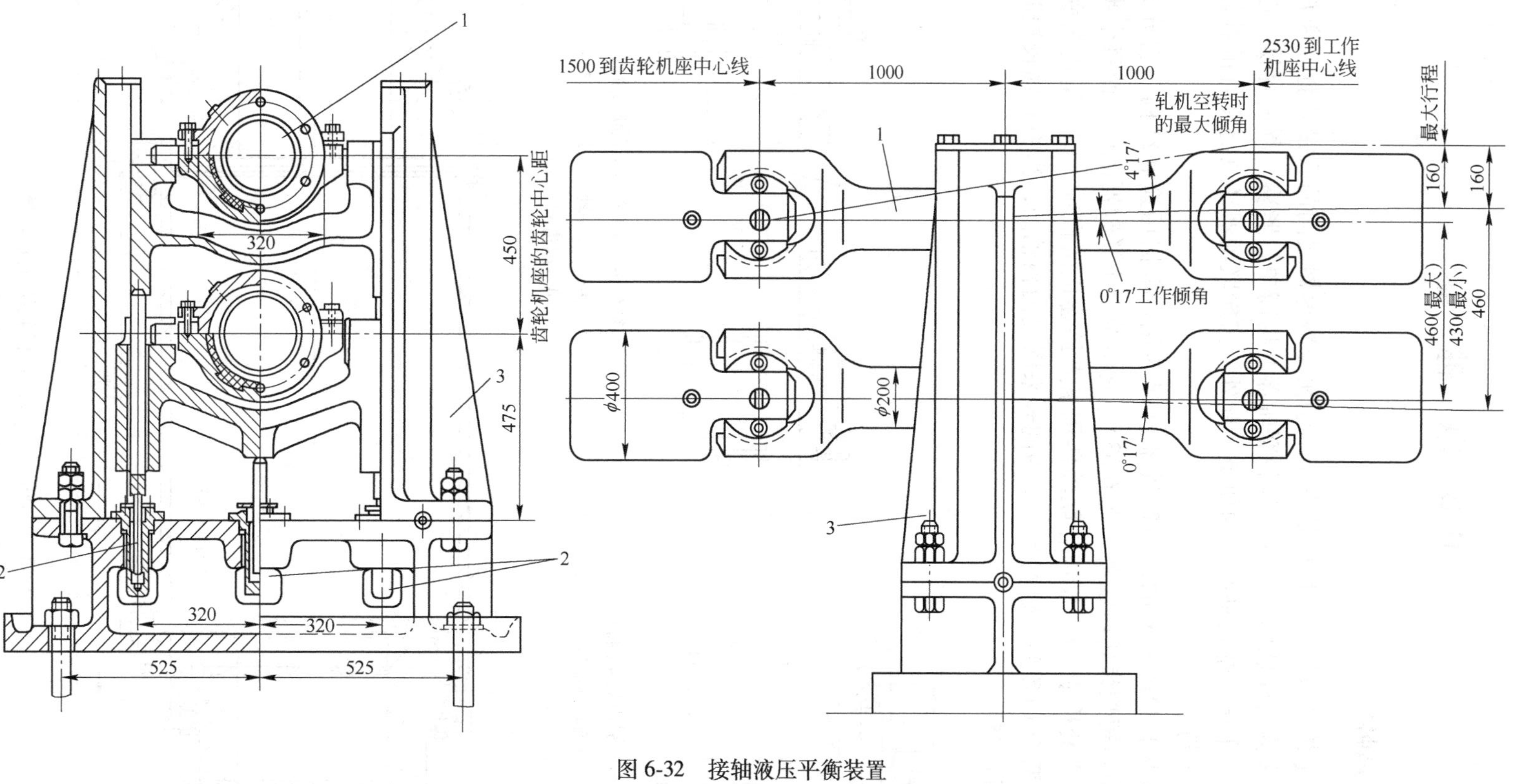

图 6-32 接轴液压平衡装置

1—万向连接轴；2—液压缸；3—接轴托架支座

6.3 联 轴 器

6.3.1 齿轮联轴器

在轧钢机主传动系统中，联轴器是指电动机与减速器之间的联接装置，通常称主联轴器。主联轴器多为齿轮联轴器，因为齿轮联轴器结构简单、紧凑、制造容易、精度高、摩擦损失小、传动平稳，能传递很大的扭矩。此外，齿轮联轴器还具有良好的补偿性能和一定程度的弹性等特点。

传递扭矩小于1MN·m的齿轮联轴器已标准化。根据用途和结构，它分为CL型和CLZ型。CL型是短型齿轮联轴器（图6-33）。它由两个半联轴器组成，而每个半联轴器均有一对内、外齿套构成。CL型齿轮联轴器用来直接连接两根轴。CLZ型齿轮联轴器（图6-34）它是由两个CLZ型联轴器和一个中间轴来联接两根轴的，当中间轴较短时，可以作成中空的（图6-35）。

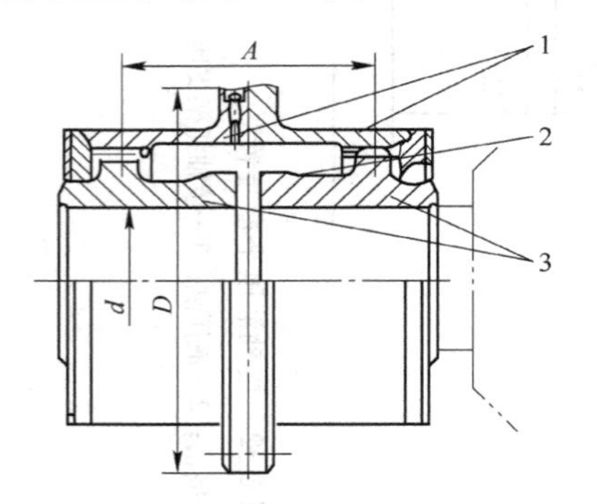

图6-33 CL型齿轮联轴器

1—内齿圈；2—检查轴同心度的凸缘；3—外齿轴套

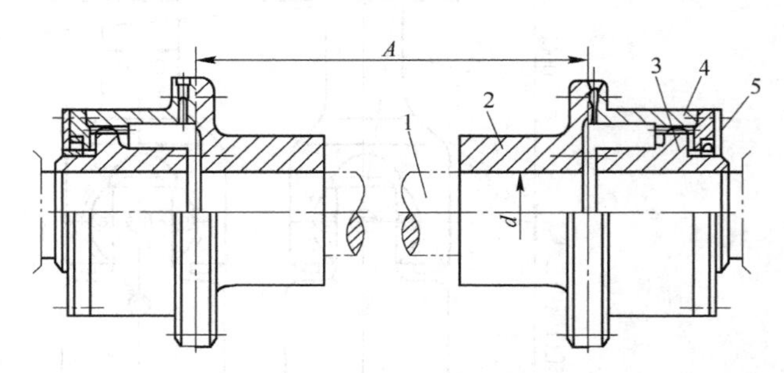

图6-34 CLZ型齿轮联轴器

1—接轴；2—轴套；3—外齿套；4—内齿圈；5—密封圈

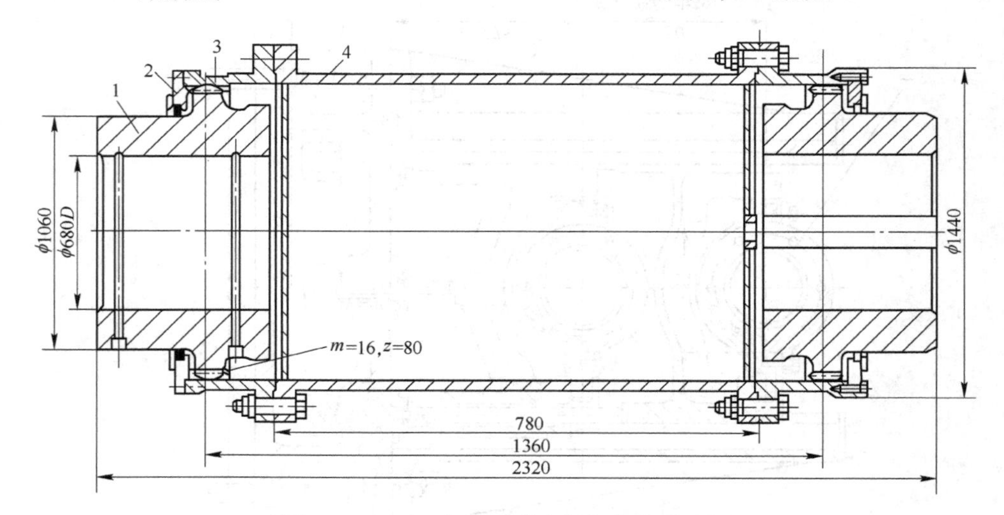

图6-35 1700mm不可逆式粗轧机主联轴器

1—外齿轴套；2—密封端盖；3—内齿圈；4—中间轴

齿轮联轴器的齿型有直齿和弧形齿两种，弧形齿联轴器的外齿呈弧形，改善了齿的接触情况，在相同倾角条件下，传递的扭矩比直齿的大，故多选用弧形齿联轴器。

齿式联轴器传递的扭矩由齿面比压强度决定，在一个齿上受到的最大圆周力 P 按下式计算

$$P=\frac{2M}{k_1k_2zd} \tag{6-47}$$

式中 M——联轴器传递的最大扭矩，kN·m；

z——齿数；

d——分度圆直径，m；

k_1——载荷不均匀系数，可取 $k_1\approx0.7\sim0.8$；

k_2——承载能力系数，与转速和轴线倾角有关，对直齿式联轴器可取 $k_2\approx0.75$，对弧齿联轴器的 k_2 值查图 6-36。

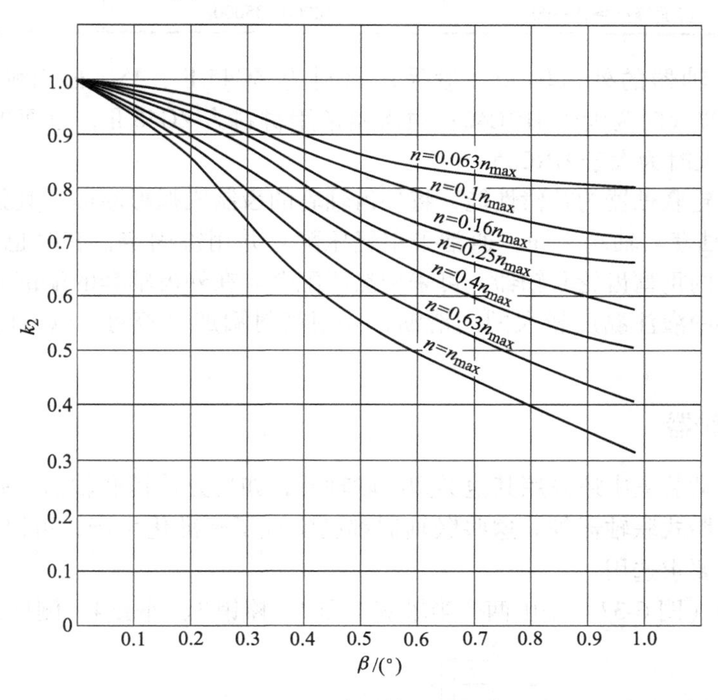

图 6-36 弧齿联轴器的 k_2 值

n—联轴器转速；n_{max}—联轴器允许的最大转速；β—被联接两轴轴线间的倾角

齿面的比压

$$p=\frac{P}{A}\leqslant[p] \tag{6-48}$$

式中 A——与受力方向垂直的齿面投影面积，m^2；

$[p]$——许用压应力，kPa，见表 6-3。

当内齿的齿高为 1.8m 时

$$A=1.8mb \tag{6-49}$$

式中 m——模数，m；

b——工作齿宽，m。

把式（6-34）、式（6-36）代入式（6-35），化简后，得齿式联轴器能传递的最大扭矩为

$$M = Cbd^2 \tag{6-50}$$

对直齿联轴器的 C 值，可直接查表 6-3。

表 6-3 许用压应力［p］和 C 值

齿形	齿面热处理	［p］/kPa	C/kPa
直齿	不热处理	15000～20000	11000
	齿面淬火≥HB300	25000～30000	13500
弧形齿	不热处理	20000～25000	
	齿面淬火≥HB300	30000～35000	

大型齿式联轴器的外齿轴套一般采用材料为 ZG45Ⅱ、45，齿面硬度一般为大于 HB286，当齿面淬火时为大于 HRC40；内齿圈常用材料为 ZG45Ⅱ，齿面硬度一般为大于 HB248；齿面淬火时为大于 HRC35。

为了提高齿轮联轴器的补偿性能，将外齿轴套的齿制成弧形断面，其强度计算可参考 6.2.3 节。外齿轴套与轴端之间，通常采用轻压配合并用键固定，有时也采用花键连接。对于传递大扭矩的重型齿轮联轴器，可采用热压配合。在外齿轴套的端部有供拆卸时用的螺纹孔。联轴器中灌注黏度较大的润滑油，并用密封圈加以密封，以减轻联轴器齿间的磨损。

6.3.2 棒销联轴器

在轧钢机传动装置中还采用其他类型的联轴器，如尼龙棒销联轴器、弹性联轴器、膜片式联轴器、轮胎式联轴器等。这些联轴器都已实现了标准化生产，可以根据传动扭矩、转速以及结构的要求选用。

棒销联轴器（图 6-37）是由两个半轴套 1 和 2，棒销 3、外套 4、侧挡圈 5 等组成。联

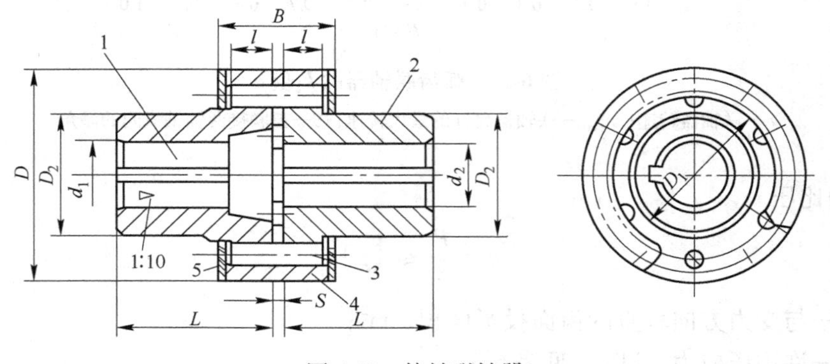

图 6-37 棒销联轴器

1，2—半轴套；3—棒销；4—外套；5—侧挡圈

轴器的扭矩是通过棒销传递的。半轴套的内孔依照联轴器的用途有三种不同形式：Y 形为圆柱形轴孔；T 形为短圆柱形轴孔，Z 为圆锥形轴孔。销轴材料的性能应符合下列要求，抗拉强度限不小于 54MPa，抗弯强度限不小于 70MPa，抗压强度限不小于 60MPa，抗剪强度限不小于 52MPa，冲击韧性不小于 10MPa。

棒销联轴器的优点是结构简单，具有一定的缓冲和吸振能力，使用寿命长，拆装方便，不需要润滑。

6.4　齿轮机座和主减速器

6.4.1　齿轮机座

6.4.1.1　齿轮机座的作用及类型

为了将电动机或减速器的扭矩分配给每个轧辊。除电动机单独传动每个轧辊的情况外，大多数轧钢机的主传动系统中都设有齿轮机座。

因为齿轮机座传递的扭矩较大，而中心矩又受到轧辊中心距的限制，为了满足强度要求，齿轮的模数较大（8~45），齿宽较宽（齿宽系数为 1.6~2.4），而齿数较少，通常为 22~44。

齿轮机座的箱体有高立柱式、矮立柱式和水平剖分式三种形式（图 6-38）。齿轮机座通常直接安装在基础上，安装方式有两种，一种是将整个底座都安放在基础上，另一种由地脚安装在基础上（图 6-39）。

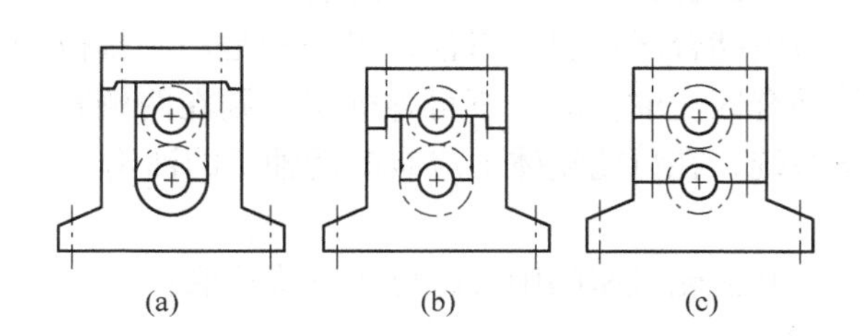

图 6-38　齿轮机座箱体的形式
（a）高立柱式；（b）矮立柱式；（c）水平剖分式

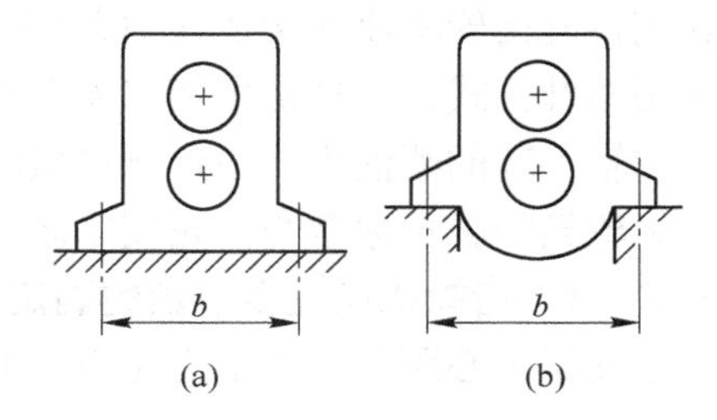

图 6-39　齿轮机座在基础上的安装
（a）整个底座安放在基础上；
（b）由地脚安放在基础上

6.4.1.2　齿轮机座的结构

齿轮机座由齿轮轴、轴承及轴承座和机盖等主要部件组成。由于传递的扭矩大，因此传动轴的直径很大，相比之下，齿轮的直径很小，所以一般与传动轴作成一体，即齿轮轴。齿轮多作成具有渐开线齿形的人字齿，这样，只能将一根轴的一端在轴向予以固定，而另外一根齿轮必须设计成轴向游动的，在运转过程中依靠人字齿的啮合自动定位，从而避免载荷在两侧斜齿上的不均匀分布。另外，在温度发生变化时，相啮合的齿轮轴均可自由伸缩，保证正常啮合。在齿轮机座中采用双圆弧齿轮轴，可提高齿轮轴的使用寿命和承载能力，使齿轮轴的外形尺寸减小。

齿轮轴的材料一般为 45、40Gr、32Cr2MnMo、35SiMn2MoV，40CrMn2MoV 等。由于

轧机齿轮箱齿轮轴的齿面接触应力很高，应采用硬齿面，齿面淬火硬度为HB480-570。

齿轮机座的轴承主要采用滚动轴承，在一些老式轧机的齿轮机座上也采用滑动轴承。

齿轮机座箱体有高立柱式、矮立柱式和水平剖分式三种，可以根据具体情况加以选择。齿轮机座箱体应保证齿轮传动具有良好的密封性，并具有足够的刚性，以使轴承具有坚固的支承，为此，应尽可能加强箱体轴承处的强度和刚度。由于轧钢机齿轮箱大多是单件或少量生产，为了降低成本，机座的箱体采用锻焊结构或铸焊结构。图6-40所示的就是一种具有立分缝轴瓦的焊接结构的齿轮机座，图6-41为整体式齿轮机座。

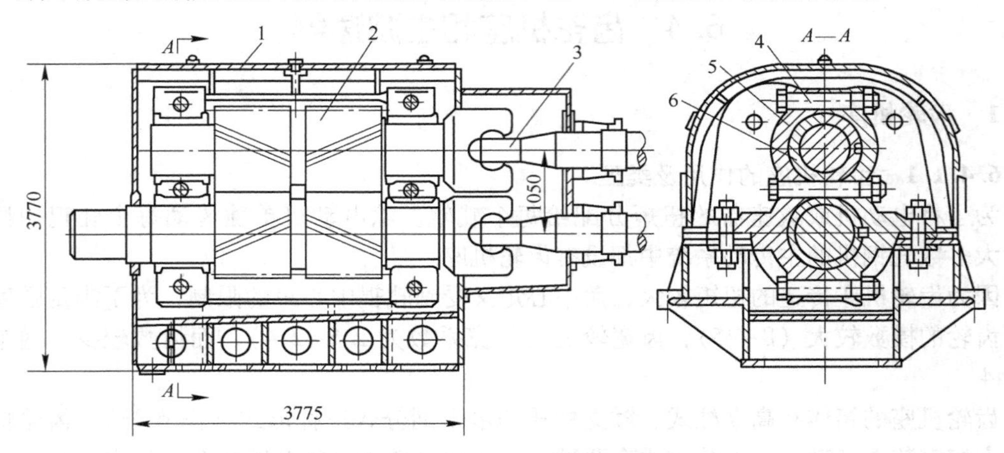

图6-40　焊接结构的齿轮机座

1—焊接箱体；2—齿轮轴；3—接轴；4—螺栓；5—轴承座；6—垂直剖分的轴瓦

轧钢机的齿轮机座连续运转时间很长，因此机座的冷却与润滑是很重要的。对于齿轮，采用两种方式，一种是用侧向喷嘴直接向齿轮啮合区喷射润滑油；另一种是用一排位于上齿轮轴上部的喷油嘴，通过侧挡板向齿轮啮合区注油。对于不可逆轧机，则在两侧装挡板。齿轮箱的轴承通常与齿轮使用同一润滑系统，在齿轮箱体上应有润滑轴承的油沟。

6.4.1.3　齿轮机座主要参数的确定

对于轧辊中心距在工作中变化不大的轧机，其齿轮机座的中心距可按下式选取：

$$D_0 = \frac{D_{max} + D_{min}}{2} + h \tag{6-51}$$

式中　D_{max}——新轧辊直径；

D_{min}——重车或重磨后的最小轧辊直径；

h——轧件出口厚度。

如果轧机各道次的压下量变化较大，齿轮机座的中心距应该等于轧制功消耗最大的各道次的平均轧辊中心距。

6.4.2　主减速器

大型轧钢机多配有大型的主减速器，其中心距多在1.5m以上。随着调速电机的采用和连轧技术的发展，大型减速器的使用在减少。

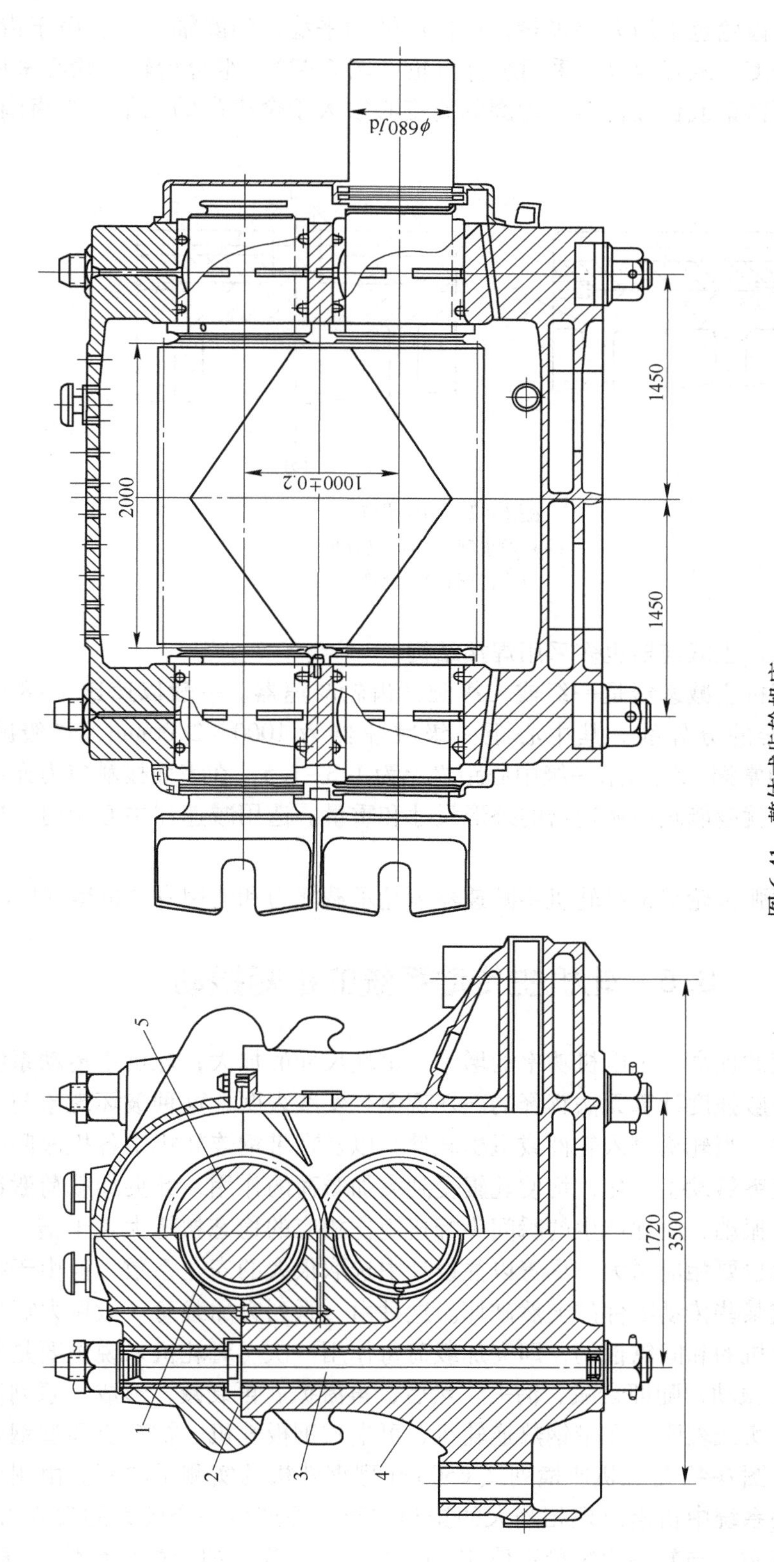

图 6-41 整体式齿轮机座

1—轴瓦；2—上盖；3—拉杆；4—机架；5—齿轮轴

轧机主减速器齿轮也采用人字齿轮，以保证转动平稳，消除轴向力。由于齿轮庞大，为了保证齿轮的强度，减轻重量，采用组合齿轮（图 6-42）。组合齿轮的轮心采用铸铁或铸钢，齿圈则采用铸钢或合金铸钢。齿圈的高度必须大于全齿高的三倍。当齿圈较宽时，可用双齿轮圈。

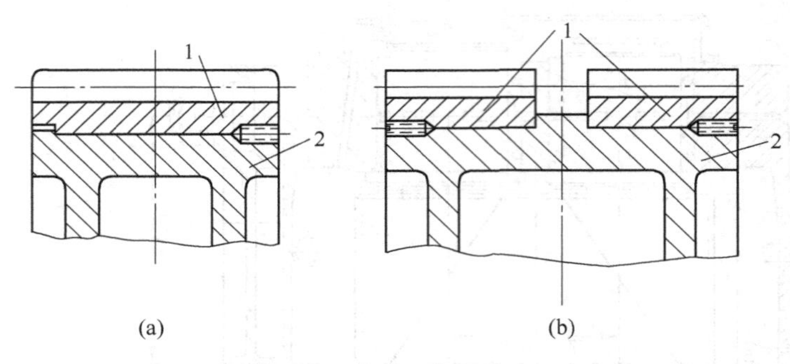

图 6-42　组合齿轮
（a）单齿圈；（b）双齿圈
1—齿圈；2—轮缘

与齿轮箱类似，主减速器也多采用焊接结构。

最常用的轧钢机主减速器是一级或二级圆柱齿轮减速器。一般以速比 7～8 作为选用一级或二级减速器的分界线。其中心距一级减速器为 1000～2400mm，二级减速器为 2000～4200mm。通常第二级与第一级中心距之比为 1.3～1.5，在齿面接触应力允许的情况下，其比值越小，就越能减小调速器的外形尺寸和重量。选用减速器中心距时，应参考有关标准的规定。

此外，采用圆弧齿轮来提高轧机主减速器齿轮承载能力和使用寿命也得到广泛应用。

6.5　轧机主传动系统的扭矩振动

随着轧制速度的提高、主电机功率的增大、钢坯尺寸的加大，轧机主传动系统中某些传动零件发生用一般强度计算无法解释的破坏现象，实践表明，这种破坏现象与主传动系统的扭转振动有关。当轧机咬入轧件或甩出轧件，以及在带钢连轧机中各机座间带钢高速运行情况下，速度突然发生变化，均使轧辊受到突加载荷的作用，此突加载荷激起整个传动系统的瞬态扭转振动，由此产生的瞬间尖峰扭矩比相应的稳态扭矩大若干倍，因此，各传动零件中的应力也要相应增大，尽管以往设计中选取很大的安全系数，但由于扭转振动的结果，仍会造成某些传动零件的突然破坏。这种由一系列突加载荷（激振力矩）激起的扭振是瞬态的、随机的和间歇性的，即突加载荷每作用一次（对轧机来说主要是每次咬入轧件）就激起一次振动，随即衰减、消失，然后，再激振、再衰减，形成一系列激振—衰减—激振的递续。实践表明，在带钢热连轧机、可逆式钢板轧机、初轧机和型钢轧机上均有扭振现象发生。图 6-43 是三机座横列式 650mm 型钢轧机的实测示波图。由图可见，当咬入轧件时，传动系统中扭矩出现相当大的振动波形，并产生一个较大的尖峰力矩 M_{max}。尖峰力矩的最大值 M_{max} 与轧制力矩稳定值 M_k 的比值 K_d 称为“扭矩放大系数”，即

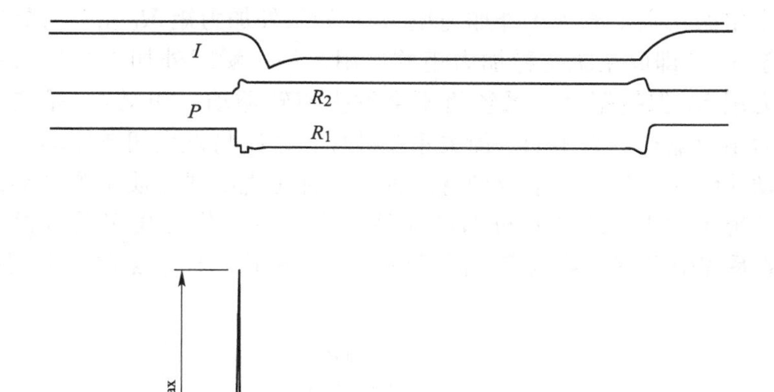

图 6-43 三机座横列式 650 型钢轧机实测示波图

P—轧制力；R_1，R_2—轧辊两边轴承支反力；M—传动轴上扭矩；I—轧钢机主电机电流；t—时间坐标（每格一秒）；$M_{\max}$—最大尖峰力矩；M_k—轧制力矩稳定值

$$K_d = \frac{M_{\max}}{M_k} \tag{6-52}$$

在某些带钢热连轧机及横列式型钢轧机上，扭矩放大系数 K_d 可达 5 ~ 6，甚至更大。因此，最大尖峰力矩就有可能使某些传动零件的实际应力超过设计安全范围，造成传动零件的破坏。所以轧机主传动系统的扭转振动问题愈来愈引起人们的注意。扭振问题已成为现代轧钢机设计中必须考虑的问题。

6.5.1 扭振系统简图

为了研究方便和简化计算，需要把整个系统简化为动力学模型，即把系统中质量较大而弹性较小的元件简化为不计弹性的集中质量，把弹性较大而质量较小的元件简化为不计质量的弹性元件，模拟实际传动系统使其成为当量质量弹性系统，这种系统图称为扭振计算简图。对于轧机主传动系统来说，可以看成是由若干个惯性元件（如电动机转子、齿轮、联轴器、轧辊等）和弹性元件（连接惯性元件的轴段）组成的扭振系统（图 6-44）。

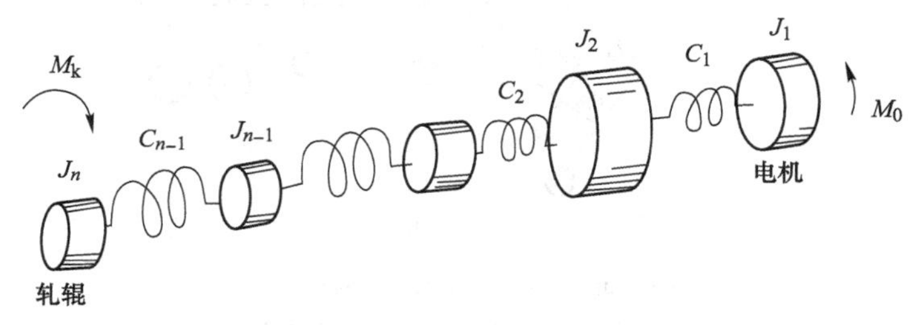

图 6-44 由惯性元件和弹性元件组成的扭振系统

此系统是否发生扭振，主要取决于外加力矩 M_k。如果外加力矩 M_k 由零开始并以相当缓慢的速度增长直至 M_k，即此系统受稳加力矩的作用，每一瞬间外加力矩均与系统内力矩并最后与电动机力矩 M_0 保持平衡，系统将不会发生扭转振动。如果 M_k 是突加的，则外加力矩与系统内力矩及电动机力矩的平衡关系被破坏，系统将发生扭转振动。

轧机主传动系统典型的动力学模型有两种，一种是直串式多质量弹性系统，如图 6-45 所示。上、下轧辊单独驱动的初轧机即属此种。另一种是分支式多质量弹性系统，如图 6-46所示。传动系统中设有齿轮机座，同时驱动上、下工作辊的四辊轧机即属此种。

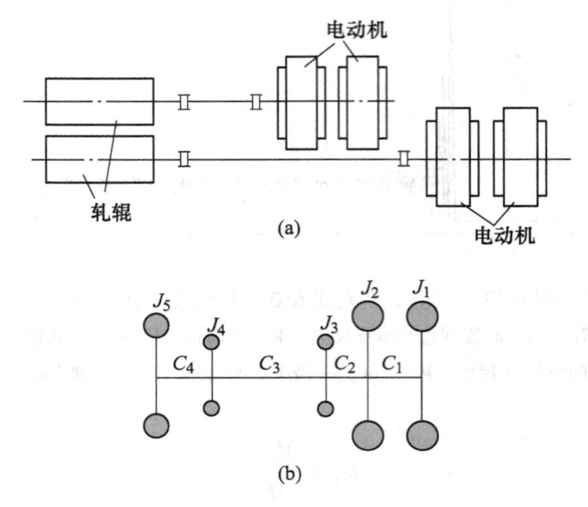

图 6-45　直串式多质量弹性系统

（a）主传动装置简图；（b）粗振计算简图

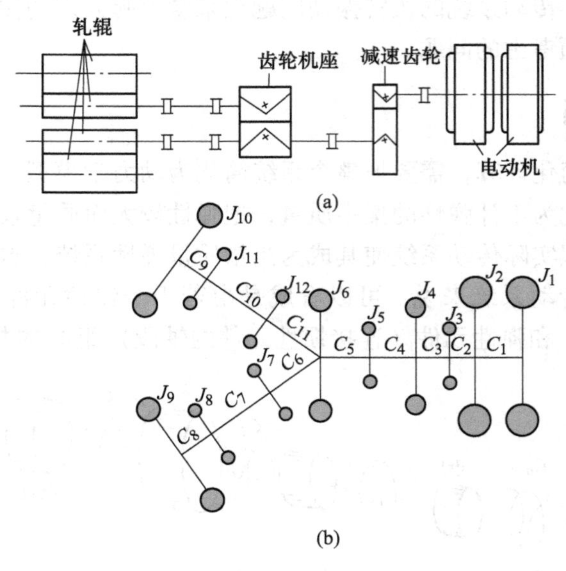

图 6-46　分支式多质量弹性系统

（a）主传动装置简图；（b）粗振计算简图

拟定扭振动力学模型时，质量弹性系统的惯性元件数目愈符合轧机主传动系统的实际情况，计算结果愈精确，但惯性元件数目愈多，则计算愈复杂，特别是当惯性元件数超过8时，用手算来确定自振频率就相当困难，而必须采用电子计算机进行计算。

在图6-45和图6-46中，各惯性元件的转动惯量分别为 J_1，J_2，…，J_{12}，各轴段的扭转刚度分别为 C_1，C_2，…，C_{11}。为了简化计算，可以通过合并质量及略去较小质量的方法，适当减少质量与弹性元件的数目，惯性元件数目愈少，计算愈简单，但计算精确度愈差。如图6-46所示的包括12个质量的分支系统，由于轧件将上、下分支连成一体，通过合并质量的办法可简化为具有不同质量数目的直串系统（图6-47）。

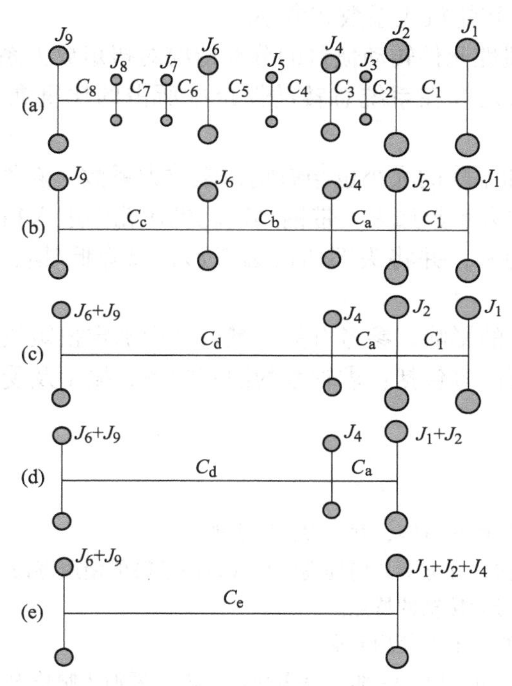

图6-47 各种简化形式的扭振计算简图

（a）9质量直串系统；（b）5质量直串系统；（c）4质量直串系统；（d）3质量直串系统；（e）2质量直串系统

在图6-47中，J_1、J_2 为电动机转子的转动惯量，J_3 为电动机联轴器的转动惯量，J_4 为一对减速机齿轮的转动惯量，J_5 为主联轴器的转动惯量，J_6 为两个人字齿轮组合的转动惯量，J_7、J_8 为联轴器的转动惯量，J_9 为轧辊组合的转动惯量。

6.5.2 扭振系统的固有频率和扭矩放大系数

将实际的传动系统推算为扭振计算简图后，根据此计算简图和相应的惯性元件的转动惯量 J 和轴段的扭转刚度 C，可以计算系统的固有频率。由振动理论知道包括几个惯性元件的扭振系统，应该具有 $n-1$ 个固有频率。但是，理论和实践表明，第四及第四个以上的固有频率通常对振幅的影响较小，故一般只计算头三个固有频率 ω_1、ω_2 和 ω_3。固有频率的常用计算方法为表格法。

扭矩放大系数与很多因素有关，主要取决于下述几个因素：

（1）扭振系统相邻固有频率的差值会影响扭矩放大系数。相邻频率ω_2与ω_1之间，ω_2与ω_3之间差距越小，则扭矩放大系数越大。因此，为了降低扭矩放大系数，希望使传动系统的第一、第二和第三固有频率的差距适当加大。扭振系统的固有频率完全由系统本身的惯量和刚度参数所决定，它与外部因素无关。由于轧机主传动系统各惯性元件的转动惯量不可能进行大幅度的调整，而小的调整对改变频率作用不大，所以，主要是采用改变轴段（包括联轴器）刚度的办法，来使系统的相邻固有频率的差距加大。

（2）传动系统中的间隙冲击会影响扭矩放大系数。传动系统中的原始间隙愈小和咬入轧件时冲击程度愈低，则扭矩放大系数亦愈小。

（3）传动系统中各惯性元件转动惯量的分配情况对扭矩放大系数也有影响。激振力矩作用点以下的各转动惯量之和在系统总转动惯量中所占的比重愈小，则系统的扭振反应愈小。

（4）轧件头部形状和温降的大小也会影响扭矩放大系数。轧件头部缺乏适当的尖锥段和温降太大都会使扭矩放大系数加大。带钢热连轧机在轧件进入精轧机组前，用切头飞剪将温度较低的轧件头部切去，并将头部切成圆弧形，以降低轧件头部对扭矩放大系数的影响。

综合考虑上述诸因素的影响，参考有关文献，合理确定扭矩放大系数。

轴系扭振计算的主要内容包括：求轴系的固有频率、振型及受迫振动的振幅。

思考题

6-1 试设计主传动装置的万能配置方案，并加以简要说明。

6-2 简述滑块式万向接轴结构，并分析如何提高滑块式万向接轴的使用寿命。

6-3 简述十字万向接轴、弧形齿接轴的特点。

6-4 如何提高齿轮机座和主减速器的使用寿命。

6-5 已知直齿联轴器的参数为$m=14$，$z=80$，$b=100\text{mm}$，内外齿轴线倾角为0.5°，求该联轴器能传递的扭矩。

第 7 章　热轧无缝钢管轧机

7.1　无缝钢管生产方法

钢管是钢材中的重要品种，也是一种经济断面钢材，既可以用于流体输送的管道、容器，也可以用于金属结构材料。近年来，钢管作为机械结构材料的使用也越来越广泛。钢管，或者说管材主要分为无缝管和焊接管两大类，各自的生产工艺方法也有多种，所使用的生产机械设备也有很大差别，因此需要对钢管生产工艺方法有较全面的了解。下面介绍热轧无缝钢管生产的主要工艺过程。

7.1.1　热轧无缝钢管主要变形工序

（1）穿孔：穿孔是热轧无缝管生产最重要的生产工序，除了在极少数情况下使用空心坯料外，都需要使用不同的穿孔设备将实心的管坯穿成空心的毛管，最常用的是二辊和三辊斜轧穿孔机。穿孔机轧辊使管坯作螺旋送进运动，再在出口侧设置顶头，进而将管坯穿成毛管。

（2）延伸（轧管）：延伸是利用轧管机将穿孔得到的毛管作进一步的轧制，使其壁厚减薄，厚度达到要求，长度增加。延伸工序得到的管子称为荒管需要进入下一道工序加工。用于延伸工序的设备形式有多种，有自动轧管机、周期式轧管机（皮格尔）、连续式轧管机、三辊式轧管机组和 *A-R* 轧管机组等。目前最常用的是连轧管机和斜轧管机。无缝钢管生产机组是以轧管机的名称命名的。

（3）均整：均整是将延伸工序圆度和表面精度不够的荒管，通过均整得到改善。通常使用二辊斜轧均整机。随着延伸工序设备轧制精度的提高，均整工序的使用在无缝管生产工艺中已经很少了。

（4）定减径：定减径是将延伸工序的荒管，通过定减径机或扩径机组，调整和改变直径和壁厚尺寸，从而扩大无缝管产品的规格范围，同时改善产品的组织性能。

7.1.2　热轧无缝钢管生产工艺流程

根据轧管机形式的不同，可以将热轧无缝钢管生产工艺分为以下几种：

（1）自动轧管机生产工艺流程：

管坯加热→二辊斜轧机穿孔→自动轧管机轧管→斜轧机均整→定径→冷却→精整→成品管

（2）连轧管机生产工艺流程：

管坯加热→二辊斜轧机穿孔→连轧管机轧管→再加热张力减径机定减径→冷却→精整→

成品管

（3）三辊轧管机生产工艺流程：

管坯加热→二辊或三辊斜轧机穿孔→三辊斜轧机轧管→定径→冷却→精整→成品管

（4）AR 轧机生产工艺流程：

管坯加热→二辊斜轧机穿孔→二辊斜轧机（AR 轧机）→轧管→定减径→冷却→精整→成品管

（5）周期轧管机生产工艺过程：

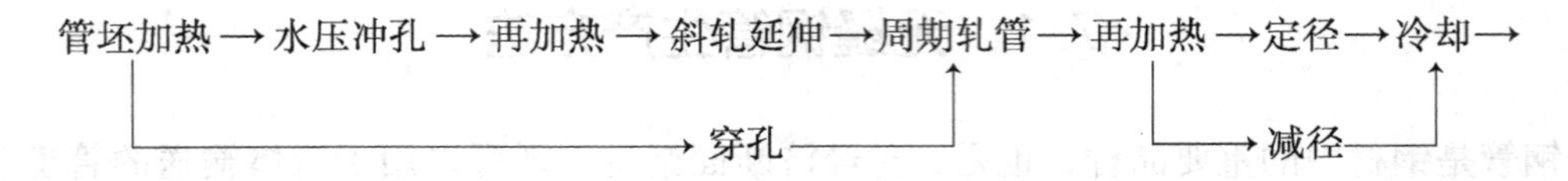

（6）顶管机组生产工艺流程：

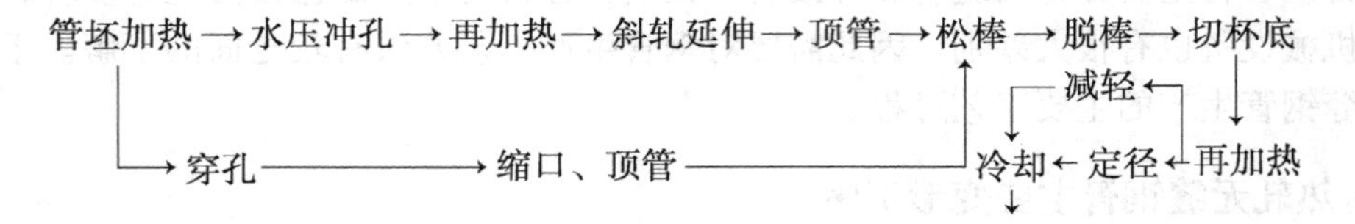

用热轧方法生产无缝管的尺寸范围是外径 ϕ58～700mm、壁厚 2.1～60(75)mm，配合张力减径机可生产最小外径为 ϕ12.7～17mm、最小壁厚为 2mm 的钢管。

此外，采用挤压工艺也可以生产无缝管，主要由两道工序组成，先通过机加工和热扩孔工序将实心管坯（或钢锭）加工成为空芯管坯，然后再在挤压机上进一步挤压加工为合格的热挤压管材。这种方法可以生产有色金属、难变形金属、贵重金属管材和异形断面管材。采用大吨位的立式挤压机可以生产大口径的高压锅炉无缝钢管。

冷轧冷拔是对热轧无缝管作进一步变形加工的主要方式。主要目的是改变无缝管的尺寸规格和改善组织性能。随着无缝管件使用范围的逐步扩大，无缝管的冷轧冷拔生产规模和产品范围也逐渐扩大，直径范围可以从几毫米到几百毫米。更大直径的无缝筒体则需要采用旋压方法生产。

7.2 无缝钢管穿孔机

穿孔工艺主要是在斜轧穿孔机上完成，根据辊数的不同，斜轧穿孔机有二辊和三辊两种类型。

7.2.1 二辊式穿孔机

二辊式穿孔机主要有曼内斯曼和斯蒂弗尔（图 7-1），其轧辊轴线位于两个互相平行的垂直平面内，并与轧制线在垂直平面内构成 5°～12°（最大可达 17°）的交角，称为轧辊倾角或送进角。由于轧辊轴线与轧制线成一个交角面里，所以轧件获得螺旋前进运动，并通过变形压缩运动过程受到压缩变形，在轧辊、顶头和导板构成的环形空间中完成穿孔过程。

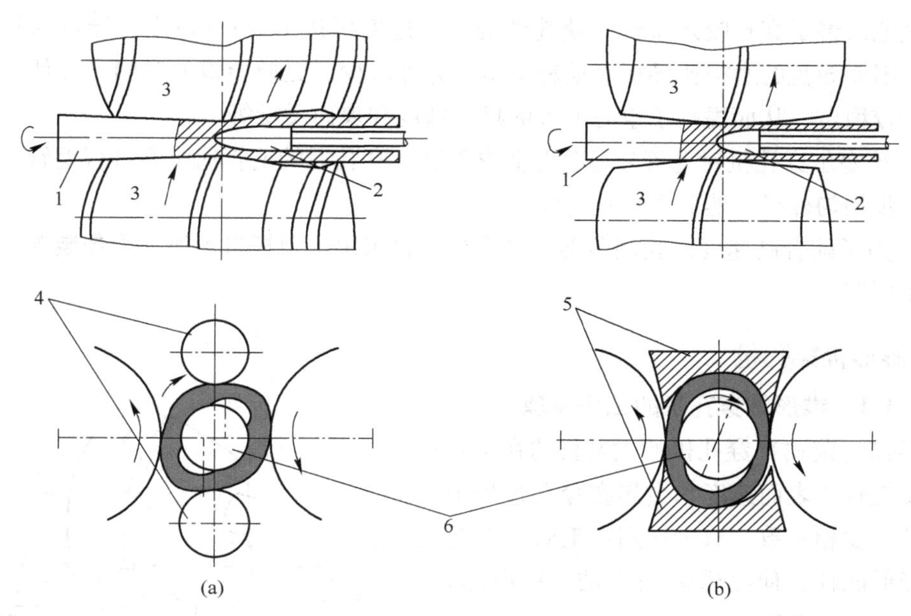

图 7-1 二辊斜轧穿孔的孔型构成
（a）曼内斯曼穿孔机；（b）斯蒂弗尔穿孔机
1—管坯；2—顶头；3—轧辊；4—导辊；5—导板；6—顶杆

为适应生产不同规格、材质的毛管，穿孔机应满足下列要求：

（1）两个轧辊同向转动，并且有较大的调整范围。

（2）轧辊倾角可调，并具有可靠的固定装置，以保证在工作过程中倾角不变。

（3）轧辊对称于轧制线，可方便、灵活地调整轧辊间距。

（4）导板和顶头的位置应能调整和固定。

（5）有可靠的后台装置，以保证方便地输出毛管。

二辊式穿孔机由主传动、穿孔机工作机座及穿孔机前、后工作台 4 部分组成。

7.2.2 立式大导盘穿孔机

二辊立式大导盘（狄塞尔）穿孔机的工作原理是用驱动的大导盘代替斯蒂弗尔穿孔机的导板，目的在于提高穿孔机效率、改善变形状态。狄塞尔穿孔机的轧辊为上下交错布置，而二辊卧式穿孔机的轧辊为水平左右交错布置。主动大导盘则布置在轧制线的两侧。由于布置和结构的变化，狄塞尔穿孔机具有以下一些特点：

（1）设置了轧辊倾角无级调整装置，对各种不同材质的管坯均能以最佳倾角进行穿孔；轧辊上下布置，分别由两台直流电机单独传动。这种布置方式的优点是：使轧辊倾角的可调范围增大；大大改善了万向接轴的工作条件。与曼内斯曼穿孔机相比，狄塞尔穿孔机的万向接轴倾角变化范围缩小了，从而大大延长了万向接轴的使用寿命，减小了因轧辊速度周期性变化而引起的附加冲击载荷。

（2）提高了穿孔速度、降低了工具消耗，故改善了轧件质量。用主动旋转大导盘取代了固定式导板有助于穿孔速度的提高。固定式导板穿孔速度只能达到 0.8～1.0m/s，旋转导盘明显地改善了穿孔咬入条件，使轧件的出口速度可达 1.2m/s 以上。导盘与轧件是滚动摩擦，因而导盘的磨损比导板磨损轻得多。另外减少了更换导板的时间，并使变形区的几何形状较稳定，从而提高了空心毛管的尺寸精度和表面质量等。

（3）狄塞尔穿孔机对毛管外径公差要求不高，穿孔后的毛管通常要进行毛管空心坯减径，进一步均匀外径，然后再进行连轧。

（4）为了配合高速度的轧制节奏，穿孔机后台采用了顶杆自动循环冷却装置，大大缩短了轧制周期。

7.2.3　锥形辊穿孔机

7.2.3.1　锥形辊穿孔机的工作原理

锥形辊（菌式）穿孔机的主要目的在于：穿孔中可使轧辊的表面速度和金属在穿孔过程中增加的流动速度相一致，减少作用在毛管上的剪切应力，降低能耗，使毛管表面光洁、壁厚均匀。其工作原理如图 7-2 所示。

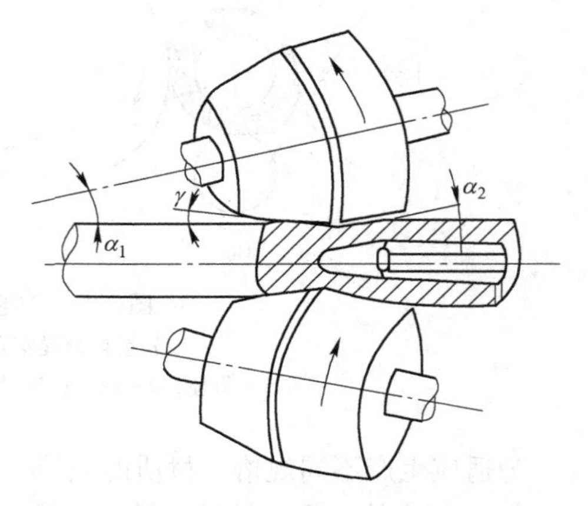

图 7-2　锥形辊穿孔机

两轧辊的轴线既倾斜又交叉，以便能够通过较大的喂入角（β）和辗轧角（γ）实现穿孔。轧辊呈圆锥形、双支撑。轧辊的圆周速度沿着出口侧方向有规律地提高，并与穿孔毛管的运动速度相匹配，轧辊对毛坯有拉伸或阻碍作用。由此使斜轧穿轧中回转锻造效应，表面扭曲变形以及圆周剪切变形都受到一定程度的抑制，使毛管内、外表面缺陷大为减少。其导卫装置可采用导板，比较先进的采用主动大导盘。

7.2.3.2　锥形辊穿孔机的特点

（1）回转锻造效应受到抑制。为了使轧辊的布置适合于穿孔过程的进行，除喂入角 β，又设置了辗轧角 γ，轧辊呈锥形、双支撑。实验结果表明，管坯和毛管的力学性能、延伸率和断面压缩率在很大程度上取决于轧辊的辗轧角和喂入角的大小。β 和 γ 值越大，延伸率和断面压缩率也越大。金相显微观察表明，回转锻造效应明显受到抑制，孔腔缺陷几乎见不到。与此相反，以较小的喂入角和辗轧角进行穿孔时，回转锻造效应非常明显，孔腔缺陷清楚可见。

（2）金属流动合理。在辗轧角和喂入角变化的情况下进行穿孔实验，观察喂入角 β 和辗轧角 γ 对圆周剪切变形的影响。圆周剪切变形可用下式表达：

$$r_{r\theta} = \frac{r_{\theta}}{t} \tag{7-1}$$

式中　r——荒管半径；

t——荒管壁厚；

θ——剪切变形角位移。

实验中明显看出，喂入角 β 对圆周剪切变形有很大影响。当 β 成比例增大时，$r_{r\theta}$ 值明显下降；同样，当辗轧角 γ 增大时，$r_{r\theta}$ 也急剧下降。特别明显的是：当 $\gamma=15°$、$\beta\geqslant14°$，或者 $\gamma=20°$、$\beta\geqslant10°$ 时，圆周剪切变形完全消失，即 $r_{r\theta}=0$。轧辊辗轧角和喂入角对表面扭曲变形的影响也很明显，特别是当辗轧率较高时，金属流动不产生表面扭曲而引起剪切变形，在大辗轧角和大喂入角条件下进行穿孔，周向剪切变形和表面扭曲变形受到严格控制，甚至为零，使金属流动速度基本相同。

（3）适于连铸坯的穿孔。连铸坯铸造组织比较疏松，实验证明，当采用大交叉角和大喂入角对连铸坯进行穿孔时，伴随着剪切应力场的释放，能够避免中心疏松的增大而导致微孔腔形成的缺陷。

（4）适合于不锈钢、高合金钢穿孔。铌奥氏体基不锈钢是公认的热加工性低的不锈钢。高合金钢和超合金钢，如耐热铬铁合金和耐蚀基合金都是高强度难变形的典型材料。采用传统的辊式斜轧穿孔方法时，在空心荒管内表面常常出现微裂纹缺陷，严重时微裂纹扩展到表面造成管壁开裂。实验证明，大交叉角、喂入角的新型锥形辊穿孔机能够适应上述材质的穿孔而不至于出现内孔裂纹缺陷，但要特别注意选择合适的穿孔温度。

7.2.4 三辊式穿孔机

7.2.4.1 三辊穿孔机的工作原理

三辊穿孔机也是利用斜轧原理进行穿孔，三个轧辊在垂直于轧制线的横截面内互成120°角对称布置，并做同向转动。轧辊轴线与轧制中心线的纵断面内构成辗轧角有（交叉角）ψ，通常 $\psi=7°$ 左右，并且只允许在很小的范围内调整。每个轧辊中心线相对于机架窗口的对称平面偏斜一角度 β 称为送进角，其范围一般在 3°~9°之间。新型的三辊式穿轧机，送进角 β 可以随意调整。同二辊式穿孔机一样，由于送进角的作用，管坯被推入穿孔机后，则被轧辊咬入并作螺旋前进运动，在轧辊和顶头的作用下产生变形被穿为合格的毛管。

7.2.4.2 三辊穿孔机的特点

（1）和二辊穿孔机相比（图 7-3），由于其结构的不同，决定了管坯断面中心金属的应力状态和变形的不同，增加了压应力的成分，更有利于金属的产量性变形。所以避免了形成孔腔的可能性，大大减少了毛管的内、外表面缺陷，更适于穿轧难变形的管坯。

（2）和二辊穿孔机相比，省去了导板，从而减少了轴向滑动，降低了能耗，提高了穿孔机效率（二辊穿孔的效率最高为 80%，而三辊为 90%~95%）保证了钢管质量。

（3）生产中改变规格调整灵活方便，在同一台设备上能够适应较宽的品种规格范围。

（4）轧制精度高，钢管内、外表面光洁，壁厚均匀，形状规整，一般直径公差在±0.5%以下，壁厚公差在±(0.3%~0.5%)。

（5）三辊穿孔机的缺点是作用在顶头上的压力过大，所以不能穿薄壁毛管。试验表明，在三辊穿孔时，管坯断面中心不产生拉应力，故顶头受力较二辊穿孔时增加了 20%~25%。此外三辊穿孔机较二辊式结构复杂，使整机的刚度降低。

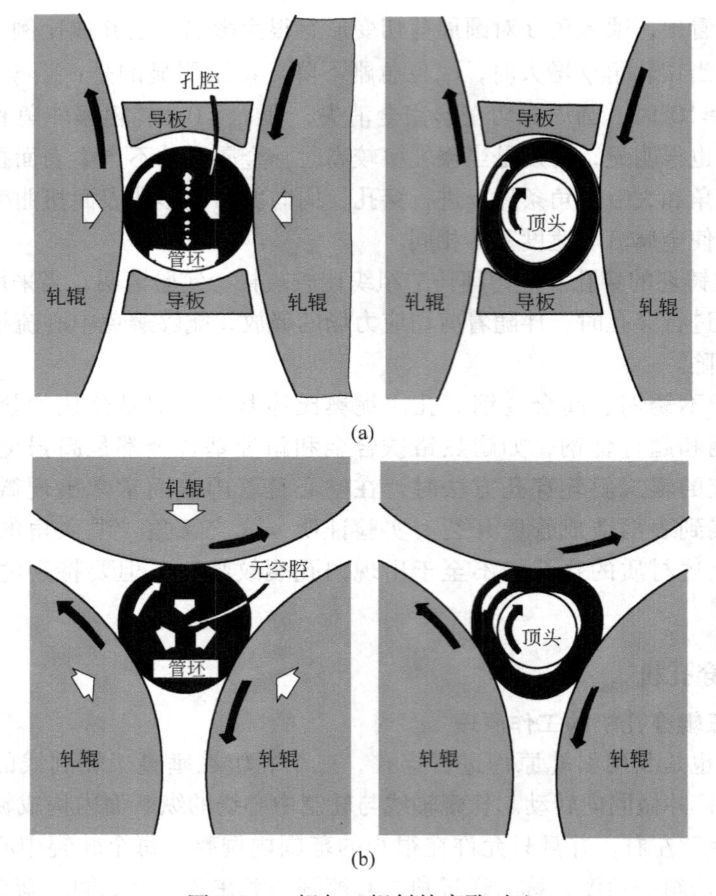

图 7-3　二辊与三辊斜轧穿孔对比

7.3　无缝钢管纵轧机

无缝钢管纵轧机是对穿孔机穿出的毛管进一步加工的一类轧管机总称。“纵轧”与后文中的“斜轧”相对应，指金属在轧制过程中，轧辊的旋转方向与管材的运动方向一致，且管材在变形过程中没有自旋。

7.3.1　自动轧管机

7.3.1.1　自动轧管机的工作原理

穿孔后的毛管管壁很厚、表面极不平整，有鲜明的螺旋棱纹，需要进一步再加工。轧管是对管壁再加工的主要工序。自动轧管机是过去普遍采用的轧管设备，其工作原理如图 7-4 所示。利用纵轧的方法，在椭圆形孔型中对毛管进行轧制，其变形过程是在孔型和顶头构成的环形空间内完成的。其轧管过程如下：

穿孔后，毛管沿着斜箅条滚落下来，自动轧管机的上工作辊及下回送辊落下。为去除氧化铁皮和起一定的润滑作用需要向毛管内抛撒工业用盐（氯化钠）。然后在推钢机的帮助下将毛管送入轧辊轧制，毛管轧出后，上轧辊快速抬起，让出回送通道，下回送辊抬起

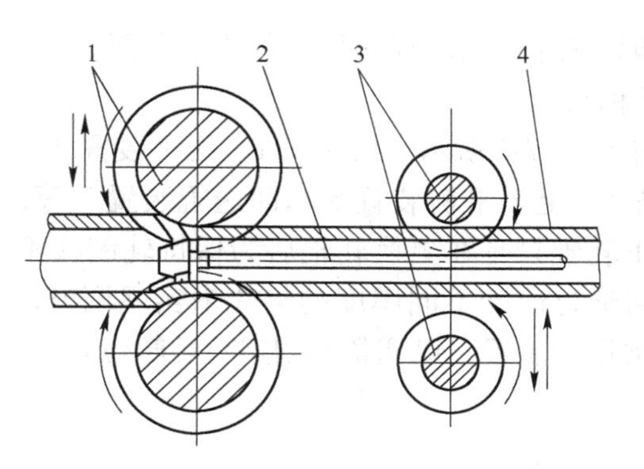

图 7-4 自动轧管机工作原理

1—轧辊；2—顶头与顶杆；3—回送辊；4—毛管

与上回送辊一起将钢管夹住快速送回轧管机前台。通常，在自动轧管机上要轧制 2~3 道次。为了使壁厚均匀，减少外圆的椭圆度，在轧制第二道之前需要翻钢 90°。然后撒盐和更换顶头，一般第二道顶头直径比第一道顶头直径大 1~2mm。然后降下上轧辊和下回送辊。做完了上述这些准备工作后，用推钢机再次将毛管送入自动轧管机轧制。经轧管机轧制后的钢管，自动返回到自动轧管机前台，翻上斜算条架送往均整机。

7.3.1.2 自动轧管机设备结构

A 自动轧管机主机列

自动轧管机的主机列由主传动装置和工作机座两大部分组成。图 7-5 为典型的自动轧管机布置示意图。

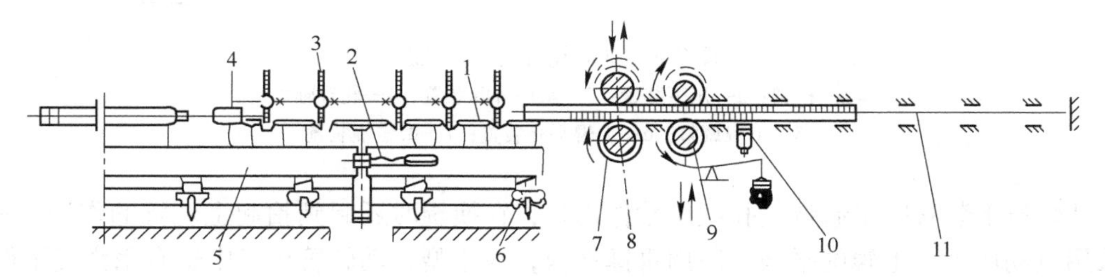

图 7-5 自动轧管机组构成

1—受料槽；2—受料槽升降回转装置；3—毛管拨出机；4—气动推料机；5—前台移动装置；6—受料槽高度调整装置；7—工作辊；8—顶头；9—回送辊；10—回送辊抬升气缸；11—顶杆、顶头

B 主传动

和一般轧钢机相同，自动轧管机主传动也是由主电动机、主减速箱、传动轴、齿轮机座、万向接轴及其托架等部分组成。

由于自动轧管机的轧制速度较高，而被轧的钢管相对较短，还要自动回送钢管，因此，每一轧制周期的轧制时间相对很短。所以，在自动轧管机组中，大都采用带有飞轮的传动方式，以便减小主传动电机的功率，通常选用交流绕线式直流复激电动机。

万向接轴的叉形接头和扁头通常是用键和轧辊相连接，由于自动轧管机的轧辊大多为铸铁（球墨铸铁或无限冷硬铸铁）制成，生产中常常因为轧辊轴头双键槽处出现折断而导致整个轧辊损坏报废。为克服这一缺点，可采用扁平椭圆和套筒的无键连接方式

(图 7-6)，这种结构不但延长了寿命，而且拆、装快速方便。

C　自动轧管机工作机座

自动轧管机工作机座如图 7-6 所示。由机架 1、压下装置 2、斜楔升降装置 3、轧辊轴承部件 4、下辊调整装置 5、上辊平衡装置 6 和回送辊装置 7 等部分组成，自动轧管机工作机座是单机布置的。下轧辊只是在更换轧辊后为保持轧制线不变，需要作不大的调整，因此在一些小型机组中可通过改变不同厚度的垫片来实现调整，而 140mm 以上的机组则多采用双级蜗轮蜗杆电动压上装置，以调整和固定下轧辊位置。

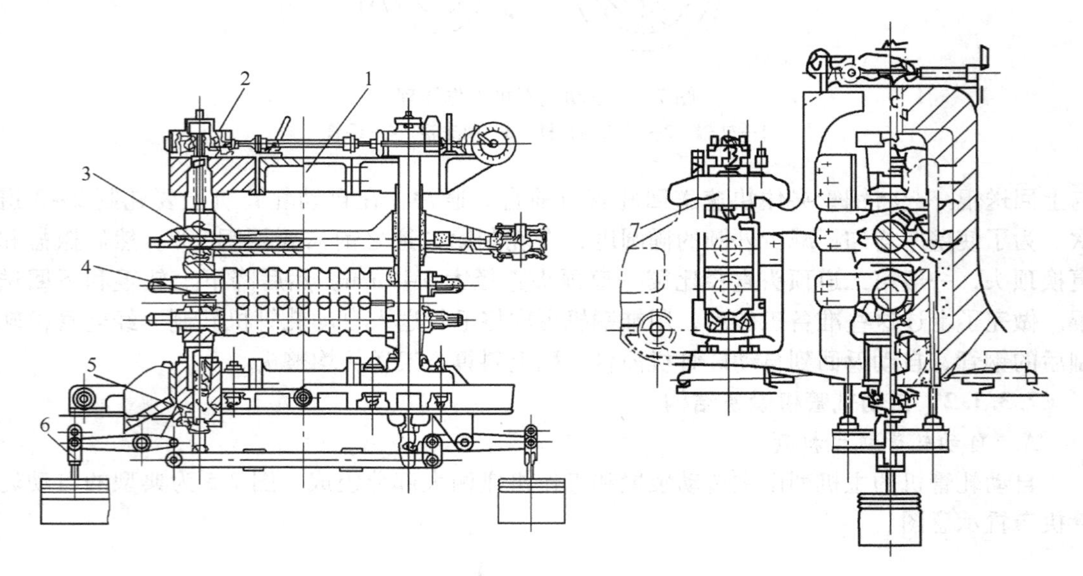

图 7-6　自动轧管机工作机座
1—机架；2—压下装置；3—斜楔升降装置；4—轧辊轴承；
5—下辊调整；6—上辊平衡装置；7—回送辊装置

轧辊压下装置除了起调整孔型尺寸作用外，在换辊时还起到抬起上轧辊的作用，一般都采用电动压下。上辊的平衡一般用重锤平衡，在小型自动轧管机组中也有用弹簧平衡。

在工作中，毛管从自动轧管机前台经轧制后转到后台。为进行下一道次轧制和轧制达到成品管要求的钢管送到与自动轧管机并列布置的均整机前台，都必须迅速地将管子从轧管机的后台送回前台。为此自动轧管机配置了斜楔升降装置和回送辊机座。

斜楔装置由气缸（或曲柄机构）、滑板、斜楔和滑块等组成。通过气缸（或曲柄机构）带动拉杆水平移动带动斜楔，在压下螺丝不动的情况下，借助于平衡力的作用使上轧辊快速升降。为确保轧制过程中轧辊的位置固定，通常将斜楔做成圆弧面的，与之相对应的滑块也做成凹形弧面的，以加强其自锁性。

回送辊机座在轧管机后面紧靠轧管机机架。上、下两个回送辊也和自动轧管机的轧辊孔型相对应，但回送辊直径约为轧管机轧辊直径的 80%左右，刻有和轧管机轧辊孔型相似但尺寸略大些的孔型。回送辊转向与轧管机轧辊相反，但其圆周速度高于轧辊的线速度。下回送辊经常处于不同轧件接触的最低位置，上回送辊的位置不动且调得较高，使其在轧管机正常轧制时碰不到轧件。如图 7-5 所示，下回送辊 9 通过杠杆系统和气缸相连，而气缸 10 的控制回路与斜楔装置缸回路互为联锁。当需要由后台向前台回送钢管时，一方面斜楔装置动作将上轧辊抬起，同时气缸 10 动作也将下回送辊抬起，上、下回送辊夹住钢管将快速回送到轧管轧前台。由于回送辊不承受轧制力，只要夹紧钢管产生足够的摩擦力将其送走即可，故回送辊机座不受强度限制，结构简单、轻巧，紧凑，由单独电动机通过齿轮机座带动连续转动。

D 自动轧管机前、后工作台

前台的主要作用是接受从穿孔机后输送回来的毛管并将其送入自动轧管机进行轧制，起喂料的作用。为此，如图 7-5 所示，前台装有受料槽 1 和气动推钢机 4，使轧管机实现强迫咬入的工艺要求。由于一般自动轧管机辊身上刻有若干个孔型，为了轮换使用各孔型，受料槽和气动推钢机必须能沿轧辊的轴向调整位置，以保证对准所需要的孔型。为此，一般将整个前台做成为台车形式，在车架上装有齿条，使其同一套电动的转动装置啮合做横向移动。为了更换品种规格，使前台的标高与轧制线相应，还设有受料槽的高度调整机构，这是一套斜楔升降机构。考虑到毛管端部可能因温度低或开裂等原因无法送入轧管机轧制而需要调头时，前台上还设有受料槽升降回转装置，它是由两个气动传动，垂直气缸使受料槽中间一段能升起一定高度，用于托起毛管，而水平气缸则通过齿轮-齿条机构使其回转 180°。为了将已经轧好的钢管送往均整机，前台上还设有气动（或电动）钢管拨出机构 3（图 7-5）。

自动轧管机的后台比较简单，是一个综合台架，各轧槽新用的顶杆均可固定在其尾端，可以用螺母、螺杆对顶头位置进行少量调整。

7.3.2 连轧管机

无缝钢管热连轧是一种钢管纵向轧制技术，管材在变形过程中仅仅沿轧制中心轴线运动，而没有发生自旋。其主要工艺特征为，毛管内含长芯棒，在连轧管机所有机架孔型内发生连续的塑性变形，达到减壁、延伸的目的。依据单个机架内轧辊数目可分为二辊式与三辊式；依据芯棒运动形式可分为全浮动芯棒连轧机、半浮动芯棒连轧机、限动芯棒连轧机。

7.3.2.1 连轧管机的工作原理

连轧管机是一种生产中、小口径无缝钢管的高效能轧机。它是将已穿孔的毛管套在一根芯棒上，依次通过 5~9 个连续布置、相邻两机架间的轧辊轴线互成一定角度、机架间距离较近的轧管机组。现存连轧管机组按单机架内轧辊数量分类，可分为二辊式（代表机组 MPM 轧机）与三辊式（代表机组 PQF 轧机）。其中，二辊式轧机机架内轧辊互成 180°角布置，相邻机架间轧辊轴线互成 90°；三辊式轧机机架内轧辊互成 120°角布置，相邻机架间轧辊轴线互成 60°。二辊式连轧管机的工作原理如图 7-7 所示。由于连轧管机能够实现大变形量，一般总变形量可达到 80%，延伸系数为 3.5~5，所以，它具有高的生产率。现代化的连轧管机组中，由于配制了张力减径机，通常连轧管只需生产一两种直径规格的钢管，然后通过张力减轻机扩大品种范围。

7.3.2.2 连轧管机的发展及其工艺特点

连轧管机的发展经历以下四种机型阶段：

（1）二辊全浮动芯棒连轧管机阶段（1964~1983 年）。二辊全浮动芯棒连轧管机在轧制过程中，参与金属变形的芯棒处于浮动状态，芯棒依靠与管材内表面的摩擦力运动，芯

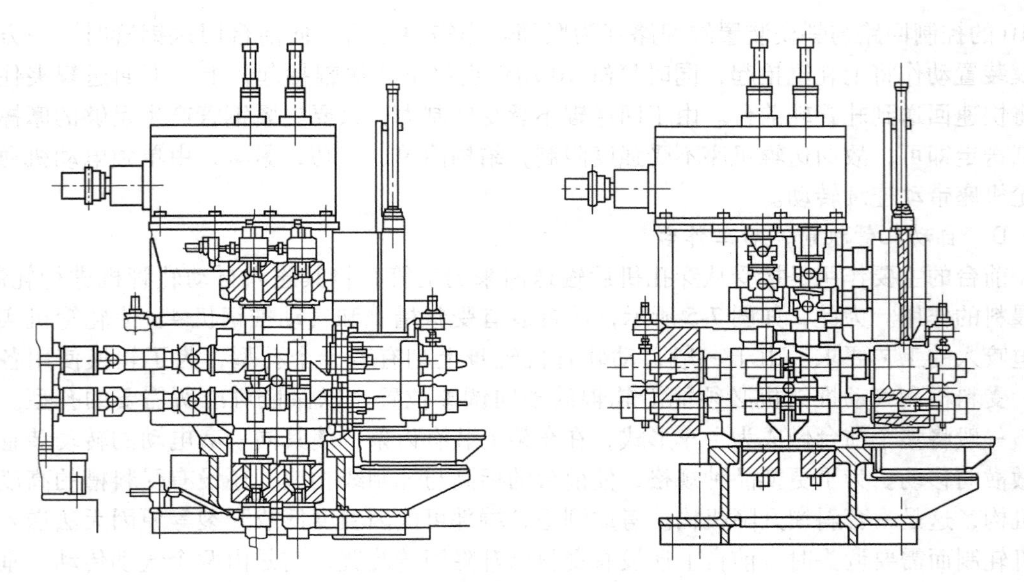

图 7-7　连轧管机工作原理

棒自由通过各架轧机，然后由脱棒机将芯棒从钢管中抽出。由于在轧制过程中不控制芯棒速度，因此在整个轧制过程中芯棒运动速度多次变化，将导致金属流动条件的改变，直接影响变形过程。轧制过程中钢管两端部外径与壁厚大范围波动，该端部必须切除以保证产品几何尺寸在一定的公差范围内，从而降低金属收得率。另外，芯棒长度大，为制造增加了成本和难度。针对上述问题，我国上海某厂通过利用“德马克竹节控制技术”基本解决钢管两端“竹节”现象。据不完全统计，该时期全球新建、改造连轧管机组 14 套（国内 1 套），全部为 ϕ140mm 以下规格，年总产量约为 400 万吨。

（2）二辊半浮动芯棒连轧管机阶段（1977~1995 年）。半限动芯棒连轧管机轧制过程中对芯棒速度进行控制，但轧制过程结束之前即将芯棒放开，像全浮动连轧管机一样由钢管将芯棒带出轧机，然后再由脱棒机将芯棒由钢管中抽出。该机型代表为 DEMAG 公司的 MRK-S 机型，其典型工艺特征为：在轧制过程中的绝大部分呈现限动芯棒的轧管工艺特征，而仅在轧制进行到钢管尾端时提前释放芯棒限动机构，实现全浮动轧制；使用离线穿棒机构，生产能力约为 180 只/h。该时期新建、改造的四套连轧管机组（国内 1 套），总产能约为 200 万吨，且二辊全浮动、半浮动、限动芯棒三种工艺并存，是一个由二辊全浮动芯棒轧管机型向二辊限动芯棒轧管机型过渡的时期。

（3）二辊限动芯棒连轧管机阶段（1978~2009 年）。限动芯棒连轧管机是在整个轧制过程中对芯棒加以控制，使芯棒以设定的低于轧制速度的恒定速度运行。在轧制过程结束后，钢管由芯棒上脱出，而芯棒则由限动机构带动快速返回。代表机型为 MPM 连轧管机，全球新建、改造的 23 套连轧管机组（国内 7 套），设备总产能 940 万吨。轧制过程中，芯棒全程限动，有效控制“竹节”问题；“限动”芯棒使该工艺有效地缩短了较全浮工艺 50%的芯棒长度；限动芯棒的工作方式，促进了孔型变形区金属流动，减小轧管机尖峰负载；改善连轧机第一机架咬入条件，增加第一机架金属的变形量；并省去了松绑工序。1994 年包头市建造了世界上第一套 5 机架 Mini-MPM 连轧管机组，该工艺是由 MPM 工艺发展而来的新技术。Mini-MPM 工艺机架数目少，并采用 3 个大机架 2 个小机架减少机架间距；机架依次垂直和水平交错布置，降低所需安装空间高度要求；采用液压压下调整机构，轧制过程中动态调整；芯棒长度更短，且可调头使用，减少工具消耗，设备总重比 MPM 减少 1/3；薄壁毛管（壁厚≤16mm）采用在线穿棒减少毛管温降和温度不均匀。

（4）三辊限动芯棒连轧管机阶段（2003 年至今）。三辊限动芯棒连轧管机是这个阶段的典型代表，是当今最先进的连轧工艺。该工艺最初由意大利 Innse 公司 1993 年在香港国际会议上正式推出，第一台三辊限动芯棒连轧管机组于 2003 年 8 月由德国 SMS Meer、SMS DEMAG、Innse 公司与天津钢管公司共同设计建造，并在天津钢管公司投产。该工艺德国 SMS 称为“PQF”（见图 7-8），意大利 Danieli 公司称为“FQM”。连轧机工艺控制方面，使用 SMS Meer 公司开发的 CARTA 工艺控制技术。在国内，该机型已可以被设计和制造，2010 年太原重型机械集团有限公司自行设计制造的 TZϕ180mm 连轧管机组在山东墨龙投产。

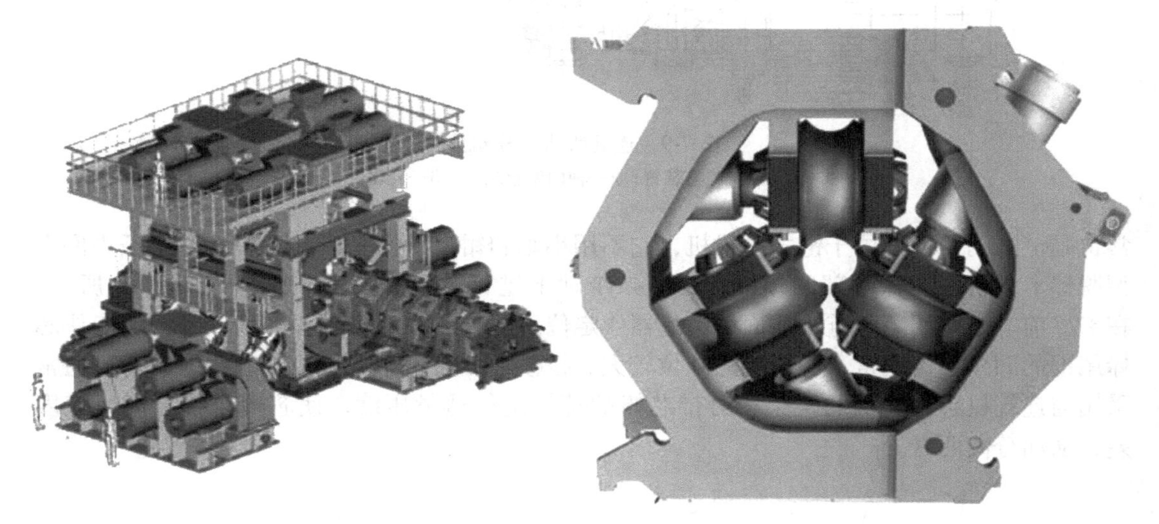

图 7-8 PQF 连轧管机组（ACO 机型）与轧辊机架

7.3.2.3 二辊式连续式轧管机的设备结构

A 连轧管机机座

通常，连轧管机一组工作机座为 5~9 架，安装在同一个底座上，每相邻两个机座间轧辊轴线互相垂直。为布置紧凑起见将机架牌坊作成统一的方箱形结构。各机座由单独的直流电机驱动，呈水平布置，通过圆锥——圆柱齿轮箱带动两个轧辊。

轧管机的工作机座实质上就是一台单孔型二辊轧机（图 7-9），轧辊两端装有滚动轴承、具有手动径向调整装置、轧辊采用弹簧平衡装置和杠杆式轴向调整装置。

一般连轧管机轧辊直径为 ϕ400~500mm，约为所能轧制的管材最大直径的 4~5 倍，辊身长度为 220~300mm。

B 脱棒机

连轧钢管的离线脱棒机最早用拉拔小车的钳口咬住芯棒的尾部，挂钩挂在链条上，借助于链条的运动带动拉拔小车移动，从而将芯棒从钢管中拉抽出来。现代化的脱棒机构通

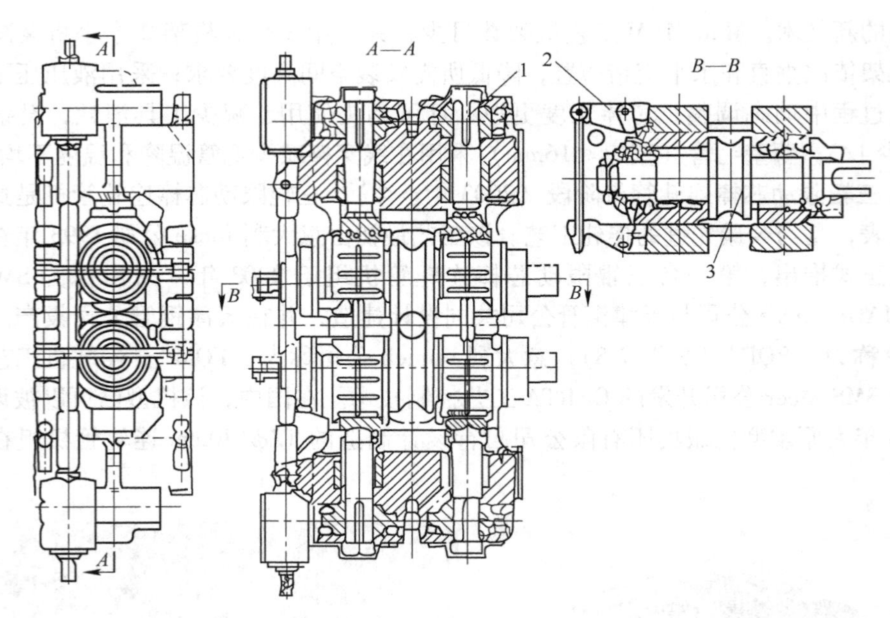

图 7-9　连轧管机工作机座

1—径向调整装置；2—轴向调整装置；3—轧辊

常也是链式的，但不同于链式拉拔机，它不用小车和钳口，而是借助于装在双链条中间 U 型脱棒卡爪卡住芯棒端部凹颈槽，在链条带动下进行脱棒。其工作原理如图 7-10 所示。在卡棒前，芯棒用装于链轮前面的夹持器 4 定位。便于脱棒爪 2 能够准确、顺利的卡住芯棒尾部的凹颈槽。通常，脱棒机的吨位较大，拉拔力可达 3000~4000kN。在线脱棒机通常采用与连轧机结构类似的机架，对带芯棒的荒管进行适量压缩，使芯棒与荒管产生速度差，从而分离两者。

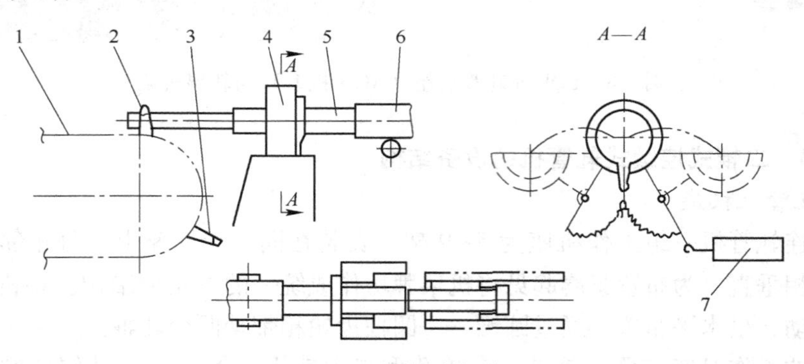

图 7-10　离线脱棒原理

1—脱棒链条；2—脱棒爪；3—托棒爪；4—夹持器；5—芯棒；6—钢管；7—气缸

C　芯棒冷却装置

为了迅速冷却从钢管中脱出来的芯棒，大都采用水槽式冷却装置，其结构原理见图 7-11。经脱棒机从钢管中抽出的芯棒，用链条送上机后辊道 1，由于脱棒速度是变化的，因此辊道速度要与脱棒速度相适应。芯棒经过升降拨料器 2 和和接料钩 3，一个个顺序送入冷却水槽4内的斜台架上。经过专门的控制系统，使水温控制在70~80℃的范围内，水槽的一侧装有四爪（或三爪）拨料器5，将冷却后的芯棒提送至准备台架上。需要时用三爪拨料器6将芯棒从台架拨到芯棒链7的托架上，以便穿入毛管进行轧制。轧制后的芯棒被热钢管所包围，表层温度可达600~700℃，高温层深度可达10mm左右，脱棒后运送到冷却装置前的温度一般为200~300℃，冷却后的芯棒温度为130℃左右。

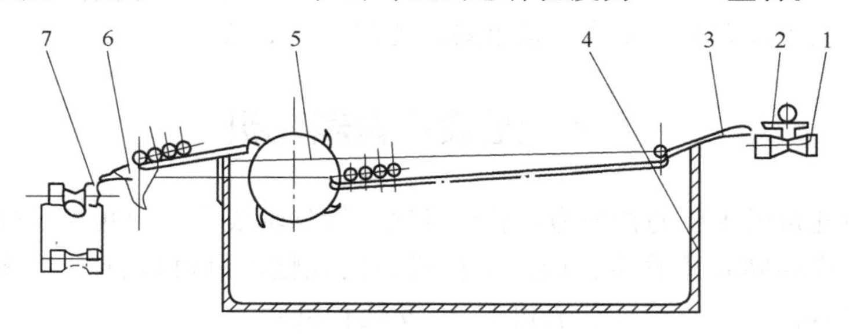

图7-11　芯棒冷却装置示意图

1—辊道；2—升降拨料器；3—接料钩；4—水槽；5—四爪拨料器；6—三爪拨料器；7—芯棒输送链

7.3.2.4　连轧管新工艺、新技术

（1）装有液压小舱的轧辊机架。液压小舱在限动芯棒连轧工艺（MPM）中的用途是：补偿轧制管件因前后温度变化产生的纵向壁厚不均、补偿因轧机结构的弹性变形对管件精度的影响、补偿轧辊磨损以及芯棒纵向不均匀磨损，其调整量是依据轧制管件或芯棒本身的测量值确定的。图7-12为设有液压小舱的轧辊机架。

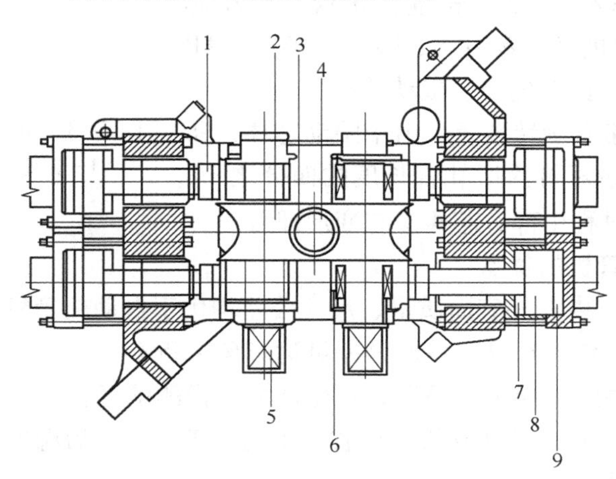

图7-12　设有液压小舱的轧辊机架

1—轧辊定位系统；2—轧辊；3—变形的材料；4—芯棒；5—轧辊传动轴；6—轧辊箱；7—液压小舱及作用油腔；8—液压小舱活塞；9—液压小舱工作油腔

（2）管端轧薄技术。管端轧薄技术是基于液压小舱、数字化的自动控制系统的新技术。它能有效控制管端的壁厚，使连轧过程中两端得到比管体部分较小的壁厚，从而与张力减径产生的管端增厚相抵消，减少切头损失。

（3）SMS Meer Cart-PQF技术。SMS Meer Cart-PQF技术是使用在三辊连轧管机上的一

种工艺控制系统，其包括针对PQF轧制过程的过程计划模块、过程管理模块、工具管理模块等子系统。其中过程计划模块主要实现在产品生产前进行产品数据、设备数据及工艺参数的计算及验证并将其所得工艺设定数据直接应用到生产过程中；过程管理模块主要实现轧制过程数据监测、记录与分析，在线液压辊缝调节，从而有效实施壁厚及钢管头尾控制，改善产品质量；工具管理模块主要实现轧辊及芯棒等工模具加工工艺数据自动设定，计算生产所需的最新设定数据以及记录重要的轧制参数信息。

7.4 无缝钢管斜轧机

无缝钢管斜轧机最主要的特征为：轧辊轴线与管材轴线呈一定角度；轧制过程中金属沿其自身轴线前进的同时还发生自旋。依据机架内轧辊数目可以分为二辊式（代表机型ACCU-ROLL轧管机）、三辊式（代表机型Assel轧管机）。

7.4.1 ACCU-ROLL轧管机组

7.4.1.1 ACCU-ROLL轧管机组的特点

ACCU-ROLL轧管机（AR轧管机）是改进了的新型狄塞尔轧管机。其主要特点是：水平布置的双支承的锥形轧辊、立式传动大导盘、限动芯棒控制斜轧。其工作原理如图7-13所示。

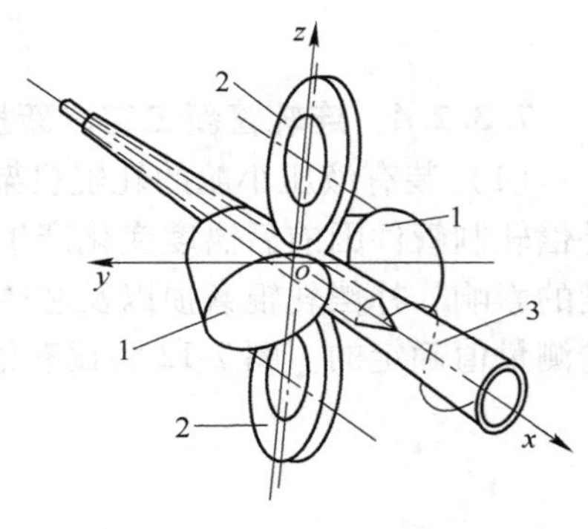

图7-13 ACCU-ROLL轧管机原理
1—轧辊；2—导盘；3—轧件

狄塞尔轧管机根据芯棒的运动形式和工具的特点分为：旧式狄塞尔轧管机（桶形轧辊、导盘、浮动芯棒）、新型荻塞尔轧管机（导盘可调、限动芯棒）和AR型轧管机（导盘可调、锥形轧辊、限动芯棒）。

通常限动芯棒都带有旋转装置，由于限动芯棒，所以可缩短芯棒长度，最短可为所轧管长度的四分之一，其原则是在整个轧制过程中都有芯棒参与变形即可。

7.4.1.2 AR轧管机的优点

（1）产品质量好。内、外表面质量、尺寸公差均优于自动轧管机组、连轧管机组、顶管机组、皮尔格轧管机组的产品，壁厚公差可达±3%~±5%。

（2）径、厚比值大（D/S可达35），可生产大直径薄壁管。

（3）生产工序少，和自动轧管机相比省略了均整工序；轧后温度高，可省略再加热工序而直接进行张力减径。

（4）变形条件好，可轧制难变形（低塑性）高合金材质的钢管。

（5）可轧制的管长增加了。例如自动轧管机100机组可轧制管长仅为8m，而AR100机组可轧管长为16m。

（6）成材率高。因为所轧钢管质量高、尺寸精，所以废品率低。而自动轧管机组用短顶头轧制，内、外表面均易擦伤，修磨量大、废、次品率高。

（7）芯棒的长度短（限动），制造、保管和维修方便，为轧制大直径薄壁管创造了条件。

7.4.2 三辊式轧管机

7.4.2.1 三辊式轧管机的特点

（1）由于省去了导板装置，因而摩擦阻力减小，能量消耗也随之降低了。

（2）调整方便、灵活，在同一台设备上无需更换轧辊就能够生产出不同规格的钢管（外径 50~250mm），尤其适合生产纵向周期断面管材。

（3）变形过程中轧件所处的应力状态好，三向压应力状态有利于金属塑性变形，轧制精度高，钢管内、外表面质量好，壁厚均匀，一般直径公差 ΔD 在±0.5%以下，壁厚公差 ΔS 在±(0.3%~0.5%) 以内。

（4）由于上述特点，适于生产低塑性变形金属、高合金钢及其他合金管材。

（5）适于生产高精度及机械加工的毛坯，如轴承钢管、机械工业结构钢管等。

7.4.2.2 三辊轧管机的工作原理及其变形

除轧制工具（轧辊、芯棒、顶头及顶杆）的材质、形状和所采用的坯料不同外，三辊式轧管机和三辊式穿孔机在结构和工作原理上基本相同。

三辊式轧管机的变形区可分为 4 段（图 7-14）：

（1）咬入段 L_1：咬入段的任务是对管壁进行少量压缩（18%~25%），以便产生足够的咬入力将毛管咬入轧辊。这一段的轧辊倾角很小，一般 $\alpha_1 = 2°30' \sim 3°$。

（2）压缩段 L_4：压缩段承担主要的变形任务，毛管坯压缩加工后，其壁厚应该等于轧管机轧制后的毛管壁厚 S_z。因为咬入段已有一定的壁厚压下量，因此压缩段的绝对壁厚压下量 Δh 应为：

$$\Delta = (0.75 \sim 0.82)(S_c - S_z) \tag{7-2}$$

式中　S_c，S_z——分别为穿孔和轧管后毛管壁厚。

压缩段直径 D_0 是整个变形区中的辊径最大值。D_0 应该根据轧制最小直径钢管时由三个轧辊所构成的最小变形区中辊径最大值所需的尺寸条件来确定，从图 7-15 所示的几何关

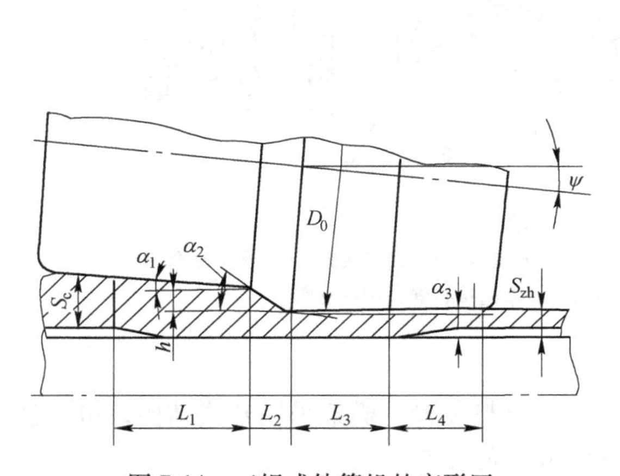

图 7-14　三辊式轧管机的变形区

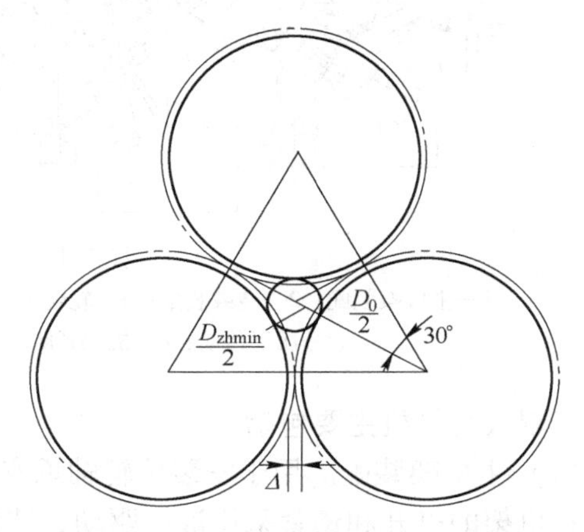

图 7-15　三辊轧管轧辊直径与轧件直径的关系

系不难得出：

$$\frac{1}{2}(D_0 + D_{\mathrm{zmin}})\cos 30° = \frac{1}{2}(D_0 + \Delta)$$

$$D_0 \approx 6.5D_{\min} - 7.5\Delta \tag{7-3}$$

式中　$D_{\min}$——轧制钢管最小直径，mm；

Δ——最小轧辊间隙，mm。

（3）压光段 L_3：这一段的主要任务是辗光管壁。所以，轧辊表面和芯棒的间隙保持不变，即这一段轧辊锥角等于辗轧角 ψ。为了使钢管壁厚均匀，必须使 L_3 的长度保证对每一段轧件都能够加工两次以上，即：

$$L_3 = (2 \sim 2.5)\frac{1}{3}s \tag{7-4}$$

式中　s——轧件每转一转的前进量，mm。

并有：

$$s = \pi\eta_z D_c \tan\beta$$

（4）出口段 L_4：这一段主要起消除椭圆度的作用。轧辊倾角 $\alpha_4 = 1° \sim 2°$。轧件经过这一段后，会产生少量的扩径，在钢管（轧件）和芯棒之间出现一不定期的间隙量，这一微小的间隙量正好有利于顺利脱棒。

7.4.2.3　三辊轧管机的结构

三辊式轧管机的结构如图 7-16 所示。

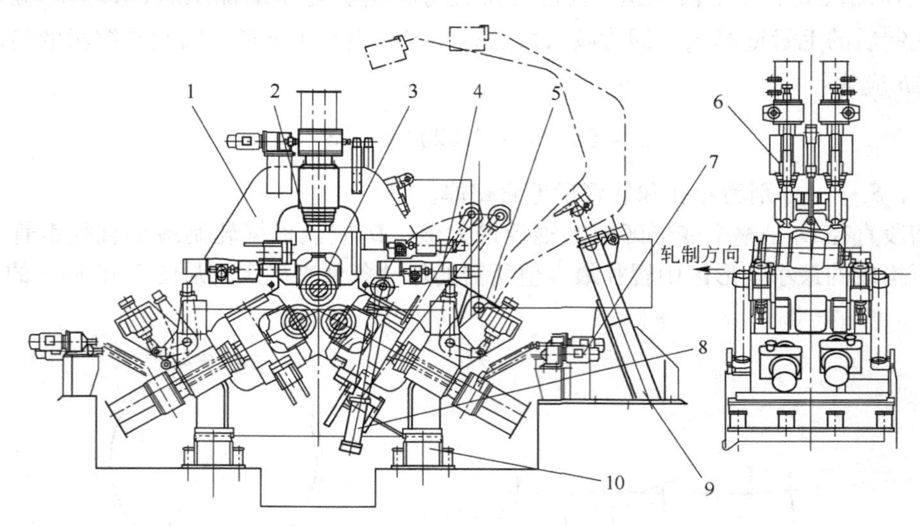

图 7-16　三辊轧管结构

1—主机架装配；2—转鼓装配；3—轧辊装配；4—转鼓调整；5—锁紧装置；6—压下平衡；7—压下传动；8—机架开闭装置；9—机架送接装置；10—支座

三辊式轧管机主要包括：

（1）主机架装配。用于安装轧辊轴承座及压下调整装置。机架采用开式结构，可方便换辊；机架的打开和锁紧采用液压驱动，使换辊速度大大提高。

（2）转鼓装配。用于调整送进角，采用液压驱动和锁紧。

（3）轧辊装配。用于轧辊、轴承及轴承座安装。

（4）压下与平衡。用于调整轧辊的孔喉和辗轧角，并对轧辊装配和压下系统进行平衡，消除间隙和冲击振动。

（5）机架开闭和送接装置。用于检修和换辊的快速打开和闭合。

（6）主传动系统。用于轧制过程的轧辊驱动。

7.5 其他类型的轧管机

7.5.1 周期式轧管机的工作原理

周期式轧管机的工作过程是一个特殊的纵轧过程，它是利用变直径、变宽度的轧槽（孔型），配合稍有锥度的长芯棒，一般大头和小头直径差 1~2mm，对毛管进行辗轧加工。图 7-17 是其工作过程示意图。

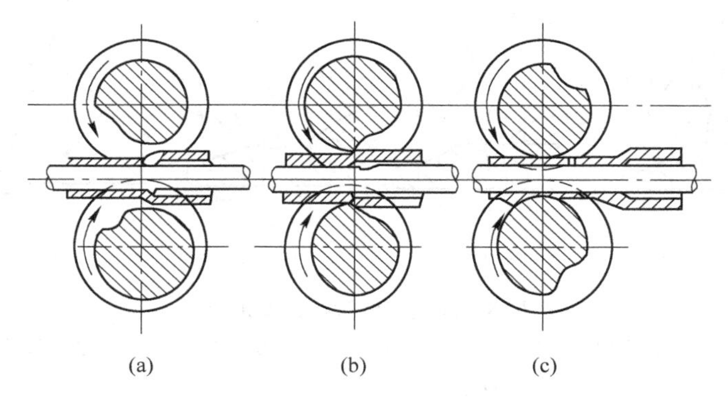

图 7-17 周期式轧管机工作过程示意图
（a）送进及翻转 90°；（b）咬入并开始轧制；（c）轧制进行阶段

当轧辊处于轧槽的非工作段时，孔型高度比毛管直径大 1.0~2.0mm，此时送料机将毛管送进一段（图 7-17（a））。送进过程结束后轧辊刚好转到轧槽孔型尺寸较小的工作段，此时轧件被咬入（图 7-17（b））。轧辊继续转动，由于其直径逐渐增大，孔型高度相应减小，毛管被压缩产生减径和减壁变形（图 7-17（c））。在轧制过程中，随着轧辊的转动毛管往与送进方向相反的方向退出，直到轧辊再次转到非工作段与毛管脱离接触时为止。第一个工作循环结束之后，喂料机除了将上一工作循环中得到延伸的那部分钢管送回外，还要把一段未经加工过的毛管送进，送进量 $m=20\sim40$mm；在送进的同时将毛管翻转约 90°，然后重复上述的工作循环。周期式轧管机就是这样一段段的直至将整根毛管轧完为止。它的变形量大，总延伸系数可达 10~12，最大可达 16（一般自动轧管机的延伸系数不超过 2.0）。

轧辊的工作段承担主要变形任务，它由三部分构成：

（1）压缩段：$\alpha_s=60°\sim90°$，这一段开始咬入毛管（D_p/S_p）到压缩延伸至轧后尺寸（D_z/S_z），它负担主要变形任务。

（2）压光段：$\alpha=90°\sim110°$，这一段的主要任务是对前几个工作循环中被压缩轧制过的毛管进一步辗轧压光，消除波棱和椭圆度，使其达到成品的要求。

（3）出口段：$\alpha_c=10°\sim20°$，这一段不承担变形任务，只起保证顺利地使钢管脱离轧辊的作用。

工作段占轧辊断面的总包角为 $Q_g=Q_s+Q_{yg}+Q_c=200°\sim210°$，非工作段所占的轧辊断面的总包角应保持在 $Q_k=150°\sim160°$范围内。

压缩段的工作过程如图7-18所示。在压缩段开始进入工作状态之前（图7-18（a）），轧槽表面几乎处于与毛管表面相平行的位置。轧辊继续转动至 C 点与毛管接触开始咬入（图7-18（b））。与之相对应的轧辊半径 R_c称之为咬入半径。称 R_0为压缩起始半径，$R_c>R_0$。当 R_0转到上、下辊中心连线处，即垂直位置时，轧辊便对毛管施加类似锤击式的冲击压缩（图7-18（c））。随着轧辊的继续转动，由于轧辊直径的逐渐增加（孔型表面和芯棒间隙逐渐减小）而将毛管辗薄（图7-18（d））。在变形过程中，轧辊一方面把处于其下的毛管压缩变形，另一方面也将一部分未变形的金属挤向相反的方向（图7-19）。当轧辊最大直径部分（R_k）转过垂直部位后，全部压缩过程即工作循环也就随之结束。

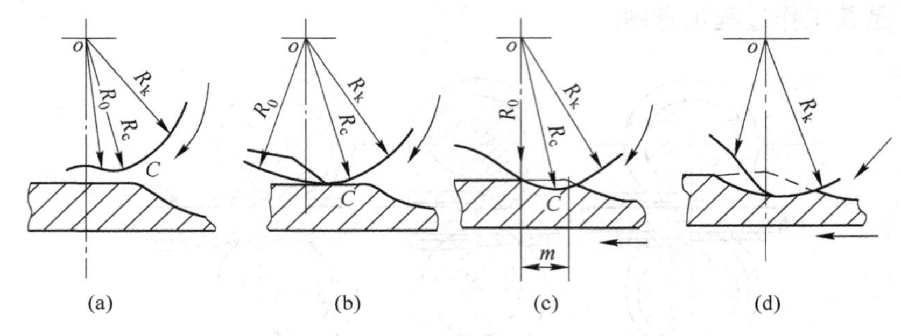

图7-18 周期式轧管机的变形过程

（a）开始工作前；（b）咬入阶段；（c）压缩变形开始；（d）压缩变形阶段

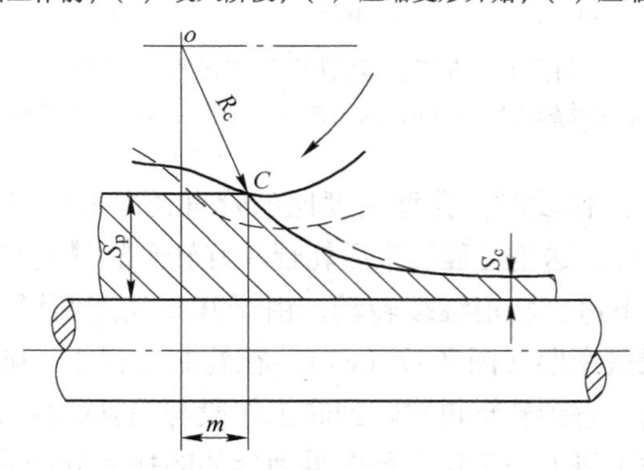

图7-19 周期轧管机压缩过程中轧件的变形

7.5.2 顶管机组及CPE工艺

7.5.2.1 顶管机组

顶管机组顶管生产无缝钢管是一种比较古老的方法，它主要适用于生产中、小直径的碳素及合金钢管，直径为57~219mm，壁厚为2.5~15mm，长度为8~15mm。

顶管机组工艺简单，包括以下环节：

（1）坯料的准备：顶管机组一般采用方坯（热轧或连铸）为原料，用剪断机或锯切按定尺需要长度下料。

（2）加热：一般采用环形加热炉，加热温度为1150～1128℃。

（3）穿孔：一般用4000～7000kN立式或卧式水压机将坯料冲压成杯状管。如图7-20所示，方坯在挤压筒中以其4个棱角与挤压筒接触。为了提高精度，在较新式的顶管机组中，冲孔之前先在400～600kN水压机上校正方坯的对角线尺寸精度，以提高方坯在挤压筒中位置的准确性（有的机组采用轧制的方法来保证方坯的尺寸精度）。

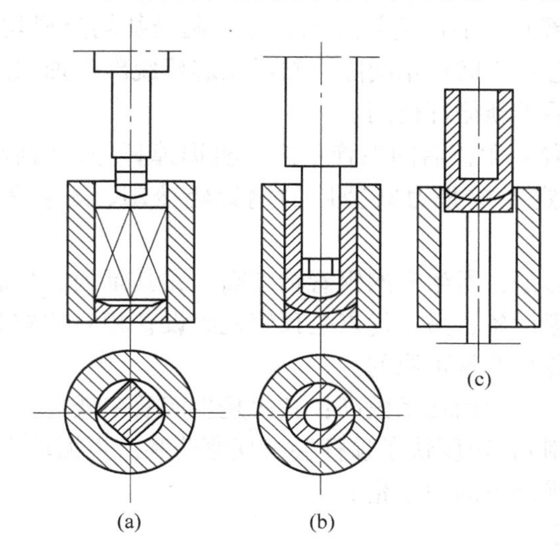

图7-20　水压机冲孔原理图
（a）装料；（b）冲孔；（c）出料

（4）再加热和延伸：杯状毛管经再加热炉加热后在二辊延伸机上进行轧制，使其壁厚更加均匀，尺寸更加精确。延伸机的工作原理同二辊式斜孔穿孔机和均整机一样。

（5）顶管：经延伸机辗轧延伸后的毛管，送往顶管机前台受料槽，穿入涂抹润滑剂的芯棒，然后在齿轮齿条机构的作用下，将毛管顺次顶过按规定次序排列的空间尺寸逐渐减小的模孔（图7-21）。模孔的总数最多可达21个，每个模孔的延伸系数为1.02～1.23。机

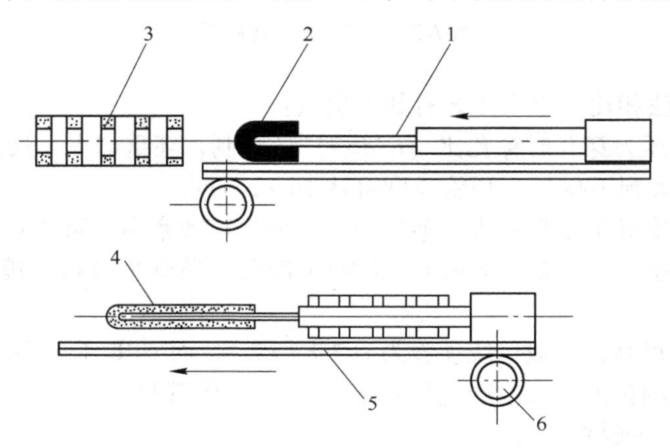

图7-21　顶管机的工作原理
1—顶杆；2—杯状毛管；3—模具；4—钢管；5—齿条；6—齿轮

组的延伸系数可达 7~150。在顶管变形过程中，毛管应该同时在两个以上的模孔中变形，在顶管的结束阶段同时在三个模孔中工作。顶杆（芯棒）的移动是通过齿轮、齿条机构来实现的，因此顶管机组也称为齿条式轧机。

在新式顶管机组中，为减少模具的磨损、提高钢管的质量和延长工具的使用寿命，采用辊式模具替代整体顶管模。每个模孔由 3~4 个辊子构成，辊式模具单模孔的变形系数可提高到 1.53 左右。

（6）均整和脱棒：经顶管后的毛管连同芯棒一起送往均整机均整。经均整机辗轧后，毛管直径稍有扩大，与芯棒之间产生间隙。然后用芯棒脱出机抽出芯棒。抽出的芯棒经冷却、检查和涂敷润滑剂后重新循环使用。

（7）定径或张力减径：脱棒后的毛管用热锯机锯掉杯底，而后进行定径或张力减径，最后达到成品管要求。定径或张力减径后的钢管经冷却、矫直等精整工序后即可包装入库。

顶管机组的突出优点是：所生产的钢管精度高，尤其是内、外表面质量高，在精整工段甚至可以不必设置修磨设备；另一优点是顶管机组设备相对比较简单，初投资少，建设快，这一点对中、小企业是非常可取的。

顶管机组的缺点是：金属消耗系数高：其次是生产效率低（因为最大顶杆长度和顶管速度往往受芯杆刚度限制），速度快了顶杆会出现弯曲和产生振动而影响钢管质量。所以，顶管机组只适用于产品规格少的中小企业。

7.5.2.2　CPE 工艺

CPE 工艺（Cross-roll Piercing and Emngating）是用斜轧穿孔机取代水压机穿孔和斜轧延伸与传统的顶管法结合生产无缝钢管的工艺。

CPE 工艺流程如图 7-22 所示。

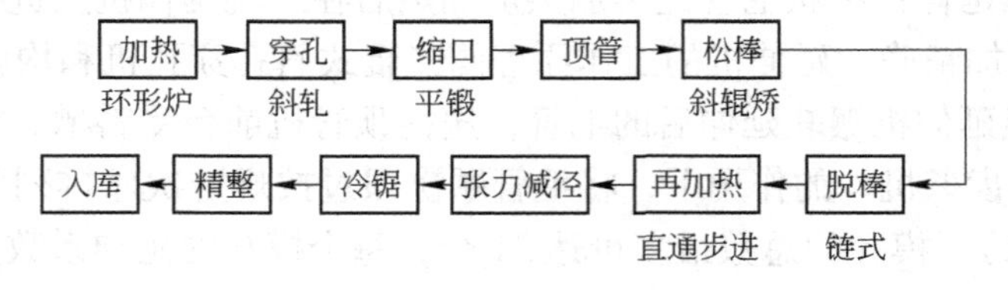

图 7-22　CPE 工艺流程图

与传统的顶管法相比，CPE 工艺有如下优点：

（1）由于不受压力穿孔时穿孔比（$L/d>7$）的限制，坯重加大，最大坯重可由传统顶管机组的 500kg 增大到 1400kg，顶管长度可达 16~22mm。

（2）由于斜轧穿孔的变形量大、速度快，因而生产效率高，可相对减少顶管机的变形量，辊模座可相应缩短，所需模架减少，预插芯棒可使顶管齿条行程缩短 6%，使机组生产率提高。

（3）壁厚精度提高，一般传统顶管为±(7%~8%)，而 CPE 工艺为±(3%~6%)。

（4）产品的范围扩大，可生产直径可达 244.5mm 的管材。

（5）杯底减少，成材率高。

（6）工艺简化，设备投资费用减少。

（7）与限动芯棒连轧管相比，电传、电控设备简单，便于操作。

7.5.3 三辊联合穿轧机

联合穿轧是指在一台三辊斜轧机上用一个道次获得内外表面质量及尺寸精度均合格的热轧成品管，亦即在一个道次里完成通常生产热轧成品管所需要的穿孔、轧管、均整3道工序。

早在20世纪50年代，国外便开始研究三辊联合穿轧，在理论和实践上均取得了一定成果。国内曾于1959~1960年由哈尔滨工业大学与庆华工具厂合作对联合穿轧进行实验研究，但一直未能投入工业生产中使用。太原重型机械学院冶金机械教研室于1975年开始设计适用于工业生产的新型的ϕ50三辊联合穿轧机，1977年完成技术设计，在山西省科委主持下通过技术审查。后因经费不足，断断续续直至1985年才由太原重型机械厂与太原矿山机器厂加工完毕，1987年9月投入工业试生产。经过几年的生产实践证明，用三辊联合穿轧的方法生产热轧无缝钢管在技术上是可行的，工艺上是先进的。该设备结构先进、性能良好，产品的尺寸精度高、内外表面质量好，达到了预期的设计目的。

ϕ50mm三辊联合穿轧机的主要技术性能见表7-1。

表7-1 ϕ50mm三辊联合穿轧机主要技术性能

名　　称	参　　数
管坯直径/mm	45~65
管坯长度/mm	1000~1500
成品外径/mm	40~60
壁　　厚/mm	3~10
轧辊直径/mm	230~260
轧辊长度/mm	270
送进角/(°)	0~15
最大轧制力/kN	200
主电机/kW	DC160×2
主减速器速比	3.32

三辊联合穿轧机工艺上的特点为：

（1）组合式的工具孔型。三辊联合穿轧机的变形区可分为咬入区、穿孔区、扩径区、轧管区、均整区几个部分（见图7-23）。管坯在一台轧机上即能完成穿孔、轧管与均整3道工序，因此工艺流程大为简化。此外该轧机所采用的轧辊，其形状近似于桶形，优点是只要求送进角，不要求辗轧角，由此使轧机结构与工具设计简化，调整更为方便。

（2）采用轧辊快速回退技术。和一般三辊斜轧机一样，当产品的外径与壁厚的比值D/S>10~12时，三辊联合穿轧机也产生管尾三角形。为防止管尾三角形的产生，三辊联合穿轧机采用轧辊快速回退的方法，即当轧制进行到管尾时，装在转鼓内的快速回退油缸迅速泄压，轧辊可以通过平衡机构快速抬起，以瞬时增大孔喉，使钢管顺利通过。

（3）快速轴向出管。轴向出管与传统的侧向出管主要区别在于顶杆的运动方式不同，轴向出管是在每次穿轧过程完成后，先用卡截装置卡住顶杆，然后启动夹送装置将钢管从顶杆上抽出，直接由轴向送往输出辊道。在抽取钢管的过程中，顶杆始终处于工作位置，只有更换顶头时才将顶杆退出。这种出管方式不需抽、送顶杆，由此缩短了轧制周期。轴向出管工艺将传统的纵横交替作业方式改变为全纵向流水作业方式，钢管在各工序之间转移的时间缩短，温降减小，设备自动控制的难度也减小。

三辊联合穿轧机在设计上吸取了目前各种三辊轧管机的一些优点，结构上作了很大改进，使之更适用于实际生产。该轧机在结构上的特点有如下几点：

（1）采用全开式机架。为了适应多品种生产和更换轧辊快速方便，该轧机的机架可全开。3 个机架中的左、右两机架可向两侧翻转，翻转后 3 个机架的轧辊轴线处于同一水平面上，这样大大方便了 3 个轧辊的更换（见图 7-24）。

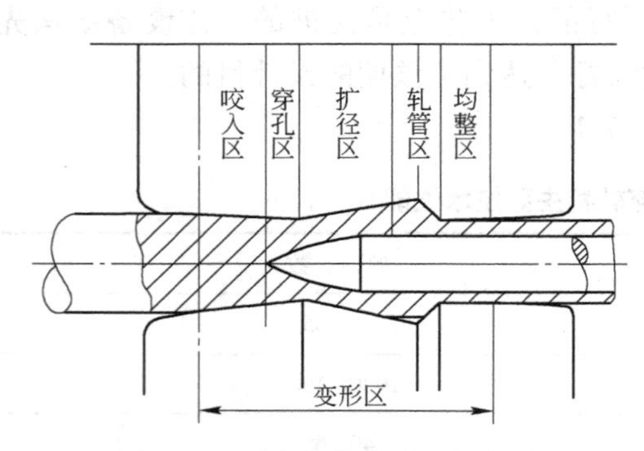

图 7-23 联合穿轧变形区的划分

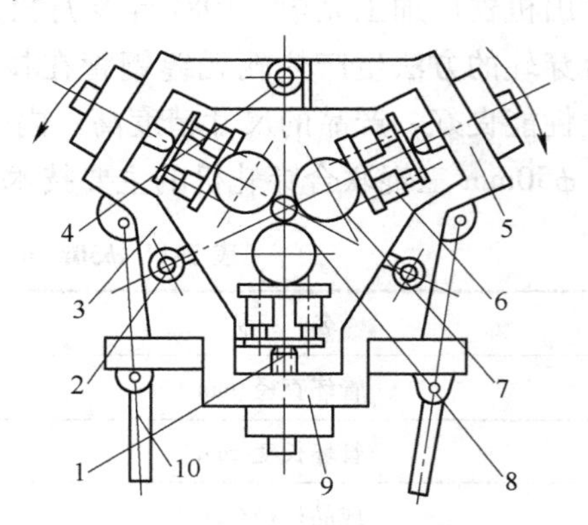

图 7-24 机械装置与轧辊布置图

1—轧辊压下螺丝；2—下锁紧缸；3—左机架；4—上锁紧缸；5—右机架；6—快速回退油缸；7—轧辊；8—轧件；9—下机架；10—翻转油缸

（2）采用中间压进式径向高速机构。压下机构为中间压进式的单压下螺丝转鼓结构。这种结构比双压下螺丝结构简单，只需考虑 3 个轧辊的同步位置，而不需调整每个轧辊的平行度，因而使轧辊的调整简化。

（3）中心转鼓式送进角调整机构。该机构通过液压与机械系统控制转鼓转动来改变轧辊的送进角。通过该机构也可以达到改变孔喉开度、增加管尾壁厚、消除管尾三角形的目的。

（4）设有液压传动的轧辊快速回退机构。该机构除用于消除管尾三角形外，还可以用于取样和处理轧卡故障等。

（5）主电机由可控硅直流系统拖动，满足了轧机在生产不同品种及轧制过程中变速的要求。

（6）设有液压传动的顶杆定心辊装置。该轧机设置的三辊定心装置具有工作时振动小、刚度大，定心辊开度调节灵活，小直径的顶杆和任意外径的荒管都可抱住的优点。高同心度的定心辊可保证顶杆与荒管在轧机出口侧准确导向和定心。

三辊联合穿轧机顶头承受的压力，特别是轴向力比一般斜轧穿孔机大。据实测，轴向力约为总轧制力的40%~50%。目前顶头选用的材料是钼基合金，芯棒选用的材料是45号钢。钼顶头不需用水冷却，但芯棒在穿轧过程中需强化冷却。每个钼顶头可穿轧钢管达1000根，每个芯棒能穿轧钢管100~200根，最高曾达700根。

根据实测检验，三辊联合穿轧机产品的内外表面质量良好，壁厚偏差小于±5.8%，外径偏差小于±0.51%，椭圆度极小，产品质量达到了国内领先水平。

7.5.4 三辊斜连轧机

三辊斜连轧是指在两组斜轧轧辊上进行管坯的穿孔-轧制延伸或毛管的连续轧制等，在两组轧辊之间轧件形成连轧关系如图7-25所示。该设备克服了现有穿孔、轧管设备以及后续设备工艺流程长，投资大，无法生产对温度区间、变形量要求较高的特种材料斜轧成形的缺点。

图7-25 三辊斜连轧原理示意图

该设备配套工艺，无缝钢管三辊斜连轧工艺由太原科技大学双远华教授首次提出，并获得国家发明专利（专利号：CN201110035224.2）。2012年3月，该工艺实验样机由双远华教授、王付杰博士及其所属研究团队共同研发、设计完成，并于同年8月完成了实验样机的安装调试。该设备已获国家发明专利授权（专利号：CN201310240400.5）。近年来，双远华教授及其所属研究团队利用该实验机进行了高合金钢、镁合金、钛合金等无缝管材斜连轧生产实验，生产实践表明用三辊斜轧工艺在无缝钢管，特别是针对温度区间及变形量要求较高的特种材料金属管材进行斜连轧成形在技术上是可行的。

三辊斜连轧机主机见图7-26，该设备结构组成有：固定机架、回转机架、回转调整机构、机架导轨、轧辊轴系。该设备主要特点有：

（1）两段联接在一起的斜轧机架。设备分为前后两段，称为前段A和后段B，并用螺栓连接，其中前段A可实现穿孔或轧制，后段B可实现轧制延伸、二次扩孔。前段A包括固定机架Ⅰ，回转机架Ⅱ，固定机架Ⅰ的压下机构Ⅶ、Ⅶ′、Ⅶ″，回转机架Ⅱ压下机构Ⅷ、Ⅷ′、Ⅷ″，A段轧辊轴系Ⅴ、Ⅴ′、Ⅴ″，A段回转调整机构Ⅺ；后段B包括固定机架Ⅳ，回转机架Ⅲ，固定机架Ⅳ压下机构Ⅹ、Ⅹ′、Ⅹ″，回转机架Ⅲ压下机构Ⅸ、Ⅸ′、Ⅸ″，B段轧辊轴系Ⅵ、Ⅵ′、Ⅵ″，B段回转调整机构Ⅺ′；回转机架Ⅱ、Ⅲ分别由固定机架Ⅰ、Ⅳ的槽口装入固定机架，绕固定机架的中心沿卡槽回转；A、B段固定机架Ⅰ、Ⅳ通过定位止口和螺栓直接连接在一起，二者中心重合，然后用螺栓通过梯形槽将整个机架固定在

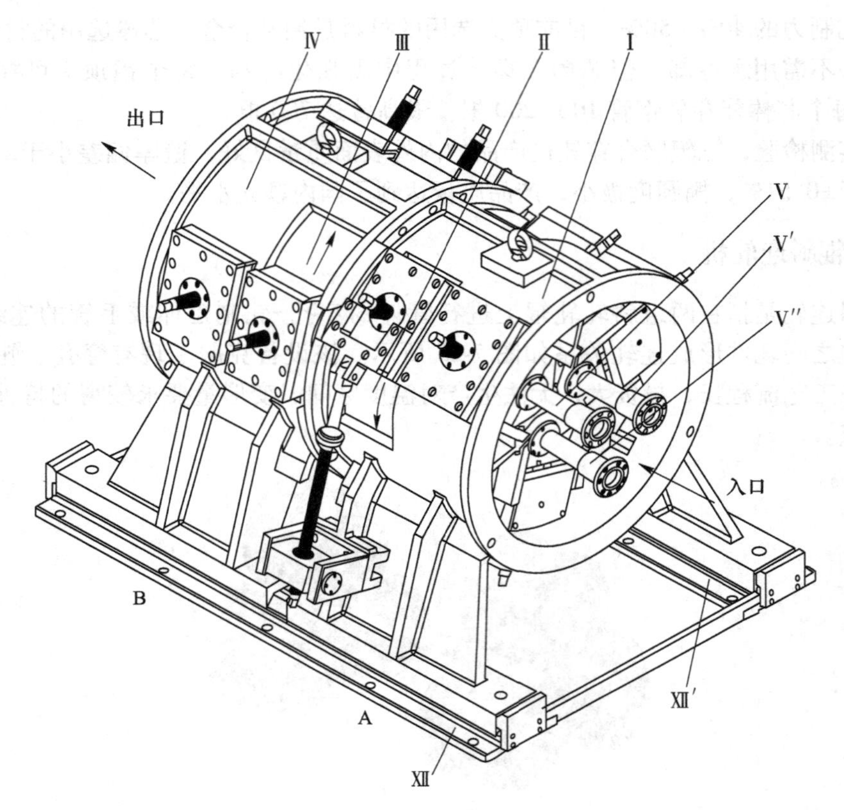

图 7-26　三辊斜连轧机主机结构示意

导轨Ⅻ、Ⅻ′上。

（2）两组斜轧辊系。在穿孔段采用 3 个桶形轧辊，轧管段采用 3 个锥形轧辊。轧辊轴系主要包括法兰 1、轴 2、轴承 3、球面支承 4、轧辊 5、轴承 6、球面支承 7 组成（图 7-27）。

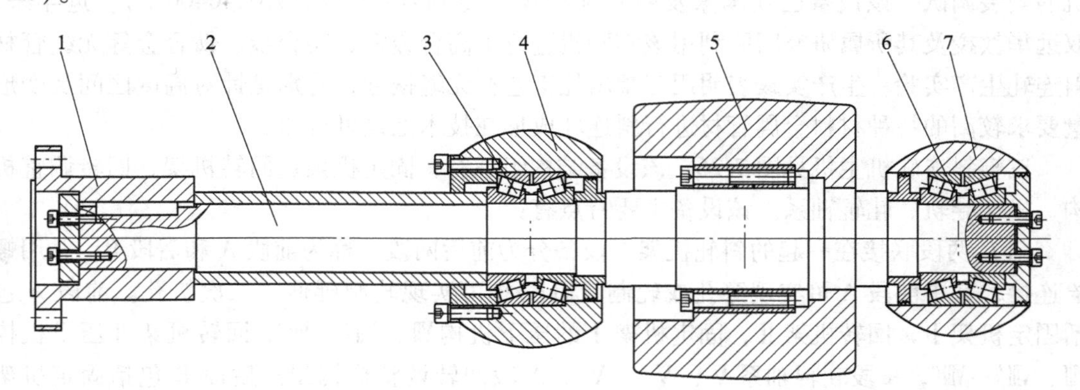

图 7-27　轧辊的轴系结构

（3）两套回转调整机构。回转调整机构主要实现送进角调整。前段 A 回转调整机构Ⅺ和 B 段回转调整机构结构Ⅺ′相同。主要包括连接架 1、连杆 2、丝杠 3、滑块 4、铜螺母5、回转调整座6等，图7-28所示A段回转调整机构。回转调整机构由回转调整座6固定在固定机架上，连接架1与回转机架的压下机构连接支座连接，丝杠3调整时可以带动回转机架绕机架中心（轧制中心线）回转，丝杆3回转也可利用独立的伺服电机来驱动，实现自动控制。

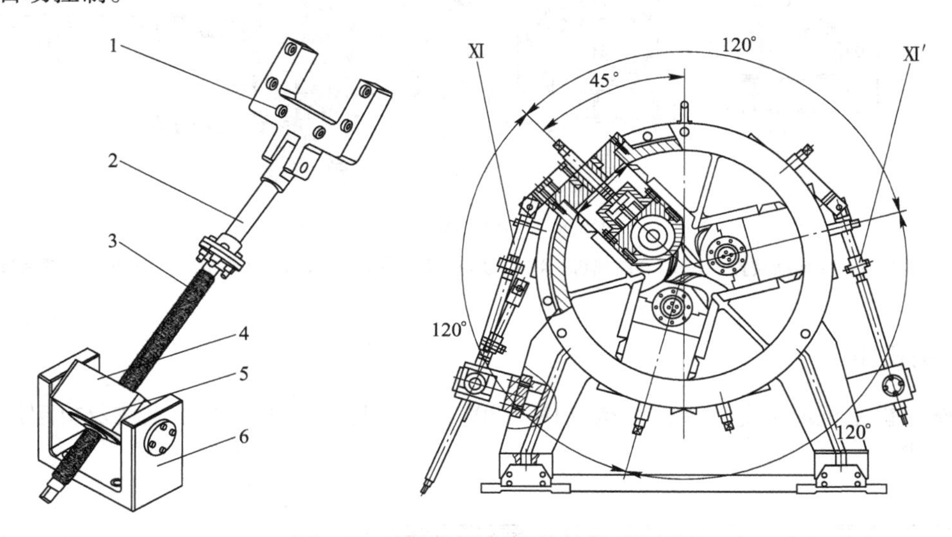

图7-28　回转调整机构的结构示意图

该实验样机及配套工艺是在山西省回国留学人员科研资助项目“三辊斜连轧成形工艺及关键技术的研究”等项目的支持下开展研发的。通过实验样机及相关工艺的研究开发与生产实践，验证了斜连轧工艺的可行性，探索出了一种短流程制备无缝钢管的新工艺和新方法。

7.6　钢管定减径机

7.6.1　概述

钢管的定径、减径和张力减径过程是将荒管经过不带芯棒的连续轧制，使其达到具有要求的尺寸精度和圆度的成品管。其设备设置的意义在于：通过不同数目的工作机架组合，达到以少量规格荒管生产多种规格成品钢管的目的。定减径机根据其内机架间管材是否存在张力可分为：定径机与张力减径机。定径机机架数目较少，且机架间管材不受张力作用。张力减径则还要求兼具减壁的功能，因此机架数目更多。其按张力大小还可简单分为微张力减径机（5~12机架），强张力减径机（9~24机架，甚至更多）。无论哪种定减径的工艺过程其设备结构基本一致，主要区别在于通过设定机架之间的张力系数、减径率、速度匹配关系和孔型等参数，改变荒管的变形状态，以达到不同的成形目的。目前常用的有二辊、三辊定减径机，三辊定减径机具有轧槽宽度上速度差小，单位压力低及横向厚度均匀等独特的优点，已成为定减径过程的设备首选。

三辊定减径机一般由主电机、主传动、联合减速机、主机座、轧辊机架、运输机架、导管机架、机架更换装置、电控系统、液压系统、润滑系统等组成（如图7-29所示）。

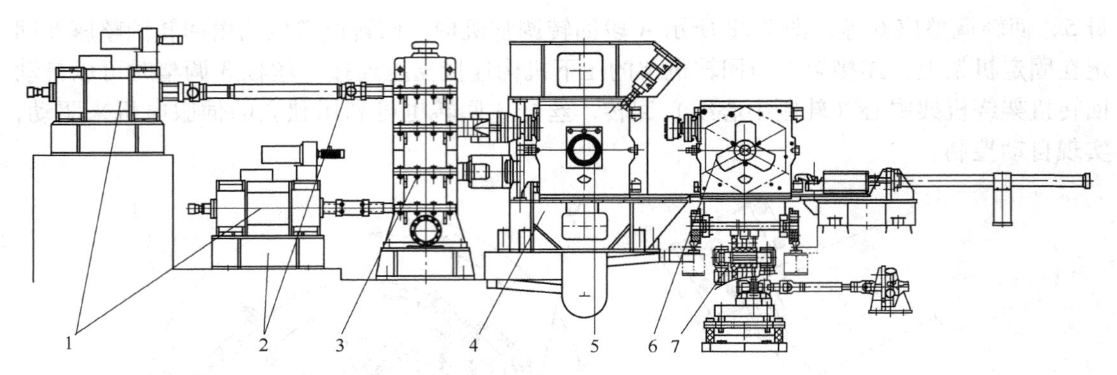

图 7-29　定减径机示意图

1—主电机；2—主传动装置；3—联合减速机；4—主机座；5—导卫装置；6—轧辊机架；7—机架更换装置

7.6.2　主机座

定减径机主机座为龙门架式结构（图 7-30），由下底座、上横梁、立柱及机架压紧缸装配等组成。

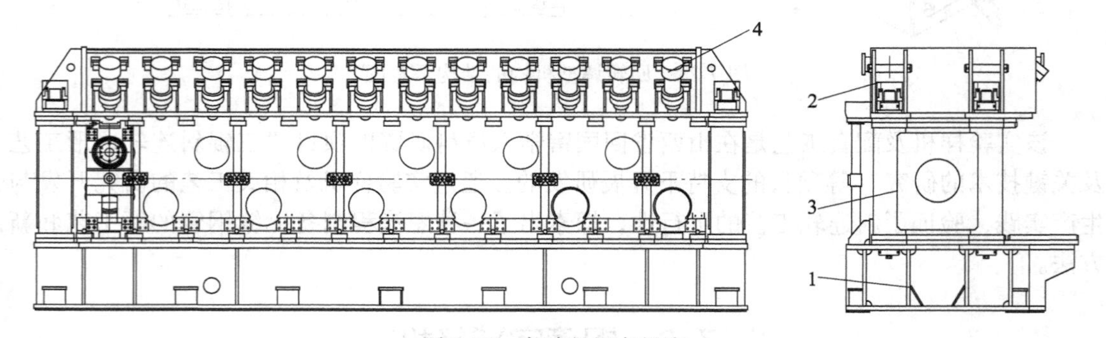

图 7-30　定减径机主机座

1—下底座；2—上横梁；3—立柱；4—机架压紧缸装配

机架压紧缸装配由液压缸、液压缸支座等组成。液压缸用螺栓紧固于支座上。压紧缸装配以与垂直方向成 40°夹角固定在上横梁上，油缸柱塞联结压头，当油缸打压时压头就紧紧压住轧辊机架，将轧辊机架固定在主机座内。

龙门形主机座装配是以钢板为主的焊接结构件，由液压螺栓拉伸器将下底座、上横梁、立柱连接成一个刚性的整体结构，具有结构紧凑、加工精度高、安装调试方便、刚性好的特点。

7.6.3　联合减速机

图 7-29 所述定径机的主传动采用联合减速机将动力按照不同的速度分配到各个轧机上，实现不同的轧制速度和张力。该联合减速机与两台电机组成集中差速传动系统，两台电机亦可分别称为主电机和叠加电机。减速机关键结构行星包结构示意见图 7-31。通过调节主、叠加电机的转速，使各轧辊输出轴得到不同的合成差速传动转速。

图 7-31 中，大太阳轮 4 外齿圈通过一套齿轮与主电机相连，小太阳轮 2 由叠加电机传

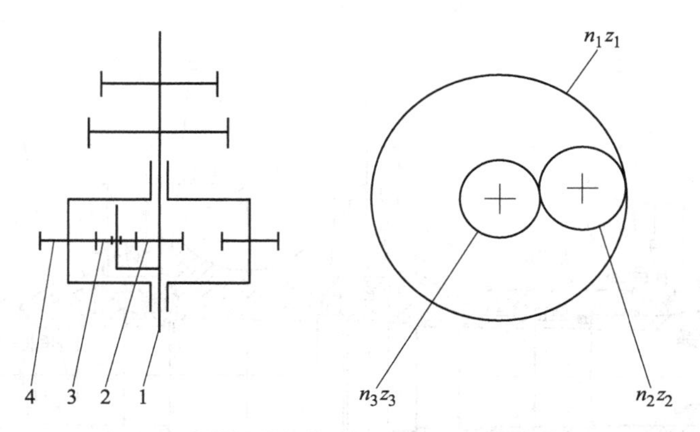

图 7-31 行星包结构原理图
1—轧辊输出轴；2—小太阳轮；3—行星轮；4—大太阳轮

动。行星轮 3 为系杆，其与小太阳轮外啮合，与大太阳轮内啮合。设：大太阳轮转速、行星轮转速、小太阳轮转速分别为 n_1、n_2、n_3，齿数分别为 z_1、z_2、z_3。

由差速原理：

$$\frac{n_1 - n_2}{n_3 - n_2} = -\frac{z_3}{z_1}$$

得：

$$n_2 = \frac{z_1}{z_3 + z_1}n_1 + \frac{z_3}{z_3 + z_1}n_3$$

令

$$i_1 = \frac{z_1 + z_3}{z_1},\quad i_3 = \frac{z_1 + z_3}{z_3}$$

则

$$n_2 = \frac{n_1}{i_1} + \frac{n_3}{i_3}$$

对于一个给定的减速器，主电机输出轴到大太阳轮传动比 i'_1 和叠加电机经到各小太阳轮传动比 i'_3 是已知的，所以某一轧辊轴输出转速：

$$n_2 = \frac{n_1}{i_1} + \frac{n_3}{i_3} = \frac{N_{主}}{i_1 \times i'_1} + \frac{N_{叠}}{i_3 \times i'_3} = \frac{N_{主}}{i_{主}} + \frac{N_{叠}}{i_{叠}}$$

其中 $i_{主}$ 对于每一个轧辊输出轴是恒定的。只需要根据对于每个轧辊输出轴不同的 $i_{叠}$ 就可得到每个轧辊的转速 n_2。

主传动可以采用单独传动，用电器控制的方法将动力和设定速度分别传递到各机架上。

7.6.4 轧辊机架

轧辊机架采用三辊内传动，主动轧辊轴向力采用带平衡的双向推力滚子轴承，径向力由调心滚子轴承承担；从动轧辊采用两组复合轴承。主动轧辊装有安全环，用来保护减速机和电机，见图 7-32。

7.6.5 换辊装置

换辊装置（图 7-33）用于快速更换机架以进行钢管规格的变换或拉出机架进行加油

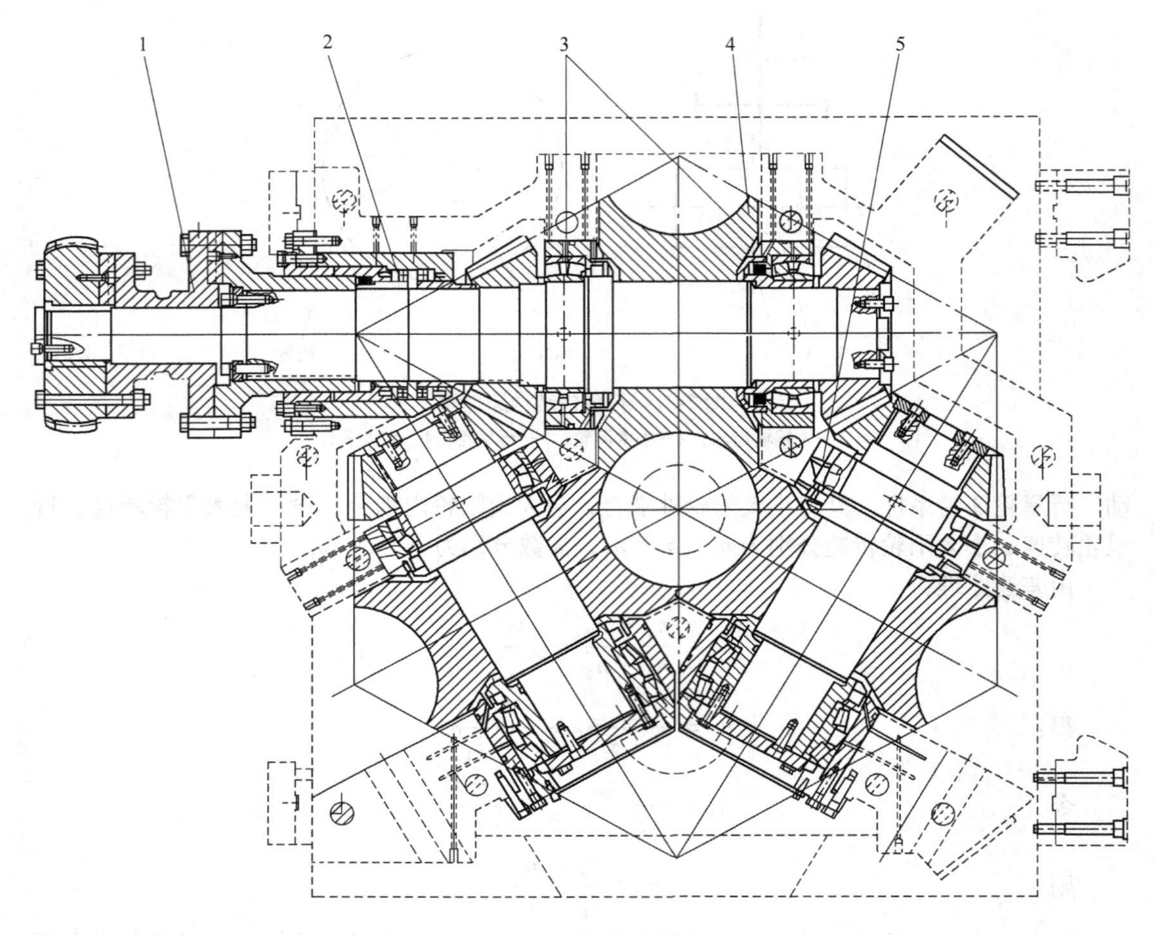

图 7-32 轧辊机架示意图

1—安全环；2—推力轴承；3—调心滚子轴承；4—轧辊；5—组合轴承

维护等。换辊装置主要由换辊小车、机架推拉装置、轨道装置、小车传动装置等组成。

换辊小车由四个相连接的车架体组成，车架体为焊接件。每两个车架可放 12 个机架，通过推拉装置将主机座中需更换的机架拉出后放在一个空车架上，通过小车传动装置移动小车，将另一放置有装配好新机架的小车移至工作位置，并通过推拉装置将装配好新机架推入主机座内。小车的移动由车架下面的长链条与液压马达传动的渐开线链轮相啮合来实现的。

机架推拉装置由两台长行程液压缸、横梁支架、推头、拉钩、滑板、底座等组成。操作液压缸可使推拉横梁在底座、换辊小车的导轨滑板上滑动，以达到将机架拉出或推进主机座。开动液压缸必须严格按有关操作规程进行。

轨道装置主要由导轨、导轨座、导轨压板等组成导轨座为焊接结构件，导轨为标准轨加工制成。

小车传动装置是由摆动架、支架、马达支架、马达和液压缸以及万向接轴、链轮等组成。链轮与小车上的链轮的啮合与分离是由操作摆动架下的液压缸柱塞的伸缩来实现。

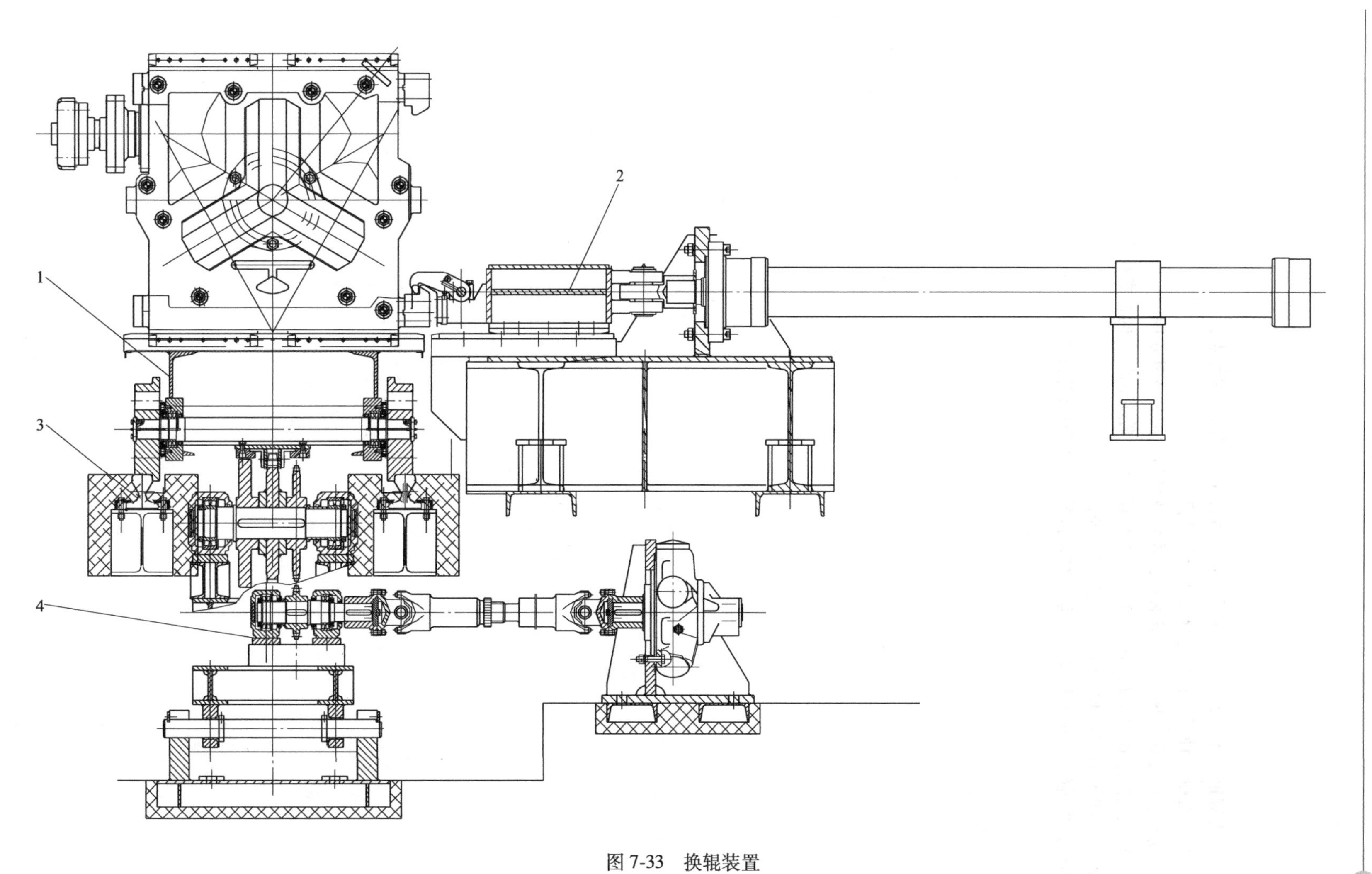

图 7-33 换辊装置

1—换辊小车；2—机架推拉装置；3—轨道装置；4—小车传动装置

思考题

7-1 热轧无缝钢管生产的常用方法是哪些？各种生产方法有何特点？

7-2 穿孔机有哪几种形式？各种穿孔机有何特点？

7-3 自动轧管的工作原理？自动轧管机工作机座的组成部分及其功用？

7-4 连轧管机的工作原理及其特点是什么？简述连续式轧管机的结构组成及功用？

7-5 Accv-Roll 轧管机组和三辊式轧管机有何特点？

7-6 周期式轧管机、顶管机及三辊联合穿孔机的工作原理及各自特点。

第 8 章　冷拔、冷轧钢管和连续焊管设备

8.1　冷拔钢管生产

冷拔法是一种古老的生产无缝钢管的方法，用于改变管材的直径与壁厚尺寸，改善组织性能和改善表面状态。冷拔钢管一般以热轧无缝管、直缝焊管为原料，生产冷变形加工管材。通常与冷轧方法配合使用，管料经过打头、退火、酸洗、磷化、皂化等工序后进行拔制，然后经过切头、矫直以及热处理工序成为成品。

8.1.1　冷拔钢管生产方法

冷拔加工分为无芯棒拉拔和芯棒拉拔，芯棒的方式，有短芯棒、长芯棒和游动芯棒。根据拔制工具的不同可将冷拔管方法分为：

（1）无芯棒拔制。如图 8-1 所示，无芯棒拔管主要用于减径，基本上无壁厚压下量。在拔制过程中，壁厚变化取决于管材原始壁厚 S_0 和原始直径 D_0 的比值。试验和生产实践证明，对于一定的拔制条件，存在一个临界值 $(S_0/D_0)_k$。当 $S_0/D_0=(S_0/D_0)_k$ 时，钢管壁厚没有变化；当 $S_0/D_0>(S_0/D_0)_k$ 时，钢管壁厚减薄；当 $S_0/D_0<(S_0/D_0)_k$ 时，则钢管壁厚增加。该临界值约在 16.5%~21%之间，其数值取决于变形条件，影响其数值的主要因素有变形量、外模锥角、钢管材料的力学性能和摩擦条件。一般情况下，随着变形量、外模锥角、钢管材料的屈服极限及摩擦系数的增加，$(S_0/D_0)_k$ 趋向于小值。拔制过程中，钢管壁厚的变化一般不超过 15%。其道次压缩一般为 4~8mm，道次总变形量为 30%~35%，延伸系数 μ 一般不超过 1.5。

在进行无芯棒拔制时，还必须注意拔制稳定性问题。当进行薄壁管无芯棒拔制时，减径率超过一定值就会由于丧失稳定性而产生局部或沿钢管全长管壁内凹。

（2）长芯棒拔制。长芯棒拔制（图 8-2）是将管料套于长芯棒上，然后将管料和芯棒一起拉过拔管模。钢管在芯棒与模孔构成的环状间隙中获得减径和减壁压缩。其延伸系数

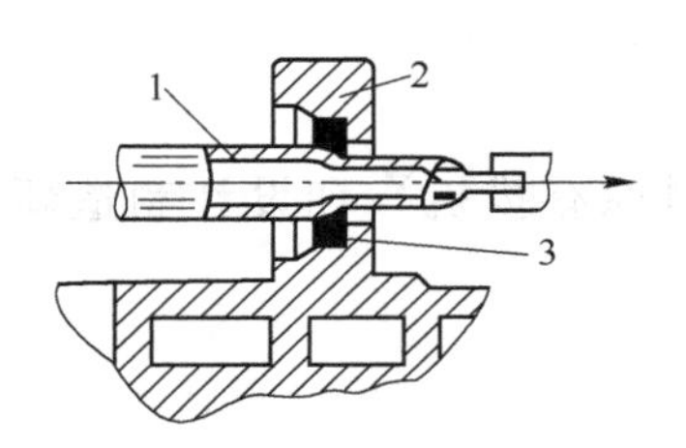

图 8-1　无芯棒拔制

1—钢管；2—模座；3—拔模

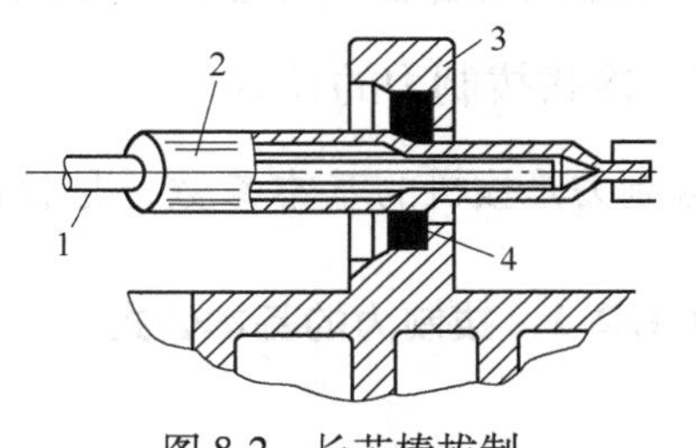

图 8-2　长芯棒拔制

1—长芯棒；2—钢管；3—模座；4—拔模

可达到$\mu \geqslant 2.0 \sim 2.25$，断面收缩率为40%~45%，其中30%~35%为壁厚变形量。采用长芯棒拔制道次变形量较大，适用于拔制头两个道次，以达到减壁的目的，为减少拔制道次创造条件。同时，它也是生产毛细管的唯一方法。但是，长芯棒拔制需要准备大量的长芯棒，而且脱棒也需要专门的设备和操作。

（3）短芯棒（芯头）拔制。短芯棒拔制时，芯棒是固定不动的，管料通过拔管模和短芯棒之间逐渐变小的环形间隙，直径和壁厚均得到压缩，所以短芯棒拔制也称为固定芯棒拔制，如图 8-3 所示。短芯棒拔制一般使用锥形外模和圆柱形芯棒，也有使用弧形外模和锥形芯棒的，或两者配合使用。短芯棒拔制时金属的流动和变形比无芯棒拔制时均匀，钢管质量较好，而且设备和工具简单。其道次减径量可达 6~8mm，总变形量为 30%~40%，延伸系数一般$\mu = 1.4 \sim 1.5$，最大可达 1.7~2.1。

（4）游动芯棒（芯头）拔制。对芯棒的形状进行特殊设计，使得在拔制过程中作用在芯棒上的轴向力自相平衡，从而实现芯棒无需施加固定而稳定保持在变形区中，这就形成了另一种拔管方法称为游动芯棒拔制。游动芯棒拔管（图 8-4）的特点是：在拔管过程中靠摩擦力将芯棒带入变形区并自动定位。由于不存在拉杆的限制可带芯棒拔制小口径管材，与无芯棒拔制相比大大改善了钢管的内表面质量和尺寸精度，可以高速拔制长管和采用卷筒拔制。其道次减径量为 3~15mm，延伸系数 1.8~1.92。

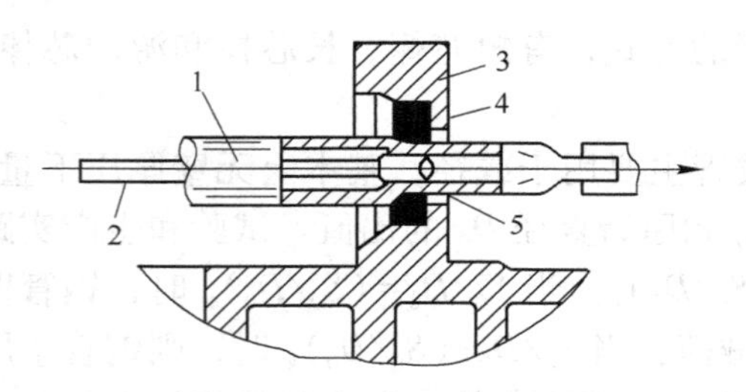

图 8-3　短芯棒拔制
1—钢管；2—拉杆；3—模座；4—拔模；5—短芯棒

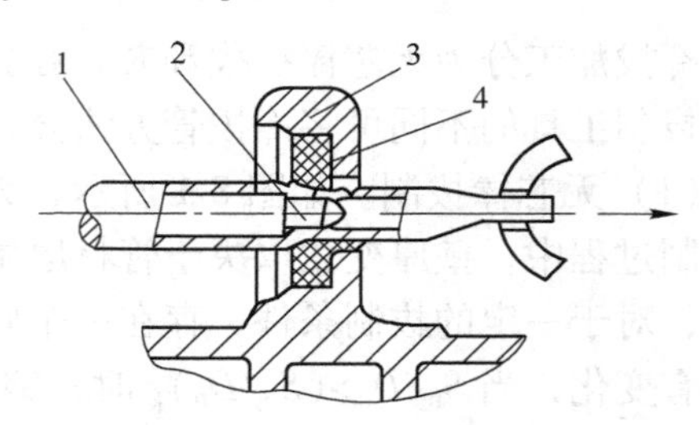

图 8-4　游动芯棒拔管原理
1—管子；2—游动芯棒；3—模座；4—拔模

（5）扩拔钢管。扩拔钢管主要用于生产大直径薄壁管、双金属管和其他内径尺寸要求较高的管材。扩拔有两种方式，即张力扩拔（牵引法）和固定支撑扩拔法（压缩法），如图 8-5 所示。

张力扩拔主要用于生产壁厚较薄的管材，一般壁厚$S \leqslant 1.5 \sim 2$mm，直径 20~50mm，其主要特点是：内径尺寸精确、表面质量好，一道次扩径量为 5~10mm。

固定支撑扩拔主要用于生产壁厚较大（通常壁厚$S>4$mm）和长度较短（小于 3~4m）的管及双金属复合管。其道次扩径量在 4~5mm 内。

8.1.2　冷拔拔制力的计算

拔制力是拔机的基本参数，是校验生产能力（对原有拔机）和设计制造新拔机的依据。

8.1.2.1　拔制力的基本公式

$$P = K_b F_K \tag{8-1}$$

式中　K_b——拔制应力，N/mm^2；

F_K——拔后成品管断面面积，mm^2。

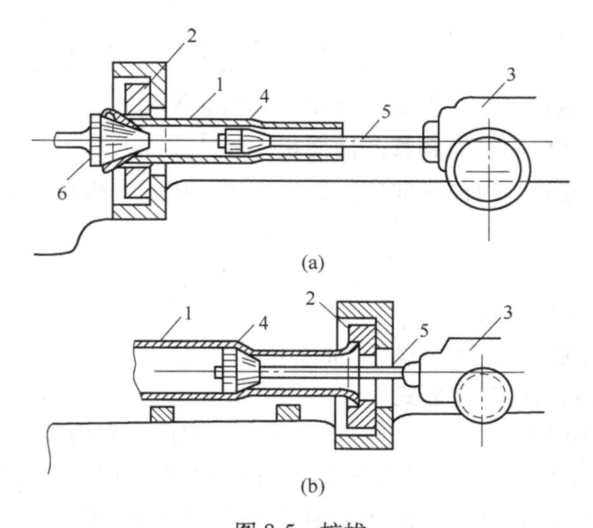

图 8-5 扩拔

（a）张力扩拔；（b）固定支撑扩拔

1—钢管；2—支持圈；3—小车；4—顶头；5—顶杆；6—支塞

用解析法计算拔制力的方法很多，目前普遍采用的公式是根据变形区单元体的主法线应力的平衡条件和塑性条件，在变形区的纵向平面内取其轴向应力的平均值；在变形区的球形断面上取径向应力的平均值。假设沿整个接触长度上摩擦系数为常数，在变形区内金属的真实塑性变形抗力取其为入口和出口处的单向拉押强度极限的算术平均值，导出平衡微分方程式，经简化运算最后得到求拔管应力的解析方程式。在公式中，拉拔模精整段对拔管应力的影响是通过所谓的“诱导锥角”α'来考虑的。也就是把原来带有锥角α和宽度L_K的圆柱形的精整段模孔简化为具有α'角度的锥形孔，根据几何关系得

$$\tan\alpha' = \frac{(D_H - D_K)\tan\alpha}{D_H - D_K + 2L_K\tan\alpha} \tag{8-2}$$

式中 D_H，D_K——分别为拔制前、后钢管外径，mm；

L_K——拔模精整段宽度，mm。

当$\alpha \leqslant 15°$时$f \leqslant 0.15$，无芯棒拔管时可以认为钢管壁厚在拔制前后没有改变，此时：

$$K_b = 1.15\sigma_{TC}\frac{\alpha_2 + 1}{\alpha_2}\left[1 - \left(\frac{D_{CK}}{D_{CH}}\right)^{\alpha_2}\right] + \sigma_{eyn}\left(\frac{D_{CK}}{D_{CH}}\right)^{\alpha_2} \tag{8-3}$$

式中 σ_{TC}——拔制前、后金属拉伸强度极限的算术平均值，N/mm^2；

D_{CK}，D_{CH}——分别为拔制前、后钢管的平均直径，mm；

σ_{eyn}——金属塑性变形开始处纵向法线应力值，N/mm^2。

$$\alpha_2 = \frac{1 + f\cot\alpha'}{1 - f\tan\alpha'} - 1$$

式中 f——变形区内金属和工具间摩擦系数。

在短芯棒拔制时：

$$K_b = 1.1\sigma''_{Toe} \times \left(1 + \frac{\tan\alpha'}{A_1 f}\right)\left(1 - \frac{F_K}{F_{HOC}}\right)^{\frac{A_1 f}{\tan\alpha'}} + K_{OC}\left(\frac{F_K}{F_{HOC}}\right)^{\frac{A_1 f}{\tan\alpha'}} \tag{8-4}$$

式中 σ''_{Toe}——金属在减壁区中拉伸强度极限平均值，N/mm²；

F_{HOC}，F_K——分别为减壁前、后钢管断面面积，mm²；

K_{OC}——钢管出减径段时的纵向应力，N/mm²，用无芯棒拔管时拔管力公式计算。

$$A_1 = 1 + \frac{h_k \cos\alpha'}{d_k + S_H + S_K}$$

式中 d_k——成品管内径，mm；

S_H，S_K——分别为拔制前、后管壁厚，mm。

8.1.2.2 计算拔制力的简化公式

由于影响拔制力的因素很多，推导中又引入一些假设，利用理论公式计算的拔制力会有一定误差，而且计算又很繁琐，因此在生产实际中可以应用简化的理论公式或经验公式计算拔制力。这些简化公式所考虑的因素和上述公式大致相同，其计算误差在+10%~-5%之间。

A П. Т. 叶梅利亚年科—Л. Е. 阿里舍夫斯基公式

对无芯棒拔制厚壁管（$S>0.05D$）有：

$$P = 1.2\sigma_{TC} K_1 \frac{F_H - F_K}{F_H} F_K \tag{8-5}$$

对无芯棒拔制薄壁管（$S\leqslant 0.05D$）有：

$$P = 1.1\sigma_{TC} K_1 \frac{F_H - F_K}{F_H} F_K \tag{8-6}$$

以上两式中 K_1 为：

$$K_1 = \frac{\tan\alpha + f}{(1 - f\tan\alpha)\tan\alpha} \approx 1 + \frac{f}{\alpha}$$

对于短芯棒拔管：

$$P = 1.05\sigma_{TC} K_1 \frac{F_H - F_K}{F_H} F_K$$

$$K_1 = \frac{\tan\alpha + f}{(1 - f\tan\alpha)\tan\alpha} + \frac{D_{CH} f}{d_{CK}\tan\alpha} \approx 1 + \frac{f}{\alpha}\left(1 + \frac{D_{CH}}{D_{CK}}\right) \tag{8-7}$$

式中 F_H，F_K——分别为拉拔前、后钢管断面面积，mm²；

α——拔模工作段锥角，(°)；

D_{CH}，D_{CK}——分别为拔制前、后钢管平均直径，mm。

B 日本本村侏式会社的简化公式

(1) 拉拔力的确定：

单线拉拔时拉拔力为：

$$P = \frac{\delta A_0 (3.2 + 0.49R)}{28} \tag{8-8}$$

多线拉拔时拉拔力为：

$$P = \frac{\delta A_1(3.2 + 0.49R)}{28} \times n \tag{8-9}$$

式中 δ——被拉拔材料抗拉强度，N/mm^2；

A_0——拉拔前钢管断面面积，mm^2；

A_1——拉拔前毛管断面面积，mm^2；

R——加工率,%，$R = (1 - A_0/A_1) \times 100\%$；

n——同时拉拔的根数。

（2）主电机容量计算：

单链拔机的主电机容量为：

$$N = \frac{Pv}{6000C} \tag{8-10}$$

式中 N——主电机功率，kW；

P——拉拔力，N；

v——拉拔速度，m/min；

C——效率，一般为0.7~0.8。

双链拔机的主电机容量为：

$$N = \frac{P''v}{6000C} \tag{8-11}$$

式中 P''——拉拔力，N，$P'' = P(1 + K_1 + K_2)$，系数 $K_1 = 0.3$，$K_2 = 0.2$。

对双链拔机要考虑下列因素：

（1）经多次实验证明，为实现满载条件下设备从静止状态过渡到运动状态，所需的力为：$P'' = 0.3P$。

（2）主电机、减速机反向运转，为克服惯性力，短时间内（一般在4s之内），使拔机达到恒定速度值，需要增加的力：$P'' = 0.2P$。

（3）生产能力的计算：

生产能力（m/h）用近似公式计算：

$$Q = K\frac{3600}{t}nL \tag{8-12}$$

式中 K——有效工作时间系数（0.7~0.9）；

t——生产周期，s；

n——同时拔制根数；

L——拔制后钢管长度，m。

8.1.3 拔管设备

冷拔机结构形式很多，性能差异也较大。以传动方式区分，有如下几种：

（1）齿条式冷拔机。这种拔机的拉拔小车是通过齿条带动的。有两种传动方式，一种是齿条固定于床身上，而电机及传动装置和主传动齿轮均安装在拔管小车上。其拉力为15~50kN，拉拔速度100m/min，长度可达50m，多用于拔制小直径薄壁管。另一种是齿条安装在拔管小车上，电机及传动装置固定在基础上，主传动为可逆式，其拉力为50~

100kN，可用于拔制中小直径管材。

（2）丝杠式冷拔机。用固定的旋转丝杠传动来带动拉拔小车的移动，这种拔机由于受结构的限制拉拔力小，速度也较低，仅用于毛细管生产。

（3）链式冷拔机。链式冷拔机是冷拔生产中应用最普遍的一种设备，其适用范围广泛。按其传动特点又可分为单链式冷拔机和双链式冷拔机两种。拉拔力从 5~5000kN 不等，拔速最高可达 120~150m/min。

单链式冷拔机是由一根链传动带动拉拔小车运动，其结构虽然简单，但由于拔制中心线要高于链传动水平线，所以限制了拔制速度的提高，同时抖动使被拔钢材产生颤纹而影响拔材的质量。

双链式冷拔机是一种较为先进的冷拔设备，它是在单链式冷拔机的基础发展起来的，其优点是：

1）在拉力相同的情况下，双链可较单链选用较小的节距，所以传动平衡，可提高拉拔速度。尤其采用了直流电机，可实现在较大范围内的调速，可采用低速咬入、高速拔制，降速抛料的工作制度，有利于保证拔管的质量和提高生产率。

2）拉拔力的方向和拔材的中心线重合，使拉拔过程平衡，拔材质量提高。

3）便于收集成品。拔制后管子可以在两条链子中间落下，并沿着斜台架滚落到收集料框中去。省去了拔料装置和缩短了辅助时间。

图 8-6 为双链式冷拔机布置图。

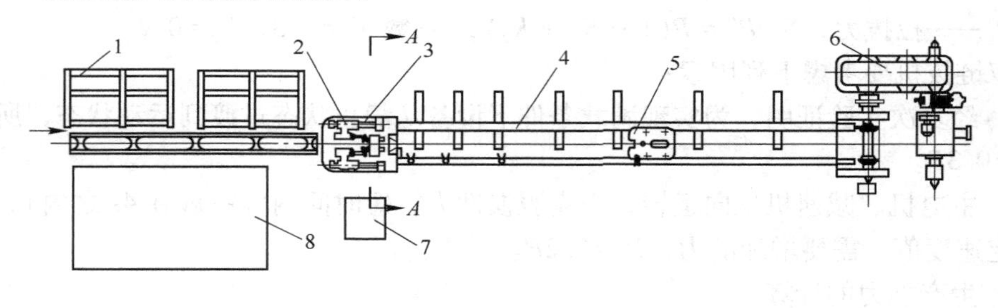

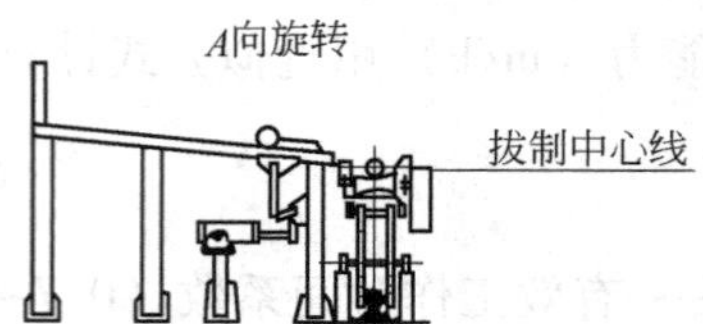

图 8-6　双链冷拔机

1—上料机构；2—液压喂料装置；3—拔模座；4—床身；5—拉拔小车；
6—主传动装置；7—操纵台；8—液压系统

链式冷拔机大多采用自动夹料的拉拔小车（图 8-7）。在开始夹料之前，拉拔小车靠回送装置带动做返回运动，当撞杆 3 与装在拉模座上的挡板相撞时，在杠杆 1 的作用下使卡头 2 向前推进，因而将伸出模孔的毛管头部夹住。同时由于撞杆 3 的后移，挂钩 5 与吊钩 4 脱离。挂钩 5 靠自重下落掉入链条的链节之中，链条运动则带动小车将毛管拉过模孔。撞杆 3 上弹簧在整个拔制过程中的始终被压缩。小车通过挂钩 5 将拉拔力传递给链条，使链条张紧并被抬高。拉拔过程结束后，拉拔力突然消失，使链条落下。同时挂钩 5 则在弹簧将撞杆 3 弹回时被吊钩 4 挂住，与链条脱离，使小车停止移动。当卸料完毕后，小车一般用钢丝绳回送装置送回原处，准备下一次夹料拉拔。

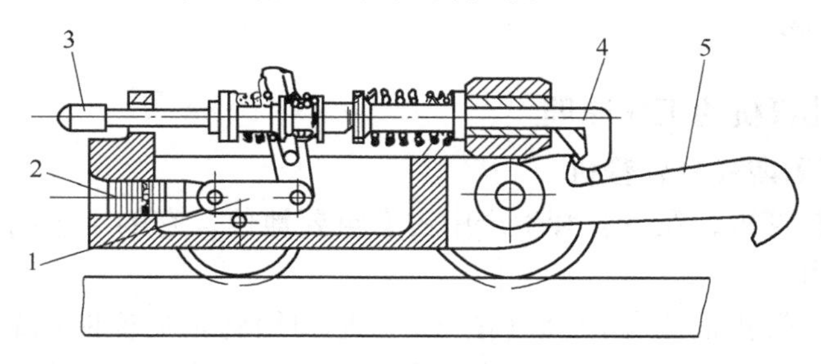

图 8-7　自动夹料拉拔小车

1—杠杆；2—卡头；3—撞杆；4—吊钩；5—挂钩

链式冷拔机的发展方向主要是提高拉拔速度、增加拉拔长度，提高机械化、自动化水平，在上、下料方面还应做大量的改进。

（4）卷筒式冷拔机。卷筒式冷拔机一般采用游动芯棒或无芯棒拔制，主要用于生产小管子。目前最大卷直径已达 3150mm，最高拔制速度为 72m/min，最大拉拔力 100~150kN，最大拔管长度已达 300m 以上。由于切头损失小，所以可大大降低金属消耗和提高生产率 1.5~4 倍以上。

（5）钢绳冷拔机。这种冷拔机的拉拔小车由两根钢绳拖动，拔制后的管子可以在两根钢绳之间自由落下，并沿着斜台架滚入成品收集料框中。50~200kN 系列的钢绳冷拔机已大量用于生产。钢绳式冷拔机的主要优点是传动平衡，因为钢绳与绳轮之间是平滑接触，而不像链条在链轮上那样一节一节的间断地变角度移动。所以可以允许采用更高的拔制速度，在相同的条件下，钢绳式比链式冷拔机产量要高 10%~25%。此外，由于拉拔小车行走平稳，所以生产出的管材尺寸精确、表面质量好。同双链式冷拔机一样具有中间落料、卸料方便的优点。另外，钢绳的加工制造、维护也比链条容易，价值便宜。

（6）液压拔机。由于液压传动具有工作平稳、调速方便且平滑和控制准确等优点，使用液压拔机可以获得高精度的冷拔材。另外，液压传动具有体积小、出力大的特点，所以在大吨位的拔机上采用尤其合适，以减少设备重叠和结构更加紧凑，减少占地面积。特别适合于对难变形金属如不锈钢、耐热钢、高合金钢、大型薄壁管材、异型断面管材以及毛细管的加工。液压拔机近来发展迅速。目前世界上已有拔力为 5000kN 的大型液压拔机，拔管最大直径可达 720mm，同时可拔 5 根。所用液压介质有油和水两种，通常大型拔机是水压式的，而中小型拔机则多采用油压式的。

8.2　冷轧钢管生产

冷轧钢管是生产精密、薄壁、高强度、高质量管材的主要方法之一。冷轧钢管以热轧无缝钢管为原料，经过退火、酸洗、磷化、涂皂等主要工序后，进行冷轧。无缝管的冷轧的主要设备是周期式冷轧管机。设备形式有二辊式、三辊式和多排辊冷轧管机。主要工艺过程是：用热轧管、焊管或经过冷轧后的各种长度的管材为坯料，可空拔或配合不同的芯棒用拉拔机通过拉拔模进行拔制，生产高精度、高强度的优质管材。其尺寸范围是直径0.4~216mm（最小直径可达0.3mm）、壁厚0.3~10mm（最小壁厚可达0.1mm），长度一般为6~30m或更长些。

8.2.1　周期式冷轧管机的工作原理

8.2.1.1　二辊周期式冷轧管机

二辊周期式冷轧管机，在冷轧管生产中占有重要地位，它的工艺简单、维护方便，并具有较高的生产能力。

二辊周期式冷轧管机的工作原理（图8-8）是利用轧辊的变断面轧槽和锥形的芯棒，借助于曲柄连杆机构带动机架做往复移动，从而带动轧辊周期性的转动，在回转送进装置的配合下，逐段地轧薄管壁和减小直径。在轧槽块的圆周上开有半径由大到小变化的孔型，孔型开始处的半径相当于管坯料的半径 R_0，而孔型末端的半径相等于成品管的半径 R_T。由于工作机架做往返运动，所以它有前、后两个极限位置，也叫死点；图8-8中Ⅰ的位置称为工作机架的后极限位置。当机架由后极限位置移动到前极限位置时叫正行程；反之称为返行程。正、反两行程轧制的组合称为一个轧制周期。轧制过程中，当工作机架移动到后极限位置，回转送进机构将管坯送进一小段，送进的长度称为送进量，以 M 表示。工作机架向前移动，刚送进那一段的管料及原来处于工作机架两个极限位置之间尚未加工完毕的管筒，在由孔型和芯棒所构成的尺寸渐渐缩小的环形孔型间隙中完成减径和减壁压下。

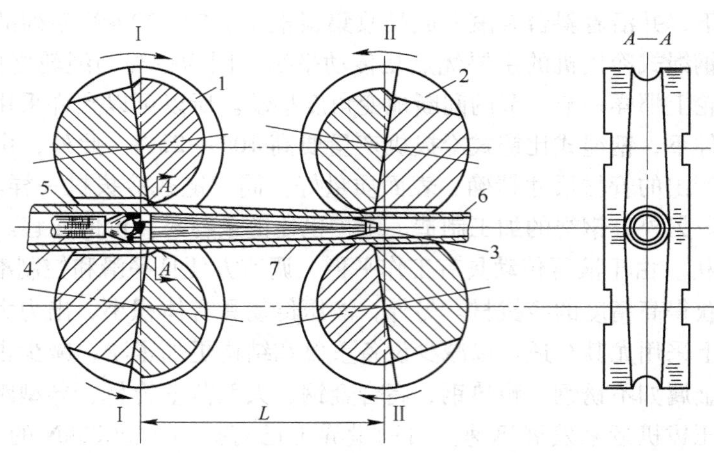

图8-8　二辊式冷轧管机上轧制钢管示意图

1—轧槽块；2—轧辊；3—芯棒；4—芯棒杆；5—管料；6—轧成管；7—工作锥

当工作机架移动到前极限位置时，管坯连同芯棒一起回转60°~90°。工作机架返回移动时，正行程中轧过了的钢管受到继续轧制而获得均整并轧出一部分钢管。已经轧成的部分钢管在下次管料送进时离开轧机。

在送进和回转时，孔型和管体是不接触的，因此，在轧槽块上孔型工作段的前面和后面都加工有一定长度的送进开口和回转开口，其孔型的半径大于管料和成品管的半径。

在轧制过程中，管料被卡盘卡住，因而无论在正行程或返行程，管料均不能做轴向移动。

钢管在轧制过程中，由于轧辊和芯棒的压力作用、轧辊和芯棒同轧件间摩擦力和封闭孔型的作用，变形区内金属处于三向压应力状态。因此，冷轧管的延伸系数很大，一般可达6~8，断面缩减率可达70%~80%。很多低塑性、难变形金属及高合金钢也能在二辊周期式冷轧管机上轧制。

8.2.1.2　多辊冷轧管机工作原理和特点

多辊式冷轧管机和二辊周期式冷轧管机相对比，除轧辊数量不同外，这种轧机以可移动的辊架代替了移动的工作机座，其原理来源于美国的克劳斯轧机。

20世纪30年代末期，美国发明了一种称为克劳斯式的带钢冷轧机，其工作原理如图8-9所示。

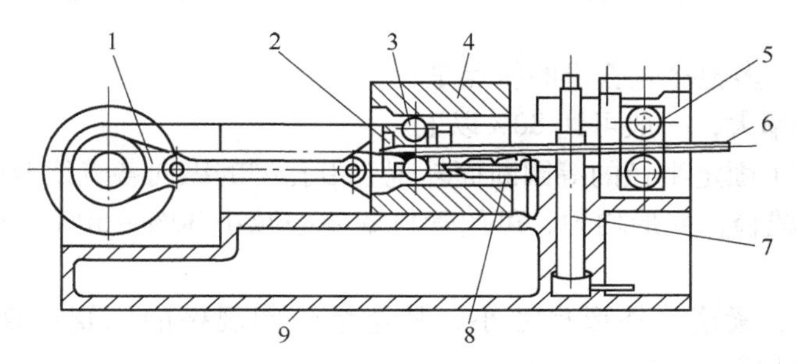

图8-9　克劳斯带钢冷轧机工作原理

1—曲柄连杆机构；2—轧辊保持架；3—轧辊；4—机架；5—送料辊；6—带钢；
7—液压夹紧装置；8—汽缸；9—底座

机架4由曲柄连杆机构1带动在底座9上作直线往复运动，机架内部为上、下对称的倾斜支撑面。轧辊3装于保持架2中由弹簧压紧在机架4的倾斜支撑面上，当机架正行程（向左）移动时，轧辊3在带钢6上面滚动，同时互相靠近，使带钢受到压缩。当机架返行程（向右）移动时，轧辊只在带钢上滚回而不压缩，当达到后死点（后极限位置）时，轧辊处于机架倾斜支撑面部分的最左端，此时轧辊间距加大而与轧件脱离，送料辊5向前送一段轧件，通过气缸8将轧辊3拉至斜支撑面开口的右端。液压夹紧装置7又来夹紧带钢，开始下一个轧制循环。这种轧制的优点是无滑动、变形抗力小、咬入条件好。但是，由于轧制过程是间歇进行的，所以表面质量不好、冲击大、生产率低，没有得到推广。

基于克劳斯轧机工作原理，苏联在20世纪50年代初首先设计制造了XПТР型钢管冷轧机。其工作原理见图8-10。

管子与芯棒的回转送进机构同二辊周期式冷轧管机一样。在辊架内部的倾斜支撑面上（楔支承）装有多个（通常为3~5个）具有圆弧工作面（孔型）的辊子，机架（辊套）由曲柄连杆带动作往复运动。正行程时，轧辊在楔子摩擦力的带动下按照支撑楔表面倾斜方向碾轧套于芯棒上的管子。机架和保持架（或称隔离圈）用机械方法连接。在作往复运动时，根据辊子在平面运动中的速度分布，机架的行程为保持架行程的两倍。

由于轧辊的数目多（一般为3~5个）、直径小、变形金属与轧辊和芯棒的接触面积小、轧制力小、轧辊和芯棒的弹性变形小，所以轧制精度高，可生产*S/D*为1/150~1/250

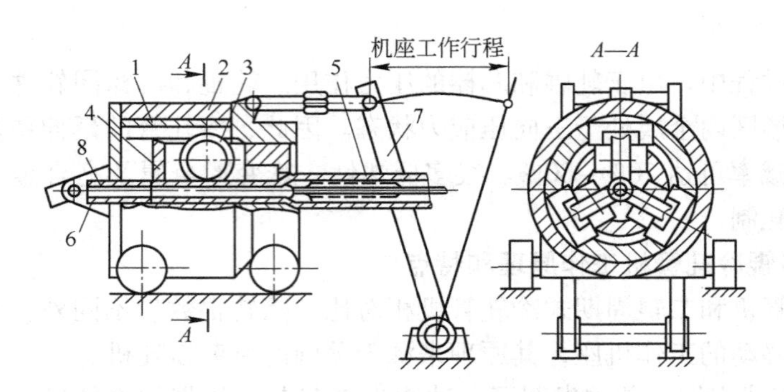

图 8-10　多辊式冷轧管机工作原理

1—衬板；2—机架；3—轧辊；4—辊架；5—管坯；6—芯杆及芯棒；7—摇杆；8—钢管

的小直径薄壁管材。多辊冷轧管机的特点是：

（1）道次压缩率大，一般可达80%以上。

（2）由于采用了固定半径的等圆断面轧辊，沿孔型的纵向各点线速度相等，所以在轧制变形过程中滑动减轻，变形均匀，可使管材壁差率减小30%～50%，尺寸精确、表面粗糙度低。

（3）结构简单、紧凑，外形尺寸小，其重量较同规格的二辊周期式冷轧管机减轻75%，主传动功率可减少50%。

（4）工具简单、易于加工制造，精度高、更换方便。

（5）由于变形抗力小、变形均匀，所以更适合生产低塑性、难变形金属，如不锈钢、耐热钢、锆、钛合金钢及有色金属管材。

（6）多辊式轧机的主要缺点是直径和壁厚压缩率比较小、要求坯料规格多、生产效率低。

由于多辊式冷轧管机和二辊周期式冷轧管机的区别主要是轧辊数量不同，因此本书主要介绍二辊周期式轧管机的结构。

8.2.2　二辊周期式冷轧管机的结构

二辊周期式冷轧管机主要由传动机构、工作机座、回转送进机构及动平衡机构组成。变形工具即带孔型的轧辊装在工作机座上，实现减径和减壁；回转送进机构完成管坯的回转与送进。

8.2.2.1　主传动系统

二辊周期式冷轧管机的设备结构不断完善，轧机规格不断扩大，其传动形式也是多种多样的。图8-11所示为典型的几种传动类型。在这些轧机上，一般采用一台电机，通过机械同步装置保证机架移动、回转、送进等动作的协调。

8.2.2.2　工作机座

工作机座直接用于轧制钢管，是冷轧管机的主要组成部分。工作机座应便于工具（轧辊、轧槽块、芯棒等）的更换并具有足够的强度和刚度。

A　*具有活动机架的冷轧管机工作机座*

这种机座是二辊式冷轧管机最早和普遍采用的结构类型，根据具有结构的不同又分为：

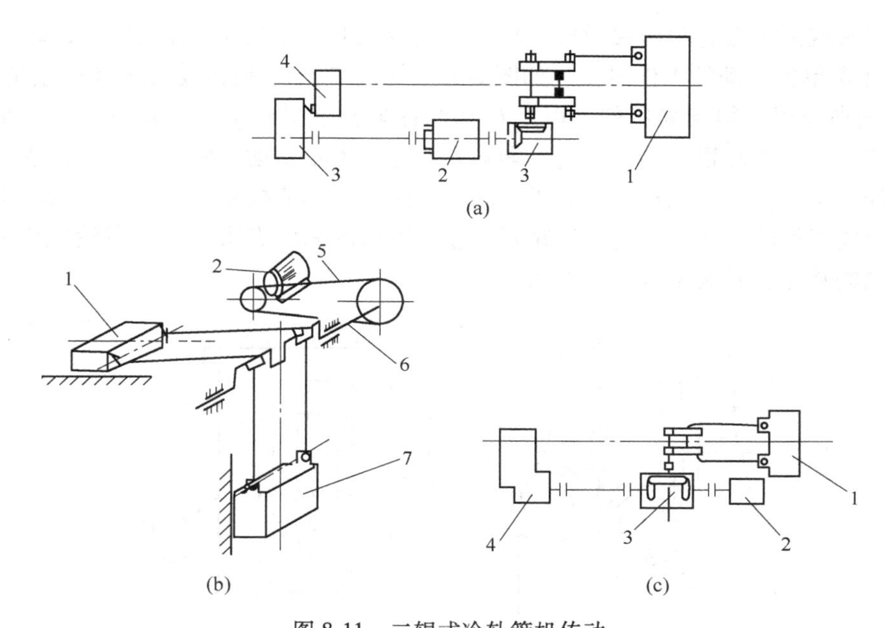

图 8-11　二辊式冷轧管机传动

（a）苏联 ХПТ 式；（b）德国带重锤平衡高速型；（c）美国 Rockright 型

1—工作机架；2—电动机；3—减速器；4—回转送进机构；5—皮带；6—曲轴；7—平衡重

（1）带有同步齿轮的冷轧管机工作机座。如图 8-12 所示。这种带同步齿轮的冷轧管机工作机座的结构形式是 20 世纪 40、50 年代普遍采用的一种形式。其主要特点是通过两对分别装在轧辊两端的齿轮，保证上、下轧辊在轧制过程中的同步，工作机座底部 4 个滚

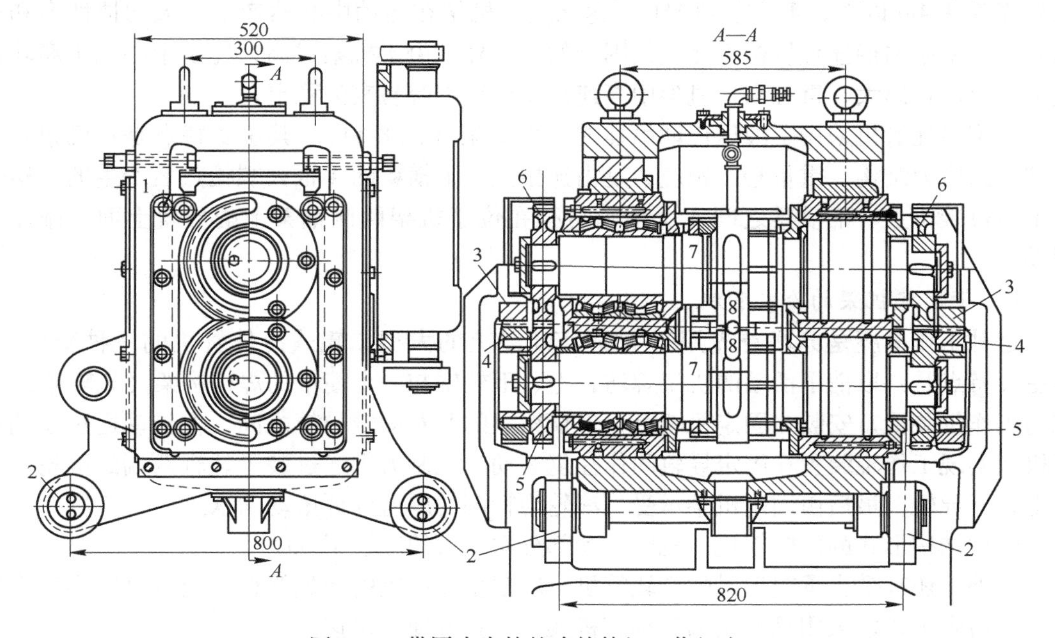

图 8-12　带同步齿轮的冷轧管机工作机座

1—工作机架；2—滚轮；3—齿条；4~6—齿轮；7—轧辊；8—轧槽

轮和两块滑板或两个滚轮和两块滑板支撑在底座滑轨上，并在其上完成往复运动。

（2）轧辊单独传动的工作机座。如图 8-13 所示。轧辊单独传动的工作机座是 20 世纪 50 年代首先在前德国得到采用的，以后在其他各国相继得到推广。其主要特点是取消四个同步齿轮，上、下轧辊分别单独由一端输入的主动齿轮传动。两个轧辊同步靠主动齿轮及齿条的加工精度保证，工作机座靠机架底部的两块整体滑板支承在相应的滑轨上。由于取消了四个同步齿轮，所以设备重量减轻。整体滑板的采用克服了原来滑轮机构滚轮与滑轨严重磨损的缺点，延长了设备的寿命。

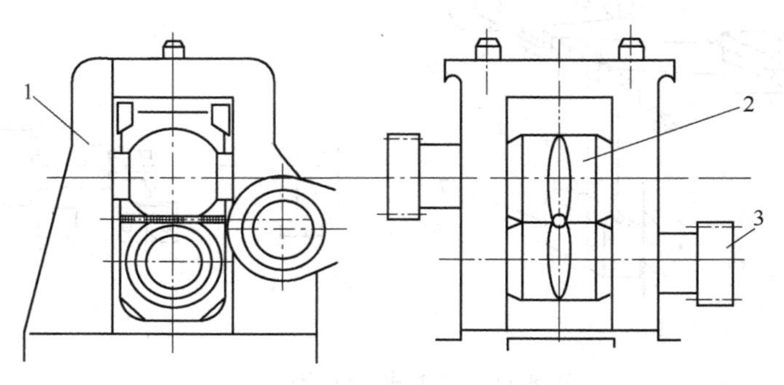

图 8-13　轧辊单独传动的工作机座

1—机架；2—轧辊；3—齿轮

（3）具有吊挂式工作机架的大型轧管机。大型二辊式轧管机，如果采用上述的传统结构，在设计、制造和使用方面都会遇到一系列难以解决的问题。首先，由于轧辊直径比较大，工作机架的尺寸和重量必然增大。例如 ϕ400mm 冷轧管机，轧辊直径达到 1270mm，机架高度达 4m 以上，重量达到 150t。这么重的机架在运动中必然产生巨大的惯性力和冲击载荷，采用曲柄连杆机构显然是很困难的。另外，由于机架过高，轧制中心线距离轧机底部支承面距离大、重心高，机架中高速往复运动中容易丧失稳定。

大型冷轧管机采用了液压传动吊挂式工作机架（图 8-14）。其主要特点是：机架 6 为吊挂式预应力结构，重量轻，预应力是由连接上、下横梁的 4 根大螺栓热装产生的。整个机架通过装于上、下横梁之间 4 个滚轮悬挂在位于机架两侧钢架上的导轨上面，做往复运动。

B　带固定机架的冷轧管机

这种工作机座是苏联首先用于 ХПТ-120 以上的大型二辊式冷轧管机的一种新结构。其主要特点是：取消了活动的机架牌坊，上、下轧辊与一个简单的焊接构架（轧辊箱）组成为工作辊装置，安装在固定机架上、下横梁上的两对固定导轨之间，主传动通过曲柄连杆机构实现工作辊装置在固定导轨间作往复运动。轧制力则通过装于轧辊两端的滚轮传递给上、下导轨，最后由固定机架承受。滚轮为特制的厚壁外环滚动轴承。

这种结构形式的冷轧管机，机座运动部分重量大约减轻了 60%。

此外，还有带支承辊形式的冷轧管机、轧辊垂直布置的冷轧管机。前者可减小工作辊直径，后者工作辊采用悬臂结构和垂直机架，换辊方便、迅速。

8.2.2.3　回转送进机构

回转送进机构是周期式冷轧管机的重要组成部分之一，它对轧制过程的正常运行、轧

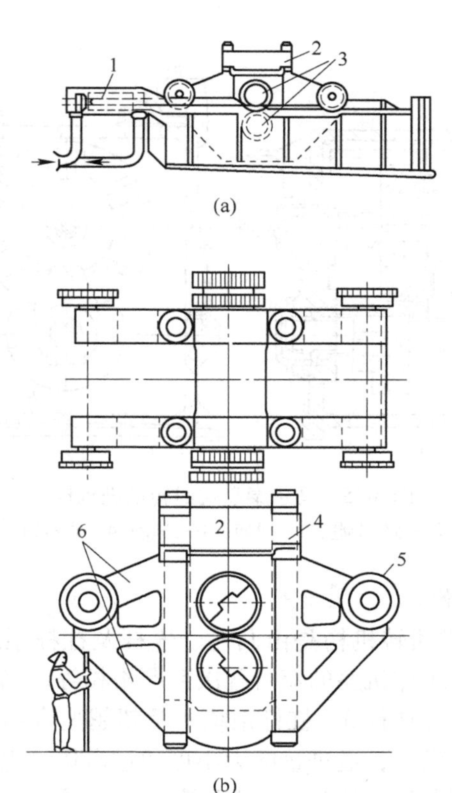

图 8-14　大型吊挂式冷轧管机工作机座

1—液压缸；2—机盖；3—轧辊；4—拉紧螺栓；5—滚轮；6—机架

机性能及钢管质量都有直接影响。所以素有冷轧管机的“心脏”之称。回转送进机构应具有的性能主要是：

（1）送进量准确、均匀、平稳、退回量小，一般送进量在 3~40mm 范围的变化，波动量最大不超过 15%；退回量越小越好，一般在 0.5~2.5mm 之间。

（2）送料装置应能快速退回，以便缩短间隙时间。

（3）保证管材在轧制过程中能在 60°~90°范围内回转变化而不重复。

（4）尽量降低机构的惯性矩，以保证在高速条件下工作的平稳性、动作的可靠性和准确性。

A　马尔泰盘式回转送进机构

马尔泰盘式回转送进机构的结构如图 8-15 所示。这是最早在周期式冷轧管机上采用的回转送进机构，其结构的核心部分是由曲柄、马尔泰盘、定位凸轮、挂轮和齿轮等组成。在马尔泰盘的正面开有若干个凹槽，盘的背面相应地有与正面槽数相等的切口。它们的曲率半径等于定位凸轮工作部分的曲率半径。曲柄的转数与工作机座的双行程次数严格相等。当曲柄销转到垂直位置时，定位凸轮正好不影响马尔泰盘的转动，可将它拨动 60°。通过挂轮及齿轮将运动传给送进丝杠和回转轴，实现送进与回转。

这种机构的主要缺点是动负荷很大，不能适应高速轧制的要求；回转角固定不变，很难保证成品质量和尺寸精度。

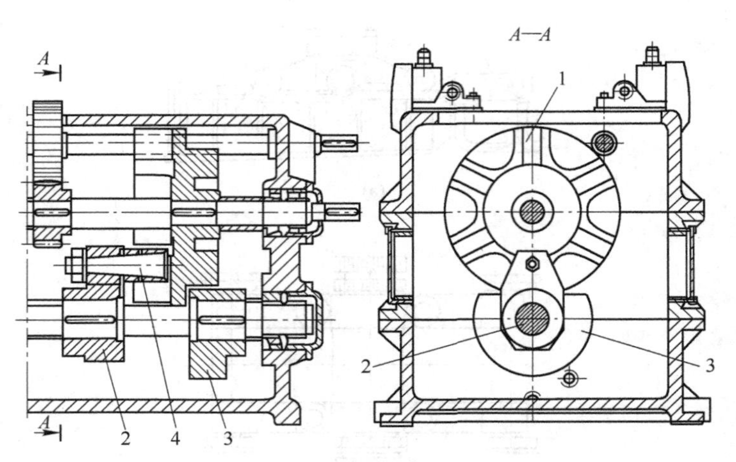

图 8-15 马尔泰盘式回转送进机构

1—马尔泰盘；2—曲柄；3—凸轮；4—曲柄销

B 杠杆式回转送进机构

如图 8-16 所示，杠杆式回转机构是由凸轮、连杆及杠杆系统、超越离合器及齿轮传动等组成。凸轮 1 的转数与工作机座的双行程次数严格相等，当工作机座处于后极限位置时，凸轮使滑块 2 移动，通过连杆 3、杠杆系统 4 及超越离合器 5 使管坯送进卡盘获得周期性前进运动，实现管坯的送进，送进量的大小可通过滑块调整机构 6 加以限制。当工作机座处于前极限位置时，则通过连杆 3、杠杆系统 7 和超越离合器 8 使管坯和芯棒卡盘作周期性回转运动。其综合使用性能较马尔泰盘式回转送进机构有所提高，但还存在着冲击和送进量不等的问题。

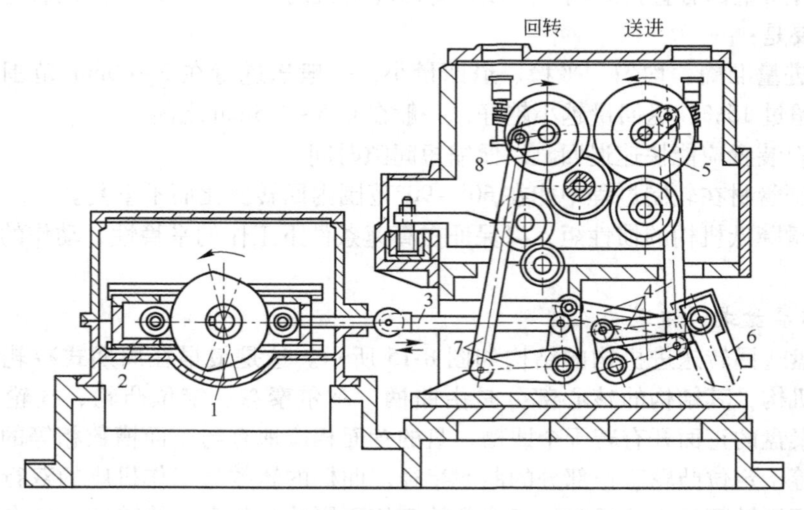

图 8-16 杠杆式回转送进机构

1—凸轮；2—滑块；3—连杆；4—杠杆系统；5—超越离合器；6—滑块调整机构；7—杠杆系统；8—超越离合器

C 顶杆式回转送进机构

图 8-17 所示为顶杆式送进机构。凸轮 13 的转数与工作机座的双行程次数严格相等，当工作机座处于后极限位置时，凸轮 13 使顶杆 14 在滑座 15 的导向下，向右移动；并将运动传递给丝杆 16 向右移动，螺母 18 和管坯卡盘 17 也随着向前移动一个送进量。当工作机座从一个极限位置移动到另一个极限位置时，即在轧制管坯行程和均整钢管的返回行程中，卡盘 17、螺母 18 不动，丝杆 16 通过主传动轴 1，齿轮 2、3，无级变速箱 4，齿轮 5、6 和爪形离合器 7，齿轮 8、9、10 连续回转并向左移动一个退回量。这时控制顶杆 14 也回到送进以前的原始位置。

在准备下一根管坯轧制时，管坯卡盘 17 由单独的快速返回电机 19 驱动退回到原始位置。首先断开离合器 7，电机 19 启动，经齿轮 20、21、8、9、10 使丝杆 16 反向旋转，管坯卡盘 17 和螺母 18 向左移动到原始的极限位置。

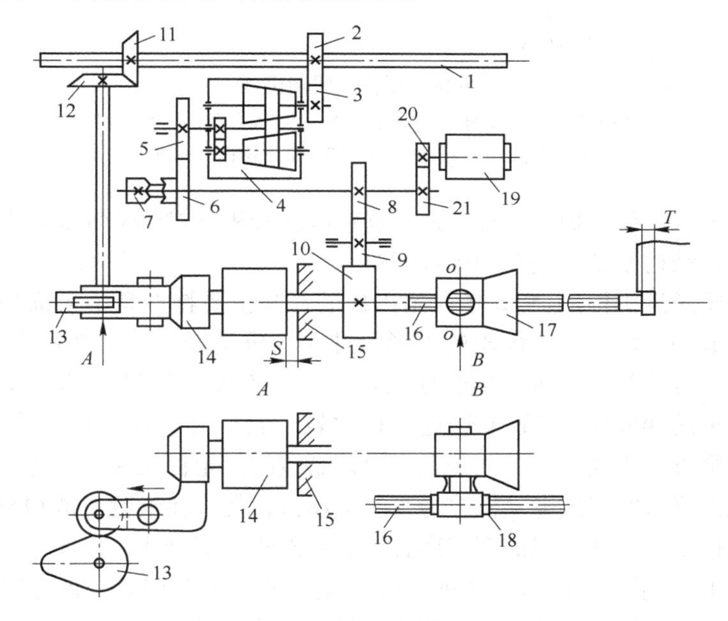

图 8-17 顶杆式送进机构

1—轴；2，3，5，6，8~10，20，21—齿轮；4—无级变速箱；7—爪形离合器；11，12—锥齿轮；13—凸轮；14—顶杆；15—滑座；16—丝杆；17—管坯卡盘；18—螺母；19—电动机

顶杆式回转机构如图 8-18 所示。凸轮 10 的转数满足工作机座每往返一次，凸轮轴转动一周。当工作机座处于极限位置时，凸轮推动杆轴 9 和蜗杆 2 向箭头指示的方向移动，使蜗轮 3、超越离合器 4 和齿轮 5、6 回转一定的角度。齿轮 5 驱动管坯卡盘和钢管卡盘回转、齿轮 6 驱动芯棒卡盘回转，转角约 57°。此外，通过转轴 13、锥齿轮 12、11、齿轮 7、8 使蜗杆反向旋转，重新回到最初的位置。弹簧机构 1 用于消除传动系统中的间隙。

D 其他形式回转送进机构

冷轧管机回转送进机构很多，除了上述几种外，还有凸轮-无级变速蜗杆式、齿轮箱式和液压式等。

凸轮-无级变速蜗杆式回转送进机构的最大特点是：动力学特性好，整个机构在工作

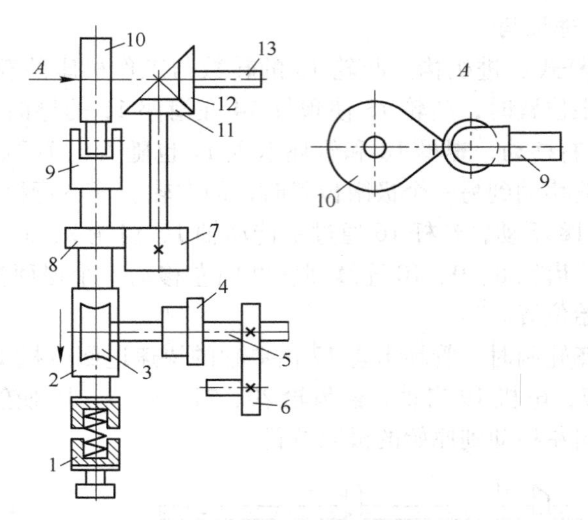

图 8-18　顶杆式回转机构

1—弹簧机构；2—蜗杆；3—蜗轮；4—超越离合器；5~8—齿轮；
9—杆轴；10—凸轮；11，12—锥齿轮；13—轴

中几乎没有惯性力，工作平稳、准确，适于高速冷轧管机（220 次/min 以上）。其缺点是：送进量调整麻烦、结构复杂，制造和维修困难。

齿轮箱式回转送进机构是 1962 年开始出现的，其主要特点是绝大部分零件均是回转件——齿轮所构成的，而且这些齿轮的外形尺寸小、重量轻、转动惯量小、加工精度高，齿面经过热处理（淬火）和磨光，啮合性能好，运动平稳。这种回转送进机构可适应较高的速度，送进量可达 40mm。与其他送进机构比较，它具有工作平稳、冲击小、速度快、送进量准确和调整方便等优点。尤其是在新设计制造的齿轮箱式回转送进机构中将管坯卡盘快速返回电机由原来的交流电动机改为直流电动机，使管坯卡盘也能得到爬行速度，便于轧机的操作和控制；将易磨损的超越离合器的外圈改为剖分式，以便于更换；管坯回转角从 41°减小到 30°，减小了回转系统的惯性力矩；实现了双回转，即在工作机座处于后极限位置时，在送进的同时也使管坯和芯棒回转，这样可使拉应力降低 1/3，从而改善了管材的质量和降低了轧制力。齿轮箱式回转送进机构的缺点是：结构比较复杂，零件较多、要求加工精度高，由于受惯性力之影响，当轧制速度较高时，例如超过 120 次/min，便不能可靠地工作。

液压式回转送进机构是近几年才出现的。其主要特点是：结构简单、紧凑、工作平稳、可靠、易于调整和控制灵活等。但元件要求加工精度高，其工作好坏直接受元件特性影响。

8.2.2.4　平衡机构

周期式冷轧管机采用动平衡的目的就是使曲柄的扭矩曲线不出现负值，也就是在主传动中不出现反向扭矩，同时使其总能量在整个双行程中变化平稳，降低负荷曲线的峰值，尽量减小机架在运动中的产生的水平和垂直惯性力。实践证明，合理地采用动平衡装置，可将机座往复运动中 85%的惯性力平衡掉，使工作机座和其传动装置有可能在更高的速度下平稳工作，轧制速度可提高 0.8~1 倍，同时设备中各运动零、部件的使用寿命大大提

高，降低主传动功率。最常见的冷轧管机动平衡装置有如下几种形式：

（1）重锤平衡装置。重锤平衡的工作原理是采用一个与机座相当的重块来平衡工作机座的惯性力矩。平衡装置可以水平布置（图 8-19（a）），也可以垂直布置（图 8-19（b））。水平平衡结构简单，无重力矩影响，但占地面积大；垂直平衡布置紧凑，但受配重重力矩影响，同时需要较深的基础。由于重锤平衡结构简单、工作平稳可靠、制造容易，所以在周期式冷轧管机中得到广泛应用。

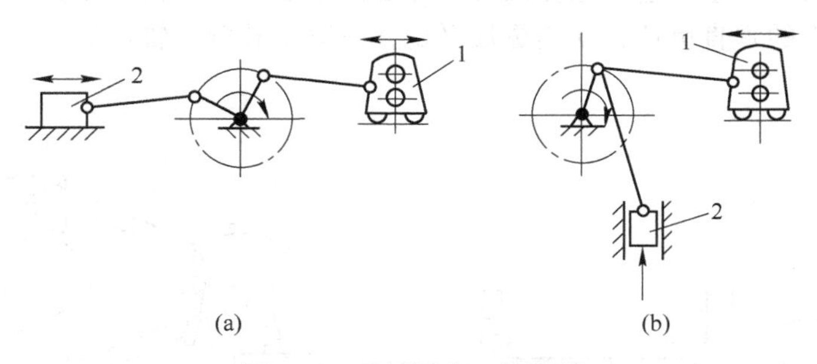

图 8-19　重锤平衡工作原理
（a）水平平衡；（b）垂直平衡
1—工作机座；2—平衡重

（2）液压平衡装置。如图 8-20 所示，液压平衡的工作原理是由液压缸积蓄的能量来平衡工作机座和传动机构中零、部件所产生的惯性力和力矩。

（3）气动平衡装置。如图 8-21 所示，气动平衡装置由单向气缸 1、摇臂 3 和连杆 4 组成。气缸 1 通过耳轴装于固定支座 2 上，双臂连杆 4 与工作机座 5 相连。结构尺寸布置应满足下述条件：当工作机座 5 处于行程中间位置时，摇臂 3 与气缸 1 的活塞杆应与直线 OO_1相重合；而当工作机座处于极限位置时，摇臂 3 与活塞杆的夹角应等于 90°，此时活塞杆与轴心线 OO_1的夹角达到最大值。在这种条件下，单向气缸活塞在整个工作过程中承受着气体的压力。气缸通过摇臂连杆传给工作机座的平衡力在相反方向随着工作机座惯性力的变化而变化，当工作机座处于中间位置时，气缸平衡力为零；而当工作机座处于极限位置时，气缸平衡力为最大。

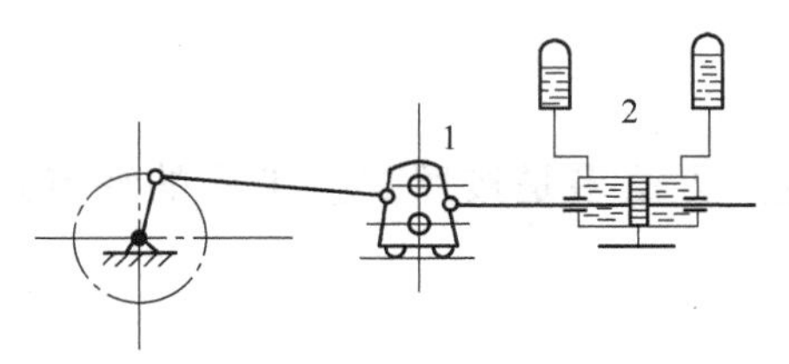

图 8-20　液压平衡工作原理
1—工作机座；2—平衡装置

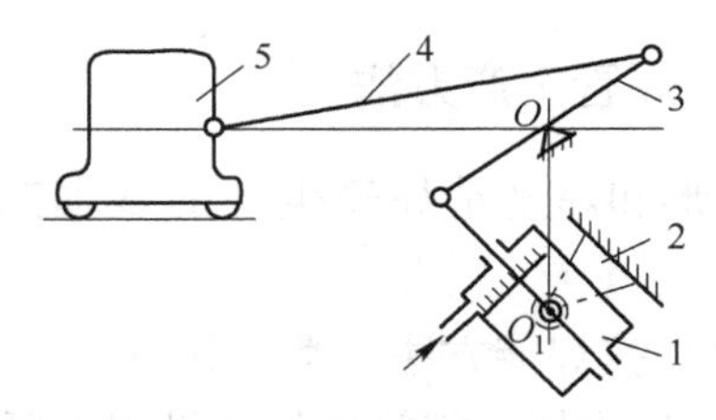

图 8-21　气动平衡工作原理
1—气缸；2—气缸支座；3—摇臂；
4—连杆；5—工作机座

（4）气动-液压平衡装置。如图 8-22 所示，气动-液压平衡装置是由液压缸、活塞杆、工作机座及气罐组成。在工作过程中，机架做往复运动。通过活塞杆 2 带动活塞杆往复运动，使气罐 4、5 中的空气交替地受到压缩和扩张，即交替地积蓄和释放能量。当机架加速运动时，气罐之一积蓄能量，而另外一只气罐则放出能量，机架减速时则反之；机架处于中间位置时，活塞两侧的作用力相等。

（5）带反转配重曲轴齿轮的平衡装置。如图 8-23 所示，机架由两块反向转动的配重齿轮传动，惯性力则通过配重块的合理组合而得到平衡。实践表明其平衡效果不亚于重锤平衡，而其机构和基础大为简化了。而另一个特点是两个大连杆处于同一垂直平面中，并通过同一摇杆与工作机座相连，这样便可以保证两个连杆在均衡的条件下工作，并消除了轧机在运动中产生的垂直负荷，使其更加平稳，改善了轧辊、轴承等的工作条件。

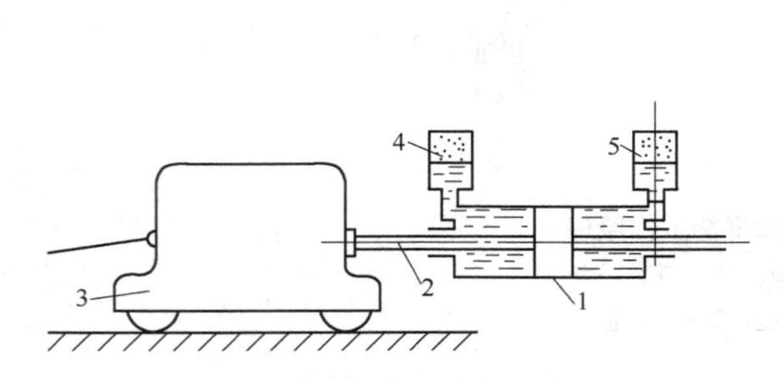

图 8-22　气动-液压平衡工作原理
1—液压缸；2—活塞杆；3—工作机座；4，5—气罐

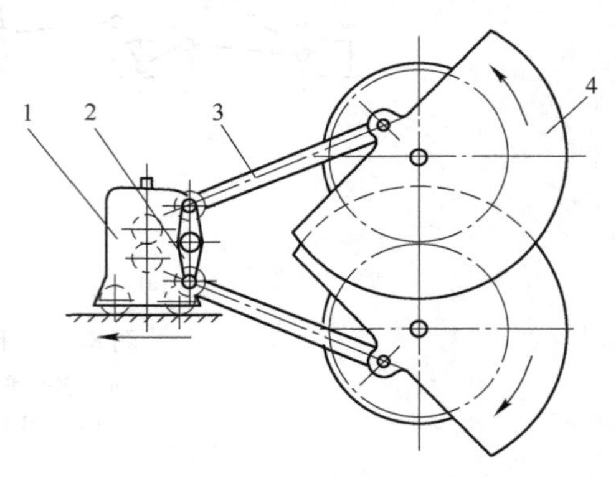

图 8-23　带反转配重曲轴齿轮的平衡装置工作原理图
1—工作机座；2—摇杆；3—连杆；4—配重齿轮

8.3 焊管生产

焊管在国民经济建设中应用十分广泛。焊管是以板或带为原料，采用不同的成形方法将其弯曲成管筒形状，然后施以不同的焊接方法将接缝焊合从而获得管材；可采用碳钢、低合金钢、高合金钢、稀有金属、有色金属及其合金等不同材质的金属生产不同需求的焊管。

8.3.1　焊管生产方法

成形和焊接是焊管生产的基本工序，焊管生产方法多是按照焊接工序的特点进行分类。

（1）按焊接方法分类，分为：

1）压力焊。将管坯的边缘用不同的方法加热，使其达到接近熔化状态，然后施加压力，使焊缝边缘处的金属分子扩散生成新的结晶组织，冷却后形成焊缝。多数焊管机组均采用此法。

2）熔焊。通过使管筒边缘处金属熔化，在焊条及焊剂的参与下完成新的冶金过程，冷却后获得新的结晶组织形成焊缝。通常多用于大直径焊管生产。

3）蜡焊。也称钎焊。在管筒接缝处填充低熔点的易熔金属作为黏合剂，经加热使黏合剂熔化，冷却后将管筒焊合成一体。主要用于小直径薄壁管生产。

（2）按焊缝的加热方法分类，分为：

1）炉焊法：即使用加热炉加热。

2）气焊法：利用水-煤气或氧-乙炔等火焰加热，现代已很少采用。

3）电焊法：是焊管生产中应用最普通的方法，依工作原理之不同又可分为电阻焊、感应焊、电弧焊等。

4）气电焊。属于这种方法的有氢原子焊，其原理是靠加热使氢分子分解为氢原子，氢原子遇到温度比它低得多的金属聚合为氢分子时放出大量的热量，使焊缝处的金属得到加热。

（3）按焊缝的形状分类，分为直缝焊和螺旋焊两大类。螺旋焊生产焊管其管径不受板、带宽度的限制，并且焊缝受力状态好，适于生产大直径焊管。

（4）按生产工艺分类，焊管从生产工艺上来分为螺旋埋弧焊管 SSAW（Spirally Submerged Arc Welding）、直缝双面埋弧焊管 LSAW（Longitudinally Submerged Arc Welding）、电阻焊管 ERW（Electric Resistance Welding）三种。

8.3.2 ERW 焊管成形设备

8.3.2.1 ERW 焊管生产方式介绍

ERW 焊管是利用高频电流的集肤效应和临近效应将管坯边缘迅速加热到焊接温度后进行挤压、焊接而制成。高频焊根据馈电方式的不同分为高频接触焊和高频感应焊。

ERW 焊管是采用将钢带边缘加热后进行挤压、焊合在一起的焊接工艺，熔合线宽度一般为 0.02~0.12mm，焊缝中的缺陷多以线性缺陷形式存在，危害性极大。因此在生产过程中必须对影响焊缝质量的各个生产工序严格控制，尽可能避免焊接缺陷产生，同时，加强焊缝缺陷检测，防止有缺陷的焊管出厂。以下以中口径高品质 ERW 焊管生产为例讨论有关生产工序质量控制要点。

A 剪边、刨边或铣边

为了使钢带沿全长方向的宽度一致并使板边符合焊接钢管外形尺寸要求，需要对钢带边缘进行剪边或铣边。如果是纵剪原料，运送到焊管生产线上时必须防止钢带边缘的机械损伤；如果采用在线圆盘剪剪边工艺，由于剪切面比较粗糙，一般要刨边或对钢带边缘进行轻微铣削，否则会由于剪边后钢带边缘不平滑造成焊缝夹杂物；如果采用在线铣边工艺，铣边后钢带边缘的角部可能产生小毛刺，焊接时小毛刺会引起打火，因此铣边后要对钢带边缘上的小毛刺进行清理。铣边机铣边后钢带边缘比较平直、光滑，熔融金属排出流畅；而圆盘剪剪边后，钢带边缘由于剪切力的作用使钢带边缘一侧角部形成小圆弧，另一侧角部容易产生毛刺，且表面粗糙，焊接时容易在圆弧处生产双峰而不利于熔融金属及氧化物的排出，毛刺也会使得内侧电流较大从而使内外侧加热不均匀。两种钢带边缘的焊缝冲击韧性差异也证明了这一点。因此，应尽可能采用铣边技术。

B 焊接

焊接时应使熔融氧化物充分排出，提高焊缝冲击韧性。控制要点如下：

（1）合理控制原材料化学成分。高频焊接时，焊缝中的氧化物多以复合夹杂物的形式存在，其熔点取决于各种氧化物的相对含量，当氧化物的熔点高于焊接部分的熔点

（≈1550℃）时，氧化物难于排出而残留于焊缝，且母材中的 Mn、Si 含量对复合夹杂物的熔点影响重大。

（2）合理控制对接形状。ERW 焊管成形时可以形成三种对接形状，即 V 形对接、I 形对接和倒 V 形对接，如图 8-24 所示。

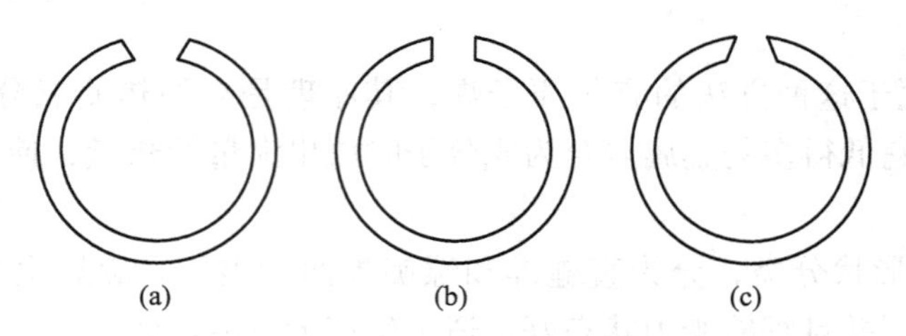

图 8-24　三种不同对接形状
（a）V 形对接；（b）I 形对接；（c）倒 V 形对接

V 形对接由于钢管内壁先接触焊合，内部焊接电流高于外部焊接电流，使得内部温度高于外部温度，V 形对接需要更多的热输入。I 形对接由于钢管内外壁同时接触，温度比较均匀。倒 V 形对接和 V 形对接正好相反，钢管外壁先接触焊合，外部焊接电流高于内部焊接电流，使得外部温度高于内部。由于进入封闭孔型前钢带外侧（钢管外壁）拉伸、内侧（钢管内壁）压缩，进入封闭孔型后由于减径作用以及形成管坯后内外周长差等综合原因，容易形成 V 形接触。如果 V 形太大，内壁较外壁提前接触时间较长，外部焊接电流较小，内外部温度差异较大，容易造成焊接缺陷。因此，在实际生产时，必须对 V 形大小进行控制，尽可能将对接形式控制为 I 形或小 V 形。

（3）适当增大开口角。开口角越小，高频电流临近效应越强，焊接热效率越高；开口角越大，焊接热效率越低，但却越有利于熔融金属偕氧化物的排出。因此，适当增大开口角可以减少焊缝夹杂物。

C　毛刺清除

高频焊接时，熔融金属的一部分从焊缝中被挤出，在钢管内外表面形成飞边，俗称毛刺，合格的成品管都要将内外毛刺进行清除。外毛刺一般采用刀具刮除的办法，内毛刺的清除有采用铣刀铣削的办法，也有采用圆刀或圆弧刀刮除的办法。由于钢带边缘成形不充分、错边等原因，容易造成内毛刺清除不干净或形成刮槽。为了提高内毛刺清除质量，对内毛刺刀具的设计、调整要合适，必要时可对焊缝部位进行适当增厚，增加焊缝部位整体强度，提高焊缝的可靠性。

D　焊缝热处理

由于高频焊接的快速加热和快速冷却会导致焊缝区组织异常，影响其力学性能，因此需要对焊缝进行正火、或正火加回火、或淬火加回火热处理，使其恢复到与母材同等的韧性。进行热处理时应该注意：

（1）防止感应器偏离焊缝部位；

（2）生产厚壁管时要保证沿焊缝部位的内壁同时进行了热处理；

（3）温度控制要合适，防止温度较低使焊缝热处理不足或温度过高造成过热。

E 成形和定径

焊接前，要使粗成形管坯进入封闭孔型，使其形成精成形管坯。为了使其充分成形，在粗管坯的圆周方向施加一定的力，使其充满整个封闭孔型。对管坯圆周方向施加的力，一般会使管坯圆周方向产生一定的减径量。经过成形、焊接、热处理等工序制造出的钢管，因为受到复杂的外力和热应力的作用，钢管残余应力较大，容易产生变形，使钢管直度和圆度发生变化。为了消除钢管内部残余应力，使钢管达到规定的外径和直度，需要对钢管进行定径，一般沿圆周方向加 0.5%左右的减径量进行定径。定径时必须对钢管进行充分冷却使其接近常温。如果定径时焊缝部位温度较高，定径后随着焊缝部位温度的降低，焊缝部位沿轴向收缩，易造成钢管弯曲变形。钢管进入定径机时，要保证焊缝朝上，不能使焊缝产生扭转，否则定径后的钢管因为残余应力分布不均匀而使钢管产生变形。钢管在成形和定径时，由于轧辊各点线速度不同，会使管坯和成形辊产生滑动摩擦，若成形辊孔型工作表面粗糙度不够，会使管坯产生划伤。在生产时要特别注意，防止成形辊划伤的产生。

由于 ERW 焊管成形和定径过程中，板卷要经过一定的拉伸和压缩变形，板卷制成钢管后的力学性能会发生一定的变化。图 8-25、图 8-26 分别为国内某钢厂生产的 L415 板卷的横向拉伸、横向冲击试验结果与制成 406.4mm×7.1mm ERW 焊管后管体母材的横向拉伸、横向冲击试验结果的比较，其中管体母材的拉伸和冲击试样是经过压平后进行试验的。从试验结果可以看出钢管母材力学性能相对板卷有下降的趋势，力学性能的下降程度受原料化学成分、交货状态、制管成形工艺等因素的影响。制管时应该考虑力学性能变化情况，必要时要提高板卷力学性能，使钢管的最终性能满足用户的要求。

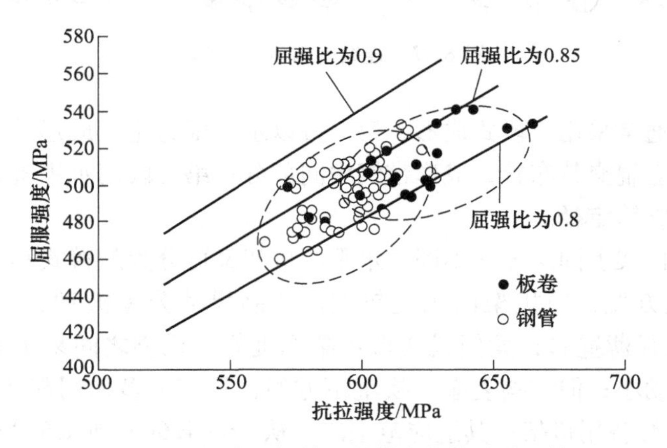

图 8-25 板卷和钢管母材横向拉伸试验比较

ERW 焊管生产的实质是将管坯采用不同的方法成形，然后使用电热方法使管筒接缝边缘处加热升温至焊合温度，而后加压焊合；或者是加热至熔化温度，使金属熔合而形成焊缝。ERW 焊管机组的主要区别在于所采用的管坯成形方法不同，直缝电焊管的成形方法主要有连续辊式成形法、履带式成形法和排辊式成形法。

8.3.2.2 连续冷弯辊式成形机

连续冷弯辊式成形机实际上是一套水平辊和立辊交替布置的二辊式连续冷弯型钢机组，是焊管机组应用最为普遍的成形机。焊管坯通过上述机座的成形辊压轧后，逐渐地被

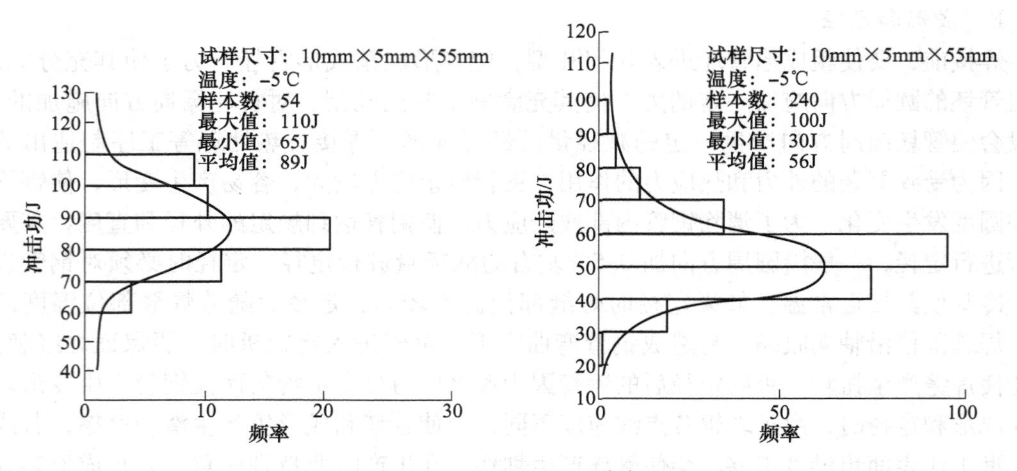

图 8-26 板卷和钢管母材横向冲击试验比较

卷曲成管筒的形状。成形机机座数目的多少取决于焊管的规格和材质，一般为 5~12 架，最常见的是 7~8 架，如图 8-27 所示。

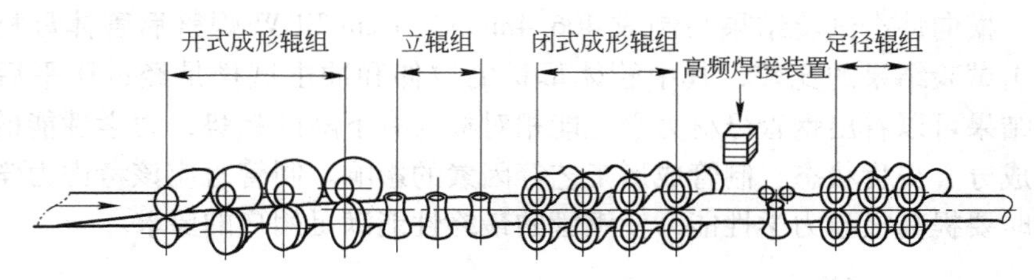

图 8-27 连续冷弯辊式成形

在实际生产中通常采用三段式成形，第一段以水平辊为主，成形带钢的边部；第二段以立辊或水平辊、立辊交替布置，成形带钢中间部分；第三段用水平辊或水平辊、立辊交替布置使已成形的管筒定径。

根据成形辊在机架上固定方式不同，水平辊机架又可分为悬臂式和龙门式。悬臂式成形结构紧凑、换辊方便，但机架的刚度较差，产品尺寸公差波动大，因而只适于生产 ϕ65mm 以下的小直径薄壁管；龙门式成形机架刚度好、机座之间易于安装导卫装置、产品精度高、公差波动小；但结构复杂，换辊不方便，目前大多采用整体更换机座的方法，这样至少要有 2~3 套备用机架；其适应范围广，从 ϕ6~426mm 或 ϕ660mm 以上的焊管。

冷弯成形辊在结构方面也在不断地改进和完善，有的不是所有的水平辊都传动，而是传动水平辊机座的下辊和部分机座的上辊（通常是 1、7、8 架），从而更有利于变形和减少成形辊的磨损。此外，还采用了液压马达传动和快速换辊装置，大大地减少了改变品种规格的换辊时间。

8.3.2.3 履带式成形器

图 8-28 所示为采用履带式成形器的管坯弯曲成形的主要过程。履带式成形器主要由 V 形传动链板和锥状的三角形模板构成，且模板上、下位置是可调的。由链板和模板构成了逐渐变形的孔型空间形状。立辊 1 和水平辊 2 将管坯送入成形器 3 中，在行进过程中管坯

逐渐被链板和模板限制弯曲成所需要的管筒形状，其弯曲变形过程是连续完成的。再通过水平辊 4 送往焊接装置焊接。

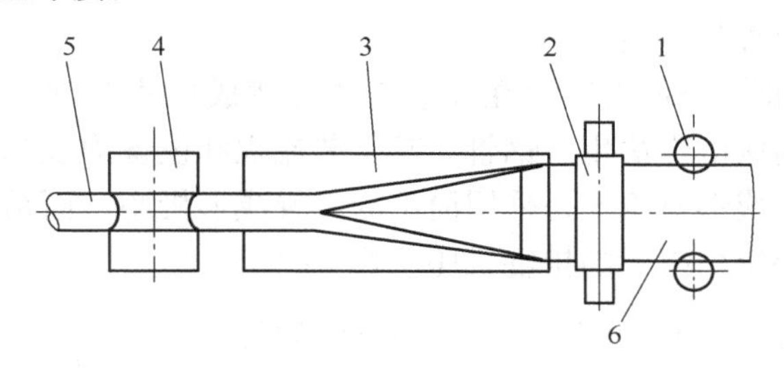

图 8-28　履带式成形器主要工艺过程

1—立辊；2，4—水平辊；3—履带成形器；5—管子；6—管坯

履带式成形器适应各种焊接方式，目前主要用于中、小直径薄壁管的高频焊接。履带式成形器的优点是：

（1）设备结构简单、重量轻、占地面积小、成本低。

（2）工具简单、容易制造，不用昂贵且数量大的成形辊。

（3）操作简单、方便、适应品种范围广，更换品种规格时灵活、快速。

8.3.2.4　连续柔性辊弯成形

所谓“柔性”，是指能在机械的或电子的控制下生产不同规格的焊管。连续辊弯成形以带钢为原料，能够连续生产焊管。一个完整的自然柔性成形过程一般由以下几部分组成：

（1）弯边：为保证边部充分成形，以弯边机架将管坯的边部轧成封闭孔或挤压辊半径。

（2）开口部分成形：通过开口成形机架，使管坯逐步弯曲成形。

（3）封闭孔成形：以带导向的封闭孔形使管坯进一步成形、规整，为挤压焊接做好准备。

柔性冷弯成形机组可以生产变截面的冷弯型钢产品。变截面型钢即型钢在轴向上的宽度是变化的。作为汽车零件和屋顶材料等，变截面型钢有着广泛的应用。在柔性冷弯生产线中，每个道次的机架都是一个独立的单元，由计算机分别控制，按照计算机生成的程序冷弯形成所要求的形状。这可方便地生产出顾客要求的，或者提前设定好的各种横截面的冷弯管材产品。这种生产技术可以进行纵向长度无限延长的变截面连续冷弯成形产品加工，同时采用公用轧辊化技术，调整每架道次轧辊的工艺参数，可多道次公用相同型号的轧辊。这克服了传统的冷弯成形产品所存在的不同道次机架使用不同轧辊的缺陷，降低了生产成本，提高了现有的生产率。下面介绍柔性冷弯成形方法。

A　排辊式成形法

1960 年以前，直缝电焊钢管生产，尤其小于 ϕ203.2mm 的钢管，大都采用连续辊式冷弯成形。但是大直径管如果采用一般的连续辊式成形法时，则成形辊孔型沿辊身长度上各点的线速度严重不均，管径越大孔型刻槽越深，则速度差越大，因此导致成形辊孔型磨损严重，也容易刮伤管筒表面而影响产品质量。此外，随着钢管直径的加大，成形辊刻槽加深，辊径加大，使整个成形机笨重庞大。因此，采用一般的连续辊式冷弯成形法生产大直径焊管极为困难。

为了解决上述问题，美国托兰斯公司于 1960 年为加拿大制造了生产 ϕ974.4mm 大直径直缝焊管排辊式成形焊管机组。

排辊成形法（也称作 CFE 法）是在连续辊式冷弯成形法基础上发展起来的。它采用成卷带钢为坯料，用高频电焊法生产钢管。其工艺流程和设备构成基本与连续式冷弯成形机相似，不同之处在于成形机组不是采用简单的二辊成形机座，而是采用了箱笼结构的骨架，配装以一系列的小辊而组成的排辊机座（图 8-29）。

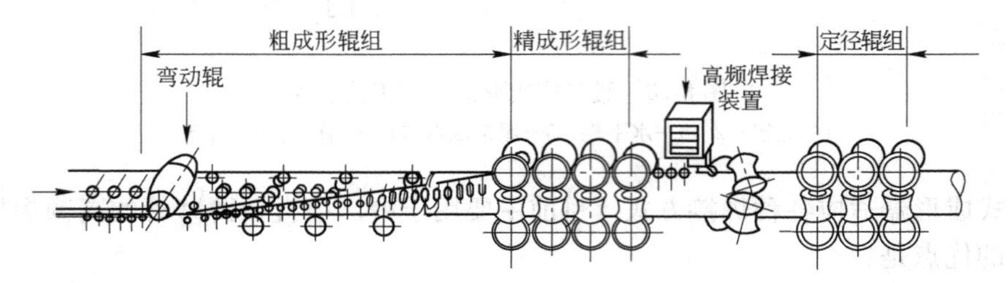

图 8-29　排辊式成形过程示意图

在排辊成形的焊管机组中，成形机分为粗成形和精成形机组。它由二辊弯曲成形辊、板边弯曲辊、组合排辊成形辊、立辊组、四辊弯曲成形辊、导向辊、高频焊接装置、夹紧辊、拉拔装置和定径辊等设备组成。

（1）二辊成形辊。辊型如图 8-30 所示，通常上、下均为主动的，辊身分为三段，中间一段为驱动部分，两端段是空转的。其作用是减少辊子各段的线速度差，从而防止管面划伤，保证管质量。

（2）板边弯曲辊。两对边弯辊布置在二辊成形辊之后，其作用是使管坯最后弯曲成规整的图形，防止管筒在焊缝处呈尖嘴（桃形），如图 8-31 所示。

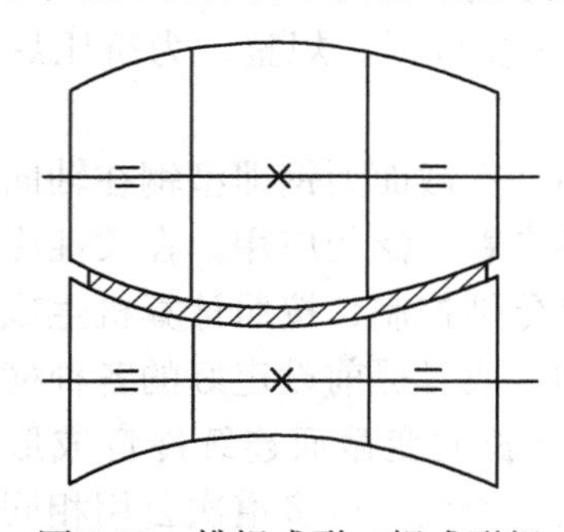

图 8-30　排辊成形二辊成形辊

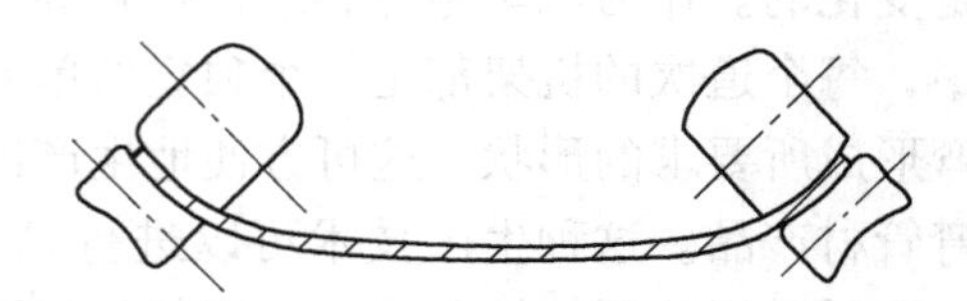

图 8-31　板边弯曲辊

（3）组合排辊成形辊。组合排辊成形辊布置在板边弯曲辊之后，其作用是将管坯继续弯曲成中心角为 270°左右的圆管筒坯，其结构原理如图 8-32 所示。上辊做成组合排辊式辊组，在排辊架下面沿圆弧面安装着一排空转的小辊，其构成的圆弧大小和小辊子的辊形根据每段变形过程要求的曲线形状确定，每个小辊的位置应具有微调的余地。下辊则是驱动的，辊身长度较短，仅为同规格二辊辊身长度的 1/4～1/3 左右。和普通二辊成形机相比较，可明显看出，排辊式成形机的结构要轻巧、灵便得多。

（4）立辊组。立辊布置在四辊精成形机之前，一般是由 2～6 个空转的小辊组成。立

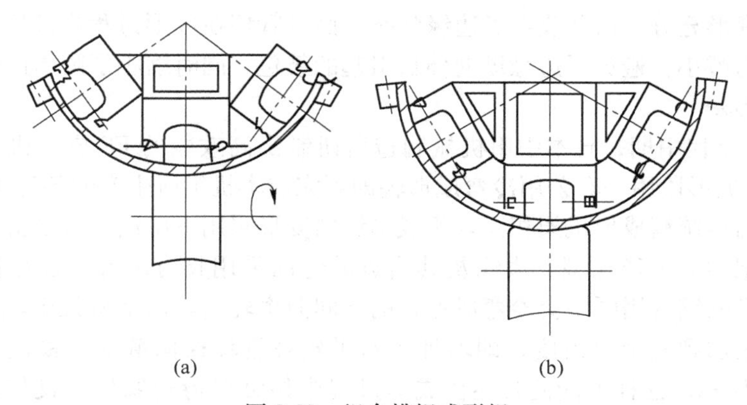

图 8-32 组合排辊成形辊
（a）组合排辊成形辊之一；（b）组合排辊成形辊之二

辊根据带钢弯曲成管筒的自然成形曲线对管筒起限制的作用，减少其弹性恢复、消除管筒边缘的波浪现象、保证成形质量。通常立辊的空间位置是可调的。

（5）四辊精成形机座。四辊精成形机座布置在 270°排辊成形机之后，目的是使已经弯曲 270°中心角的管筒进一步继续弯曲成圆形，如图 8-33 所示。通常水平辊是传动的，边辊是被动的。采用四辊结构同样是为了缩小孔型表面各点的线速度差，以减少管筒的撞伤，保证成形管的质量。一般配置 4~6 台四辊精成形机座。

（6）夹紧辊。夹紧辊布置成可交叉四辊式机座，如图 8-34 所示。通常上面两个辊可以进行双向调整，而下面的两个辊子可以进行微调。

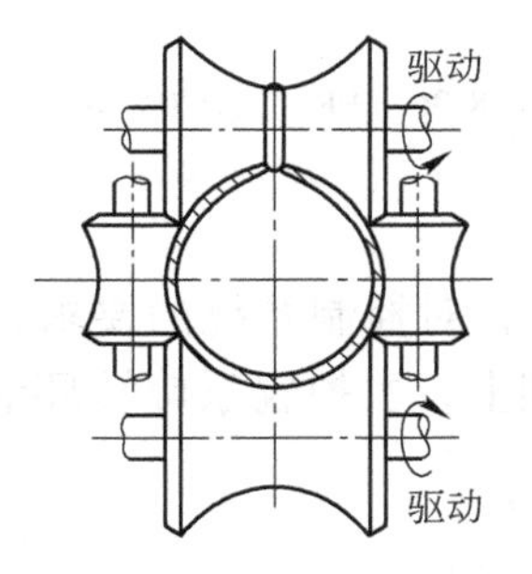

图 8-33 四辊精成形机辊子配置

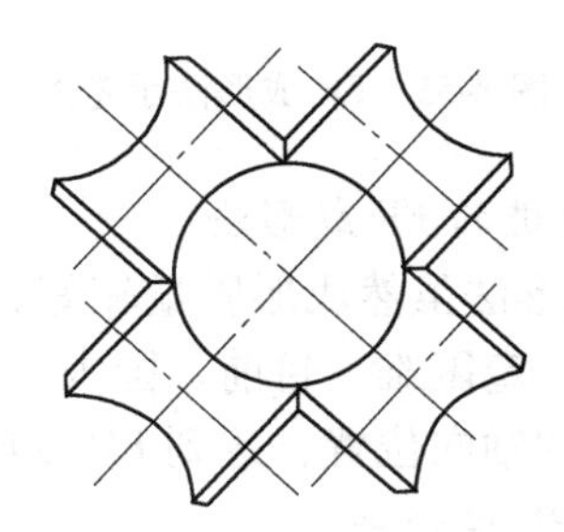

图 8-34 夹紧辊布置

B 直缘成形法

该工艺是在传统的排辊成形工艺的基础上改进而来的。传统的排辊成形机组，带钢边缘产生很大的回弹，而直缘排辊成形工艺就是克服了传统排辊成形工艺的不足，在排辊之间再连续配置许多小辊，形成直缘排辊，从而使带钢的边缘能够沿着一条平滑的自然变形路径进行。从而使板带整个变形过程更趋于柔性，管坯的成形质量得到较大的提高。

直缘排辊成形具有较大的生产能力，成形区域短、设备重量轻，边部形状控制好、尺寸精度高、表面质量好、投资少等优点。

C “W”双半径孔型系统

“W”双半径孔型系统也称为 W 反弯弯曲成形法。粗成形段第 1 架或前几架采用“W”反弯弯曲成形，板带边缘部分正向弯曲，中间部分反向弯曲，增加了边缘部分弯曲弧长，使边缘变形充分，由此改善了边缘状态，而且管坯在成形过程中高度差较小，使边缘相对延伸大为减小，避免了边缘纵向伸长引起的鼓包，同时缩小了圆周速度差。

D FF 成形法

20 世纪 80 年代中期，日本中田机械制造所研制出高效能的 FF 成形机（其原理如图 8-35 所示），粗成形段用一套公用冷弯成形辊即可完成本机组所生产的各种规格。

精成形段与传统精成形机架相同。粗成形纵向变形采用下山法，水平机架第一架为 W 孔型，以后各架为双半径孔型。边缘及其附近的弯曲采用具有渐开线曲率的成形辊来实现，即不同外径的钢管用同一套冷弯成形辊的不同曲率轧制。水平机架由辊式成形法的只有一个自由度增加到三个自由度，即增加了水平辊在管坯横向截面的横向调整和旋转调整，如图 8-36 所示。这样就能使管坯在成形过程中始终保持边缘弯曲良好，管中部弯曲借助边缘弯曲力和中间助力辊来实现。该成形机使管坯在成形过程中无论是纵向变形还是横向变形所受的压力最小，焊缝平直，不易歪扭，精成形后管坯边缘变形极小，高频焊接后焊缝质量优良。

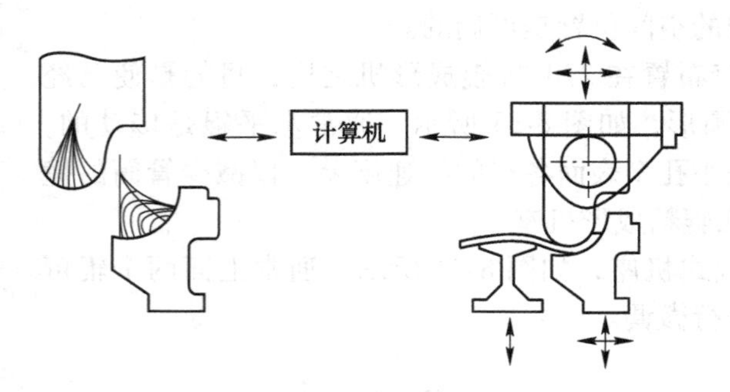

图 8-35 FF 成形法示意图

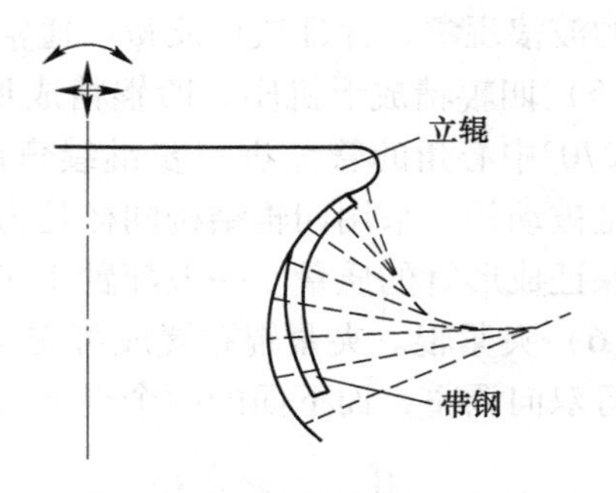

图 8-36 FF 成形调整自由度

E 改进的 FF 成形法

FF 成形法虽然成形质量较好，但调整过程较为复杂，对控制系统的要求比较高，在实现上有一定困难。目前，国内厂商在 FF 成形法的基础上，去掉辊系旋转环节，只通过调整辊片的轴向位置，达到 FF 成形的目的。

F TPF 成形法

(1) 采用分部成形方法，明确各道次的成形目的：

1) 第一道采用“W”成形弯曲带钢边缘（见图 8-37（a)），优化各种规格的边缘成形半径，使每一个弯曲半径都能涵盖部分规格的成品管曲率半径。

2) 第二道水平辊弯曲带钢中部（见图 8-37（b)），使带钢逐步形成“U”形。

3) 第三道水平辊弯曲“U”形的两直线边（见图 8-37（c)），使带钢形状接近双半径截面，以便进入立辊组对带钢进行三点式弯曲。

4) 第四道水平辊起辅助成形和递送作用（见图 8-37（d)）。

5) 立辊组对带钢进行三点式弯曲（见图 8-37（e)），使成形截面收缩变形，直到进入精成形段（见图 8-37（f)）。

(2) 采用多半径组合辊片，最大限度地提高轧辊的共用性。在一定的规格范围内，优化边部弯曲半径，使一件轧辊能满足不同规格成品管的成形要求；优化带钢中部变形，按

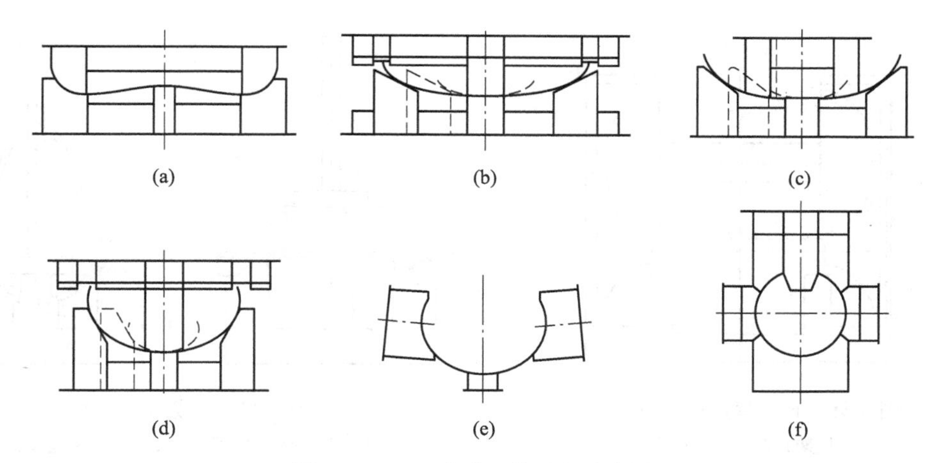

图 8-37 TPF 成形工艺过程示意图
(a) 第一道变形；(b) 第二道变形；(c) 第三道变形；
(d) 第四道变形；(e) 第五道变形；(f) 第六道变形

照等比收缩的原理，合理选取中部压辊的辊形曲线，使轧辊能满足不同规格成品管的成形要求。

(3) 采用三点弯曲成形原理（见图 8-37 (e)），减小对带钢中部的约束，使中间成形段自然成形，降低轧制摩擦，提高成品管表面质量。

(4) 加强立辊的成形作用，可提高装辊密度，抑制轧制回弹，有利于带钢的纵向变形。

(5) 采用带钢中心不变的下山成形，使带钢的边缘延伸相对中部延伸最小。

8.3.3 直缝双面埋弧焊管

直缝埋弧焊管（LSAW）一般是以钢板为原料，经过不同的成形工艺，采用双面埋弧焊接和焊后扩径等工序形成焊管。

目前国际上生产 LSAW 钢管主要有以下几种成形方法：UOE 成形法、JCOE 成形法和 RB 成形法。

8.3.3.1 UOE 直缝埋弧焊管成形工艺

UOE 成形工艺技术成熟、可靠。产品质量好，品种规格多，产量高。虽然投资高，但是当要求年产量在 20 万~30 万以上时，UOE 成形工艺为首选。

主要设备有：铣边机、预弯边机、U 形压力机、O 形压力机、预焊机。

UOE 直缝埋弧焊钢管成形工艺的四大主成形工序包括：钢板预弯边（见图 8-38）、U 成形（见图 8-39）、O 成形（见图 8-40）及扩径成形（见图 8-41）。各工序分别采用专用的成形压力机，依次完成钢板边部预弯、U 成形、O 成形及扩径成形四道工序，将钢板变形成为圆形管筒。

8.3.3.2 JCOE 直缝埋弧焊管成形工艺

JCOE 成形产品质量与 UOE 焊管接近，而机组价格远低于 UOE 机组，但其生产效率较低。

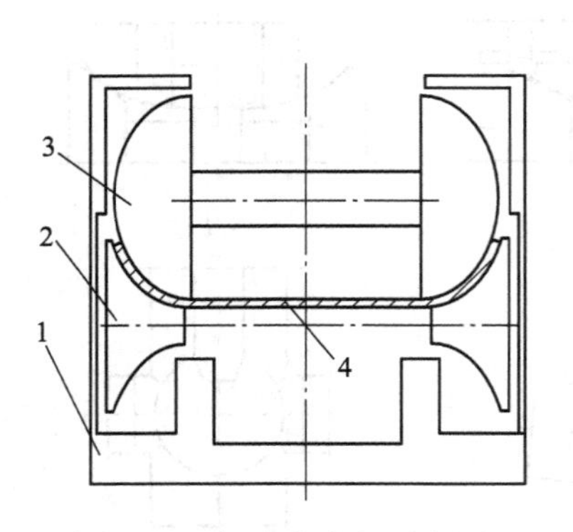

图 8-38 辊式弯边机示意图
1—机架；2—下工作辊；
3—上工作辊；4—钢板

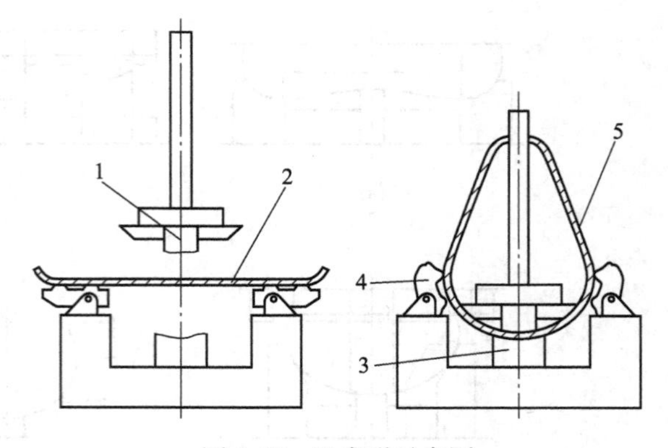

图 8-39 U 成形示意图
1—上压模；2—C 形坯；3—下模底座；
4—摇臂式翻转机；5—U 形坯

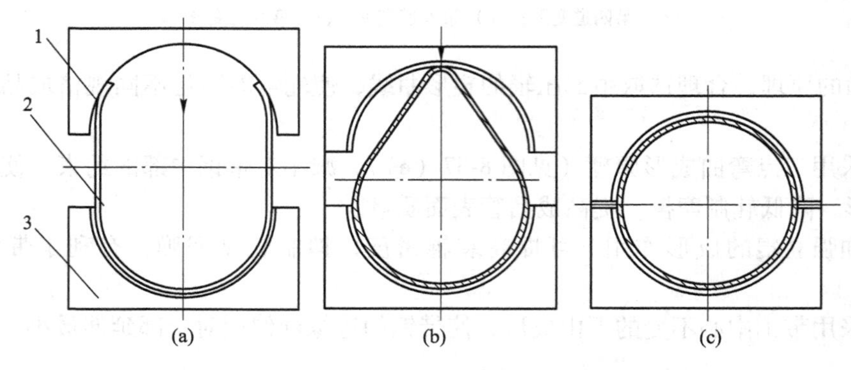

图 8-40 O 成形（U 形钢板随后送到 O 成形压力机上）

JCOE 成形主要流程为：板探、铣边、预弯边、成形、预焊、内焊、外焊、超声波检验 1、X 射线检验 1、扩径、水压试验、倒棱、超声波检验 2、X 射线检验 2、管端 UT 探伤、内涂外防腐（见图 8-42）。

板探：用来制造大口径埋弧焊直缝钢管的钢板进入生产线后，首先进行全板超声波检验。

铣边：通过铣边机对钢板两边缘进行双面铣削，使之达到要求的板宽、板边平行度和坡口形状。

预弯边：利用预弯机进行板边预弯，使板边具有符合要求的曲率。

成形：在 JCO 成形机上首先将预弯后的钢板的一半经过多次步进冲压，压成“J”形，再将钢板的另一半同样弯曲，压成“C”形，最后形成开口的“O”形（见图 8-43）。

预焊：使成形后的直缝焊钢管合缝并采用气体保护焊（MAG）进行连续焊接。

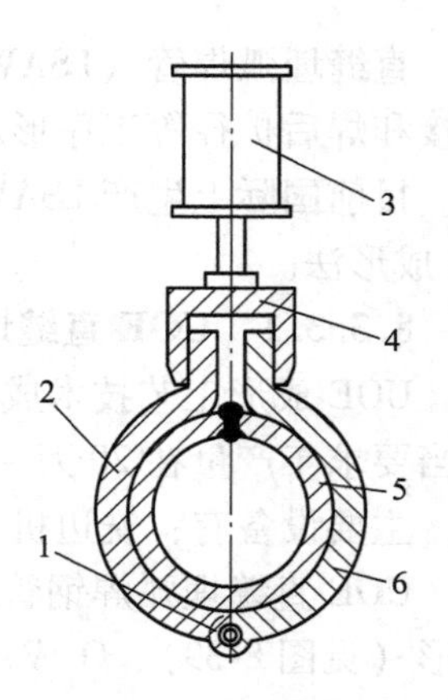

图 8-41 水压式扩径机工作原理
1—固定轴；2—水压扩径模（左半）；3—液压缸；4—锁模装置；5—焊管；6—水压扩径模（右半）

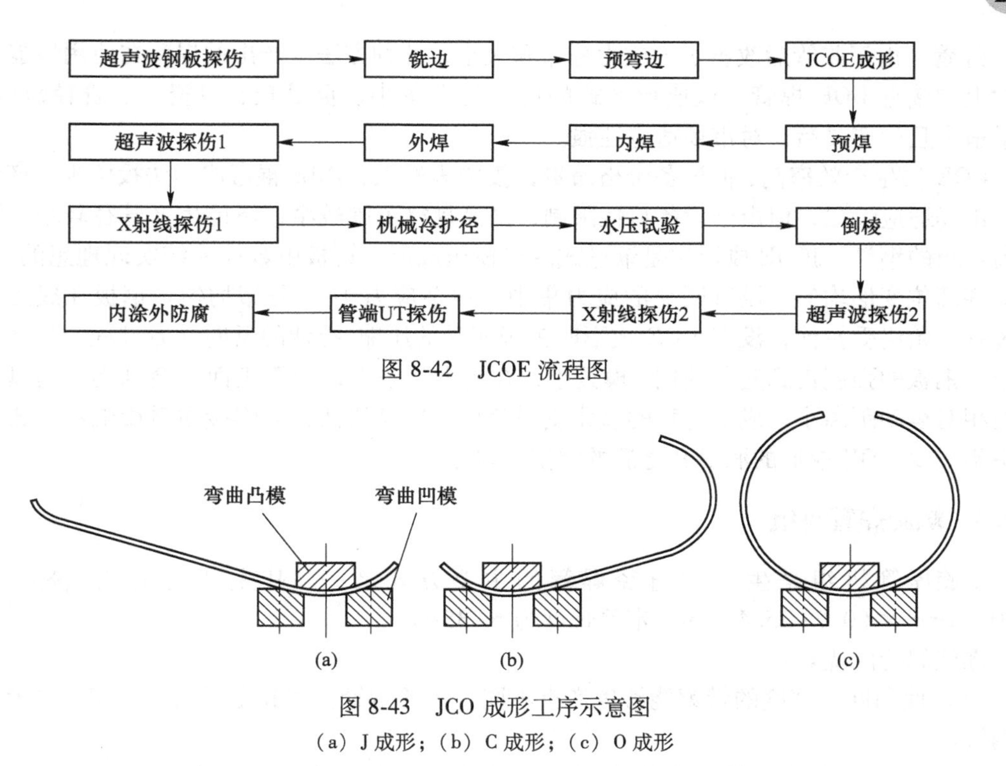

图 8-42 JCOE 流程图

图 8-43 JCO 成形工序示意图
（a）J 成形；（b）C 成形；（c）O 成形

内焊：采用纵列多丝埋弧焊（最多可为四丝）在直缝钢管内侧进行焊接。

外焊：采用纵列多丝埋弧焊在直缝埋弧焊钢管外侧进行焊接。

超声波检验 1：对直缝焊钢管内外焊缝及焊缝两侧母材进行 100%的检查。

X 射线检查 1：对内外焊缝进行 100%的 X 射线工业电视检查，采用图像处理系统以保证探伤的灵敏度。

扩径：对埋弧焊直缝钢管全长进行扩径以提高钢管的尺寸精度，并改善钢管内应力的分布状态。

水压试验：在水压试验机上对扩径后的钢管进行逐根检验以保证钢管达到标准要求的试验压力，该机具有自动记录和储存功能。

倒棱：将检验合格后的钢管进行管端加工，达到要求的管端坡口尺寸。

超声波检验 2：再次逐根进行超声波检验以检查直缝焊钢管在扩径、水压后可能产生的缺陷。

X 射线检查 2：对扩径和水压试验后的钢管进行 X 射线工业电视检查和管端焊缝拍片。

管端 UT 探伤：进行此项检查以发现管端缺陷。

内涂外防腐：合格后的钢管根据用户要求进行防腐和涂层。

8.3.3.3 RB 辊弯成形工艺

RB（Roller Bending）辊弯成形法是一种比较传统的成形工艺。该成形法是将钢板压边后（或者将压边放在辊弯成形后），在三辊或四辊之间经多次滚压卷制成圆筒型，然后采用埋弧双面焊接成形。如不采用胀管整形，则称为 RB 焊管；如采用胀管整形，则称为

RBE 焊管。由于胀管后改善了内应力分布和大小，此种方法生产出的焊管在使用性能和可靠性上均接近 UOE 焊管。该成形方式的优点是设备小、重量轻、投资少、管径范围大、产量适中且生产灵活，对市场适应性强。

UOE 法生产效率高，但设备价格昂贵，投资规模大；RBE 辊弯成形法投资少、产量适中，市场适应性强，但由于设备特性限制，产品规格范围较窄，不能生产管径较小、厚壁和高钢级的钢管；JCOE 成形法是渐进式多步模压成形，钢板由数控系统实现理想的圆形，钢板各部位变形均匀，没有明显的应力集中，残余应力小 、分布均匀。钢板在成形至扩径过程中始终受拉伸，没有 UOE 成形时钢板所受的压缩-拉伸的反向受力过程，包辛格效应小，钢板的强度得到充分利用，模具小，在受力状态下，钢管表面不会划伤，模具与钢板的相对运动距离小，成形过程的氧化皮脱落少，容易清洁，对焊接质量影响小，成形过程中不需要 UOE 成形的润滑和之后的清洗、烘干。

8.3.4　螺旋焊管机组

螺旋焊管机组是生产大直径焊管的主要方式之一。其生产范围是(ϕ89 ~ 2450(3300))mm × (0.5~25.4)mm，定尺长度为 6~35m。

螺旋焊管的优点：

(1) 使用同一宽度的带钢能够生产出不同直径的钢管，尤其是可用窄带钢生产大直径的钢管。

(2) 同等压力条件下，螺旋形焊缝所承受的应力比直缝小，为直缝焊管的 75% ~ 90%，因而能够承受较大的压力。与相同外径的直缝焊管相比较，在承受同等压力的情况下，壁厚可减小 10%~25%。

(3) 尺寸精确，一般直径公差不超过 0.12%，挠度小于 1/2000，椭圆度小于 1%，一般可以省去定径和矫直工序。

(4) 可连续生产，理论上可以生产无限长钢管，切头、切尾损失小，可提高金属利用率 6%~8%。

(5) 和直缝焊管相比其操作灵活、更换品种调整方便。

(6) 设备重量轻、初投资少。可做成为拖车式流动机组，直接在敷设管道的施工工地生产焊管。

(7) 易于实现机械化、自动化。

螺旋焊管生产的缺点：由于使用成卷带钢为原料，有一定的月牙弯，且焊接点是在具有弹性的带钢边缘区，因此不易对准焊炬，影响焊接质量。为此，要设置复杂的焊缝跟踪和质量检查设备。同时，也存在机组生产效率低的不足。

螺旋焊管生产流程有：开卷板探、矫平、剪切成形、内外焊、内外焊缝检测、水压试验、管端加工、成品检查、涂油打标，如图 8-44 所示。

开卷板探：将钢板开卷后进入生产线，首先进行全板超声波检验。

矫平：通过压砧机使原来卷曲的钢板平整。

剪切成形：在生产线上将钢板沿外沿螺旋卷曲成管状。

内外焊：采用纵列多丝埋弧焊对螺旋管进行内、外侧焊接。

内外焊缝检测：采用 X 射线探伤、超声波对内、外焊缝两侧进行 100%探伤。

水压试验：在水压试验机上对扩径后的钢管进行逐根检验以保证钢管达到标准要求的试验压力。

管端加工：将检验合格后的钢管进行管端加工，达到要求的管端坡口尺寸。

成品检查：再次进行超声波和 X 射线探伤以及进行管端磁粉检验，检查是否存在焊接问题及管端缺陷。

涂油打标：合格后的钢管进行涂油以防腐蚀，并根据用户要求进行打标。

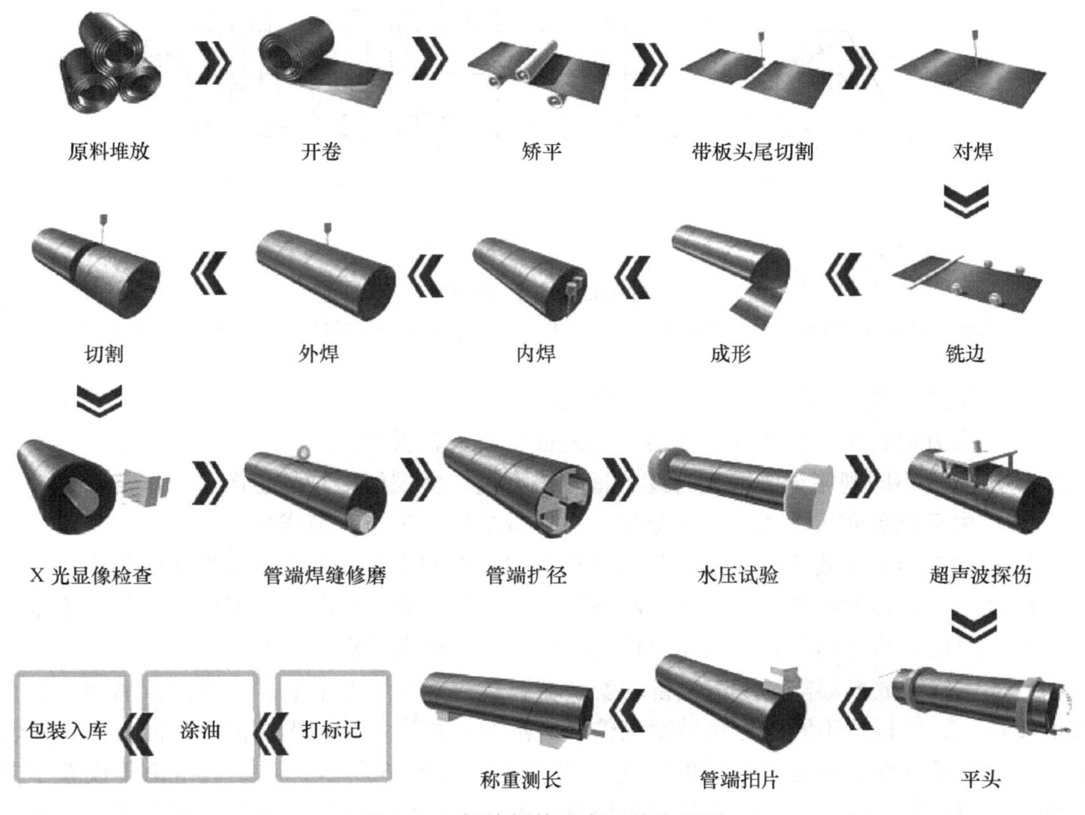

图 8-44 螺旋焊管生产工艺流程图

螺旋焊管生产工艺由三部分组成：即原料准备、成形焊接及精整检查。通常有连续式生产和间断式生产两种工艺形式。连续式生产工艺是利用活套装置储存带钢，或者使用飞焊小车保证在前、后带卷接带对焊时能够不停机持续生产。而间断式生产工艺则是一卷生产完毕时，整个机组全线停产，待将两卷带钢的头、尾接好后再启动恢复生产。现代螺旋焊管机组大都采用连续式生产方式。

目前国内外螺旋焊管机组都是根据焊管成形器成形的调整方式来分类，分为前摆式机组和后摆式机组。这两类机组最大的不同点是：当生产过程中调型时，前摆机组从成形器到后桥输出所有设备都不动，只有前桥摆动（即从拆卷机包括矫平机、剪板机、两辊输送以及铣边机、递送机一直到成形器前的导板），前桥的中心与成形器中心线的夹角即是成形角；后摆式机组与它相反，前桥（即从拆卷机到导板）固定不动，生产中带钢的运行线即我们常说的递送线，它与成形器中心线的夹角是成形角，调型摆动的是成形器的转盘以及输送后桥的角度。

前摆式机组主要生产设备均安装在前后桥上。以成形器为界，成形器之前称为前桥，成形器之后为后桥。后桥上主要安装的是焊接机构、飞剪、扶正器和输出辊道；前桥主要安装拆卷机、矫平机、对焊机、两辊夹送机、递送机、铣边机等设备。通常工艺布置如图 8-45 所示。

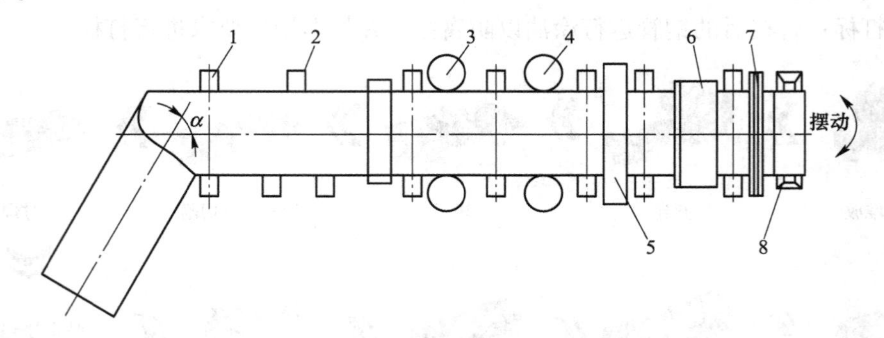

图 8-45　前摆式机组

1—成形前立辊；2—预弯；3—精铣边机；4—粗铣边机；5—递送机；6—对焊机；7—矫平机；8—拆卷机

与后摆机组相比，前摆机组有以下优点：

（1）没有储料坑，机组安装紧凑，占地面积小，投资少。

（2）生产不同规格钢管换型容易，适宜小批量、多规格钢管的生产。

（3）由于设备布置紧凑，工序集中，可以减少生产定员，节省成本。

（4）比较容易实现自动控制。但前摆机组也存在缺点：一是不能长期连续生产，在一卷带钢生产完后必须停车进行对头，影响了机组的作业率和生产的稳定性；二是由于生产线较短，原材料的月形弯和发生递送跑偏不易纠正，对成形质量影响较大。

后摆式机组成形器前的所有设备均安装在地基或者飞焊小车上，成形器及后桥安装在成形转盘上，可根据不同成形角转动调整，后桥上安装设备与前摆式机组相同，后桥随转盘转动而摆动调整成形角。常见的工艺布置方式如图 8-46 所示，后摆机组由于设置了储料坑或飞焊小车，可以实现长时间连续作业，生产稳定性优于前摆机组。但机组长、占地面积大，投资大是其主要缺点。

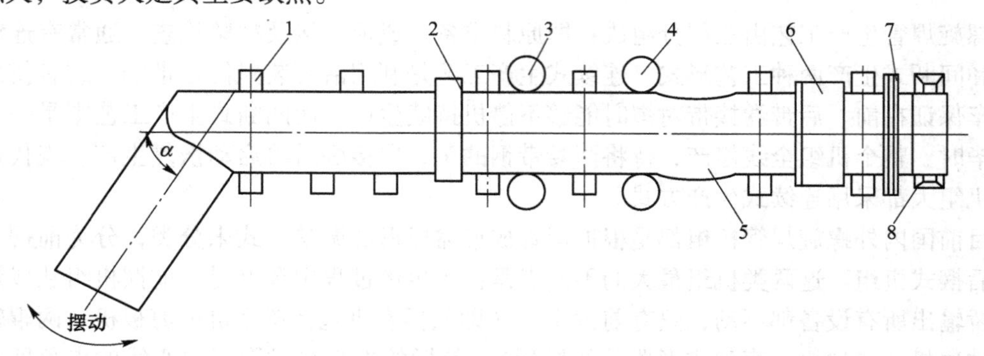

图 8-46　后摆式机组

1—成形前立辊；2—递送机；3—精铣边机；4—粗铣边机；5—活套；6—对焊机；7—矫平机；8—拆卷机

螺旋焊管成形器按卷板成形的卷取方式可分为向上卷和向下卷两种。图 8-47 所示为螺旋焊管成形器。

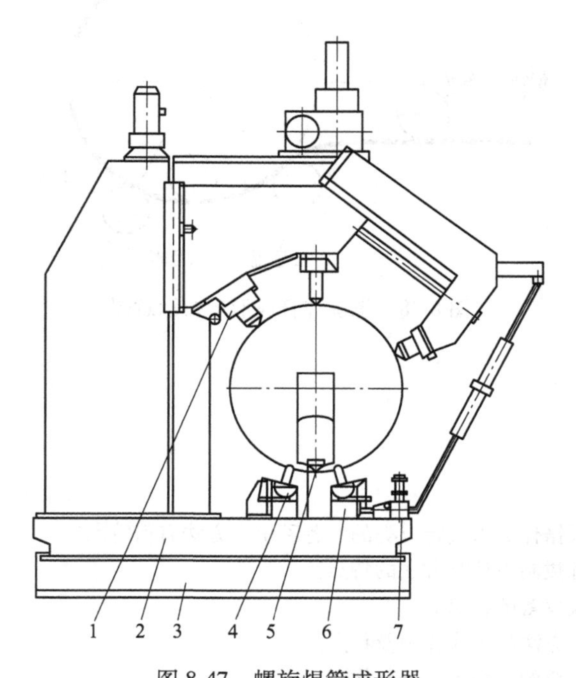

图 8-47 螺旋焊管成形器

1—外抱辊；2—上底座；3—下底座；4，6—测压辊；5—矫平机；7—前立辊

向上卷成形时，不管生产任何规格的钢管其钢管外径的下底面标高都是不变的，所以成形的下成形辊设备比较简单、容易制造，安装工程量小。生产不同管径的钢管时，根据外管径来调整内外焊机构和内外焊头的高度进行焊接。内焊采用焊枪结构，其焊头放置在带钢成形入口附近，方便在生产过程中随时更换损坏的导电嘴；这样避免了在钢管上割洞，既节约了管材，又节省时间。在焊接咬合点使用焊缝间隙自动控制的先进技术并辅以摄像监控装置时刻检查内焊焊接情况，来确保焊接质量。另外，此种成形方式很容易清理成形过程中内压辊和外压辊处的钢板氧化皮，容易更换各种成形辊等部件。目前，国内螺旋焊管生产线基本都采用上卷成形方式。

向下卷成形时，钢管内焊的焊点在第二个螺距的成形缝处，如果由于原材料或其他成形几何条件变化影响了焊接处成形缝变化，则内焊焊点处反应“迟钝”很难实现利用微调技术和监控来改善焊点处的成形缝质量。目前，国内螺旋焊管生产线很少采用下卷成形方式。

焊管成形器发展至今，依次经历了三辊成形机（下卷滚床式）、滑动摩擦全套筒成形器、套缩联合成形器以及滚动摩擦全辊套成形器四种结构类型。目前普遍使用的就是外抱辊全辊式成形器结构，其结构就是三辊弯板机加上外抱辊套。具体结构见图 8-48，它包括 4 号、5 号两个侧压辊，一个内压辊 6 号，三套外控辊，确保钢板平稳进入成形器的立辊和上下底座。有的螺旋焊管生产企业为了改变钢板进入三辊弯板机时的角度，进一步加强钢板的充分变形减少弹复一般会在 1 号辊前面增加 0 号辊。

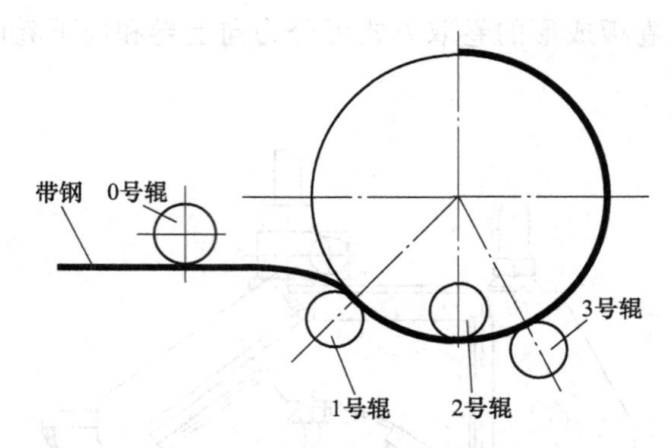

图 8-48　螺旋焊管成形弯板示意图

思考题

8-1　冷拔管生产方法是根据什么来进行分类的？各种生产方法有何特点？

8-2　试分析和比较冷拔管拔制力计算方法的特点。

8-3　试分析比较各种冷拔设备的特点。

8-4　简述各种冷轧管生产方法的工作原理及特点。

8-5　简述二辊周期式冷轧机的结构组成及其作用。

8-6　简述焊管生产的方法及其特点。

参 考 文 献

[1] 邹家祥．轧钢机械［M］.3 版．北京：冶金工业出版社，2000.
[2] 蒋丽．宽厚板轧机组合式机架优化设计［D］. 太原：太原科技大学，2016.
[3] 杨固川．大型宽厚板轧机机架结构分析研究［J］. 冶金设备，2010（1）：36~39.
[4] 李元德，朱燕玉，贾丽虹，等．连轧管机组发展历程及生产技术［J］. 钢管，2010，39（2）：1~13.
[5] SMS Meer. PQF Seamless Tube Plants［EB/OL］. Germany：SMS Meer，2014［2014-5-28］. http：//www. sms-meer. com/en/news-media/publications/tube-plants. html.
[6] SMS Meer. CARTA Technology System［EB/OL］. Germany：SMS Meer，2014［2014-5-28］. http：//www. sms-meer. com/en/news-media/publications/tube-plants. html.
[7] 介升旗，刘永平．国内 ERW 焊管发展现状及其质量控制［J］. 焊管，2006（6）：74~79，93.
[8] 李云江，赖明道，周庆田，等．焊管自然柔性成形过程理论研究［J］. 焊管，1999（3）：11~15.
[9] 李伟丽．双轴柔性 Rollforming 成形机虚拟样机研究［D］. 北京：北方工业大学，2008.
[10] 王仕杰．大直径 ERW 直缝焊管排辊成形工艺研究［D］. 太原：太原科技大学，2007.
[11] 熊建辉．ERW 中口径直缝焊管排辊成形工艺优化的研究［D］. 上海：上海交通大学，2011.
[12] 直缝焊管-https：//baike. sogou. com/v7625143. htm? fromTitle=直缝焊管-搜狗百科-百科用户-2017. 03. 20.
[13] 彭在美，沈发楚，嵇绍伟．我国 UOE/JCOE 直缝埋弧焊管机组的现状及发展趋势［J］. 钢管，2013，42（2）：1~5.
[14] 黄克坚，刘京雷，阮锋．UOE 成形工艺在大直缝焊接钢管生产中的应用［J］. 锻压技术，2006（1）：18~21.
[15] 螺旋焊管生产工艺流程图-https：//wenwen. sogou. com/z/q766307441. htm-百度文库-wuxiaobo123-2018-06-20.
[16] 玉向宁．螺旋焊管成形控制技术研究［D］. 济南：山东大学，2015.